氧化物可控热膨胀材料制备与功能化

袁保合　著

·北京·

内 容 提 要

材料是人类赖以生存和发展的物质基础，是人类用于制造生活物品、器件、构件、机器及其他高科技产品的原料。本书分别对氧化物负热膨胀材料的制备、氧化物低热膨胀相变及吸水性、氧化物低热膨胀材料的功能化等内容进行了分析。全书结构合理，条理清晰，内容丰富新颖，是一本值得学习研究的著作，可供从事材料研究与应用工作的科技人员参考使用。

图书在版编目(CIP)数据

氧化物可控热膨胀材料制备与功能化/袁保合著
. —北京：中国水利水电出版社，2019.1 （2024.1重印）
ISBN 978-7-5170-7454-0

Ⅰ. ①氧… Ⅱ. ①袁… Ⅲ. ①氧化物－热膨胀－材料制备 Ⅳ. ①TB34

中国版本图书馆 CIP 数据核字(2019)第 031183 号

书　　名	氧化物可控热膨胀材料制备与功能化 YANGHUAWU KEKONG REPENGZHANG CAILIAO ZHIBEI YU GONGNENGHUA
作　　者	袁保合　著
出版发行	中国水利水电出版社 (北京市海淀区玉渊潭南路 1 号 D 座 100038) 网址：www. waterpub. com. cn E-mail：sales@waterpub. com. cn 电话：(010)68367658(营销中心)
经　　售	北京科水图书销售中心(零售) 电话：(010)88383994、63202643、68545874 全国各地新华书店和相关出版物销售网点
排　　版	北京亚吉飞数码科技有限公司
印　　刷	三河市华晨印务有限公司
规　　格	170mm×240mm　16 开本　24.75 印张　444 千字
版　　次	2019 年 4 月第 1 版　2024 年 1 月第 2 次印刷
印　　数	0001—2000 册
定　　价	120.00 元

目　录

绪 论

材料是人类赖以生存和发展的物质基础,是人类用于制造生活物品、器件、构件、机器及其他高科技产品的原料。开发性能优异的材料关系到国民经济建设、国防建设和人民生活的方方面面。可以说新型高性能材料的开发是人类科技发展的直接动力,一个国家和一个民族能否站在世界发展的前列,新型材料的开发占有举足轻重的地位。所以在去年政府工作报告中专门提到中国要在新材料发展方面赶超先进,引领未来。

材料世界丰富多彩,性质多种多样。对材料的分类方法很多,从用途方面,材料可分为建筑材料、能源材料、电子材料、航空航天材料、生物材料和核材料等;从物理化学属性方面,材料可分为高分子材料、无机非金属材料、金属材料和复合材料等;从热膨胀性质方面,材料可分为高热膨胀、中热膨胀、低热膨胀和负热膨胀材料。

0.1 材料的热膨胀

0.1.1 简谐振动和非简谐振动

固体热膨胀是一种取决于原子间势能本征的物理性质。如果原子势能采用理想的谐振子模型,晶格振动之间相互独立,不发生耦合等相互作用,单个振动的波形不会随着时间和温度的变化而变化,那么固体的弹性模量就不依赖于温度和压力。这些都导致了当固体温度从 T_1 升高到 T_2 过程中,除了原子振动的振幅增大外,原子间的平均距离不会发生任何变化,如图 0.1(a)。这就意味着固体体积不随温度的增加而变化,即不存在热膨胀。但实际上原子的热振动是一个非简谐过程,振动之间通过耦合发生相互作用,两个声子之间相互作用产生第三个声子。产生第三个声子过程会迫使晶格势能发生变化,此处引入晶格势能中的三次项,该项是势能的非对称相,非对称相会引入一个非对称势能。当温度从 T_1 升到 T_2 的过程中,由于非简谐过程的存在会导致固体中原子间的平均距离增大,如图 0.1(b)。原子间的平均距离增大就会导致固体膨胀。固体中原子间键强的强弱决定了原子非简谐振动的强弱:键强越强,非简谐振动对原子间的平均距离影响越弱,原子间的平均距离随温度变化就越小,就会表现出较为不明显的热膨胀。

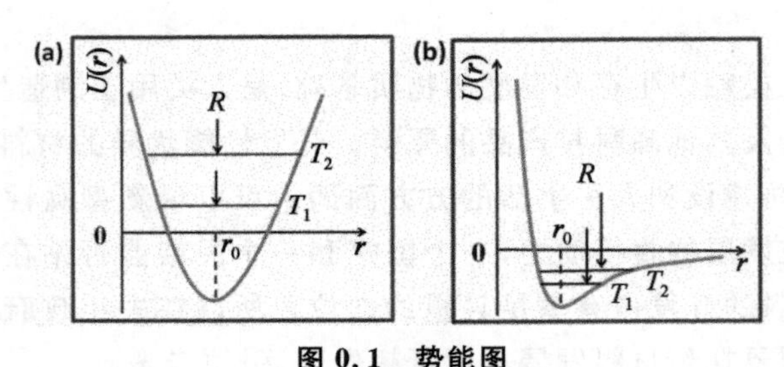

图 0.1 势能图

(a)简谐振子模型(b)非简谐振子模型

0.1.2 材料的热膨胀系数

材料的长度和体积随着温度变化而发生改变时,材料的热膨胀系数可以分别用线膨胀系数和体膨胀系数来表示。当材料的温度由 T_1 升高到 T_2 时,在材料所处环境的压强保持不变的情况下,材料的长度由 L_1 变为 L_2,在该温度区间内,该材料的平均线热膨胀系数可以表示为

$$\alpha_L=\frac{\mathrm{d}(\ln L)}{\mathrm{d}T}=\frac{L-L_0}{L_0(T-T_0)} \tag{1.1}$$

材料的体积由 V_1 变为 V_2,则在该温度区间内材料的平均体热膨胀系数可表示为

$$\alpha_V=\frac{\mathrm{d}(\ln V)}{\mathrm{d}T}=\frac{\mathrm{d}V}{V_T\mathrm{d}T} \tag{1.2}$$

关于热膨胀的理解,可以借助于在温度 T 下经典振子势能中非简谐振动对原子间平均距离的影响进行讨论。

如果考虑两个原子间的平衡距离为 r_0,它们之间的相互作用势能为

$$U(r_0+\delta)=U(r_0)+\left(\frac{\partial U}{\partial r}\right)_{r_0}+\frac{1}{2}\left(\frac{\partial^2 U}{\partial r^2}\right)_{r_0}\delta^2+\frac{1}{3!}\left(\frac{\partial^3 U}{\partial r^3}\right)_{r_0}\delta^3+\frac{1}{4!}\left(\frac{\partial^4 U}{\partial r^4}\right)_{r_0}\delta^4+\cdots \tag{1.3}$$

则晶体的自由能是

$$F = U + \sum_i \left\{ \frac{1}{2}\hbar\omega_i + k_B T \ln\left[1 - \exp\left(-\frac{\hbar\omega_i}{k_B T}\right)\right]\right\} \tag{1.4}$$

在简谐近似下晶体内部的压强为

$$p = -\frac{dU}{dV} - \sum_i \left[\frac{\hbar\omega_i}{2} + \frac{\hbar\omega}{\exp(-\hbar\omega_i/k_B T) - 1}\right]\frac{1}{V}\frac{d\ln\omega_i}{d\ln V} \tag{1.5}$$

令 $\gamma = -\frac{\ln\omega_i}{\ln V}$，定义格林爱森参数 γ_i 为与晶格振动模有关的一个量。

晶格的平均振动自由能为

$$\overline{E} = \frac{\hbar\omega_i}{2} + \frac{\hbar\omega_i}{\exp(-\hbar\omega_i/k_B T) - 1}$$

则有

$$p = -\frac{dU}{dV} + \gamma\frac{\overline{E}}{V} \tag{1.6}$$

当晶体处于压强为零的情况下则有

$$\frac{dU}{dV} = \gamma\frac{\overline{E}}{V} \tag{1.7}$$

原子在平衡位置附近做微振动时，$\frac{\Delta V}{V}$很小，可以按泰勒级数展开，则有

$$\frac{dU}{dV} = \left(\frac{dU}{dV}\right)_{V_0} + \left(\frac{d^2U}{dV^2}\right)_{V_0}\Delta V + \cdots \tag{1.8}$$

第一项为零代入式(1.6)则有

$$\left(\frac{d^2U}{dV^2}\right)_{V_0}\Delta V = \gamma\frac{\overline{E}}{V} \rightarrow \frac{\Delta V}{V_0} = \frac{\gamma}{V_0\left(\frac{d^2U}{dV^2}\right)_{V_0}}\frac{\overline{E}}{V} \tag{1.9}$$

$B_0 = V_0\left(\frac{d^2U}{dV^2}\right)_{V_0}$ 为 0 K 下的体弹模量，则晶格的体膨胀系数为

$$\alpha_V = \frac{dV}{V_T dT} = \frac{\gamma}{B_0}\frac{C_V}{V} \tag{1.10}$$

对于该理论下各向同性线膨胀系数为

$$\alpha_L = \frac{1}{3}\alpha_V = \frac{1}{3}\frac{\gamma}{B_0}\frac{C_V}{V} \tag{1.11}$$

0.1.3 正热膨胀材料和负热膨胀材料

热膨胀材料按照线热膨胀系数可以分为三类[1]：

1)高热膨胀：$\alpha > 8\times10^{-6}\ K^{-1}$；

2)中热膨胀：$2 < \alpha < 8\times10^{-6}\ K^{-1}$；

3)低热膨胀：$\alpha < 2\times10^{-6}\ K^{-1}$。

绝大部分材料都具有“热胀冷缩”的性质。对于热膨胀性质，需要提前

做出预留空间以免造成危害，比如在烧水时水不能加得太满、门的尺寸要比门框小一些、夏天架设高压输电线时要松一些、水泥路面每隔一段要开一个槽等。材料间热膨胀系数失配，在温度变化较大的环境中会产生热冲击而导致器件疲劳、性能下降，造成临时性或永久性失效而带来严重后果；航天器飞行的阴面和阳面的温差在 300 K 以上，不论是结构部件还是功能部件都面临着严峻的热冲击考验；卫星天线和天线支架的热膨胀系数不匹配，在热冲击作用下会变形导致指向精度变差、增益下降甚至天线脱落等严重后果；导弹制导、通信和传输系统的元器件，以及高性能发动机的主动间隙控制技术、进气阀、涡轮发动机的内外环、密封环等精密部件对热膨胀系数都有严格的要求。高性能电动机定子与转子之间的间隙控制技术，密封环、绝缘漆与线圈的部件对热膨胀系数的匹配度有很严格的要求；激光的热效应会导致激光器中谐振腔变形，热透镜效应导致激光频率漂移、功率下降甚至器件损坏，因此庞大复杂的冷却系统对高功率激光器来说是不可或缺的一部分；光纤 Bragg 光栅对应力和温度交叉敏感，实现光纤 Bragg 光栅传感器的温度与应变同时测量的传感技术，一直是光纤 Bragg 光栅传感领域的一个关键问题。利用低热膨胀系数材料或零热膨胀系数材料制造的器件具有较强的抗热冲击能力和较高的稳定性(特别是在极端条件下的稳定性)。

性能优异、涵盖室温及宽温度范围内具有负热膨胀性质的材料是制备零膨胀和任意可控膨胀材料的基础，也是解决现代科学技术面临的许多难题、走向工程应用的关键所在。涵盖室温及宽温度范围且具有负热膨胀、零膨胀与任意可控膨胀性质的材料是高精密仪器装备制造的基础，在光电子、微电子、高性能发动机和航天航空等领域具有重要的应用前景。

低热膨胀(或负热膨胀)材料以其广阔的应用前景受到广泛关注，早在 20 世纪 50 年代人们就发现了几个系列具有低热膨胀性质的材料，如堇青石氧化物($2MgO \cdot 2Al_2O_3 \cdot 5SiO_2$)、$ZrSiO_4$、二氧化硅玻璃($SiO_2$)以及因瓦合金($Fe_{65}Ni_{35}$)。Hummel 等发现了 β-锂霞石($LiAlSiO_4$)和 β-锂辉石($LiAlSi_2O_6$)等一系列新的具有低热膨胀或负热膨胀的材料[2,3]。随着 20 世纪 80 年代早期 $NaZr_2P_3O_{12}$(NZP)系列材料的发现[4]，人类开始逐渐对负热膨胀材料研究产生兴趣，在 1996 年 Sleight 等人制备出宽温度范围内(0.3～1050 K)呈现稳定的各向同性的负热膨胀性质的材料 ZrW_2O_8 之后[5]，世界范围内逐渐展开了对负热膨胀材料的研究。

具有负热膨胀性质的材料，其结构一般都具有以下特点之一：①三维空间是具有原子间结合力很强的强键组成的刚性多面体结构；②通过桥原子连接开放的柔性网状结构；③空间区域内具有可转动的铁电或铁磁微畴。经典的负热膨胀材料 ZrW_2O_8 的结构特点——开放的柔性结构就是通过桥

氧原子连接刚性 ZrO_6 八面体和 WO_4 四面体，当温度升高时，桥氧原子振动加剧带动刚性多面体旋转，根据振动特点可知该振动的格林爱森参数 $\gamma=-\frac{\ln\omega_i}{\ln V}$ 一定是负值，当该振动的格林爱森参数 γ 的值足够大时会引起较大负热膨胀。根据这些特点，负热膨胀材料大致分类见表 0.1。

表 0.1　负热膨胀材料常见的类型

负热膨胀材料	常见的类型
含强键的多面体结构化合物系列	A_2O (H_2O、Ag_2O、Cu_2O) AO_2 ($CuScO_2$) AMO_5 ($NbVO_5$、$TaVO_5$) AMO_7 ($ZrVO_7$) AM_2O_8 (ZrW_2O_8、$ZrMo_2O_8$) $A_2M_3O_{12}$ (A: Sc, Y; M: W, Mo) $Ca_{1-x}Sr_xZr_4P_6O_{24}$ $Cd(CN)_2$、$Zn(CN)_2$ ZnF_2、TiF_3、ScF_3
具有开放，柔性网状结构化合物	石墨烯 二苯环辛二烯的聚芳基酰胺
含有铁电或铁磁微畴化合物	AMO_3 ($BiNiO_3$、$PbTiO_3$) $LaCu_3Fe_4O_{12}$ 反钙钛矿锰氮化物 Mn_3xN (x: Zn, Ga, Cu); 铁磁性化合物 $Y_2Fe_{15}Al_2$、$Tm_2Fe_{17-x}Cr_x$、$SrCu_3Fe_4O_{12}$

0.2　负热膨胀材料的研究进展

人类在 300 多年前就已经知道水在 277 K 时密度最大，并采用水的缔合作用来解释这一现象。水分子间距离随着温度的升高而增大，但由于水分子中含有氢键，水分子之间在氢键的作用下出现 $(H_2O)_2$ 缔合。$(H_2O)_2$ 缔合分子越多，排列越紧密，水的密度就越大。当温度降到 277 K 时，水的密度达到最大值。随着温度的继续降低，$(H_2O)_2$ 缔合转化为 $(H_2O)_3$ 缔合分子冰的结构。由于 $(H_2O)_3$ 缔合分子较大，结构比较松散，所以在 277 K 以下，水的密度随温度降低而减小，就展示出负热膨胀性质。

0.2.1 负热膨胀材料的近期研究

1. AM_2O_8 系列

早在1959年就已经制备出具有立方相结构的 ZrW_2O_8（α-ZrW_2O_8）[6]。1968年，有报道称立方相结构的 ZrW_2O_8 在323～973 K较小温度范围内具有负热膨胀现象[7]，随后研究发现 ZrW_2O_8 在很大的温度区间(0.3～1050 K)内同样具有负热膨胀性质，并且其负热膨胀系数较大(0.3～430 K，膨胀系数为 -8.8×10^{-6} K^{-1}；430～950 K，膨胀系数为 -4.9×10^{-6} K^{-1})[5,8-12]。在448 K的温度下，ZrW_2O_8 立方相由 α 相转变为 β 相。由于氧离子的无序迁移运动，在不是很大的压力(0.27 GPa)作用下，立方相 α-ZrW_2O_8 会转变为正交相的 γ-ZrW_2O_8，在1050 K以上的温度下，ZrW_2O_8 会开始发生部分分解。ZrW_2O_8 是亚稳相，容易发生温度和压力相变以及分解。立方相 ZrW_2O_8 对制备条件要求很苛刻。由于在1050～1473 K温度范围内立方相 ZrW_2O_8 会发生分解，所以要制备出纯立方相的 ZrW_2O_8 晶体，必须在1473 K以上对材料进行淬火处理。在国内，江苏大学的程晓农课题组对 ZrW_2O_8 进行了深入而系列的研究，得到各种形貌的 ZrW_2O_8 微单晶及薄膜，并将制备的负热膨胀材料与金属、金属氧化物以及高分子材料复合得到近零热膨胀材料[13-18]。

立方相 ZrW_2O_8 结构是由 ZrO_6 八面体与 WO_4 四面体通过多面体顶点上的桥氧原子连接而成(图0.2)。每个 ZrO_6 八面体周围有六个 WO_4 四面体，它们通过氧原子连接在一起，而每个 WO_4 四面体周围只有三个 ZrO_6 八面体，留下一个氧悬空。由于W—O键和Zr—O键的键很强，这些多面体可看成是刚性单元(多面体的体积随温度变化很小)，由于 WO_4 四面体中存在一个氧悬空，在温度升高时有利于 ZrO_6 八面体的旋转，使得(111)方向 WO_4 横向运动和 WO_4 四面体发生扭转，所以对于 ZrW_2O_8 桥氧振动和刚性多面体的转动来说这种结构是一个开放的柔性结构。ZrW_2O_8 中负热膨胀性质与晶格振动模的关系可以通过Raman光谱[19]、低温热容测量[20]、声子态密度[21,22]等方法进行研究。有研究结果表明 ZrW_2O_8 中负热膨胀来源于低频振动模[23,24]，这与刚性单元模(RUMs)模型的负热膨胀机理完全吻合。HfW_2O_8 和 ZrW_2O_8 具有相同的热膨胀性质和结构特点[25,26]。立方相的 $HfMo_2O_8$ 和 $ZrMo_2O_8$ 在其所能存在的温度区间内也具有负热膨胀性质[27]。

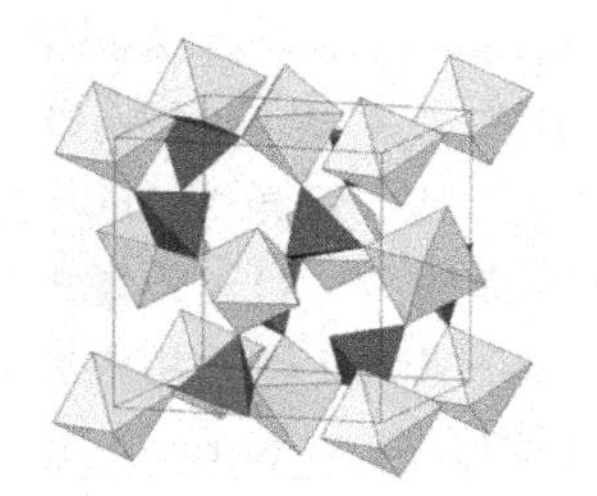

图 0.2　ZrW_2O_8 结构图

2. AM_2O_7 系列

具有立方相结构的 AM_2O_7 以及 MO_4 四面体中 M 位阳离子可以是 P、V 或 As，AO_6 八面体中 A 位阳离子可以是 Si、Ti、Ge、Zr、Nb、Mo、Sn、Hf、W、Re、Pb、Ce、Th、U 或 Pu。大部分具有这类立方相结构的化合物的空间群都是 $Pa\overline{3}$，并且呈现出各向同性的热膨胀性质。ZrP_2O_7 和 ZrV_2O_7 是这类材料中的典型代表[28-37]。在室温下，ZrV_2O_7 是 3×3×3 的超结构立方相，展示出很强的正热膨胀性质；在高温(375 K 以上)条件下，ZrV_2O_7 是一般的立方相结构，并展示出膨胀系数为 -4.50×10^{-6} K^{-1}左右的各向同性的负热膨胀性质。温度从室温升高到 375 K 的过程中，ZrV_2O_7 会从 3×3×3的超结构立方相($a=8.77\times3=26.31$ Å)向 1×1×1 的一般结构立方相转变，但到目前为止，在 350～375 K 相转变过程的机理还不清楚。ZrP_2O_7 和 ZrV_2O_7 有着同样的晶体结构和相变性质，但是 ZrP_2O_7 在高温相变完成以后也不具有热收缩性质，而是表现出比相变前较低的正热膨胀性质。由于 ZrP_2O_7 和 ZrV_2O_7 的结构和性质十分相似，因此可形成连续固溶体，可以利用 P 来替代 ZrV_2O_7 中的 V 来降低材料的相变温度。图0.3所示是 ZrV_2O_7 的高温相结构图。

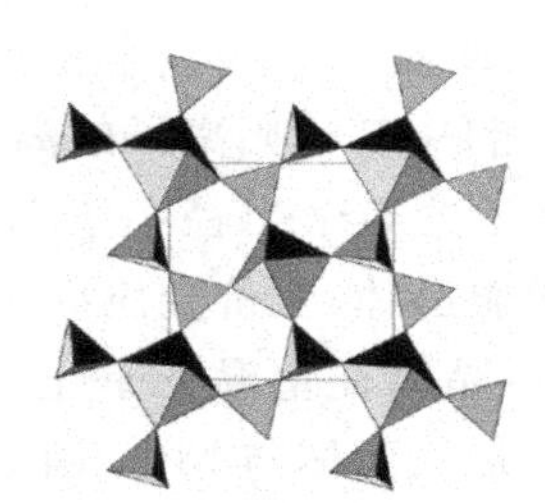

图 0.3　ZrV_2O_7 高温相结构图

从 1995 年起，几个小组就对 AM_2O_7 系列材料相变温度进行了研究。采用变温磁共振[28-33]测定了 AP_2O_7 的晶体结构和 P—O—P 的键角，采用高分辨中子衍射[34,35]和变温电子衍射[36,37]测定了 ZrV_2O_7 和 ZrP_2O_7 的相变温度，Sleight 小组利用变温电子衍射方法测定出 ZrV_2O_7 的两个相变温度点分别是 350 K 和 375 K[36]。室温下，ZrV_2O_7 是 3×3×3 超结构相，在此结构中有 89%的 V—O—V 键的键角为 160°，另外 11%的 V—O—V 键的键角为 180°[34]，只有当所有的 V—O—V 键的键角伸展到 180°时，材料才呈现出负热膨胀性质[33-36]。Mittal 等人用晶格动力学计算了 ZrV_2O_7 和 HfV_2O_7 的负热膨胀性质[38]，Yamamura 小组应用热分析方法测定了 ZrV_2O_7 和 HfV_2O_7 的相变温度点[39]。由于 ZrV_2O_7 的 3×3×3 的超结构立方相与一般结构立方相的结构差别很小，所以在相变过程中材料的吸热放热变化量很少。在用差热分析方法来测量 ZrV_2O_7 的相变时，对实验仪器的精度要求很高，一般热分析测试仪都难以测量出该材料在相变过程中吸热放热的变化。材料的结构发生变化会引起晶格振动的变化[40,41]。拉曼光谱法是测量晶格振动的常用方法之一，应用变温拉曼光谱法测定材料的相变温度具有反应灵敏、测量方便、数据处理简单等优点。Kruger 小组应用拉曼光谱与红外光谱法研究了 ZrV_2O_7[40] 和 ZrP_2O_7[41] 的压力相变，研究结果表明，ZrV_2O_7 在大于 1.6 GPa 压力下才发生相变[40]，也就是具有较好的抗压能力，对于应用来讲是有现实意义的。降低 ZrV_2O_7 的相变温度点[29,42-44]和将其与正热膨胀材料复合制备可控热膨胀材料[45,46]是这类材料研究的热点。

3. $A_2Mo_3O_{12}$ 系列

该系列材料的化学通式是 $A_2M_3O_{12}$，其中 A^{3+} 为过渡金属元素或稀土元素[47-50]，如 Fe^{3+}、Al^{3+}、Lu^{3+}、Y^{3+}、In^{3+}、Yb^{3+}、Cr^{3+}、Sc^{3+} 等，M^{6+} 为 Mo^{6+}、W^{6+} 或为二者的混合物。该系列材料有单斜和正交两种晶体结构，只有当材料的晶体结构从单斜转变为正交之后才有可能呈现出负热膨胀性质[51-53]，如 $Al_2Mo_3O_{12}$ 在常温下是单斜结构，当温度升高到 473 K 转变为正交结构后才呈现出负热膨胀性质[48,51]。这个系列在室温范围内呈现单斜结构或者正交结构取决于材料中三价阳离子的离子半径的大小，以 Lu^{3+} 的离子半径为界，三价金属离子的离子半径小于 Lu^{3+} 的离子半径时形成的 $A_2M_3O_{12}$ 晶体在室温下是单斜晶体；三价金属离子的离子半径大于 Lu^{3+} 的离子半径时形成的 $A_2M_3O_{12}$ 晶体在室温下是正交结构晶体。在单斜结构中，材料的晶体结构是由 AO_6 八面体与 MO_4 四面体边边相连而成；而在正交结构中材料的晶体结构则是由 AO_6 八面体与 MO_4 四面体通过多面体顶角上的桥氧原子角对角相连而成，每个 AO_6 八面体周围连着 6 个 MO_4 四面体，每个 MO_4 四面体周围连着 4 个 AO_6 八面体。由于 A—O 和 M—O 键键强较大，随着温度的升高键长变化不大，AO_6 八面体和 MO_4 四面体就可以看成刚性单元。在温度升高过程中，由于晶格振动加强，AO_6 八面体与 MO_4 四面体边边相连有向角角相连转变的趋势。当温度升高到一定程度时，AO_6 八面体与 MO_4 四面体边边相连转变为角角相连，材料的结构就从单斜结构转变为正交结构；继续升高温度，由于 A—O—M 中氧原子的横向振动加强会导致晶格塌陷扭转，使 A 原子与 M 原子之间的距离缩短，呈现出负热膨胀性质[50,52,53]。由于没有氧悬挂键的存在，所以刚性多面体对桥氧原子的横向摆动有抑制作用，多面体刚性越强，抑制作用越明显。而影响多面体刚性的主要因素是氧原子之间的库仑排斥力，氧原子之间斥力越大，多面体的刚性就越强，桥氧原子横向振动越困难，呈现出的负热膨胀性能就越不明显。当组成材料的 A、M 阳离子的离子半径减小时，氧原子之间的距离缩短，氧原子之间排斥力增大，多面体的刚性增强，材料的负热膨胀特性就会减弱。目前，关于 $A_2M_3O_{12}$ 系列的钼酸盐、钨酸盐及其固溶体的负热膨胀性能的研究有很多。已经报道的研究结果表明，这类材料的负热膨胀性能与材料中的 A^{3+} 和 M^{6+} 离子有直接的关系。A^{3+} 的离子半径越大，材料的负热膨胀性越强，但是同时材料机械性能越差。如 $Y_2Mo_3O_{12}$[54,55] 在 2～1073 K 范围内的热膨胀系数为 -9.36×10^{-6} K^{-1}，在常温下，其在大气中有很强的吸水性，吸水后材料的机械性能很差，只有在结晶水完全释放之后才呈现出负热膨胀性质。有文献报道，材料 $Al_2Mo_3O_{12}$、$Al_2W_3O_{12}$、$Cr_2Mo_3O_{12}$、$Fe_2Mo_3O_{12}$ 和 $Sc_2Mo_3O_{12}$ 由单斜结构转变为正交结构的相变温度分别是 473 K[48]、275 K[56]、658 K[48]、780 K[48] 和 257 K[56]。在 A^{3+} 相同的情况下，材料的负热膨胀性质与 M 的选择也有关系，如 $Al_2(MoO_4)_3$ 和 $Al_2(WO_4)_3$ 在转变为正交相之后的膨胀系数分别为 -2.83×10^{-6} K^{-1}[48] 和 1.5×10^{-6} K^{-1}[56]，这种差别是由于 Mo 的离子半径大于 W 的离子半径造成的。$A_2M_3O_{12}$ 系列材料具有很强的化学活性，对阳离子的化学相溶性也很强，这就意味着 A^{3+} 可以用一些四价离子和二价离子的组合来替代，如 $HfMgMo_3O_{12}$[57-62]。

4. AMO_5 系列

$NbPO_5$ 在室温条件下可以呈现单斜和四方两种不同结构，只有正交和四方结构才表现出负热膨胀特性[63,64]。单斜结构的 $NbPO_5$ 在温度为 565 K时发生一级相变，在整个相变过程中 NbO_6 八面体和 PO_4 四面体保持不变，但是晶体的对称性得到提高，转变为正交相[63]，如图 0.4 所示，其中一个晶轴在室温到 973 K 温度范围内都显示负热膨胀特性，而另外两个晶轴则在相变温度之上显示负热膨胀性能。

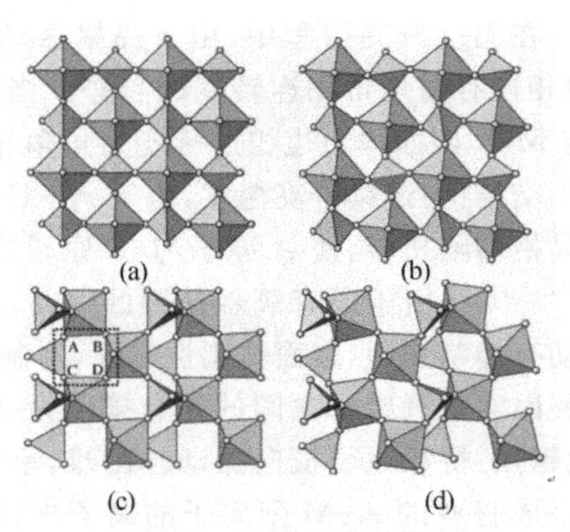

图 0.4　$NbPO_5$ 的结构图

(a)高温四方相结构　(b)低温四方相结构

(c)正交结构相　(d)右下:单斜结构相[63,64]

$NbVO_5$ 在室温下是空间群为 Pnma 的正交结构,如图 0.5 所示,从室温到 873 K 温度范围内热膨胀系数为 -6.63×10^{-6} K^{-1}[65]。当温度在 259 K 以下时,$TaVO_5$ 是空间群为 $P2_1/c$ 的单斜结构相,在此温度之上是正交结构,从室温到 873 K 温度范围内热膨胀系数为 -8.92×10^{-6} K^{-1};在 873 K 以上平均热膨胀系数为 -2.19×10^{-5} K^{-1}。其负热膨胀特性与框架结构中 NbO_6/TaO_6 八面体和 VO_4 四面体的倾斜有关[65-67],如图 0.6 所示。

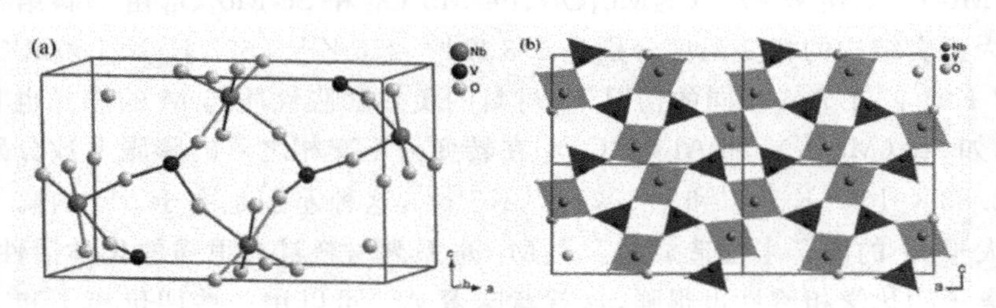

图 0.5　$NbVO_5$ 的结构

(a)$NbVO_5$ 的结构示意图,(b)在 ac 面内的投影图[65]

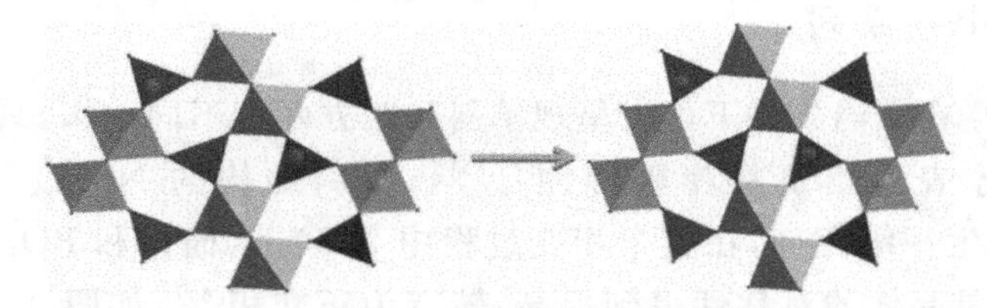

图 0.6　$TaVO_5$ 在<010>方向上表现的负热膨胀[66]

5. 钙钛矿系列

钙钛矿结构的 $PbTiO_3$ 是由于铁电自发极化引起的负热膨胀,从室温铁电相到居里温度(763 K)顺铁相转变过程中单胞体积发生剧烈的收缩[67]。北京科技大学邢献然教授研究组应用第一性原理研究了 $PbTiO_3$ 的负热膨胀机理,研究了四方相从膨胀到收缩的热力学性质,表明该现象与声子振动有关[68]。王蕾等人用第一性原理研究了四方相 PbTiO3 铁电材料的声子与热膨胀的关系,研究结果表明,声学声子模对热膨胀的贡献为正,而光学声子模对热膨胀的贡献为负[69],并通过 B 位掺杂来改变其负热膨胀温度区间[70-72]。

应用非常规方法合成的钙钛矿结构呈现出巨负热膨胀现象,引起了人们的重视。Azuma 等人发现了 $BiNiO_3$ 在高压下电子由 Bi 转移到 Ni,从而在相变过程中产生巨负热膨胀[73,74],并通过 La 部分替代 Bi 使 $Bi_{0.95}La_{0.05}NiO_3$ 在常压下相变温度可降低至 350 K 附近[74]。高压合成具有钙钛矿的 $LaCu_3Fe_4O_{12}$ 和 $LaCu_3Fe_4O_{12}$ 在由顺磁到反铁磁相变过程中伴随巨负热膨胀[75,76]。这类材料的巨负热膨胀性质引起的原因是 A 位和 B 位金属离子间的电荷转移。

6.反钙钛矿系列

具有反钙钛矿结构的 Mn_3AX 化合物在发生磁相变时会出现负热膨胀现象[77-81]。当温度升到临界点时,化合物会发生由反铁磁相转化顺铁磁相的相变并伴随体积收缩,由于温度升高和声子振动剧烈导致晶格热膨胀两者的共同作用,致使晶体的体积收缩,材料呈现出负热膨胀性质。改变化合物的元素,可以改变负热膨胀温度范围,从而实现宽温度范围的负热膨胀。同时,反钙钛矿结构材料具有高温超导现象。北京航空航天大学的王聪、孙莹课题组对 Mn_3AX 化合物进行不同位置掺杂,研究了:①双磁滞(磁台阶)现象;②铁磁性、电阻率最小和相变温度区间展宽;③磁结构影响热膨胀性能改变。

中科院物理化学技术研究所的李来凤课题组研究了 Ag、Mg 掺杂对 Mn_3CuN 负热膨胀和电阻温度系数的影响,发现随 Ag 含量的增加,负热膨胀区间变窄并且磁相变温度向低温移动;$LaFe_{11.5-x}Co_xSi_{1.5}$ 中负热膨胀温度随 Co 含量的增加向高温区移动且温度范围变大[82,83]。中国科技大学的潘必才课题组利用第一性原理研究发现 $Mn_3(Cu_{1-x}Ge_x)N$ 的负热膨胀特性随 Ge 含量的增大而增大,磁相变时出现巨大的体积收缩[84]。中国科学院固体物理研究所的孙玉平课题组通过掺杂在 $Cu_{0.3}Sn_{0.5}NMn_{3.2}$ 中获得室温下宽温区域 (150～400 K)的负热膨胀[85]。

7.氰化物系列材料

MCN 化合物(M=Cu,Ag,Au)是指具有 M—C—N—M 长链,长链中

C—N 键键强较大，随着温度的升高，C—N 结构振动加强，沿链的方向上出现收缩产生负热膨胀[86,87]。对 Au(CN)，氰化物单元结构的横向运动导致了正膨胀，旋转运动会引起负热膨胀；Ag(CN)的横向运动引起负热膨胀。M—C—N 的基本结构可以通过金属原子的混合物来改进，也可以引入较大的阳离子(如 Cs)来组成新结构，例如将 Ag—CN 与 Cu—CN 连接起来或将 Cu—CN 链同其他 2D 或是 3D 网状结构连接起来[88]。

$Zn(CN)_2$ 和 $Cd(CN)_2$ 在 25～375 K 的膨胀系数是 ZrW_2O_8 的膨胀系数的两倍。该材料可能的结构主要有 MC_4 和 MN_4 两个四面体通过 C≡N 链连接而成、MC_3N 和 MCN_3 两个四面体通过 C≡N 链连接而成和由两个 MC_2N_2 四面体通过 C≡N 链连接而成[89]。笔者利用第一性原理计算得出 $M(CN)_2$ 的构型与能量之间的关系，认为最有可能的构型是第一种，也就是 MC_4 和 MN_4 两个四面体通过 C≡N 链接而成的立方结构[90]。

化学通式是 $AM(CN)_6$ 的普鲁士蓝系列材料中，A 是＋2 价金属元素，M 是 Pt^{4+}。该系列材料的膨胀系数与金属元素 A^{2+} 离子半径有关，A^{2+} 离子半径越大材料的负热膨胀系数就越大[90]。用 Fe^{3+} 或 Co^{3+} 来替代 Pt^{4+} 就会形成类钙钛矿结构的 $A_3[M(CN)_6]_2$，含 Co^{3+} 的化合物具有较大的正热膨胀系数[91]。可以通过离子替代增加氰化物的框架结构的灵活性以达到增大材料负热膨胀系数的目的[91,92]。$Ag_3[Co(CN)_6]$具有很大膨胀系数的热膨胀性质，该材料的结构是 Co 通过 Co—CN—Ag—NC—Co 链连接形成三角的框架结构；温度升高时，层状结构在膨胀(同构的类普鲁士蓝)而在垂直于层状结构的方向上是负热膨胀的[93]。

8. X_mFe_n 铁磁系列

Guillaume 于 1887 年发现的因瓦合金 $Fe_{65}Ni_{35}$ 具有负热膨胀性能[94]。天津师范大学的郝延明课题组发现 Gd_2Fe_{17}、$Ho_2AlFe_{14}Mn_2$、$Tm_2Fe_{17-x}Cr_x$ 等铁磁材料在磁相变点附近存在本征磁致伸缩导致负热膨胀特性[95-97]。

上文叙述了具有负热膨胀性质的 8 个系列材料，还有其他具有该性质的材料，比如水、氧化亚铜、氧化银等等，这里就不再赘述。

0.2.2 几种常见的负热膨胀机理

世界范围内在研究引起材料的负热膨胀机理方面做了很多工作，在已有结论中能够得到共识的主要有以下几种。

1. 热振动导致负热膨胀

(1)M—O 键中 O 原子热振动模型。O 原子热振动模型是金属(或非金属)原子 M 与氧原子连接起来的结构,M 原子和氧原子之间所形成的化合键很强[98,99]。在该模型下,一方面,由于 M—O 键的结合力很大,M 原子和氧原子之间的距离随温度变化不明显,即 M—O 键长 $d_{真实}$ 基本保持不变;另一方面,氧原子在垂直于 M—O 键的平面上振动自由度相对较大,容易做圆锥摆,随着温度升高氧原子振动加强,氧原子的剧烈振动会导致圆锥摆高方向上距离减小,宏观上表现为随着温度升高 $d_{表观}$ 收缩,也就是说在圆锥摆高方向上表现出负热膨胀(图 0.7)。

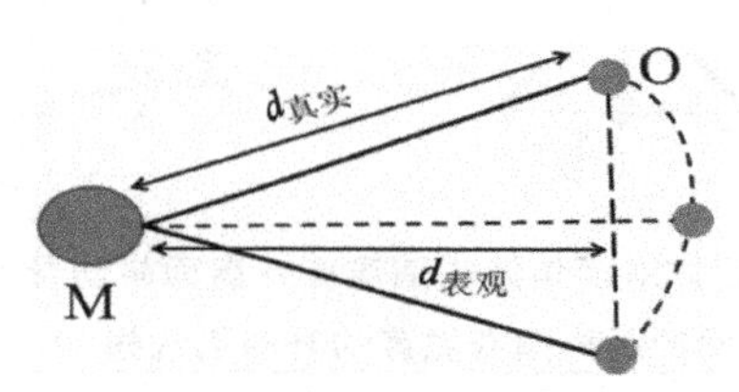

图 0.7 金属/非金属原子与氧原子形成的 M—O 键的非谐热振动模式导致热收缩示意图[98]

(2)桥氧原子模型。该模型是两个金属原子 M_1 和 M_2 之间由一个氧原子连接起来的结构,即桥氧原子模型。根据弹簧振子模型可知,当质点在平衡位置附近振动时,温度越高振动越剧烈(质点振幅越大),但在受力平衡的情况下质点间的平均距离不会发生变化,就不会出现热膨胀或是热收缩;但由于原子间的相互作用力在平衡位置附近不对称,即质点在平衡位置附近的振动是非简谐振动。在桥氧原子模型中,首先由于 M_1 和 M_2 对桥氧原子的作用力随距离的不同而不同,所以桥氧原子在纵向上的热振动是非简谐振动,温度升高时热振动剧烈,金属原子与桥氧原子形成的化学键 M_1—O 和 M_2—O 键长增大,导致晶格变大,宏观上体现为材料的体积随着温度的升高而增大,即正热膨胀;其次,随着温度的升高桥氧原子的横向热振动加强,振幅增大,会拉近金属原子 M_1 和 M_2 之间的距离,导致晶格变小,宏观上体现为材料的体积随着温度的升高而减小,即负热膨胀(图 0.8)。

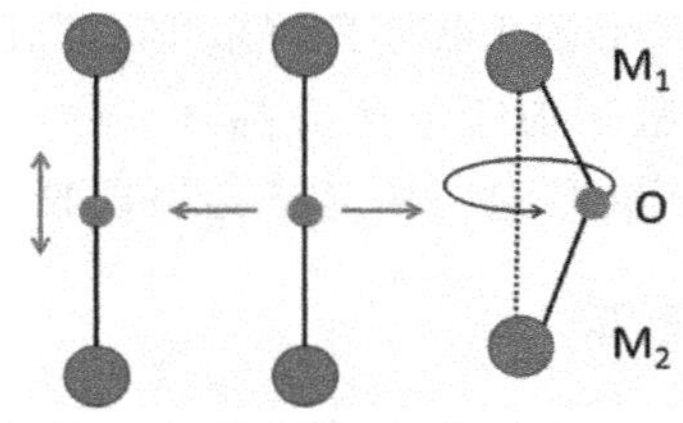

图 0.8 桥氧原子的热振动[100]

(3)刚性单元模型。对于多元素复合氧化物,如果金属原子与氧原子之间形成很强的共价键,共价键的键长随温度变化很不明显,桥氧原子的横向热振动和纵向热振动都对热膨胀的贡献极其微弱,M_1—O—M_2 桥氧键键角基本保持 180°。当温度升高时,由于 M_1O_n 和 M_2O_n 多面体热振动和耦合作用,多面体在自身形状和大小基本不变的情况下会发生扭转使 M_1 和 M_2 之间的距离变小,导致负热膨胀[101],如图 0.9 所示。

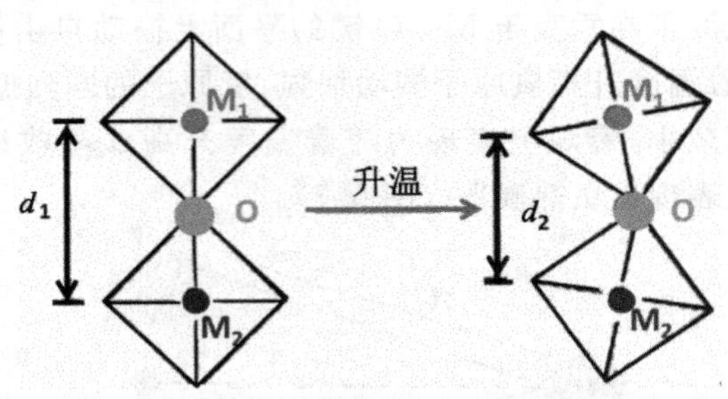

图 0.9 刚性多面体对顶角结构随温度升高而转动导致热收缩示意图

(M_1 与 M_2 中心间的距离随着温度的升高而缩短,$d_1 > d_2$)示意图[101]

以 ZrV_2O_7 和 ZrW_2O_8 为例,Zr—O 和 V—O(W—O)键的强度很大,ZrO_6 八面体和 VO_4(WO_4)四面体表现出刚性特征,连接两个多面体的顶角氧原子受到的束缚力较弱。随着温度的升高,多面体围绕着桥氧原子发生弯曲扭转使 Zr—V(Zr—W)之间的距离变短,即实现负热膨胀[102]。此处要说明的是 ZrV_2O_7 在相变温度以下时部分 V—O—V 键角小于 180°,表现出正热膨胀性质,只有在相变温度之上所有的 V—O—V 键角都是 180°才呈现出负热膨胀性质。

2. 电子歧化、电子迁移导致负热膨胀

最近研究发现,在高温高压条件下制备出的一系列材料 $LaCu_3Fe_4O_{12}$、$BiNiO_3$、$CaCu_3Fe_4O_{12}$ 等呈现了负热膨胀性质[78,103-105]。这个现象出现的机理可以解释为温度升高过程中的电子歧化和电子转移导致晶格收缩。在一般常压下制备的样品中的元素显示出常见的价态,比如:Cu 元素显示+1、+2 价。在特殊的环境中,比如在有强氧化剂 $KClO_4$ 氛围下,在高温和高压环境及强氧化环境下制备的 $LaCu_3Fe_4O_{12}$ 中 Cu 元素会继续失去电子显示出+3 价,该材料在常压下随着温度升高,Cu 中的电子转移到 Fe 中,发生电子歧化反应。在电子转移过程中晶格会出现收缩现象,导致负热膨胀。

3. 相变导致负热膨胀

材料的晶体结构发生变化往往会伴随着晶胞体积的变化。很多材料在

相变过程中都会发生反常热膨胀，比如 ZrO_2 在温度升高至 1443 K 时会发生单斜到四方相的转变，同时伴随着负热膨胀。还有一种磁相变也会伴随着反常膨胀，温度升高到居里温度点附近，磁有序逐渐消失，化合物单胞体积随温度升高而减小，这个过程叫作自发磁致收缩；同时声子热振动会导致化合物正热膨胀，二者综合作用会在一定温度范围内呈现负热膨胀性能，如图 0.10 所示[77-84,106]。

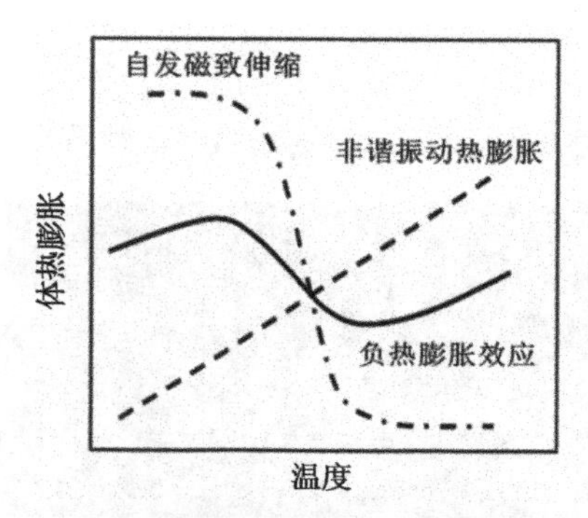

图 0.10 磁性化合物负热膨胀机理分析示意图

0.3 材料的常规表征手段

负热膨胀材料一般要用 X 射线衍射仪 (X-ray Diffractometer, XRD) 和中子衍射 (Inelastic Neutron Scattering)表征其晶体结构、计算其晶格常数，用红外吸收光谱仪 (Infrared Absorption Spectroscopy)和 Raman 光谱仪表征其晶格振动，用热分析 (Differential Scanning Calorimetry, DSC)和热重 (Thermogravimetric, TG)来表征其吸放热和热重，用 X 射线光电子能谱 (X-ray Photoelectron Spectroscopy, XPS)来表征其结合能，用热膨胀仪 (Dilatometry)来表征线性长度变化等等。

0.3.1 X 射线衍射

X 射线是电磁波，其波长为 0.06～20 Å，其波长与晶格中晶面间距可以比较，具备发生明显衍射的条件。德国物理学家劳厄 1912 年预言了可以将晶体用作 X 射线衍射光栅，对于衍射花样的深入研究能获得晶体结构的详细信息。基本原理是：当一束平行 X 射线入射到固体物质后，将会与物质中原子产生相互作用，一部分射线直接透过被测物体，另一部分会被吸收,还有一部分被原子散射。每个原子都能产生一组散射波,这些散射波相互干涉就产生了衍射。衍射波相互叠加会使某一方向衍射加强,在另一些方向上减弱。可以通过衍射条纹的空间分布和衍射强度的高低来判断物相结构和物相含量。在同一种材料不同晶格中同一晶面上散射截面相同,它们所散射的X射线会发生叠加。一组晶面中,任意两个面间距为d,不同晶面的面间距d不同(图0.11)对应不同的衍射角度,可以得到著名的布拉格方程:

$$2d\sin\theta=n\lambda \tag{1.12}$$

其中:λ是使用的X射线波长;n表示衍射级数(正整数):θ为衍射角(图0.12)。

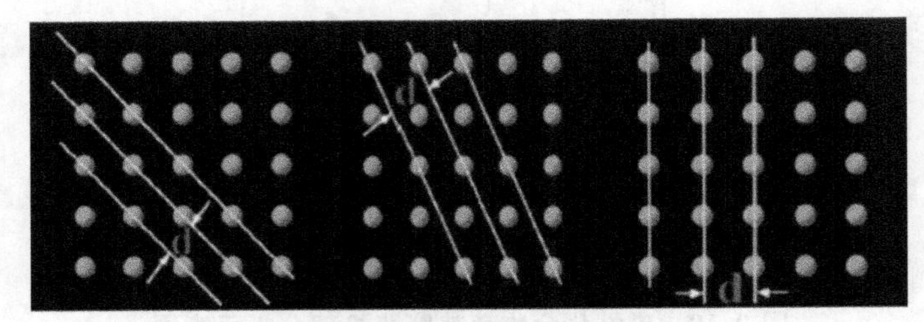

图0.11　不同方向上的晶面间距

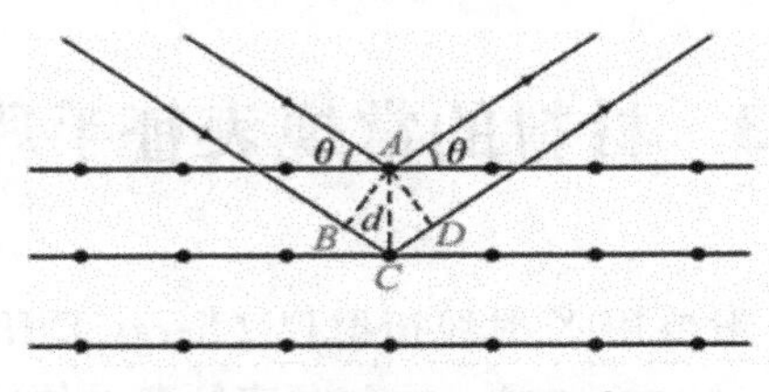

图0.12　布拉格衍射示意图

经过一百多年的发展,X射线衍射已成为研究材料晶体结构和化学组分与宏观性能之间关系的重要手段之一,已涉及物理、化学、生物、材料、工程技术等众多学科[107-110]。通过某一晶体的X射线衍射图样,可以判断其纯度和结晶度,也可以通过结构精修软件计算其晶格常数、空间群、原子的坐标以及晶体的结构图[111-112]。根据变温的XRD图谱可以计算出晶格常数随着温度的变化。

本书中使用的X射线衍射仪是X'Pert PRO型X射线衍射仪,X射线波源是波长为0.15406 nm的Cu靶辐射。XRD衍射图谱的数据分析软件是Panalytical X'Pert HighScore Plus,比对分析标准卡片库为PDF-2004。

0.3.2 拉曼散射

拉曼散射是一种非弹性散射。1928年,印度物理学家拉曼发现光在被散射后频率也发生了变化，如图 0.13 所示。入射光与系统声子相互作用，导致光子能量增加（反斯托克斯散射）或者减小（斯托克斯散射）。使用拉曼光谱进行分析一般不需要对样品进行特殊处理，能够避免引入误差。拉曼光谱仪可直接通过光纤探头透过玻璃、石英对样品进行测量，具有简单、快捷、重复、无损伤的特点，可以定性定量分析并且灵敏度较高。变温变压拉曼光谱，可以研究材料的温度和压力相变，不同压力的拉曼光谱可以研究物质的压力相变。

在课题组的实验中，所使用的是 Jobin-Yvon T64000 和 Renishaw MR-2000 型拉曼光谱仪，激光激发波长分别为 514.5 nm 和 532 nm。

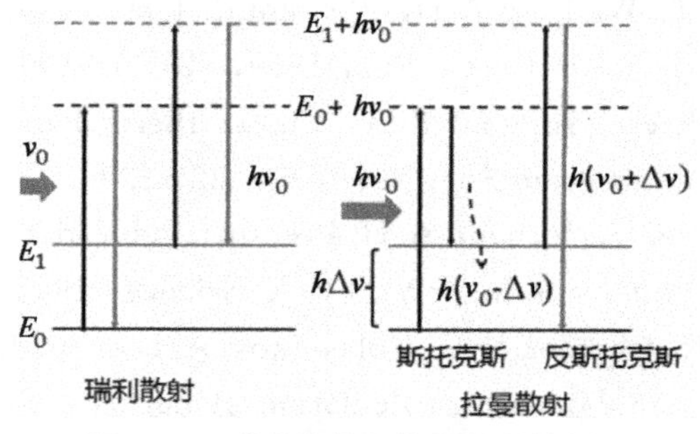

图 0.13　瑞利散射和拉曼散射的原理

0.3.3　热膨胀仪

热膨胀仪是测量样品在一定的温度范围内且其负载力接近零的情况下，样品相对长度随温度（或时间）变化关系的仪器，广泛应用于陶瓷、塑胶、复合材料、涂层材料、金属等领域，具有样品制备简单、数据处理方便等优点。

这里仅仅给出了 X 射线衍射、拉曼散射和热膨胀仪一些基本的原理，其他的详细知识可以查看相关的报道。研究从实验角度进行讨论。

参考文献

[1] Roy R, Agrawal D K, McKinstry H A. Very Low Thermal Expansion Coefficient Materials[J]. Annu. Rev. Mater. Sci. 2003, 19: 59-81.

[2] Karkhanavala M D, Hummel F A. Reactions in the system Li_2O-

$MgO-Al_2O_3-SiO$ 2:1, the cordierite-spodumene join[J]. J. Am. Ceram. Soc. 1963,36:1953-1957.

[3] Hummel F A. Thermal Expansion Properties of Some Synthetic Lithia Minerals[J]. J. Am. Ceram. Soc. 2006,34:235-239.

[4] Boilot J P, Salanie J P, Desplanches G, et al. Phase Transformation in $Na_{1+x}Si_xZr_2P_{3-x}O_{12}$ Compounds[J]. Mat. Res. Bull. 1979, 14: 1469-1477.

[5] Mary T A, Evans J S O, Vogt T, et al. Negative thermal expansion from 0.3 to 1050 Kelvin in ZrW_2O_8[J]. Science, 1996, 272: 90-92.

[6] Graham J, Wadsley A D, Weymouth J H, et al. A new ternary oxide, ZrW_2O_8[J]. J Am Ceram Soc, 1959, 42: 570-571.

[7] Martinek C, Hummel F A. Linear thermal expansion of three tungstates[J]. J Am Ceram Soc, 1968, 51: 227-228.

[8] Perottoni C A, Jornada A H. Pressure-induced amorphization and negative thermal expansion in ZrW_2O_8[J]. Science, 1998, 280:886-889.

[9] Mittal R, Chaplot S L, Kolesnikov A I, et al. Inelastic neutron scattering and lattice dynamical calculation of negative thermal expansion in HfW_2O_8[J]. Phys Rev B, 2003, 68.

[10] Hashimoto T, Katsube T, Morito Y. Observation of two kinds of phase transitions of ZrW_2O_8 by power-compensated differential scanning calorimetry and high-temperature X-ray diffraction[J]. Solid State Commun., 2000, 116:129-132.

[11] Evans J S O, Hu Z, Jorgensen J D, et al. Compressibility phase transitions and oxygen migration zirconium tungstate, ZrW_2O_8. Science, 1997, 275:61-65.

[12] Pryde A K A, Hammonds K D, Dove M T, et al. Rigid unit modes and the negative thermal expansion in ZrW_2O_8[J]. Phase Trans, 1997, 61: 141-153.

[13] Liu Q Q, Yang J, Cheng X N, et al. Abnormal positive thermal expansion in Mo substituted ZrW_2O_8 [J]. Physica B, 2011, 406: 3458-3464.

[14] Yang J, Yang Y S, Liu Q Q, et al. Preparation of negative thermal expansion ZrW_2O_8 powders and its application in polyimide/ZrW_2O_8 composites[J]. J Mater Sci Technol, 2010, 26: 665-668.

[15] Sun X J, Yang J, Liu Q Q, et al. Influence of sodium dodecyl

benzene sulfonate (SDBS)on the morphology and negative thermal expansion property of ZrW_2O_8 powders synthesized by hydrothermal method [J]. J Alloys Compd, 2009, 481: 668-672.

[16] Yang J, Liu Q Q, Sun X J, et al. Synthesis of negative thermal expansion materials $ZrW_{2-x}Mo_xO_8$ $(0 \leqslant x \leqslant 2)$using hydrothermal method[J]. Ceram Int, 2009, 35: 441-445.

[17] Liu H F, Zhang Z P. Thermal expansion of ZrO_2-ZrW_2O_8 composites prepared using co-precipiation route[J]. Int J Mod Phys B, 2009, 23: 1449-1454.

[18] 刘红飞,张志萍,张伟,等. 射频磁控溅射制备负热膨胀 ZrW_2O_8 薄膜的应力特性研究[J]. 真空科学与技术学报,2011, 31: 253-257.

[19] Wang K, Reeber R R. Mode Gruneisen parameters and negative thermal expansion of cubic ZrW_2O_8 and $ZrMo_2O_8$[J]. Appl. Phys. Lett. 2000,76: 2203.

[20] Ramirez A P, Kowach G R. Large Low Temperature Specific Heat in the Negative Thermal Expansion Compound ZrW_2O_8[J]. Phys Rev Lett. 1998, 80: 4903.

[21] Ernst G, Broholm C, Kowach G R, et al. Phonon Density of States and Negative Thermal Expansion in ZrW_2O_8[J]. Nature 1998, 396: 147.

[22] Mittal R, Chaplot S L, Schober H, et al. Origin of Negative Thermal Expansion in Cubic ZrW_2O_8 Revealed by High Pressure Inelastic Neutron Scattering[J]. Phys. Rev. Lett. 2001, 86: 4692.

[23] Evans J S O, David W I F, Sleight A W. Structural investigation of the negative-thermal-expansion material ZrW_2O_8[J]. Acta Crystallogr Sect. B 1999, 55: 333-340.

[24] David W I F, Evans J S O, Sleight A W. Direct evidence for a low frequency phonon mode mechanism in the negative thermal expansion compound ZrW_2O_8[J]. Europhys. Lett. 1999, 46: 661.

[25] Yamamura Y, Nakajima N, Tsuji T, et al. Heat capacity and Grüneisen function of negative thermal expansion compound HfW_2O_8[J]. Solid State Commun. 2002, 121: 213.

[26] Evans J S O, Mary T A, Vogt T, et al. Negative thermal expansion in ZrW_2O_8 and HfW_2O_8[J]. Chem Mater,1996,8: 2809-2823

[27] Lind C, Wilkinson A P, Hu Z, et al. Synthesis and properties

of the negative thermal expansion material cubic zirconium molybdate[J]. Chem. Mater. 1998, 10: 2335.

[28]King I J, Fayon F, Massiot D, et al. A space group assignment of ZrP_2O_7 obtained by 31P solid state NMR[J]. Chem. Commun, 2001, 18:1766-1767.

[29]Hudalla C, Eckert H, Dupree R. Structural Studies of $ZrV_{2-x}P_xO_7$ Solid Solutions Using 31P-{51V} and 51V-{31P} Rotation Echo Double Resonance NMR[J]. J. Phys. Chem. 1996, 100: 15986-15991.

[30] Iuliucci R J, Meier B H. A Characterization of the Linear P-O-P Bonds in $M^{4+}(P_2O_7)$ Compounds: Bond-Angle Determination by Solid-State NMR[J]. J. Am. Chem. Soc. 1998, 120, 9059-9062 .

[31] Helluy X, Marichal C, Sebald A. Through-Bond Indirect and Through-Space Direct Dipolar Coupling 31P MAS NMR Constraints for Spectral Assignment in the Cubic 3×3×3 Superstructure of TiP_2O_7 [J]. J. Phys. Chem. B, 2000, 104:2836-2845.

[32]Losilla E R, Cabeza A, Bruque S, et al. Syntheses, Structures, and Thermal Expansion of Germanium Pyrophosphates[J]. J. Solid State Chem. 2001, 156: 213-219 .

[33] Khosrovani N, Korthuis V, Sleight A W, et al. Unusual 180° P-O-P bond angles in ZrP_2O_7[J]. Inorg Chem, 1996, 35:485-489.

[34] Evans J S O, Hanson J C, Sleight A W. Room-temperature superstructure of ZrV_2O_7[J]. Acta Crystallogr. 1998, B54:705-713.

[35] Withers R L, Evans J S O, Hanson J C, et al. An in situ temperature-dependent electron and X-ray diffraction study of structural phase transitions in ZrV_2O_7[J]. J. Solid State Chem. 1998, 137, 161-167.

[36] Khosrovani N, Sleight A W, Vogt T. Structure of ZrV_2O_7 from -263 to 470℃[J]. J. Solid State Chem. 1997, 132, 355-360.

[37] Withers R L, Tabira Y, Evans J S O, et al. A New Three-Dimensional Incommensurately Modulated Cubic Phase (in ZrP_2O_7) and Its Symmetry Characterization via Temperature-Dependent Electron Diffraction[J]. J. Solid State Chem. 2001, 152: 186-192.

[38] Mittal R, Chaplot S L. Lattice dynamical calculation of negative thermal expansion in ZrV_2O_7 and HfV_2O_7[J]. Phy. Rev. B, 2008, 78: 2599-2604.

[39] Yamamura Y, Horikoshi A, Yasuzuka S, et al. Negative ther-

mal expansion emerging upon structural phase transition in ZrV_2O_7 and HfV_2O_7[J]. Dalton Trans, 2011, 40:2242-2248.

[40] Hemamala U L C, El-Ghussein F, Muthu D V S. High-pressure Raman and infrared study of ZrV_2O_7[J]. Solid State Commun. 2007, 141(12):680-684.

[41] Petruska E A, Muthu D V S, Carlson S. High-pressure Raman and infrared spectroscopic studies of ZrP_2O_7[J]. Solid State Commun., 2010, 150, 235-239.

[42] Korthuis V, Khosrovani N, Sleight A W. Negative thermal expansion and phase transitions in the $ZrV_{2-x}P_xO_7$ series[J]. Chem. Mater, 1995, 7:412-417.

[43] Sahoo P P, Sumithra S, Madras G, et al. Synthesis, structure, negative thermal expansion, and photocatalytic property of Mo doped ZrV_2O_7[J]. Inorg Chem, 2011, 50: 8774-8781.

[44] 袁焕丽,袁保合,李芳,等. $ZrV_{2-x}P_xO_7$固溶体的相变与热膨胀性质的研究[J]. 物理学报,2012, 61: 226502.

[45] 云大钦,谷臣清,王晓芳. 负热膨胀材料 ZrV_2O_7 与金属 Al 的复合行为及特性[J]. 复合材料学报,2005, 22: 25-31.

[46] Dua J, Gao Y F, Luo H J, et al. Formation and metal-to-insulator transition properties of VO_2-ZrV_2O_7 composite films by polymer-assisted deposition[J]. Sol Energy Mater Sol Cells. 2011, 95: 1604-1609.

[47] Sumithra S, Umarji A M. Role of structure on the thermal expansion of $Ln_2W_3O_{12}$ (Ln=La, Nd, Dy, Y, Er, and Yb)[J]. Solid State Sci., 2004, 6:1313-1319.

[48] Ari M, Jardim P M, Marinkovic B A, et al. Thermal expansion of $Cr_{2x}Fe_{2-2x}Mo_3O_{12}$, $Al_{2x}Fe_{2-2x}Mo_3O_{12}$ and $Al_{2x}Cr_{2-2x}Mo_3O_{12}$ solid solutions [J]. J Solid State Chem., 2008, 181:1472-1479.

[49] Forster P M, Yokochi A, Sleight A W. Enhanced negative thermal expansion in $Lu_2W_3O_{12}$[J]. J. Solid State Chem., 1998, 140: 157-158.

[50] Liang E J, Huo H L, Wang J P, et al. Effect of water species on the phonon modes in orthorhombic $Y_2(MoO_4)_3$ revealed by Raman spectroscopy[J]. J. Phys. Chem. C, 2008 112:6577-6581 .

[51] Tyagi A K, Achary S N, Mathews M D. Phase transition and negative thermal expansion in $A_2(MoO_4)_3$ system (A=Fe^{3+}, Cr^{3+} and

Al^{3+})[J]. J. Alloys Compd., 2002, 339:207-210.

[52] Li Z Y, Song W B, E J Liang. Structures, Phase Transition, and Crystal Water of $Fe_{2-x}Y_xMo_3O_{12}$[J]. J. Phys. Chem. C, 2011,115: 17806-17811.

[53] Li Q J, Yuan B H, Song W B, et al. Phase transition, hygroscopicity and thermal expansion properties of $Yb_{2-x}Al_xMo_3O_{12}$[J]. Chin. Phys. B, 2012, 21:046501.

[54] Sumithra S, Umarji A M. Negative thermal expansion in rare earth molybdates[J]. Solid State Sci., 2006, 8:1453-1458.

[55] Marinkovic B A, Ari M, Avillez R R, et al. Correlation between AO_6 polyhedral distortion and negative thermal expansion in orthorhombic $Y_2Mo_3O_{12}$ and related materials[J]. Chem Mater., 2009, 21: 2886-2894.

[56] Varga T, Moats J L, Ushakov S V, et al. Thermochemistry of $A_2M_3O_{12}$ negative thermal expansion materials[J]. J Mater Res., 2007, 22:2512-2521 .

[57] Suzuki T, Omote A, Negative thermal expansion in (HfMg) $(WO_4)_3$[J]. J. Am. Ceram. Soc., 2004, 87:1365-1367.

[58] Suzuki T, Omote A, Zero thermal expansion in (Al_{2x} $(HfMg)_{1-x}$)$(WO_4)_3$[J]. J. Am Ceram Soc., 2006, 89:691-693.

[59] Gindhart A M, Lind C, Green M. Polymorphism in the negative thermal expansion material magnesium hafnium tungstate[J]. J. Mater. Res., 2008, 23:210-213.

[60] Marinkovic B A, Jardim P M, Ari M, et al. Low positive thermal expansion in $HfMgMo_3O_{12}$[J]. Phys. Stat. Sol. B, 2008, 245: 2514-2519.

[61] Miller K J, Romao C P, Bieringer M, et al. Near-zero thermal expansion in In$(HfMg)_{0.5}Mo_3O_{12}$[J]. J Am Ceram Soc, 2013, 96: 561-566.

[62] Song W B, Liang E J, Liu X S, et al. A negative thermal expansion material of $ZrMgMo_3O_{12}$[J]. Chin. Phys. Lett. 2013, 30: 126502.

[63] Amos T G, Sleight A W. Negative thermal expansion in orthorhombic $NbOPO_4$[J]. J Solid State Chem, 2001, 160: 230-238.

[64] Amos T G, Yokochi A, Sleight A W. Phase transition and Negative thermal expansion in tetragonal $NbOPO_4$[J]. J Solid State

Chem, 1998, 14: 303-307.

[65] Wang J R, Deng J X, Yu R B, et al. Coprecipitation synthesis and negative thermal expansion of $NbVO_5$[J]. Dalton Trans, 2011, 40: 3394-3397.

[66] Wang X W, Huang Q Z, Deng J X, et al. Phase transformation and negative thermal expansion in $TaVO_5$[J]. Inorg Chem, 2011, 50: 2685-2690.

[67] Chen J, Fan L L, Ren Y, et al. Unusual transformation from strong negative to positive thermal expansion in $PbTiO_3$-$BiFeO_3$ perovskite[J]. Phys Rev Lett, 2013, 110: 115901.

[68] Wang F F, Xie Y, Chen J, et al. First-principles study on negative thermal expansion of $PbTiO_3$[J]. Appl Phys Lett, 2013, 103: 221901

[69] Wang L, Yuan PF, Wang F, et al. First-principles study of tetragonal $PbTiO_3$: Phonon and thermal expansion[J]. Mater Res Bull, 2014, 59: 509-511.

[70] Hu P H, Chen J, Sun C, et al. B-site dopant effect on the thermal expansion in the $(1-x)PbTiO_3$-$xBiMeO_3$ solid solution (Me = Fe, In, Sc)[J]. J Am Ceram Soc, 2011, 94(10): 3600-3603.

[71] Hu P H, Chen J, Sun X Y, et al. Zero thermal expansion in $(1-x)PbTiO_3$-$xBi(Mg, Ti)_{1/2}O_3$ piezoceramics[J]. J Mater Chem, 2009, 19: 1648-1652.

[72] Hu P H, Chen J, Deng J X, et al. Thermal expansion, ferroelectric and magnetic properties in $(1-x)PbTiO_3$-$xBi(Ni_{1/2}Ti_{1/2})O_3$[J]. J Am Ceram Soc, 2010, 132(6): 1925-1928.

[73] Azuma M, et al. Pressure-induced intermetallic valence transition in $BiNiO_3$[J]. J Am Chem Soc, 2007, 129:14433-14436.

[74] Azuma M, Chen W, Seki H, et al. Colossal negative thermal expansion in $BiNiO_3$ induced by intermetallic charge transfer[J]. Nature Commun, 2011, 2: 347.

[75] Long Y W, et al. Temperature-induced A-B intersite charge transfer in an A-site-ordered $LaCu_3Fe_4O_{12}$ perovskite[J]. Nature, 2009, 458:60-63.

[76] Yamada I. Charge Disproportionation, Intersite Charge Transfer, and Negative Thermal Expansion in Iron Perovskites Containing Unusual High Valence Fe^{4+} Ions[J]. J Cryst Soc Japan, 2012,54: 287-291.

[77] Sun Y, Wang C, Wen Y C, et al. Negative thermal expansion and magnetic transition in anti-perovskite structured $Mn_3Zn_{1-x}Sn_xN$ compounds[J]. J Am Ceram Soc, 2010, 93: 2178-2181.

[78] Song X Y, Sun Z H, Huang Q Z, et al. Adjustable zero thermal expansion in antiperovskite manganese nitride[J]. Adv Mater, 2011, 23, 4690-4694.

[79] Chu L H, Wang C, Yan J, et al. Magnetic transition, lattice variation and electronic transport properties of Ag-doped $Mn_3Ni_{1-x}Ag_xN$ antiperovskite compounds[J]. Scripta Materialia, 2012, 67: 173-176.

[80] Sun Y, Wang C, Wen Y C, et al. Negative thermal expansion and correlated magnetic and electrical properties of Si-doped Mn_3GaN compounds[J]. J Am Ceram Soc, 2010, 93: 650-653.

[81] Wu M M, Wang C, Sun Y, et al. Magnetic structure and lattice contraction in Mn_3NiN[J] . J Appl Phys, 2013, 114: 123902.

[82] Chen Z, Huang R J, Chu X X, et al. Negative thermal expansion and nearly zero temperature coefficient of resistivity in anti-perovskite manganese nitride Mn_3CuN co-doped with Ag and Sn[J]. Cryogenics, 2012, 52: 629.

[83] Huang R J, Liu Y Y, Fan W, et al. Giant negative thermal expansion in $NaZn_{13}$-type $La(Fe, Si, Co)_{13}$ compounds[J]. J Am Chem Soc, 2013, 135: 11469.

[84] Qu B Y, He H Y, Pan B C. The elastic properties of $Mn_3(Cu_{1-x}Ge_x)N$ compounds[J]. AIP Adv, 2012, 1: 042125.

[85] Tong P, Louca D, King G, et al. Magnetic transition broadening and local lattice distortion in the negative thermal expansion antiperovskite $Cu_{1-x}Sn_xNMn_3$[J]. Appl Phys Lett, 2013, 106: 041908.

[86] Bowmaker G A, Kennedy B J, Reid J C. Crystal Structures of AuCN and AgCN and Vibrational Spectroscopic Studies of AuCN, AgCN, and CuCN[J]. Inorg. Chem. 1998, 37:3968-3974.

[87] Hibble S J, Wood G B, Bilbé E J, et al. Structures and negative thermal expansion properties of the one-dimensional cyanides, CuCN, AgCN and AuCN[J]. Z. Kristallogr. 2010, 225:457-462.

[88] Chippindale A M, Hibble S J. Helices, Chirality and interpenetration: the versatility and remarkable interconversion of silver-copper cyanide frameworks[J]. J Am Chem Soc, 2009, 131:12736-12744.

[89] Chapman K W, Chupas P J, Kepert C J. Compositional dependence of negative thermal expansion in the Prussian blue analogues MⅡPtⅣ(CN)6(M=Mn,Fe,Co,Ni,Cu,Zn,Cd)[J]. J Am Chem Soc, 2006, 128:7009-7014.

[90] Ding P, Liang E J, Jia Yu, et al. Electronic Structure: Bonding and Phonon Modes in the Negative Thermal Expansion Materials of $Cd(CN)_2$ and $Zn(CN)_2$[J]. J. Phys.: Condens. Matter, 2008, 20:275224.

[91] Adak S, Daemen L L, Hartl M, et al. Thermal expansion in 3d-metal Prussian Blue Analogs-A survey study[J]. J Solid State Chem, 2011, 184:2854-2861.

[92] Adak S, Daemen L L, Nakotte H. Negative thermal expansion in the Prussian Blue analog $Zn_3[Fe(CN)_6]_2$: X-ray diffraction and neutron vibrational studies[J]. J Phys: Conf Ser, 2010, 251: 012007.

[93] Goodwin A L, Calleja M, Conterio M, et al. Colossal Positive and Negative Thermal Expansion in the Framework Material $Ag_3[Co(CN)_6]$[J]. Science, 2008, 319:794-797.

[94] Lagarec K, Rancourt D G. Fe_3Ni-type chemical order in $Fe_{65}Ni_{35}$ films grown by evaporation: Implications regarding the Invar problem [J]. Phys Rev B, 2000, 62, 978-985.

[95] Hao Y M, Liang F F, Zhang X M, et al. Thermal expansion anomaly and spontaneous magnetostriction of Gd_2Fe_{17} compound[J]. J Rare Earths, 2011, 29: 772-775.

[96] 郝延明,崔春翔,孟凡斌. $Ho_2AlFe_{14}Mn_2$ 化合物的负热膨胀性质[J]. 物理学报,2003, 52: 2256-2259.

[97] Hao Y M, Zhang X M, Wang B W, et al. Anomalous thermal expansion and magnetic properties of $Tm_2Fe_{17-x}Cr_x$ compounds[J]. J Appl Phys, 2010, 108: 023915.

[98] Barrera G D, Bruno J A O, Barron T H K, et al. Negative thermal expansion[J]. J Phys: Condens Matter, 2005, 17: R217-252.

[99] Miller W, Smith C W, Mackenzie D S, et al. Negative thermal expansion: a review[J]. J Mater Sci, 2009, 44: 5441-5451.

[100] Evans J S O. Negative thermal expansion materials[J]. J Chem Soc, Dalton Trans, 1999, 3317-3521.

[101] 邢献然. 氧化物材料的负热膨胀机理[J]. 北京科技大学学报, 2000, 22: 56-58.

[102] Pryde A K A, H ammonds K D, Dove M T, et al. Origin of the negative thermal expansion in ZrW_2O_8 and ZrV_2O_7[J]. J Phys Condens Matter, 1996, 8: 10973-10982.

[103] Hao X F, Xu Y H, Gao F M, et al. Charge disproportionation in $CaCu_3Fe_4O_{12}$[J]. Phys Rev B, 2009, 79: 113101.

[104] Yamada I, Tsuchida K, Ohgushi K, et al. Giant negative thermal expansion in the iron perovskite $SrCu_3Fe_4O_{12}$[J]. Angew Chem Int Ed, 2011, 50: 6579-6582.

[105] Long Y W, Hayashi N, Saito T, et al. Temperature-induced A-B intersite charge transfer in an A-site-ordered $LaCu_3Fe_4O_{12}$ perovskite [J]. Nature, 2009, 458: 60-64.

[106] 温永春，王聪，孙莹. 具有负膨胀性能的磁性材料[J]. 物理，2007，36(9)：720-725.

[107] 田志宏,张秀华,田志广. X射线衍射技术在材料分析中的应用[J]. 工程与试验,2009,49(3):40-42.

[108] 杨新萍. X射线衍射技术的发展和应用[J]. 山西师范大学学报,2007,21(1):72-76.

[109] 解其云,吴小山. X射线衍射进展简介[J]. 物理,2012,41(11):727-735.

[110] 梁敬魁. 粉末衍射法测定晶体结构[J].北京:科学出版社,2012. 76-81.

[111] 黄远辉,杨海涛,尚福亮,等. $A_2W_3O_{12}$(A=Y,Er,Ho,Yb)型稀土钨酸盐的高温XRD研究及结构精修[J]. 稀有金属材料与工程,2009,38(12):2131-2135.

[112] 刘晓轩. Rietveld方法在无机材料中的一些应用[D]. 厦门:厦门大学,2006.

第1章　负热膨胀材料的常见制备方法

负热膨胀材料与普通正热膨胀材料制备方法有些是可以通用的，如固相法、湿化学法（共沉淀法、水热法、溶剂热法）、气相沉积法、脉冲激光沉积法、磁控溅射法等等。然而，也有一些亚稳态负热膨胀材料需要使用快速退火法制备，如 ZrW_2O_8[1-5] 等；也有一些材料需要在高压高温条件下制备，如 $BiNiO_3$[4-8]、$LaCu_3Fe_4O_{12}$[9-11] 等。

1.1　固相法

固相法是将固体粉末原料按照既定的比例称量后混合均匀、研磨、粉末状或压片后高温烧结，烧结气氛可以是空气或惰性气体，也可以是真空。在烧结过程中如果是有高压，可以是真空热压、热等静压等。固相法是一种传统的制备工艺，虽然有其固有的缺点，如能耗大、效率低、粉体不够细、易混入杂质等，但该法制备的粉体颗粒具有无团聚、填充性好、成本低、产量大、制备工艺简单等优点；同时也能够实现快速退火或淬火的过程，实现亚稳态物质的制备，如 ZrW_2O_8 在室温下是亚稳相，需要从高温淬火到室温，甚至反复淬火多次，才能保证立方相的 ZrW_2O_8 在室温下存在。

1.2　湿化学法

有液相参加的、通过化学反应来制备材料的方法统称为湿化学法，如共沉淀法、化学液相沉积（CBD）法、电化学沉积（电镀）法、溶胶凝胶法等。

共沉淀法是将两种可溶性盐溶解在溶剂中，在溶液中含有两种或多种阳离子，它们以均相存在于溶液中，加入矿化剂，经沉淀反应后，可得到各种成分均匀的沉淀，它是制备含有两种或两种以上金属元素的复合氧化物超细粉体的重要方法。一般共沉淀物只是目标产物的前驱体，需要进一步过滤、烘干、低温煅烧，才能得到目标产物。

溶胶凝胶法就是将可溶性盐溶解到溶剂中，加入柠檬酸等，形成含高化学活性组分的化合物作前驱体，在液相下将这些原料均匀混合，并进行水解、缩合化学反应，在溶液中形成稳定的透明溶胶体系，溶胶经陈化，胶粒间缓慢聚合，形成三维网络结构的凝胶，凝胶网络间充满了失去流动性的溶剂，形成凝胶，凝胶经过干燥、烧结固化制备出分子乃至纳米亚结构的材料。

参考文献

[1] Kameswari U, Sleight A W, Evans J S O. Rapid synthesis of ZrW_2O_8 and related phases, and structure refinement of $ZrWMoO_8$[J]. Int J Inorg Mater, 2000, 2: 333-337.

[2] Wang J P, Chen Q D, Feng W W, et al. Rapid synthesis and Raman spectroscopic study of the negative thermal expansion material of $A(WO_4)_2$($A = Zr^{2+}$, Hf^{2+})[J]. Optik - Int. J. Light Electron Opt, 2013, 124 (4): 335-338.

[3] Nishiyama S, Hayashi T, Hattori T, Synthesis of ZrW_2O_8 by quick cooling and measurement of negative thermal expansion of the sintered bodies[J]. J Alloys Compd, 2006, 417: 187-189.

[4] Mancheva M N, Iordanova R S, Dimitriev Y B, et al. Direct synthesis of metastable nanocrystalline ZrW_2O_8 by a melt-quenching method [J]. J Phys Chem, 2007, 111(41): 14945-14947.

[5] Dedova E S, Gubanov A I, Filatov E Y, et al. Synthesis conditions and sintered ZrW_2O_8 structure [J]. AIP Conf Proc, 2016, 1783: 020036.

[6] Azuma M, Chen W, Seki H, et al. Colossal negative thermal expansion in $BiNiO_3$ induced by intermetallic charge transfer[J]. Nat Commun, 2011, 2(1): 347.

[7] S Ishiwata, M Azuma, M Takano, et al. High pressure synthesis, crystal structure and physical properties of a new Ni(II) perovskite $BiNiO_3$[J]. J Mater Chem, 2002, 12: 3733-3737.

[8] Azuma M, Carlsson S, Rodgers J, et al. Pressure-induced intermetallic valence transition in $BiNiO_3$[J]. J Am Chem Soc, 2007, 129: 14433-14436.

[9] Long Y W, Hayashi N, Saito T, et al. Temperature-induced A-B intersite charge transfer in an A-site-ordered $LaCu_3Fe_4O_{12}$ perovskite [J]. Nature, 2009, 458: 60-64.

[10] W Chen, Y Long, T Saito, et al. Charge transfer and antiferromagnetic order in the A-site-ordered perovskite $LaCu_3Fe_4O_{12}$[J]. J Mater Chem, 2010, 20: 7282-7286.

[11] Allub R, Alascio B. A thermodynamic model for the simultaneous charge/spin order transition in $LaCu_3Fe_4O_{12}$ [J]. J Phys: Condens Matter, 2012, 24: 495601.

第 2 章　ZrO_2-ZrW_2O_8 复合材料的制备及性能

2.1 引　言

众所周知，自然界多数材料受热膨胀、遇冷收缩。不同的热膨胀和收缩率导致在应用上遇到了很多问题，比如：由于热应力导致层状物体彻底分层、连接物品出现裂缝、器件出现暂时性或永久性失效等。近些年，一些具有负热膨胀特性的材料逐渐被发现[1-17]。这些发现极大地促进了通过复合负热膨胀材料和正热膨胀材料的方法来获得具有可控的负的、零或正的热膨胀系数的工程材料[18-26]。

在已发现的负热膨胀材料中，ZrW_2O_8 是人们具有极大研究兴趣的一种材料，其在较大温度范围内（0.3 ～ 1050 K）具有较大各向同性负热膨胀系数[1,2]。ZrW_2O_8 在 440 K 附近会出现晶体结构从有序向无序的变化，从亚稳态低温的立方相（α 相，空间群是 $P2_13$，膨胀系数大约是 -9×10^{-6} K^{-1}）转变为亚稳态高温的立方相（β 相，膨胀系数大约是 -5×10^{-6} K^{-1}）[1,5,7,10-13]。二氧化锆（ZrO_2）在常温常压下是单斜结构（空间群是 $P2_1c$），在大约 2000 K 转变为四方相（空间群是 $P4_2nmc$），在 2643 K 以上转变为立方相（空间群是 Fm3m）[27,28]。ZrO_2 在实际应用中是一种重要材料，主要应用在光学包覆、燃料电池技术、纳米电子器件和生物陶瓷方面等。在 20～373 K 温度范围内，ZrO_2 大致上是线性的热膨胀，其热膨系数是 10×10^{-6} K^{-1}，依靠与 ZrW_2O_8 可以获得膨胀系数可控[18-23]。

ZrO_2/ZrW_2O_8 复合物的制备，依靠烧结商业化的 ZrO_2 和预先制备的 ZrW_2O_8[18,19] 或直接烧结 ZrO_2 和 WO_3[20-23]。第一种方法，需要很长时间和很贵的化学试剂，ZrW_2O_8 的制备或者依靠喷雾干燥技术，使用 $ZrOCl_2\cdot nH_2O$ 和 $(NH_4)_6H_2W_{12}O_{40}\cdot nH_2O$ 溶解在柠檬酸溶液中，或者使用燃烧制备法，使用 $ZrOCl_2\cdot nH_2O$ 和 $(NH_4)_6H_2W_{12}O_{40}\cdot nH_2O$ 溶解在柠檬酸溶

液中来作为 Zr 和 W 源，尿素和硼酸作为燃烧助剂，再高温煅烧，然后在冷水或液氮中淬火。第二种制备方法，以 ZrO_2 和 WO_3 为原料，ZrO_2/ZrW_2O_8 复合物依靠原位制备 ZrW_2O_8 和在高温烧结过程中有过剩的 ZrO_2[20−23]。烧结时间和温度大致上分别是 2～24 h 和 1450～1473 K。除了长时间烧结的成本和昂贵的化学试剂，在合成复合物 ZrO_2/ZrW_2O_8 中还会遇到其他困难，如产品密度低以及在烧结过程中使用烧结助剂时 ZrW_2O_8 的分解。

在这项研究中，采用快速原位制备 ZrO_2/ZrW_2O_8 复合物，ZrO_2 和 WO_3 为反应物。研究发现，复合物 ZrO_2/ZrW_2O_8 能够在 60 min 内制备完成。使用 Y_2O_3 作为烧结添加剂制备的复合物密度高，没有 ZrW_2O_8 的分解。拉曼光谱和拉曼面扫描技术用来表征复合物。

2.2　实验过程

商业化的 ZrO_2 和 WO_3 作为原料，按目标 ZrO_2/ZrW_2O_8 复合物的化学计量比称量并混合、研磨 3 h，来减小颗粒尺寸并提高混合物的均匀程度。研磨得到的混合物经过单轴压片机在 150 MPa 压强下冷压成圆柱体。压制的圆柱体放在一个管式炉中在大气中烧结，烧结温度是 1573 K，烧结时间是 60 min。烧结完成的圆柱体快速从高温管式炉中取出淬火，用来阻止 ZrW_2O_8 分解为 ZrO_2 和 WO_3。为了提高复合物的密度，使用 0.1～1 wt.%的 Y_2O_3 加入到反应物中作为烧结助剂。

样品使用 X 射线衍射仪、拉曼光谱仪、热膨胀仪进行表征。X 射线衍射测试使用的型号是 X'Pert PRO X-ray diffractometer。拉曼光谱记录使用仪器型号是 Horiba-Jobin Yvon Xplora spectrometer，拉曼面扫码（Raman Mapping）使用的仪器型号是 Renishaw inVia Raman spectrometer，激光波长是 532 nm。变温拉曼光谱使用 Linkam 科技有限公司的升降温台（TMS 94），准确度 ±0.1 K。样品的热膨胀性能使用林赛斯高温热膨胀仪测试（LINSEIS DIL L76 dilatometer）。样品的形状是柱形，直径大约是 6 mm，长度大约是 10 mm。参比样和推杆材料是 Al_2O_3。热膨胀测试升温速率是 5 K/min，测试气氛为空气。

2.3 结果与讨论

2.3.1 ZrO_2/ZrW_2O_8 复合物的烧结

图 2.1 显示 ZrO_2、ZrW_2O_8、ZrO_2/ZrW_2O_8（2∶1，1∶1 和 1∶2）的 X 射线衍射图谱。X 射线衍射图谱分析说明，所有衍射峰都可归结为单斜 ZrO_2（m-ZrO_2）或 α 立方结构 ZrW_2O_8（α-ZrW_2O_8）的特征衍射峰。这个结果暗示获得了双相陶瓷。在烧结过程中，ZrO_2 与 WO_3 反应生成 ZrW_2O_8，然后，生成的 ZrW_2O_8 与过量的 ZrO_2 形成复合陶瓷 ZrO_2/ZrW_2O_8。由于 ZrW_2O_8 在 777～1050 K 温度区间容易分解为 ZrO_2 和 WO_3，需要快速淬火来保证复合比例以及需要的 ZrO_2/ZrW_2O_8 复合陶瓷热膨胀性能特点。

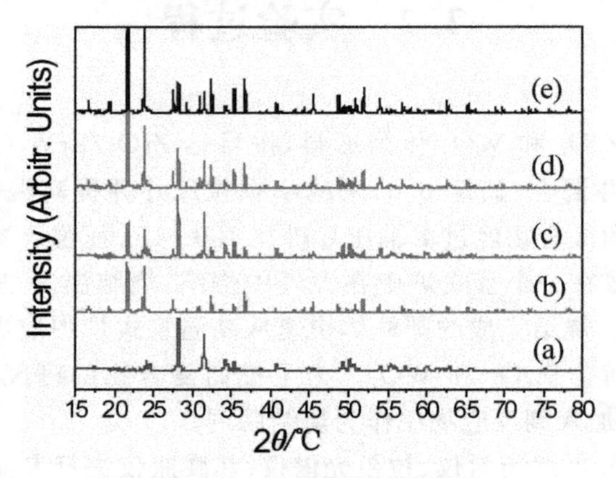

图 2.1 X 射线衍射图谱

(a) ZrO_2；(b) ZrW_2O_8；(c)～(e) ZrO_2/ZrW_2O_8（质量比为 2∶1，1∶1 和 1∶2）

图 2.2 显示出 ZrO_2、ZrW_2O 和复合陶瓷 ZrO_2/ZrW_2O_8（ZrO_2 与 ZrW_2O_8 质量比为 1∶1）的拉曼光谱。复合物的所有拉曼光谱带可以指认为单斜 m-ZrO_2（矩形）或立方 α-ZrW_2O_8（椭圆形）的特征声子模式。m-ZrO_2 一般有 18 个拉曼活性谱带（$9A_g+9B_g$）[27]，但是在这个复合陶瓷中仅仅观察到其中 14 个（100，176，188，220，305，332，346，382，475，502，535，559，615 和 637 cm^{-1}），其余的拉曼谱带归属于 α-ZrW_2O_8。一个自由的 W^{6+} 离子的频率接近 930，830，405 和 320 cm^{-1}。与自由的 W^{6+} 离子的拉曼光谱比较，位于 1040～910 cm^{-1}、910～700 cm^{-1}、400～320 cm^{-1}、320～280 cm^{-1} 的拉曼光谱带之前的被认为是 α-ZrW_2O_8 中 WO_4 四面体的对称伸缩振动 symmetric stretching（ν_1）、反对称伸缩振动 asymmetric stretching(ν_3)、对称弯曲振动 symmetric bending(ν_4)和反对称弯曲振动 asymmetric bending(ν_2)。其他低于 280 cm^{-1}的振动模式归属于 Zr 原子运动引起的晶格振动、WO_4 四面体和 ZrO_6 八面体的平动和天平动[6,8-10]。拉曼测试结果暗示了复合陶瓷的合成避免了 WO_3,这个结果与 X 射线衍射的结果相一致。

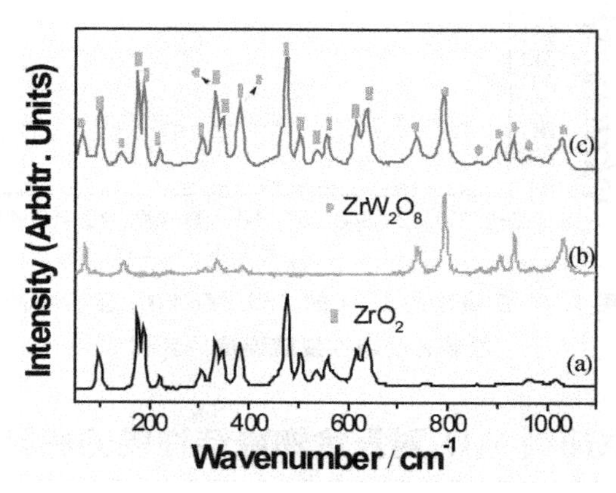

图 2.2 拉曼光谱

(a)ZrO_2;(b)ZrW_2O;(c)复合陶瓷 ZrO_2/ZrW_2O_8(ZrO_2 与 ZrW_2O_8 质量比为 1∶1)

图 2.3 给出了复合陶瓷 ZrO_2/ZrW_2O_8(质量比是 1∶1)变温拉曼光谱,温度范围是 298～473 K。很明显,那个位于 735 cm^{-1},最低的反对称伸缩振动强度变弱,温度范围是 433～443 K。另外,图 2.4 显示,一些拉曼模式在 433 K 变化不连续,说明在复合物 ZrO_2/ZrW_2O_8 中,从 α-ZrW_2O_8 到 β-ZrW_2O_8 的相变与自由存在的 ZrW_2O_8 发生在相同温度范围内[9]。

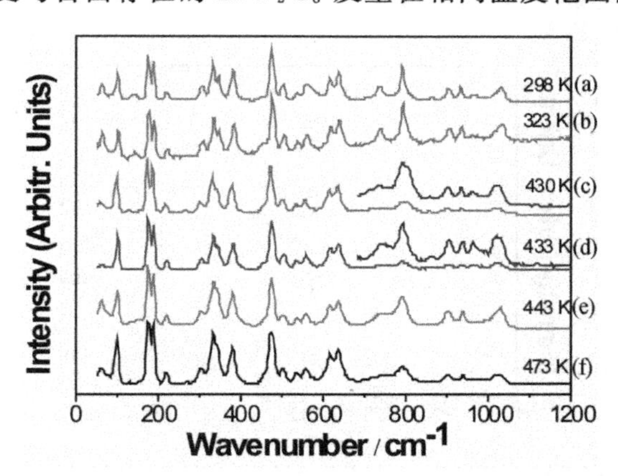

图 2.3 质量比是 1∶1 的 ZrO_2/ZrW_2O_8 复合物在不同温度的拉曼光谱

(a)298 K;(b)323 K;(c)430 K;(d)433 K;(e)443 K;(f)473 K

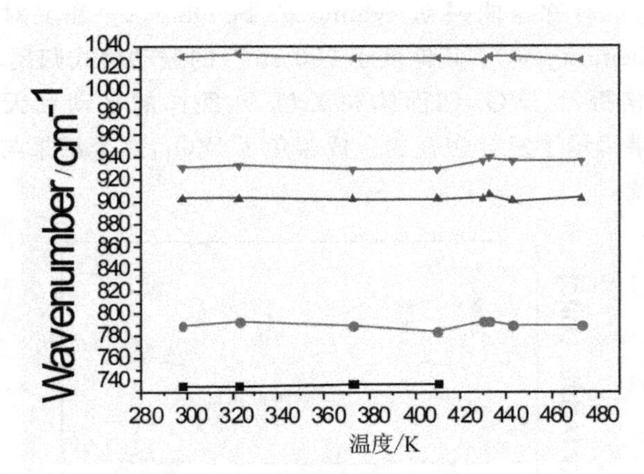

图 2.4　质量比是 1∶1 的 ZrO_2/ZrW_2O_8 复合物的拉曼光谱带位置随温度的变化

2.3.2　添加剂 Y_2O_3 对复合物烧结性能的影响

图 2.5 显示出 ZrW_2O_8/ZrO_2 复合物(ZrO_2 与 ZrW_2O_8 质量比是 2∶1)的 X 射线衍射图谱。添加剂的含量分别是 0.0 wt.%、0.1 wt.%、0.5 wt.%和 1.0 wt.%。很明显,添加 Y_2O_3 并没有引起 α-ZrW_2O_8 的分解,因为没有 WO_3 的衍射峰出现。(111)和(310)的衍射峰,是低温相 ZrW_2O_8 超晶格衍射的特征峰[29],随着含量的增加,这两个衍射峰明显减弱。这个结果可以归因于部分 Y^{3+} 取代 Zr^{4+} 后,ZrW_2O_8 中与 WO_4 对方向有关的有序度降低或无序度增加。

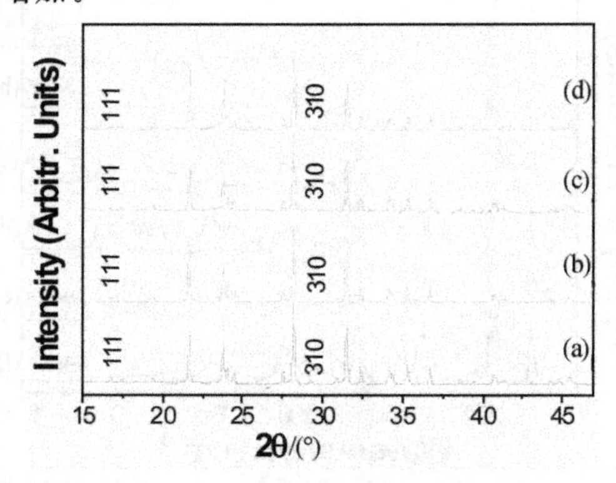

图 2.5　不同添加剂含量的 ZrW_2O_8/ZrO_2 复合物(ZrO_2 与 ZrW_2O_8 质量比是 2∶1)的 X 射线衍射图谱

(a)0.0 wt.%;(b)0.1 wt.%;(c)0.5 wt.%;(d)1.0 wt.%

图 2.6 给出了 ZrW_2O_8/ZrO_2 复合物(ZrO_2 与 ZrW_2O_8 质量比是 1∶1)的拉曼光谱图。添加剂 Y_2O_3 的含量分别是 0.0 wt.%、0.1 wt.%、0.5 wt.%和 1.0 wt.%。可以看出，随着添加剂 Y_2O_3 含量的增加，所有 ZrW_2O_8 的对称和反对称伸缩振动模式强度减弱并宽化。当添加剂 Y_2O_3 的含量从0.1 wt.%增加到 1.0 wt.%时，位于 790 cm^{-1} 的反对称伸缩振动模式对应的拉曼峰的半高宽(Full Width at Half Maximum，FWHM)从 11 cm^{-1} 增加到 18 cm^{-1}。这个半高宽的变化说明，随着添加剂 Y_2O_3 含量的增加，暗示 Y^{3+} 部分替代 ZrW_2O_8 中阳离子 Zr^{4+} 后，ZrW_2O_8 变得逐渐无序化，这个结果与 X 射线衍射的结果一致。

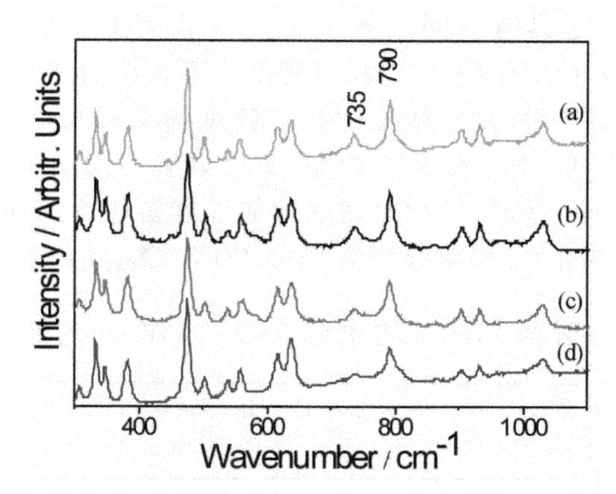

图 2.6 不同添加剂 Y_2O_3 含量的 ZrW_2O_8/ZrO_2 复合物(ZrO_2 与 ZrW_2O_8 质量比是 1∶1)的拉曼光谱图

(a)0.0 wt.%；(b)0.1 wt.%；(c)0.5 wt.%；(d)1.0 wt.%

为了检查复合物 ZrO_2/ZrW_2O_8 中 ZrO_2 和 ZrW_2O_8 的分散性，对样品做了拉曼面扫描。图 2.7(a)～(b) 给出了复合物 ZrO_2/ZrW_2O_8 的拉曼面扫描照片，其中 ZrO_2 和 ZrW_2O_8 质量比是 1∶1，基于 *m*-ZrO_2 和 α-ZrW_2O_8 分别位于 475 cm^{-1} 和 780 cm^{-1} 的特征拉曼峰。很明显，在复合物中，*m*-ZrO_2[图 2.7(a)]和 α-ZrW_2O_8[图 2.7(b)]显示出了很细小的颗粒和很均匀的分散性。

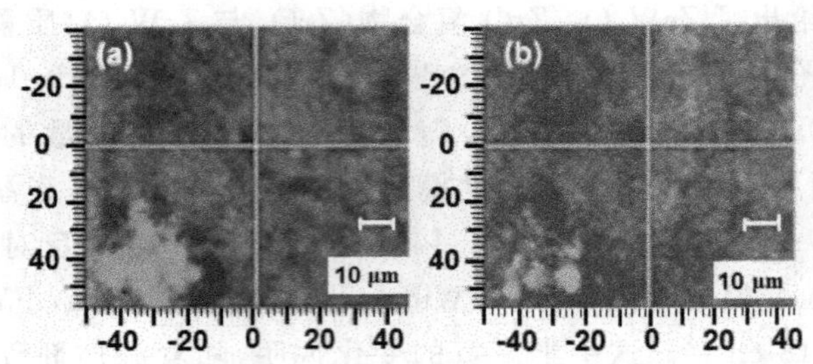

图 2.7　复合物 ZrO_2/ZrW_2O_8 的拉曼面扫描照片

ZrO_2 和 ZrW_2O_8 质量比是 1∶1，添加剂的含量是 1.0 wt.%

(a) ZrO_2 颗粒在复合物中的分布；(b) ZrW_2O_8 颗粒在复合物中

表 2.1 给出了具有不同质量比 ZrO_2 ∶ ZrW_2O_8 和不同含量添加剂 Y_2O_3 的复合物 ZrO_2/ZrW_2O_8 的相对密度。不含添加剂的样品，其相对密度只有 63.63%。然而，复合陶瓷的相对密度随着添加剂含量（0.0～1.0 wt.%）增加而增加。对于多数的样品，虽然具有不同质量比，当添加剂的含量增加到 1.0 wt.%时，其相对密度都能很容易地达到 90%。当质量比 ZrO_2 ∶ ZrW_2O_8 为 1∶2 的复合陶瓷 ZrO_2/ZrW_2O_8，其相对密度高达 99%。

表 2.1　添加剂 Y_2O_3 对复合物 ZrO_2/ZrW_2O_8 的密度的影响

样品	ZrO_2/ZrW_2O_8 weight ratios	Y_2O_3 /(wt. %)	Fraction of ZrW_2O_8 /%	Theoretical CTE /($\times 10^{-6}$ K^{-1})	Density /(g/cm³)	Relative density /%
1	2/1	0.0	36.42	3.74	3.34	63.63
2	2/1	0.1	36.42	3.74	4.48	82.28
3	2/1	0.5	36.42	3.74	4.58	84.13
4	2/1	1.0	36.42	3.74	4.95	90.84
5	1/1	1.0	53.39	0.82	4.89	91.41
6	1/1.3	1.0	56.42	0.30	4.72	88.83
7	1/1.5	1.0	63.22	−0.87	4.77	90.13
8	1/2.0	1.0	69.62	−0.97	5.20	98.87

以上的结果显示，添加剂 Y_2O_3 对提高复合陶瓷 ZrO_2/ZrW_2O_8 的相对密度具有很明显的作用。就像 X 射线衍射图谱和拉曼光谱揭示的结果一样，一些 Y^{3+} 离子进入了 ZrW_2O_8 晶格，然而，只能有少量的替代才可能发生，因为 Y^{3+} 离子和 Zr^{4+} 离子具有很大的离子半径差别（Y^{3+}：90 pm，Zr^{4+}：72 pm），其余的添加剂 Y_2O_3 可能作为烧结助剂来阻碍 ZrW_2O_8 颗粒的增大和提高复合陶瓷 ZrO_2/ZrW_2O_8 的相对密度。

图 2.8 给出了表 2.1 中样品 5～8 相对长度随温度的变化趋势。据报

道，α-ZrW_2O_8（-9×10^{-6} K^{-1}）的热膨胀系数绝对值大于 β-ZrW_2O_8（-5×10^{-6} K^{-1}）的热膨胀系数绝对值[13]。由于从 α-ZrW_2O_8 到 β-ZrW_2O_8 的相变大约在 440 K，复合陶瓷的热膨胀曲线在这个温度也出现变化。就像预期的结果一样，复合陶瓷的热膨胀系数随着 ZrW_2O_8 的体积分数的增加而减小。通过图 2.8 计算出样品 5～8 的热膨胀系数分别是：1.20×10^{-6}、0.31×10^{-6}、-0.78×10^{-6} 和 -1.13×10^{-6} K^{-1}。对于质量比 ZrO_2 ∶ ZrW_2O_8 为 1 ∶ 1.3 的复合物，膨胀系数的预计值是 0.30×10^{-6} K^{-1}，测试值是 0.31×10^{-6} K^{-1}，已经接近零热膨胀。实验的热膨胀系数值比表2.1中的理论预测值稍微偏大。

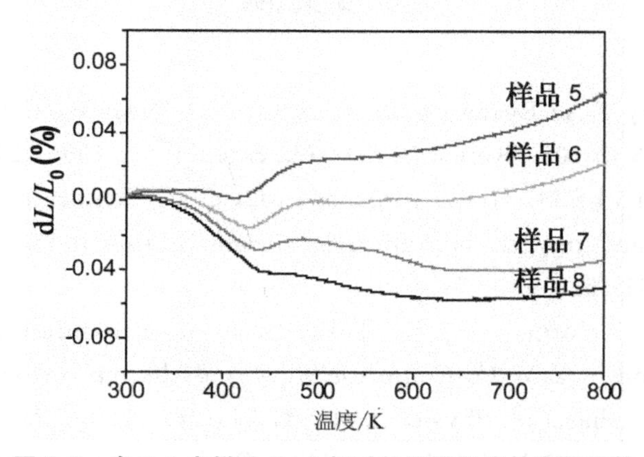

图 2.8 表 2.1 中样品 5～8 相对长度随温度的变化趋势

图 2.8 也显示出，ZrW_2O_8 的相转变温度从样品 8 到样品 5 逐渐降低，通过虚线可以看出。ZrW_2O_8 的含量从样品 8 到样品 5 逐渐降低，但是添加剂 Y_2O_3 的含量保持不变。就像 X 射线衍射图谱和拉曼光谱揭示的那样，Y^{3+} 部分取代 ZrW_2O_8 中的 Zr^{4+} 是可能存在的。随着含量 ZrW_2O_8 的减少，Y^{3+} 取代 Zr^{4+} 的比例可能增加。图 2.8 说明，随着 Y^{3+} 取代 Zr^{4+} 的量增加，相转变温度逐渐降低。

2.4 本章小结

ZrO_2/ZrW_2O_8 双相复合物使用 ZrO_2 和 WO_3 为原料快速原位合成，具有可控的热膨胀系数。研究结果表明，复合物能够在 60 min 内合成。添加 Y_2O_3 作为烧结助剂后，能够获得高密度的复合物 ZrO_2/ZrW_2O_8，没有出现 ZrW_2O_8 的分解物。拉曼面扫描显示在复合物 ZrO_2/ZrW_2O_8 中，ZrO_2 和

ZrW_2O_8 均匀地分散。复合物 ZrO_2/ZrW_2O_8 的热膨胀系数随着 ZrO_2 和 ZrW_2O_8 质量比的变化而变化，质量比为 1∶1.0、1∶1.3、1∶1.5 和 1∶2.0 时，其热膨胀系数分别是 1.20×10^{-6}、0.31×10^{-6}、-0.78×10^{-6} 和 -1.13×10^{-6} K^{-1}。X 射线衍射图谱和拉曼光谱研究揭示出，除了烧结助剂 Y_2O_3 的作用外，部分 Y^{3+} 离子进入晶格取代 ZrW_2O_8 中的 Zr^{4+} 离子，导致 ZrW_2O_8 的无序性增加。热膨胀系数测试揭示出相转变温度随着 Y^{3+} 对 ZrW_2O_8 中的 Zr^{4+} 取代量的增加而降低。

参考文献

[1] Mary T A, Evans J S O, Vogt T, et al. Negative thermal expansion from 0.3 to 1050 Kelvin in ZrW_2O_8. Science[J]. 1996, 272: 90-92.

[2] Evans J S O, Hu Z, Jorgensen J D, et al. Compressibility, phase transitions, and oxygen migration in zirconium tungstate. Science [J]. 1997, 275: 61-65.

[3] Hu Z, Jorgensen J D, Teslic S, et al. Pressure-induced phase transformation in ZrW_2O_8-Compressibility and thermal expansion of the orthorhombic phase[J]. Physica B, 1998, 241-243: 370-372.

[4] Perottoni C A, Jornada J A H D. Pressure-induced amorphization and negative thermal expansion in ZrW_2O_8 [J]. Science, 1998, 280: 886-889.

[5] Yamamura Y, Tsuji T, Saito K, et al. Heat capacity and order-disorder phase transition in negative thermal expansion compound ZrW_2O_8 [J]. J Chem Thermodyn, 2004, 36(6): 525-531.

[6] Ravindran T R, Arora A K, Mary T A. High-pressure Raman spectroscopic study of zirconium tungstate[J]. J Phys: Condens Matter, 2001, 13: 11573-11588.

[7] Yamamura Y, Nakajima N, Tsuji T. Calorimetric and x-ray diffraction studies of α-to-β structural phase transitions in HfW_2O_8 and ZrW_2O_8[J]. Phys Rev B, 2001, 64: 184109.

[8] Liang E J, Wang S H, Wu T A, et al. Raman spectroscopic study on structure, phase transition and restoration of zirconium tungstate blocks synthesized with a CO_2 laser[J]. J Raman Spectrosc, 2007, 38:

1186-1192.

[9] Liang E J, Liang Y, Zhao Y, et al. Low-frequency phonon modes and negative thermal expansion in $A(MO_4)_2$ (A = Zr, Hf and M = W, Mo) by Raman and terahertz time-domain spectroscopy[J]. J Phys Chem A, 2008, 112(49): 12582-12587.

[10] Evans J S O, Mary T A, Vogt T, et al. Negative thermal expansion in ZrW_2O_8 and HfW_2O_8[J]. Chem Mater, 1996, 8: 2809-2823.

[11] Evans J S O, David W I F, Sleight A W. Structural investigation of the negative-thermal-expansion material ZrW_2O_8[J]. Acta Crystallog, Sect B, 1999, 55: 333-340.

[12] Yamamura Y, Nakajima N, Tsuji T. Heat capacity anomaly due to the α-to-β structural phase transition in ZrW_2O_8[J]. Solid State Commun, 2000, 114: 453-455.

[13] Liang E J. Negative thermal expansion materials and their applications: a survey of recent patents[J]. Rec Pat Mater Sci, 2010, 3: 106-128.

[14] Miller W, Smith C W, Mackenzie D S. Negative thermal expansion: a review[J]. J Mater Sci, 2009, 44: 5441-5451.

[15] Evans J S O. Negative thermal expansion materials[J]. J Chem Soc. Dalton Trans, 1999, 19: 3317-3326.

[16] Jakubinek M B, Whitman C A, White M A. Negative thermal expansion materials[J]. J Therm Anal Calorim, 2010, 99: 165-172.

[17] Evans J S O, Mary T A, Sleight A W. Negative thermal expansion materials[J]. Physica B, 1998, 241-243: 311-316.

[18] Lommens P, Meyer C D, Bruneel E, et al. Synthesis and thermal expansion of ZrO_2/ZrW_2O_8 composites[J]. J Eur Ceram Soc, 2005, 25: 3605-3610.

[19] Yang X B, Cheng X N, Yan X H, et al. Synthesis of ZrO_2/ZrW_2O_8 composites with low thermal expansion[J]. Compos Sci Technol, 2007, 67: 1167-1171.

[20] Yang X B, Xu J, Li H J, et al. In situ synthesis of ZrO_2/ZrW_2O_8 composites with near-zero thermal expansion[J]. J Am Ceram Soc, 2007, 90(6): 1953-1955.

[21] Sun L, Kwon P. ZrW_2O_8/ZrO_2 composites by in situ synthesis of $ZrO_2 + WO_3$: Processing, coefficient of thermal expansion, and theo-

retical model prediction[J]. Mater Sci Eng A，2009，527：93-97.

[22] Sun L，Sneller A，Kwon P. ZrW_2O_8-containing composites with near-zero coefficient of thermal expansion fabricated by various methods：Comparison and optimization [J]. Compos Sci Technol，2008，68：3425-3430.

[23] Buysser K D，Lommens P，Meyer C D，et al. ZrO_2-ZrW_2O_8 composites with tailor-made thermal expansion[J]. Ceram Silik，2004，4：139-144.

[24] Yilmaz S. Thermal mismatch stress development in Cu-ZrW_2O_8 composite investigated by synchrotron X-ray diffraction[J]. Compos Sci Technol，2002，62：1835-1839.

[25] Holzer H，Dunand D C. Phase transformation and thermal expansion of Cu/ZrW_2O_8 metal matrix composite[J]. J Mater Res，1999，14(3)：780-789.

[26] Balch D K，Dunand D C. Copper-zirconium tungstate composites exhibiting low and negative thermal expansion influenced by reinforcement phase transformations[J]. Metall Mater Trans A，2004，35：1159-1165.

[27] Quintard P E，Barbéris P，Mirgorodsky A P，et al. Comparative lattice-dynamical study of the Raman spectra of monoclinic and tetragonal phases of zirconia and hafnia[J]. J Am Ceram Soc，2002，85(7)：1745-1749.

[28] Li C W，McKerns M M，Fultz B. A Raman spectrometry study of phonon anharmonicity of zirconia at elevated temperatures[J]. J Am Ceram Soc，2011，94(1)：224-229.

[29] Yamamura Y，Kato M，Tsuji T. Synthesis and phase transition of negative thermal expansion materials $Zr_{1-x}Lu_xW_2O_{8-y}$[J]. Thermochim Acta，2005，431：24-28.

第 3 章 $Fe_2W_3O_{12}$的制备过程控制及其低热膨胀性能

3.1 引 言

由于反常热膨胀性能和实现近零热膨胀器件来抵抗热冲击的应用，负热膨胀材料吸引越来越多的关注[1-12]。然而，负热膨胀材料高昂的制备成本成为其广泛应用的一个主要障碍[13-15]。对于合成负热膨胀材料 $Ca_{1-x}Sr_xZr_4P_6O_{24}$和 $Zr_2P_2WO_{12}$，中间相 ZrP_2O_7 的合成在低温阶段形成，这个中间相很难与其他成分继续反应生成目标产物[13,14]。进一步合成 $Zr_2W_2P_2O_{15}$，中间相则成为 $Zr_2P_2WO_{12}$而不是 ZrP_2O_7，这个中间相成为形成目标产物的主要障碍[15]。这些关于研究合成 $Ca_{1-x}Sr_xZr_4P_6O_{24}$、$Zr_2P_2WO_{12}$和 $Zr_2W_2P_2O_{15}$ 的报道显示，快速烧结避免相对小的分子（ZrP_2O_7，$Zr_2WP_2O_{12}$）作为中间相，也就是快速升高温度到烧结目标产物的温度或将原料放到预先设置到烧结目标产物的温度的炉子的方法来避免中间产物的生成，促进目标产物的生成。

在 $A_2M_3O_{12}$负热膨胀系列中，$Fe_2Mo_3O_{12}$很容易制备并且有比较多的报道[16-19]。然而，对 $Fe_2W_3O_{12}$的报道很少并且多数报道都是陈述很难制备纯相的样品[20-23]。1966 年，V. K. Trunov 和 L. M. Kovba 报道了用原料 L_2O_3 和 WO_3 不能采用固相法制备 $L_2(WO_4)_3$（L＝Fe、Cr），其可能的原因是常规方法中反应 $WO_3 + Fe_2O_3 = Fe_2WO_6$ 很容易发生，而制备 $Fe_2W_3O_{12}$却很难。1969 年，Pernicone 用共沉淀法获得 $Fe_2W_3O_{12}$和 WO_3 摩尔比是 1∶1 的混合物，但是纯相的 $Fe_2W_3O_{12}$并没有得到[20]。2008 年，H. J. Zhang 等人报道很难用溶胶凝胶法制备纯相的 $Fe_2W_3O_{12}$[21]。2009 年，E. Kendrick 等人用共沉淀法结合烧结 500℃ 保温 12 h 获得的材料（$Fe_2W_3O_{12}$）仍然是非晶态，其 X 射线衍射峰在 20°～25°时 2θ 是很宽的。如果进一步升温烧结，就会观察到 WO_3 和 Fe_2WO_6 的混合物，这应该来自于亚稳相的、非晶态的 $Fe_2(WO_4)_3$ 的分解产物[22]。所以，到目前为止，采用固相法制备纯相的 $Fe_2W_3O_{12}$ 并没有真正报道过，采用共沉淀法或溶胶凝胶法制备只能够得到非晶态或非纯相的样品。

在这项研究中，采用固相法来制备纯相结晶完好的 $Fe_2W_3O_{12}$ 样品，主要是使用 MoO_3 作为催化剂和稳定剂。固相烧结 Fe_2O_3 和 WO_3 时，掺杂 MoO_3 的量小于等于 3 mol.%时中间相 Fe_2WO_6 很容易形成。在掺杂 MoO_3 的量达到 5 mol.%以后，$Fe_2W_3O_{12}$ 才能很容易形成，中间相并被避免形成，甚至温度降到 1000℃也是这样。

3.2 实验过程

分析纯 Fe_2O_3 和 WO_3 被用作原料，其摩尔比为 Fe_2O_3 ∶ WO_3 = 1∶3，MoO_3 用作添加剂，其量分别是目标产物 $Fe_2W_3O_{12}$ 的量的 1，3，5，7 mol.%。Fe_2O_3、WO_3 和 MoO_3 在研钵中混合并研磨近 2 h，然后为了适合不同测试要求，将粉末用单轴方向压片机压制成薄片（直径 12 mm，厚度 2 mm）或圆柱（直径 6 mm，高度 10 mm）。这些薄片和圆柱体放在马弗炉中烧结，温度是 1000～1050℃，保温时间是 5 h，然后自然降温到室温。

X 射线衍射（X-ray Diffraction，XRD）实验使用 X 射线衍射仪（型号 X'Pert PRO）来鉴定晶体的成相。拉曼（Raman）光谱使用一个激光拉曼光谱仪 Laser Raman Spectrometer（型号 Renishaw MR-2000），激光波长是 532 nm。样品的线性热膨胀系数使用德国林赛思膨胀仪 Dilatometer（型号是 LINSEIS DIL L76）进行测试。

3.3 结果与讨论

3.3.1 $Fe_2W_3O_{12}$ 的合成过程控制

图 3.1 给出 MoO_3 的含量是 1 mol.%，在 1000℃和 1050℃保温 5 h 后获得的样品的 XRD 图谱。为了弄清楚样品衍射峰的归属，根据 XRD 的 PDF 数据库也给出了 WO_3（PDF no. 20-1323）、Fe_2WO_6（PDF no. 42-0492）和 $Fe_2W_3O_{12}$（PDF no. 38－0200）的 XRD 图谱。从 1000℃到

1050℃，很明显地看到，位于 31.0°的主峰对应于 Fe_2WO_6 的相对强度变弱，用符号“○”表示出来。用符号“■”表示的峰对应于 WO_3，其相对强度也变弱。而用符号“ * ”表示的峰，位于 23.3°，对应于 WO_3 和单斜结构的 $Fe_2W_3O_{12}$，其相对强度增强。这些衍射峰的相对强度变化，说明在这种条件下制备的样品中 WO_3 和 Fe_2WO_6 含量减少，而 $Fe_2W_3O_{12}$ 增加。也就是说，随着温度的升高，有部分中间相 Fe_2WO_6 发生了 WO_3 反应，生成了目标产物 $Fe_2W_3O_{12}$。不过，即使增加了烧结温度，当添加 MoO_3 的量为 1 mol. %时，中间相 Fe_2WO_6 没有被彻底抑制，暗示单靠增加烧结温度不会得到纯相的目标产物 $Fe_2W_3O_{12}$。

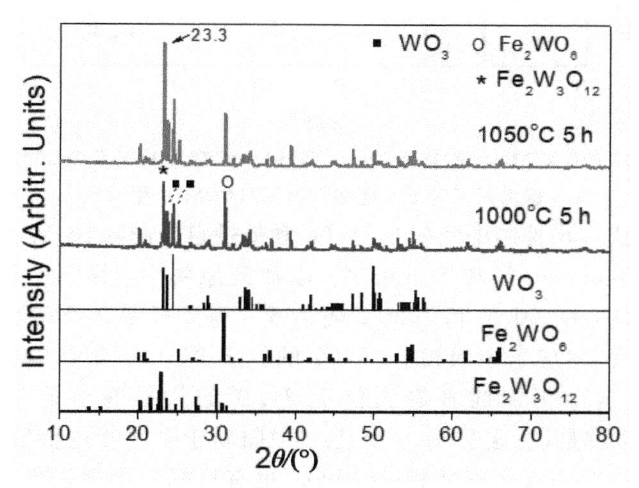

图 3.1 样品的 XRD 图谱，含有 1 mol. % MoO_3，烧结温度为 1000℃ 和 1050℃，保温时间是 5 h

为了抑制中间相 Fe_2WO_6 和促进目标产物 $Fe_2W_3O_{12}$ 的形成，更多的 MoO_3(3 mol. %) 添加到原料中。图 3.2 给出添加 3 mol. % MoO_3 的样品的 XRD 图谱，烧结温度为 1000℃和 1020℃、保温时间为 5 h。很明显，对应次最强的峰，$Fe_2W_3O_{12}$ 能够观察到。然而，位于 30.0°对应于 Fe_2WO_6 的峰以及对应于 WO_3 的衍射峰相对强度依然较强[20]，这说明，添加 MoO_3 的量为 3 mol. %、烧结温度为 1000℃时，既能够促进中间相 Fe_2WO_6 的形成，也促进目标产物 $Fe_2W_3O_{12}$ 的形成。当烧结温度增加到 1020℃，对应于中间相 Fe_2WO_6 的位于 31.0°衍射峰相对强度明显地减弱。这说明，较高含量的 MoO_3 和更高的烧结温度是促进目标产物 $Fe_2W_3O_{12}$ 形成的决定因素。

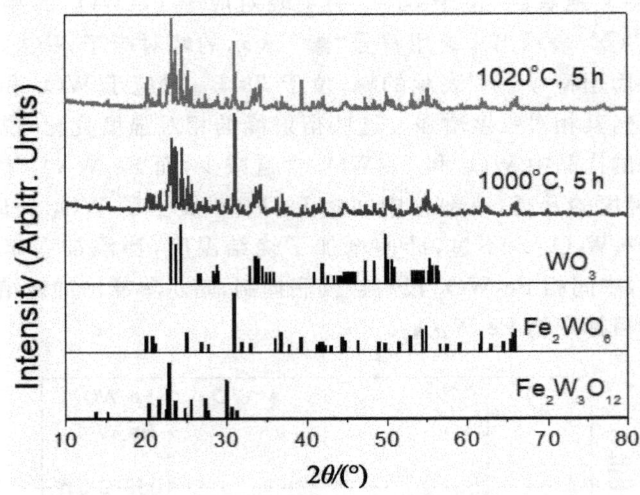

图 3.2　添加 MoO_3 的量为 3 mol.%、烧结温度为 1000℃和 1020℃、保温时间为 5 h 烧结得到样品的 XRD 图谱

为了更进一步抑制中间相 Fe_2WO_6 和促进目标产物 $Fe_2W_3O_{12}$ 的形成，更多的 MoO_3（5mol.%和 7 mol.%）添加到原料中。图 3.3 给出添加 5 mol.% MoO_3，在 1000℃和 1020℃烧结 5 h 得到样品的 XRD 衍射图谱。令人满意的是，对应于中间相 Fe_2WO_6 的位于 31.0°的衍射峰的相对强度显著减弱。这个仍旧能观察到位于 31.0°的衍射峰应该是目标产物 $Fe_2W_3O_{12}$，也就是说，这个 31.0°在上文中归属于中间相的衍射峰，严格上说当时应该主要归属于中间相 Fe_2WO_6，也有目标产物的贡献。样品的主要衍射峰都归属于目标产物 $Fe_2W_3O_{12}$，甚至位于 13.8°和 15.3°分别对应于 $Fe_2W_3O_{12}$(200)和(012) 的衍射峰也清晰可见。位于 26.7°的衍射峰是 $Fe_2W_3O_{12}$ 单斜结构的特征衍射峰。这些结果证明制备的样品已经达到很高的纯度。对于更高添加量 7 mol.% MoO_3 的样品的 XRD 图谱，只是一些衍射峰比位于 30.0°和 31.0°的相对强度发生很小的变化，但是仍然对应于目标产物 $Fe_2W_3O_{12}$ 的单斜结构。然而，对于报道的非晶亚稳相 $Fe_2(WO_4)_3$ 分解为 Fe_2WO_6 和 WO_3 却没有观察到[22]，这充分说明添加的 MoO_3 对目标产物的稳定起了作用。

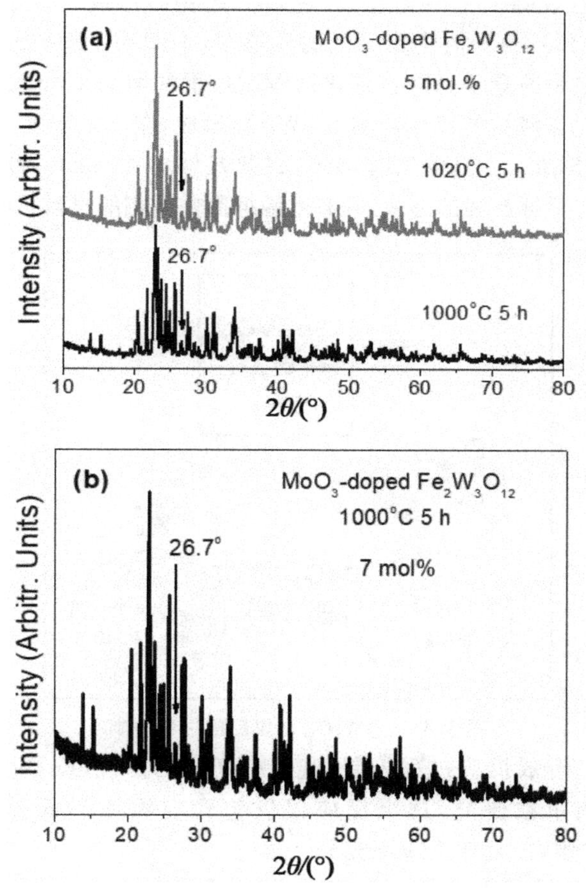

图 3.3 (a) 添加 5 mol. % MoO_3 在 1000℃和 1020℃烧结 5 h 得到样品的 XRD 衍射图谱；(b) 添加 7 mol. % MoO_3 在 1000℃烧结 5 h 得到样品的 XRD 衍射图谱

XRD 的结果说明，添加 MoO_3 的量和烧结温度在抑制中间相 Fe_2WO_6 和促进目标产物 $Fe_2W_3O_{12}$ 的形成中起到关键作用。所以，用固体粉末 Fe_2O_3 和 WO_3 采用固相法制备 $Fe_2W_3O_{12}$ 可以通过添加 MoO_3 的量和调整烧结温度有效控制，其可能的反应是

$$Fe_2O_3 + WO_3 \longrightarrow Fe_2WO_6 \tag{3.1}$$

$$Fe_2O_3 + 3WO_3 \longrightarrow Fe_2W_3O_{12} \tag{3.2}$$

当添加 MoO_3 不高于 1 mol. %时，主要的反应是式(3.1)，也伴随式(3.2) 的发生。当 MoO_3 含量达到 3 mol. %，式(3.1)和式(3.2)两个反应的反应速度相等。一旦 MoO_3 的含量达到 5 mol. %，反应式(3.1) 被有效地抑制，仅剩下反应式(3.2)。添加剂 MoO_3 在合成 $Fe_2W_3O_{12}$ 的反应过程中起到避免中间相的作用，其控制反应的机理可能是 MoO_3 作为一种催化

剂，在反应中有效降低了活化能，促进目标产物的形成。对于较低含量的 MoO_3（1 mol. %），由于活化能降低的不够多，中间相 Fe_2WO_6 和目标产物 $Fe_2W_3O_{12}$ 存在一种竞争。随着催化剂 MoO_3 量的增加（3 mol. %），活化能降低较多，有越来越多的目标产物 $Fe_2W_3O_{12}$ 形成，在一定程度上抑制了中间相 Fe_2WO_6 的形成。一旦催化剂 MoO_3 的量足够多（5 mol. %），结合烧结温度，大幅度促进目标产物的形成，并有效地抑制中间相的出现，如图 3.4 所示。

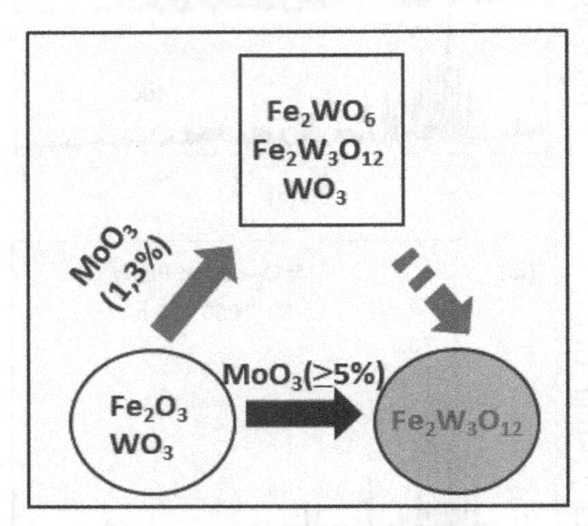

图 3.4　$Fe_2W_3O_{12}$ 合成反应过程控制

$Fe_2W_3O_{12}$ 合成反应过程控制，避免中间相的出现，$Fe_2WO_6 + WO_3 \rightarrow Fe_2W_3O_{12}$ 没有单独研究，这个反应仅仅包含在添加剂低（1mol. % 和 3 mol. %）的时候，并且该反应不充分

3.3.2　低热膨胀性能

图 3.5 显示添加 MoO_3 的含量是 1、3、5 mol. %，在 1000℃保温 5 h 获得样品的线性热膨胀曲线。在加热过程中，所有样品从室温到 414℃呈现热膨胀［图 3.5(a)］。从 414 到 445℃，MoO_3 含量为 3、5 mol. % 的样品，呈现陡峭上升的热膨胀［图 3.5(b)］。而 MoO_3 含量为 1 mol. % 的样品，其热膨胀趋势却明显偏小，这可能与该样品中目标产物含量低有关。当温度高于 445℃，热膨胀趋势减弱很多，特别是 MoO_3 含量为 5 mol. % 的样品。MoO_3 含量为 1、3、5 mol. % 的样品中，温度高于 445℃ 的样品的热膨胀系数分别是 8.96×10^{-6}、6.90×10^{-6}、1.35×10^{-6}℃$^{-1}$。

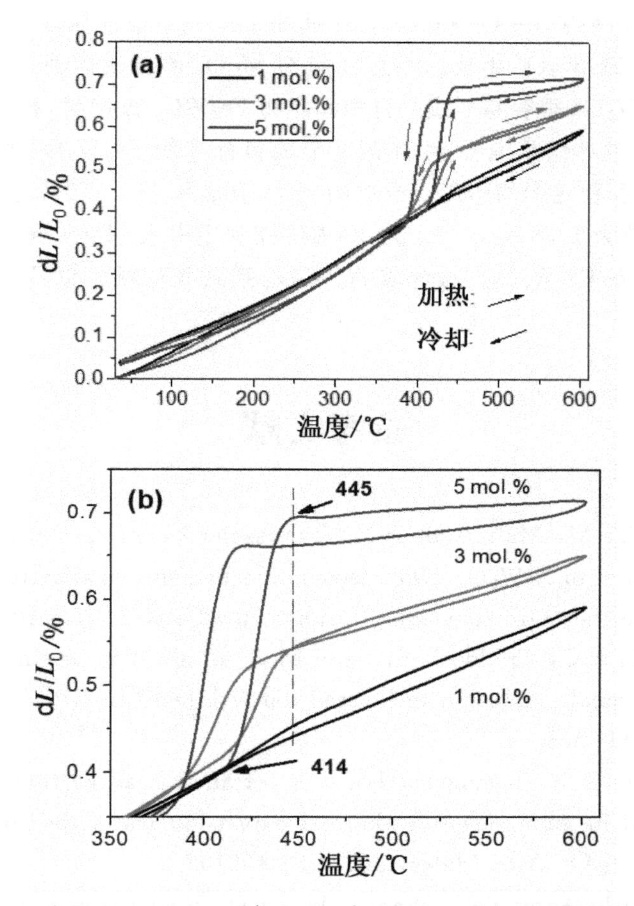

图 3.5　MoO_3 含量为 1、3、5 mol. %，在 1000℃ 保温 5 h 获得样品的线性热膨胀曲线

根据 $A_2M_3O_{12}$（A = Al，Cr，Fe，In 和 Sc；M = Mo 或 W）系列负热膨胀性能报道[16-19,21,23-26]，很合理地推测，添加剂 MoO_3 改变了 $Fe_2W_3O_{12}$（含有 MoO_3 的量为 5 mol. %）。$Fe_2W_3O_{12}$ 在温度区间 414℃，414～445℃，445～600℃热膨胀行为应该对应于单斜相、单斜到正交相的转变过程、正交相。在降温过程中，样品呈现长度收缩，在温度拐点向低温移动。

3.4　本章小结

纯相的 $Fe_2W_3O_{12}$的合成通过控制固相法反应路径实现，原料是固体粉末 Fe_2O_3、WO_3 以及添加剂 MoO_3。当添加剂 MoO_3 的量低于 3 mol. %时，

通过烧结固体粉末 Fe_2O_3 和 WO_3，中间相 Fe_2WO_6 很容易形成，只有少量的目标产物 $Fe_2W_3O_{12}$ 生成。一旦添加剂 MoO_3 的含量达到 5 mol.%，目标产物 $Fe_2W_3O_{12}$ 很容易形成并且中间产物 Fe_2WO_6 被抑制，甚至温度降低到 1000℃。这些结果说明，添加剂在形成目标产物 $Fe_2W_3O_{12}$ 的过程中扮演了催化剂和稳定剂的作用。合成的 $Fe_2W_3O_{12}$ 从 445～600℃呈现低热膨胀，膨胀系数为 $1.35\times10^{-6}℃^{-1}$。本书研究利用引入 MoO_3 作为催化剂和稳定剂来制备 $Fe_2W_3O_{12}$，对合成 $A_2W_3O_{12}$ 系列其他材料也具有一定的借鉴意义。

参考文献

[1] Baise M, Maffettone P M, Trousselet F, et al. Negative hydration expansion in ZrW_2O_8: Microscopic mechanism, spaghetti dynamics, and negative thermal expansion[J]. Phys Rev Lett, 2018, 120: 265501.

[2] Ablitt C, Craddock S, Senn M S, et al. The origin of uniaxial negative thermal expansion in layered perovskites[J]. NPJ Comput Mater, 2017, 44: 1-8.

[3] Shen F R, Kuang H, Hu F X, et al. Ultra-low thermal expansion realized in giant negative thermal expansion materials through self-compensation[J]. APL Mater, 2017, 5: 106102.

[4] Liu J, Gong Y Y, Wang J W, et al. Realization of zero thermal expansion in $La(Fe,Si)_{13}$-based system withhigh mechanical stability[J]. Mater Design, 2018, 148: 71-77.

[5] Mohanraj J, Capria E, Benevoli L, et al. XRD- and infrared-probed anisotropic thermal expansion properties of an organic semiconducting single crystal[J]. Phys Chem Chem Phys, 2018, 20: 1984-1992.

[6] Ren Z H, Zhao R Y, Chen X, et al. Mesopores induced zero thermal expansion in single-crystal ferroelectrics[J]. Nat Commun, 2018, 9: 1638.

[7] Jin Z H. A microlattice material with negative or zero thermal expansion[J]. Compos Commun, 2017, 6: 48-51.

[8] Liu X S, Yuan B H, Cheng Y G, et al. Avoiding the invasion of H_2O into $Y_2Mo_3O_{12}$ by coating with C_3N_4 to improve negative thermal ex-

pansion properties[J]. Phys Chem Chem Phys, 2017, 19: 13443-13448.

[9] Zhao W J, Sun Y, Liu Y F, et al. Negative thermal expansion over a wide temperature range in Fe-doped MnNiGe composites[J]. Frontiers Chem, 2018, 6: 1-8.

[10] Atuchin V V, Liang F, Grazhdannikov S, et al. Negative thermal expansion and electronic structure variation of chalcopyrite type $LiGaTe_2$[J]. RSC Adv, 2018, 8: 9946-9955.

[11] Lin J C, Tong P, Tong W, et al. Large and constant coefficient of negative thermal expansion covering a wide temperature range in $Zn_{1-x}Mn_xNMn_3$ ($0 \leqslant x \leqslant 0.3$)[J]. Scripta Mater, 2018, 152: 6-10.

[12] Liu H, Chen J, Jiang X X, et al. Controllable negative thermal expansion, ferroelectric and semiconducting properties in $PbTiO_3$-$Bi(Co_{2/3}Nb_{1/3})O_3$ solid solutions[J]. J Mater Chem C, 2017, 5: 931-936.

[13] Liu X S, Li F, Song W B, et al. Control of reaction processes for rapid synthesis of low-thermal-expansion $Ca_{1-x}Sr_xZr_4P_6O_{24}$ ceramics [J]. Ceram Int, 2014, 40: 6013-6020.

[14] Liu X S, Wang J Q, Fan C Z, et al. Control of reaction pathways for rapid synthesis of negative thermal expansion ceramic $Zr_2P_2WO_{12}$ with uniform microstructure[J]. Int J Appl Ceram Technol, 2015, 12 (S2): E28-E33.

[15] Yuan B H, Chen Y G, Zhang Q L, et al. Avoiding the intermediate phase $Zr_2WP_2O_{12}$ to develop a larger-negative-thermal- expansion-coefficient material $Zr_2W_2P_2O_{15}$ [J]. Ceramics Interntional, 2017, 43(9): 6831-6835.

[16] Tyagi A K, Achary S N, Mathews M D. Phase transition and negative thermal expansion in $A_2(MoO_4)_3$ system ($A=Fe^{3+}$, Cr^{3+} and Al^{3+})[J]. J Alloys Compd, 2002, 339: 207-210.

[17] Ari M, Jardim P M, Marinkovic B A, et al. Thermal expansion of $Cr_{2x}Fe_{2-2x}Mo_3O_{12}$, $Al_{2x}Fe_{2-2x}Mo_3O_{12}$ and $Al_{2x}Cr_{2-2x}Mo_3O_{12}$ solid solutions[J]. J Solid State Chem, 2008, 181: 1472-1479.

[18] Li Z Y, Song W B, Liang E J. Structures, phase transition, and crystal water of $Fe_{2-x}Y_xMo_3O_{12}$ [J]. J Phys Chem C, 2011, 115: 17806-17811.

[19] Wu M M, Peng J, Zu Y, et al. Thermal expansion properties of $Lu_{2-x}Fe_xMo_3O_{12}$[J]. Chin Phys B 2012, 21(11): 116102.

[20] Pernicone N, Fagherazzi G. A new iron tungstate: $Fe_2W_3O_{12}$ [J]. J Inorg Nucl Chem, 1969, 31: 3323-3324.

[21] Zhang H J, Zhang Q, Du H L, et al. Preparation and thermal expansion of $Fe_{2-x}Y_xW_3O_{12}$ powder by citrate sol-gel process[J]. Chem Eng Commun, 2008,195(3): 243-255.

[22] Kendrick E, Świątek A, Barker J. Synthesis and characterisation of iron tungstate anode materials[J]. J Power Sources, 2009, 189: 611-615.

[23] Varga T, Moats J L, Ushakov S V, et al. Thermochemistry of $A_2M_3O_{12}$ negative thermal expansion materials[J]. J Mater Res 2007, 22: 2512-2521.

[24] Paraguassu W, Maczka M, Souza Filho A G, et al. A comparative study of negative thermal expansion materials $Sc_2(MoO_4)_3$ and $Al_2(WO_4)_3$ crystals[J]. Vib Spectro, 2007, 44: 69-77.

[25] Yamamura Y, Ikeuchi S, Saito K. Characteristic phonon spectrum of negative thermal expansion materials with framework structure through calorimetric study of $Sc_2M_3O_{12}$ (M = W and Mo)[J]. Chem Mater, 2009, 21: 3008-3016.

[26] Yang Y M, Li L C, Feng M. Negative thermal expansion property of $Cr_2(WO_4)_3$ and $Cr_2(MoO_4)_3$[J]. Chin J Inorg Chem, 2007, 23: 382-387.

第4章　$Zr_2P_2WO_{12}$的快速制备

4.1　引　言

由于在精密光学、电子器件以及航空航天等领域中潜在的应用价值，负热膨胀材料得到广泛关注[1-18]。对于 $A_2W_3O_{12}$ 系列负热膨胀材料来说，其中的A是稀土元素或+3价过渡金属。$Zr_2P_2WO_{12}$（ZPW）是 $A_2W_3O_{12}$ 系列负热膨胀材料中的一种，利用了+4价离子替代 A^{3+} 并引入两个P到W的位置来保证电平衡。ZPW能够保持正交结构一直到很低的温度并能够在从室温到1073 K很宽的温度范围表现负热膨胀[15,19]。与其他 $A_2W_3O_{12}$ 系列负热膨胀材料的框架结构类似，ZPW的负热膨胀行为与A—O—M中桥氧原子的横向非简谐热运动有关，并且（或者）与八面体和四面体（WO_4 和 PO_4）的偶联转动有关[20,21]。

ZPW通常是烧结水合碳酸锆、钨酸和磷酸铵/磷酸二氢铵混合物来制备[22]。Martinek和Hummel在1970年首先报道 ZrO_2—WO_3—P_2O_5 系统在1397 K时ZPW的存在[22]。Isobe等人在2009年报道了使用 ZrO_2、WO_3 和 $NH_4H_2PO_4$ 制备ZPW[23]，加热温度从463 K到1473 K，在466 K时 $NH_4H_2PO_4$ 开始分解并形成了 P_2O_5，同时在588 K时生成 ZrP_2O_7。当温度升高到1273 K时，ZPW开始出现。其化学反应可以总结为

$$2ZrO_2 + WO_3 + 2NH_4H_2PO_4 \longrightarrow 2ZrO_2 + WO_3 + P_2O_5 + 2NH_3 + 3H_2O \ (463\sim523\ K) \tag{4.1}$$

$$2ZrO_2 + WO_3 + P_2O_5 \longrightarrow ZrO_2 + WO_3 + ZrP_2O_7 \ (673\ K) \tag{4.2}$$

$$ZrO_2 + WO_3 + ZrP_2O_7 \longrightarrow Zr_2WP_2O_{12} \ (1273\sim1473\ K) \tag{4.3}$$

Cetinkol和Wilkinson利用在铂金坩埚内烧结 ZrO_2、WO_3 和 ZrP_2O_7 制备ZPW，第一次烧结温度为1173 K，烧结时间为5 h；第二次烧结温度为1523 K，烧结时间为8 h，烧结是在大气环境中完成[24]。其中，ZrP_2O_7 是按照化学计量比在铂金坩埚内烧结 $ZrO(NO_3)_2\text{-}xH_2O$ 和 $(NH_4)_2HPO_4$ 得

到，烧结温度为 973 K，烧结时间为 20 h。

以上关于 ZPW 传统的制备技术需要多步烧结和中间的多次研磨，除了释放污染气体 NH_3 外，其制备过程耗费很高的能量和时间。目前，负热膨胀材料较高的合成成本是限制负热膨胀材料广泛使用的一个关键方面[21,25]。所以，制备速度快、制备程序简单、释放物质对环境绿色友好的制备方法对于制备像 ZPW 及其他类似的负热膨胀材料亟待探索研究。在本研究中，采用氧化物 ZrO_2、WO_3 和 P_2O_5 为原料，首先避免了因为磷酸氢二铵/磷酸二氢铵分解产生的污染气体 NH_3，解决环境污染问题。然后对制备过程的研究发现存在两个不同的反应路径：一个是直接反应生成最终产物，另一个是通过一个中间相 ZrP_2O_7 才能到达最终产物。特别是一旦中间相形成，就需要很长的烧结时间来制备最终产物 ZPW。要想在几分钟的短时间内制备高纯度的 ZPW 就必须在干燥和烧结过程中避免中间相 ZrP_2O_7 的形成。

4.2 实验过程

4.2.1 样品制备过程

ZPW 陶瓷是采用固相法烧结分析纯的 ZrO_2、WO_3、P_2O_5 氧化物。因为 P_2O_5 具有强烈的吸水性，P_2O_5 首先需要迅速地称量，然后根据 P_2O_5 的量按化学计量比称量 ZrO_2 和 WO_3。称量的原材料充分混合后在玛瑙研钵内研磨大约 2 h。为了观察中间相 ZrP_2O_7 对烧结过程的影响，研磨好的原料混合物在不同的温度下（458、463、473、483 K），在烘干箱内干燥 4 h，对干燥的几个样品进行 X 射线衍射实验来检查中间相是不是形成。干燥后的样品，为了避免再次吸水潮解，迅速冷压成圆柱状，直径 6 mm，高度为 16 mm。然后将冷压成的圆柱体放入预先升温到烧结温度的管式炉中进行烧结。对于烧结温度和烧结时间，在反应过程控制的部分给出了详细的说明。

4.2.2 样品表征

样品的表征分为以下几个方面：X 射线衍射（XRD）测试是在 X 射线

衍射仪进行的，型号是 X'Pert PRO，用来样品晶相的鉴定。差热分析（Differential Scanning Calorimetry，DSC）和热重（Thermogravimetric Analysis，TG）是在型号为 Ulvac Sinku-Riko DSC，1500M/L 上表征的，温度范围为 273～1373 K，升降温速率为 10 K/min。样品的微观形貌是在场发射扫描电子显微镜下（Field Emission Scanning Electron Microscope，FE-SEM，JSM-6700F）观察并拍照记录的。陶瓷样品的线性热膨胀系数测试是通过一个德国林赛斯公司制造的热膨胀仪（LINSEIS DIL L76）进行的。陶瓷样品的密度是采用阿基米德原理进行测试。

4.3 结果与讨论

4.3.1 反应过程控制

许多相关研究中发现，ZrP_2O_7 以第二相的形式存在，严重阻碍 ZPW 的快速烧结，同时，原材料的干燥温度对 ZPW 的烧结时间也有明显的影响。为了观察中间相 ZrP_2O_7 在烘干过程中是否形成，采用了不同的烘干温度进行烘干，并使用 XRD 进行晶相的对比研究。

图 4.1 给出了纯相的 ZrO_2、WO_3 以及三种氧化物 ZrO_2、WO_3 和 P_2O_5 混合物分别在 458、463 和 473 K 烘干后样品的 XRD 图谱。通过对比图 4.1(a)中的衍射峰，令人惊奇的是，中间相 ZrP_2O_7 在很低的温度（463 K 或 473 K）就形成了，这一形成温度比 Isobe 等人报道的温度低很多[23]。然而在温度低于 460 K 的时候，中间相的形成似乎是不可能的。作为对比，我们也给出了只有 ZrO_2 和 P_2O_5 的混合物的 XRD 图谱，如图 4.1(b)所示。在这个图中，观察到在 463 K 出现了中间相 ZrP_2O_7 的衍射峰，也就是说，在有或没有 WO_3 存在的情况下，只要有 ZrO_2 和 P_2O_5 氧化物的混合物，其形成中间相的温度就是 463 K。

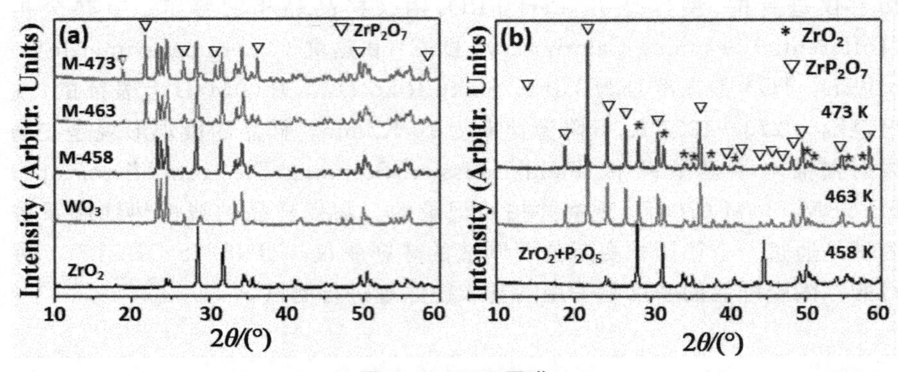

图 4.1 XRD 图谱

(a) 氧化物 ZrO_2、WO_3 和 三种氧化物 ZrO_2、WO_3 和 P_2O_5 组成的混合物的 XRD 图谱，混合物的干燥温度分别为 458、463、473 K；(b) 两种氧化物 ZrO_2 和 P_2O_5 组成的混合物的 XRD 图谱，烘干温度分别为 458、463、473 K，烘干时间为 4 h

为了研究中间相形成对制备 ZPW 的影响，我们对混合物进行了进一步升温研究。图 4.2 显示出在 473 K 干燥后，分别在 1173、1273、1373、1473 K 烧结 4 h 得到的样品的 XRD 图谱。很明显，在 1173、1273 K 烧结 4 h，其 XRD 图谱相对于在 473 K 干燥的原料的 XRD 图谱没有太大的变化。在这个温度范围内，WO_3 的衍射峰保持不变。这一结果表明，从 463 K 到 1373 K 这个温度范围内，ZrO_2 优先与 P_2O_5 反应生成 ZrP_2O_7，并且生成的 ZrP_2O_7 在这个温度范围内保持稳定。然而，检查结果显示，在 1273 K 已经出现了 ZPW 的弱的衍射峰（比如：20.1°、22.9°位置的衍射峰），说明在这个温度下，ZrP_2O_7 已经开始与 ZrO_2、WO_3 反应生成 ZPW。当样品在 1373 K 烧结 4 h 时，ZrP_2O_7 的衍射峰仍然存在但是变得更弱。这说明了，原料在 463 K 烘干后需要在 1473 K 的高温烧结 4 h 来消除第二相 ZrP_2O_7，因为我们尝试了较短的烧结时间，发现仍然有第二相 ZrP_2O_7 的存在。

当烧结温度升高到 1573、1673 K 时，合成纯相的 ZPW 的烧结时间分别缩短到 2 h 和 1 h，说明在 1573、1673 K 时烧结，第二相 ZrP_2O_7 能够很好地被限制。

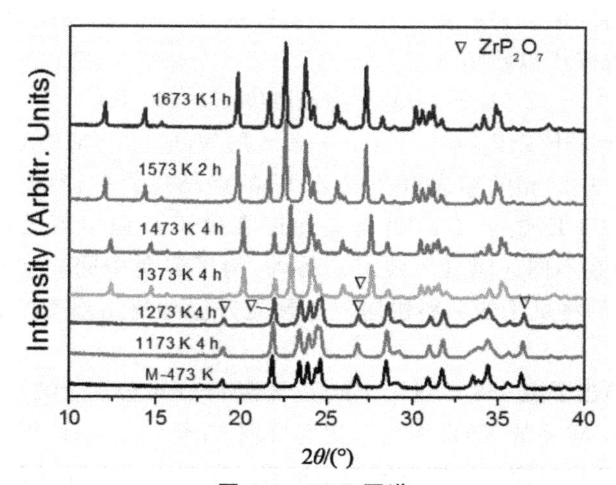

图 4.2　XRD 图谱

在 473 K 烘干 4 h 的样品;在 1173、1273、1373 和 1473 K 烘干 4 h 的样品;在 1573 K 烘干 2 h 的样品;在 1673 K 烘干 1 h 的样品

如图 4.3 所示,纯相的 ZPW 和原料混合物的差热分析 (DSC) 和热重 (TG)曲线表明,随着温度的变化 (从室温到 1373 K),纯相的 ZPW 没有明显的吸热或放热峰,然而,原料的混合物 (ZrO_2、WO_3 和 P_2O_5) 则呈现出一个宽的放热峰 (从 460 K 到 600 K) 和大约在 1293、1313 K 的两个吸热峰。前者的放热峰归因于中间相 ZrP_2O_7 的形成 (根据图 4.1 中 XRD 的衍射峰测试结果)[23]。后两个吸热峰估计与中间相 ZrP_2O_7 的分解和 ZPW 的形成有关 (根据图 4.2 中 XRD 的衍射峰测试结果)。这也就解释了为何 ZPW 在 1273 K 难于制备。对于图 4.3(b),原料的混合物的热重曲线显示出随着温度的升高而表现明显的失重,这一点应该归因于 P_2O_5 水解形成的 H_3PO_4 随着温度的升高而分解,失去水质量减少。

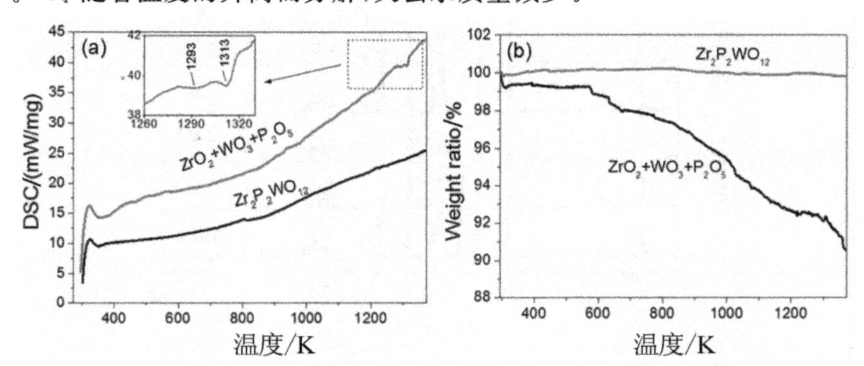

图 4.3　纯相的 ZPW 和原料混合物的差热分析(DSC)和热重(TG)曲线

(a)DSC 曲线;(b)TG 曲线

对于原料的混合物在 463 K 或 473 K 烘干，在高温烧结形成 ZPW 的化学反应方程式可以归结为

$$ZrO_2 + P_2O_5 \longrightarrow ZrP_2O_7 (\geqslant 463\ K) \tag{4.4}$$

$$ZrO_2 + ZrP_2O_7 + WO_3 \longrightarrow Zr_2P_2WO_{12} (\geqslant 1313\ K) \tag{4.5}$$

为了研究中间相的形成对合成 ZPW 的烧结过程的影响，我们将原料的混合物在 458 K 烘干 4 h，也就是保证在烘干过程中不会形成中间相 ZrP_2O_7，然后在不同的温度下烧结。另外，为了避免中间相在炉子升温过程中形成，我们将烘干的原料快速放进预先升温到烧结温度的管式炉中进行快速烧结。

图 4.4 给出了在 458 K 烘干 4 h 后，再在 1473 K 分别烧结 1.0、1.3、2.0、3.5 h 的 ZPW 样品的 XRD 图谱。我们发现，在烧结 1 h 时，第二相 ZrP_2O_7 在 $2\theta = 26.5°$ 的位置显示出较弱的衍射峰（在图 4.4 中可以看清楚），然而烧结时间延长到 1.3 h 或更长时间后，ZrP_2O_7 的衍射峰没有再出现。这个烧结时间 1.3 h 和图 4.2 所示的在相同温度 1473 K 烧结 ZPW 需要 4 h 相比已经缩短了很多。这一结果说明，即使在烘干过程中没有第二相 ZrP_2O_7 的生成，在烧结过程中也会生成少量的第二相 ZrP_2O_7。在这一温度进行烧结，其发生的化学反应为

$$ZrO_2 + P_2O_5 \longrightarrow ZrP_2O_7 \tag{4.6}$$

$$ZrO_2 + ZrP_2O_7 + WO_3 \longrightarrow Zr_2P_2WO_{12} \tag{4.7}$$

$$2ZrO_2 + P_2O_5 + WO_3 \longrightarrow Zr_2P_2WO_{12} \tag{4.8}$$

其中反应式(4.6) 占主导趋势，反应式(4.4)和式(4.5) 则是次要的，处于弱势。

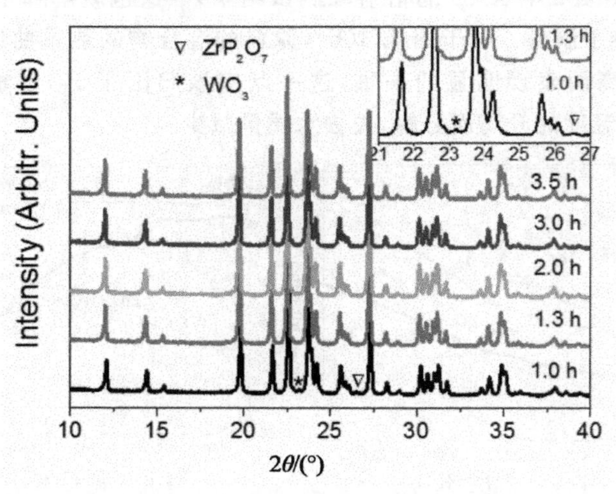

图 4.4　ZPW 的 XRD 图谱：在 458 K 烘干 4 h，在 1473 K 分别烧结 1.0、1.3、2.0、3.5 h

图 4.5 给出了升高管式炉预先设置的烧结温度为 1573 K 后，将 458 K 烘干 4 h 的样品迅速放入该管式炉中，分别保温 0.5、1.0、2.0、3.0 h 的样品的 XRD 图谱。从图 4.5 中发现，在保持烧结时间为 0.5 h 时，在大约 $2\theta = 26.5°$的位置出现第二相 ZrP_2O_7 的衍射峰，然而在延长保温时间至 1.0 h 时，第二相 ZrP_2O_7 的衍射峰没有再出现。说明这时的化学反应还应该是用上边讲过的式(4.4)～式(4.6)式来表述。我们发现图 4.2 显示反应式(4.4)主要发生在低温（463 ～ 1273 K)，然而，反应式(4.5)则发生在较高的温度（> 1273 K)，这说明当第二相在烘干过程中已经出现时，就需要更长的烧结时间来制备纯相的 ZPW。图 4.4 和图 4.5 显示出，尽管在烘干过程中第二相 ZrP_2O_7 的衍射峰没有出现，在 1473、1573 K 烧结时第二相 ZrP_2O_7 仍会出现，也就是式(4.4)～(4.6)式的反应仍然存在。然而，当温度升高到 1473 K 时，第二相 ZrP_2O_7 被很大程度上抑制了，所以，式(4.6)的反应占主导趋势。

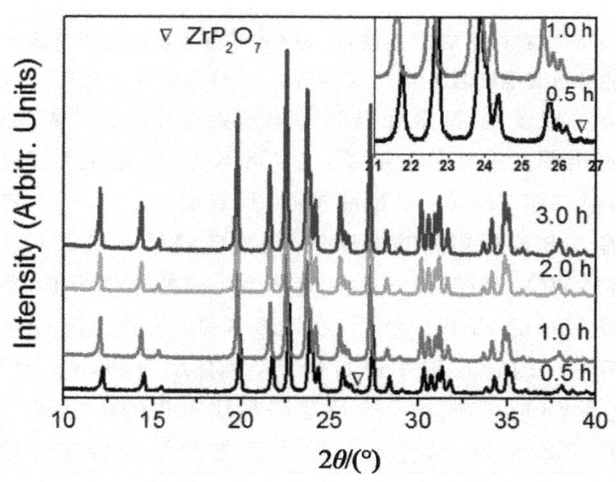

图 4.5　ZPW 样品的 XRD 图谱：原料在 458 K 烘干 4 h 后迅速放入预先升温到 1573 K 的管式炉中分别烧结 0.5、1.0、2.0、3.0 h

通过以上的分析可以得到，如果第二相 ZrP_2O_7 完全可以在烘干和烧结过程中避免，则能够实现 ZPW 快速制备。为了实现快速制备 ZPW，要保证在烘干过程没有第二相的形成，并进一步升高烧结温度到 1673 K。图 4.6 给出了在 458 K 烘干，在 1673 K 分别烧结 3、5、10、15 min 制备的 ZPW 的 XRD 图谱。

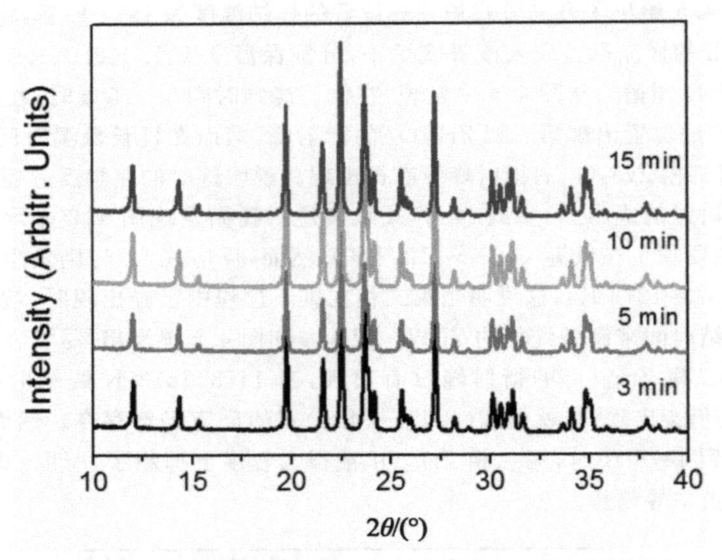

图 4.6 ZPW 的 XRD 图谱:在 458 K 干燥 4 h,然后再迅速放入预先升温到烧结温度 1673 K 的管式炉,分别保温 3、5、10、15 min

从图 4.6 可以发现,甚至保温时间缩短到 3 min 时,第二相 ZrP_2O_7 的衍射峰也没有出现。这充分说明了,在 458 K 烘干,然后快速在 1673 K 这一温度烧结,第二相 ZrP_2O_7 被彻底抑制,只有反应式(4.6)存在。

当原料在 463 K 或更高的温度烘干,反应路径只有 $ZrO_2 + ZrP_2O_7 + WO_3 \longrightarrow Zr_2P_2WO_{12}$ 存在,这一个反应路径反应的速率很低,需要很长的烧结时间来制备纯相的 ZPW。然而,在 458 K 烘干,并迅速放入预先升温到烧结温度 1673 K 的管式炉中进行烧结,只有反应路径 $2ZrO_2 + P_2O_5 + WO_3 \longrightarrow Zr_2P_2WO_{12}$ 存在,这一个反应路径比上边的反应路径反应速率快得多。如果在 458 K 烘干,并迅速放入预先升温到烧结温度 1473 K 和 1573 K 的管式炉中进行烧结,以上的两个反应路径同时存在。以上的分析归结在图 4.7 中,表示出反应路径的控制及快速制备均匀颗粒的 ZPW 陶瓷样品。

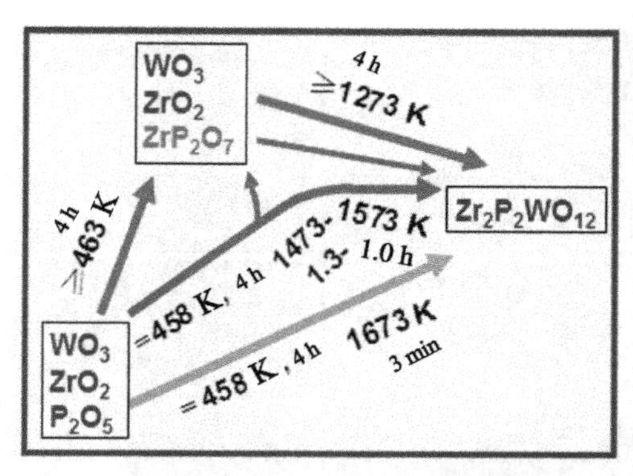

图 4.7　控制合成 ZPW 的反应路径的示意图

依靠控制反应路径实现快速制备 ZPW，不仅烧结时间大大地缩短，而且制备过程的能耗也显著减小。制备过程的能耗粗略地可以用 $k_B T \times t$ [25] 来进行估算，其中 k_B 是 Boltzmann 常量，T 是绝对温度，t 是烧结的时间。对于烧结得到的样品：1473 K (4 h 和 1.3 h)，1573 K (2.0 和 1.0 h)，1673 K (1.0 h 和 3 min)，估算得到的能耗率的比值大约是 70 ∶ 23 ∶ 38 ∶ 19 ∶ 20 ∶ 1。

4.3.2　反应过程的控制对陶瓷样品的微观结构和热膨胀系数的影响

图 4.8 给出了在不同条件下制备的 ZPW 的陶瓷样品的扫描电子显微照片：(a) 烧结温度 1473 K，烧结时间 1.3 h；(b) 烧结温度 1573 K，烧结时间 1.0 h；(c～f) 在 1673 K 分别烧结 3、5、10、15 min。很明显，在 1473 K 烧结 1.3 h 和在 1573 K 烧结 1.0 h 得到的陶瓷样品，由不规则的颗粒构成的，颗粒的大小由几百纳米到几个微米。然而，对于在 1673 K 分别烧结 3、5、10、15 min 的样品，颗粒变得很小并且很均匀。随着时间的延长，颗粒明显长大。颗粒的大小从 300～500 nm (对应的烧结温度为 1673 K，烧结时间为 3 min)，逐渐长大到 600 nm 左右 (对应的烧结温度仍为 1673 K，烧结时间为 15 min)。平均的颗粒直径 d 通常与反应速率和烧结时间有关[82]，并且反应速率与烧结温度成正比。对应目前制备的情况来说，烧结温度升高不多，而烧结时间却明显缩短。所以平均颗粒尺寸由 2 μm (1473 K，4 h) 降低到 200 nm (1673 K，3 min)。并且颗粒的尺寸分布从 800 nm～2 μm (1473 K，4 h) 降低到 200 nm (1673 K，3 min)。这一结果暗示，纳米颗粒及其尺寸分布均匀的 ZPW 陶瓷可以利用控制反应路径、通过固相法快速制备得到。

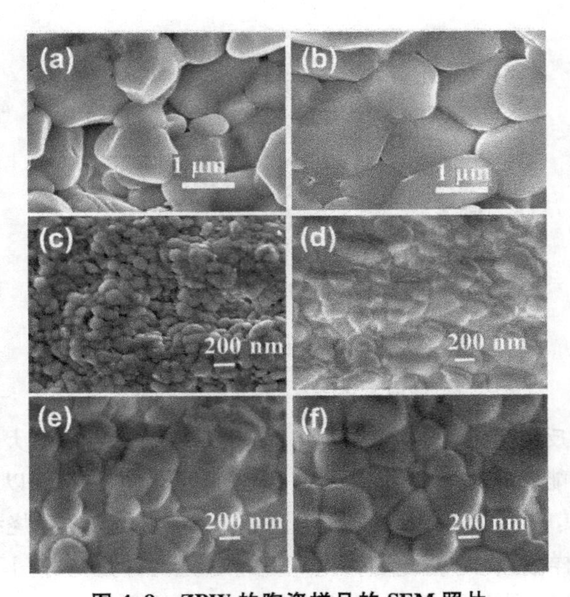

图 4.8 ZPW 的陶瓷样品的 SEM 照片

(a) 烧结温度 1473 K,烧结时间 1.3 h;(b) 烧结温度 1573 K,烧结时间 1.0 h;

(c～f) 在 1673 K 时分别烧结 3、5、10、15 min

图 4.9 是 ZPW 陶瓷的相对长度随温度的变化曲线:(a) 1673 K 烧结 10 min;(b) 1573 K 烧结 1.0 h。很明显,两个样品从室温到 1000 K 都具有明显的负热膨胀现象。对于 (a) 1673 K 烧结 10 min 的样品,其负热膨胀系数为-2.61×10^{-6} K^{-1},对于(b)1573 K 烧结 1.0 h 的样品,其负热膨胀系数是-2.36×10^{-6} K^{-1}。这些结果与以前测试的结果-2.33×10^{-6} K^{-1}和报道的-3.4×10^{-6} K^{-1}是一致的[23,27],然而比报道的负热膨胀系数值$-14.0(10)\times10^{-6}$ K^{-1}在绝对值上小很多[15]。这些差别估计与组成陶瓷样品的平均颗粒大小和气孔率有关系。

1673 K 烧结 10 min 和 1573 K 烧结 1.0 h 得到的陶瓷样品的密度利用阿基米德原理进行了测试。它们的密度分别是 3.71×10^3 kg·m^{-3} 和 3.53×10^3 kg·m^{-3},其对应的相对密度分别是 95.9% 和 91.3%。关于这一点,将前边的 SEM 照片与这里的相对密度对比,可以推理,1673 K 烧结 10 min 的 ZPW 样品比 1573 K 烧结 1.0 h 得到的 ZPW 样品的颗粒小很多,气孔率也小很多。图 4.9 显示出 1673 K 烧结 10 min 的 ZPW 样品比 1573 K 烧结 1.0 h 得到的 ZPW 样品的热膨胀系数更负。这一结果暗示,充满气体的空隙遇热发生膨胀,这一效应与 ZPW 晶体受热发生收缩的效应相反。

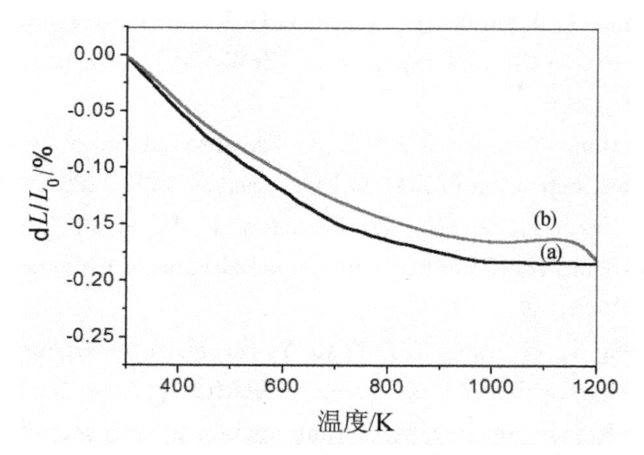

图 4.9　ZPW 陶瓷的相对长度随温度的变化曲线
(a) 1673 K 烧结 10 min; (b) 1573 K 烧结 1.0 h

4.4　本章小结

利用三种氧化物 ZrO_2、WO_3 和 P_2O_5 作为原料制备负热膨胀材料 $Zr_2P_2WO_{12}$(ZWP)发现有两个不同的反应路径：一个是从原料直接反应生成最终产物；另一个是经过中间相 ZrP_2O_7 再生成最终产物 ZPW。如果在烘干和烧结过程中避免中间相，那么采用固相法可以在几分钟内快速制备 ZPW 陶瓷，陶瓷具有颗粒细小、均匀的微观结构。这些结果铺平了通向快速、环境友好的制备负热膨胀材料 ZPW 和相关的化合物（比如：$NaZr_2(PO_4)_3$、$Ca_{1-x}M_xZr_4P_6O_{24}$(M＝Sr 或 Ba)）的道路。这些材料的制备通常，至少需要在 1473 K 烧结 48～72 h。

参考文献

[1] Khosrovani N, Korthuis V, Sleight A W, et al. 180° P-O-P bond angles in ZrP_2O_7[J]. Inorg Chem, 1996, 35: 485-489.

[2] Hemamala U L C, El-Ghussein F, Muthu D V S, et al. High-pressure Raman and infrared study of ZrV_2O_7[J]. Solid State Commun, 2007, 141: 680-684.

[3] Ernst G, Broholm C, Kowach G R, et al. Phonon density of states and negative thermal expansion in ZrW_2O_8[J]. Nature, 1998, 396: 147-149.

[4] Perottoni C A, Jornada J A H. Pressure-induced amorphization and negative thermal expansion in ZrW_2O_8[J]. Science, 1998, 280: 886-889.

[5] Catafesta J, Zorziz J E, Perottoni C A, et al. Tunable linear thermal expansion coefficient of amorphous zirconium tungstate[J]. J Am Ceram Soc, 2006, 89: 2341-2344.

[6] Liang E J, Liang Y, Zhao Y, et al. Low-frequency phonon modes and negative thermal expansion in $A(MO_4)_2$ (A = Zr, Hf and M = W, Mo) by Raman and terahertz time-domain spectroscopy[J]. J Phys Chem A, 2008, 112: 12582-12587.

[7] Liang E J, Huo H L, Wang J P, et al. Effect of water species on the phonon modes in orthorhombic $Y_2(MoO_4)_3$ revealed by Raman spectroscopy[J]. J Phys Chem C, 2008, 112: 6577-6581.

[8] Greve B K, Martin K L, Lee P L, et al. Pronounced negative thermal expansion from a simple structure: cubic ScF_3[J]. J Am Chem Soc, 2010, 132: 15496-15498.

[9] Li C W, Tang X L, Muñoz J A, et al. Structural relationship between negative thermal expansion and quartic anharmonicity of cubic ScF_3[J]. Phys Rev Lett, 2011, 107: 195504.

[10] Chatterji T, Zbiri M, Hansen T C. Negative thermal expansion in ZnF_2[J]. Appl Phys Lett, 2011, 98: 181911.

[11] Wang X W, Huang Q Z, Deng J X, et al. Phase transformation and negative thermal expansion in $TaVO_5$[J]. Inorg Chem, 2011, 50: 2685-2690.

[12] Wang J R, Deng J X, Yu R B, et al. Coprecipitation synthesis and negative thermal expansion of $NbVO_5$[J]. Dalton Trans, 2011, 40: 3394-3397.

[13] Hu P H, Kang H J, Chen J, et al. Magnetic enhancement and low thermal expansion of $(1-x-y)PbTiO_3$-$xBi(Ni_{1/2}Ti_{1/2})O_3$-$yBiFeO_3$[J]. J Mater Chem, 2011, 21: 16205-16209.

[14] Song X Y, Sun Z H, Huang Q Z, et al. Adjustable zero thermal expansion in antiperovskite manganese nitride[J]. Adv Mater, 2011, 23: 4690-4694.

[15] Cetinkol M, Wilkinson A P. Pressure dependence of negative thermal expansion in $Zr_2(WO_4)(PO_4)_2$[J]. Solid State Commun, 2009, 149: 421-424.

[16] Takenaka K. Negative thermal expansion materials: technological key for control of thermal expansion[J]. Sci Technol Adv Mater, 2012, 13: 013001.

[17] Tani J, Takahashi M, Kido H. Fabrication and thermal expansion properties of $ZrW_2O_8/Zr_2WP_2O_{12}$ composites[J]. J Eur Ceram Soc, 2010, 30: 1483-1488.

[18] Yang X B, Cheng X N, Yan X H, et al. Synthesis of ZrO_2/ZrW_2O_8 composites with low thermal expansion[J]. Compos Sci Technol, 2007, 67: 1167-1171.

[19] Evans J S O, Mary T A, Sleight A W. Structure of $Zr_2(WO_4)(PO_4)_2$ from powder X-ray data: cation ordering with no superstructure [J]. J Solid State Chem, 1995, 120: 101-104.

[20] Tao J Z, Sleight A W. The role of rigid unit modes in negative thermal expansion[J]. J Solid State Chem, 2003, 173: 442-448.

[21] Liang E J. Negative thermal expansion materials and their applications: a survey of recent patents[J]. Rec Pat Mater Sci, 2010, 3: 106-128.

[22] Martinek C, Hummel F A. Subsolidus equilibria in the system ZrO_2-WO_3-P_2O_5[J]. J Am Ceram Soc, 1970, 53: 159-161.

[23] Isobe T, Umezome T, Kameshima Y, et al. Preparation and properties of negative thermal expansion $Zr_2WP_2O_{12}$ ceramics[J]. Mater Res Bull, 2009, 44: 2045-2049.

[24] Cetinkol M, Wilkinson A P. In situ high-pressure synchrotron X-ray diffraction study of $Zr_2(WO_4)(PO_4)_2$ up to 16 GPa[J]. Phys Rev B, 2009, 79: 224118.

[25] Xie D Y, Wang Z H, Liu X S, et al. Rapid synthesis of low thermal expansion materials of $Ca_{1-x}Sr_xZr_4P_6O_{24}$[J]. Ceram Int, 2012, 38: 3807-3813.

[26] Coble R L. Sintering crystalline solids. II. experimental test of diffusion models in powder compacts[J]. J Appl Phys, 1961, 32 793-799.

[27] Shang R, Hu Q L, Liu X S, et al. Effect of MgO and PVA on the synthesis and properties of negative thermal expansion ceramics of $Zr_2(WO_4)(PO_4)_2$[J]. Int J Appl Ceram Technol, 2013, 10: 849-856.

第 5 章　$Ca_{1-x}Sr_xZr_4P_6O_{24}$的快速制备

5.1　引　言

近些年来，精密器件对低热膨胀性能要求越来越高。负热膨胀材料，如ZrW_2O_8、ZrV_2O_7、$Y_2Mo_3O_{12}$等，可能用来实现近零或可控热膨胀材料，从而满足低热膨胀性能的要求，因而人们对负热膨胀材料产生极大的兴趣[1-8]。在低热膨胀材料或负热膨胀材料中，$NaZr_2P_3O_{12}$[NZP]，由于其典型的耐火性能和对商业核废料中几乎 42 种元素的固定方面拥有潜在的应用价值，受到广泛的关注[9-13]。NZP 中的 PO_4 四面体和 ZrO_6 八面体的共顶角结构组成了具有结构灵活性和稳定的三维网格结构，该结构有利于产生负热膨胀效应[14]。在这六角晶格的网格结构的空隙中可以部分或全部被 Ca、Sr、Na 或其他离子占据。

Limaye 等人[15]研究了 $CaZr_4P_6O_{24}$ 的热膨胀性能，发现从室温到 773 K，其晶体的 a 轴表现负热膨胀性能，而 c 轴表现正热膨胀性能。而 $SrZr_4P_6O_{24}$ 和 $BaZr_4P_6O_{24}$ 则具有相反的热膨胀行为。利用这些特点，$Ca_{1-x}M_xZr_4P_6O_{24}$（M＝Sr 或 Ba）作为单一相固溶体制备出来，其具有近零热膨胀和很低的各向异性的特点。

$Ca_{1-x}Sr_xZr_4P_6O_{24}$通常是采用固相法或溶胶-凝胶法制备，这些陶瓷材料的制备很烦琐，制备时间长，耗能高[15-22]。比如，$CaZr_4P_6O_{24}$、$SrZr_4P_6O_{24}$和 $Ca_{1-x}Sr_xZr_4P_6O_{24}$的固相法制备需要在 1473 K 分别烧结 48、48、72 h，除此之外，还需要多步预烧结和中间的研磨工作[17-19]。Chakraborty 等人[15]合成 $Ca_{1-x}Sr_xZr_4P_6O_{24}$需要先后在 473 K 烧结 15 h、在 873 K 烧结 4 h、在 1173 K 烧结 16 h、1573 K 烧结 6 h 形成粉末混合物，并且得到的样品具有 7～10 wt. %的第二相 ZrP_2O_7。课题组研究了两步合成 $Ca_{1-x}Sr_xZr_4P_6O_{24}$的方法：首先 873 K 预烧结 4 h，然后在预先设置到烧结温度 1600～1800 K 的管式炉中烧结[21]。研究发现，合成 $Ca_{1-x}Sr_xZr_4P_6O_{24}$，可以在 1573、

1673、1773 K 烧结，对应的烧结时间分别为 24、16、8 h，从而来得到纯相的陶瓷样品。和传统的固相法烧结相比，这样的烧结程序较简单，烧结时间较短、能耗较低。然而，对于大规模使用这些材料来说，制备过程中烧结温度较高，能耗和时间仍然高。进一步缩短烧结时间和(或)降低烧结温度是亟待需要解决的问题。为了实现这一目标，其中第二相的形成机理必须澄清，同时反应路径必须有效控制。

在这项研究中，研究了 $Ca_{1-x}Sr_xZr_4P_6O_{24}$ 制备过程中存在的反应路径问题，目的就是澄清和避免第二相的形成，从而控制反应路径，实现快速制备。首先选择 CaO、$SrCO_3$、ZrO_2 和 P_2O_5 作为原材料，而排除 $NH_4H_2PO_4$/$(NH_4)_2HPO_4$ 作为 P 的来源，这是因为，对于生产 $Ca_{1-x}Sr_xZr_4P_6O_{24}$，$P_2O_5$ 会比 $NH_4H_2PO_4$/$(NH_4)_2HPO_4$ 更廉价。研究发现，在制备 $Ca_{1-x}Sr_xZr_4P_6O_{24}$ 过程中存在两个反应路径：一个是从原材料直接到目标产物；另一个是通过一个中间相 ZrP_2O_7 再到最终产物。控制反应沿着第一个直接反应的路径，也就是避免产生第二相 ZrP_2O_7，$Ca_{1-x}Sr_xZr_4P_6O_{24}$ 能够在 5 min 内合成。将 P_2O_5 作为 P 源的另一个优点是，没有 $NH_4H_2PO_4$/$(NH_4)_2HPO_4$ 的分解和释放污染气体 NH_3。

5.2 实验过程

5.2.1 样品制备

采用快速高温固相法制备 $Ca_{1-x}Sr_xZr_4P_6O_{24}$ 样品，选择 CaO、$SrCO_3$、ZrO_2 和 P_2O_5 作为原材料。由于 P_2O_5 在空气中的严重吸水性，需要快速称量，然后其他的原材料根据目标产物中化学计量比进行称量，将称量好的原材料进行均匀混合并研磨 2 h 左右。将研磨好的混合物进行烘干和烧结，其烘干和烧结过程在后文中的结果和讨论部分详细给出。为了线性热膨胀系数测试实验，制备得到的粉末样品需要重新研磨、压片和再次烧结。

5.2.2 样品表征

热重分析（Thermal Gravimetric Analysis，TGA）是在一个热分析仪（Ulvac Sinku-Riko DSC，1500M/L）上完成的，测试温度范围是 300～

1423 K,升温和降温速率是 10 K/min。制备样品的晶相利用 X 射线衍射仪（X-ray Diffraction，XRD，X'Pert PRO）来研究。样品的微观结构通过场扫描电子显微镜（Field Emission Scanning Electron Microscope，SEM，JSM-6700F）进行观察。样品的线性热膨胀系数测试利用德国林赛斯公司制造的热膨胀仪（Dilatometer，Linseis L76PT）进行。

5.3 结果和讨论

5.3.1 反应过程及其控制

图 5.1 给出三种化合物 CaO、$SrCO_3$、ZrO_2 XRD 图谱和由 CaO、$SrCO_3$、ZrO_2 与 P_2O_5 组成的混合物（摩尔比 Ca：Sr：Zr：P＝0.5：0.5：4：6）的 XRD 图谱，预加热的温度分别是 473、493、513 K，预加热的时间都是 1 h。通过其 XRD 衍射峰对比发现，对应于 PDF 卡号 01-075-0926 的 ZrP_2O_7 的衍射峰甚至在 493 K 出现，ZrP_2O_7 的这一个形成温度比 Isobe 等人报道的形成温度 588 K 低很多[22]，但是，这一温度比我们报道的形成温度 458 K 高一些[23]，可能与不同的制备条件有关系。

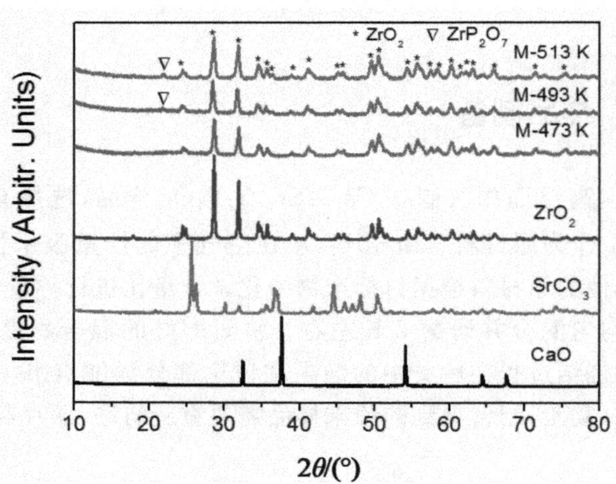

图 5.1 XRD 图谱：三种原料 CaO、$SrCO_3$、ZrO_2；四种原料 CaO、$SrCO_3$、ZrO_2 与 P_2O_5 组成的混合物（M），其预加热的温度分别是 473、493、513 K，预加热的时间都是 1 h

图 5.2 是从室温到 1450 K 的原料 CaO、$SrCO_3$、ZrO_2 和 P_2O_5 的混合物的热重分析曲线。从图中可以发现，原料混合物从室温到 700 K 经历一

个明显热失重过程，这个急剧下降的斜线归因于吸水的 P_2O_5 在升温时由于释放水造成的质量的减少。水解的 P_2O_5 生成 H_3PO_4，然后 H_3PO_4 在大约 400 K 温度附近分解成 P_2O_5 和 H_2O，其对应的化学反应方程式可以表达为 $P_2O_5+3H_2O \underset{400\ K}{\overset{RT}{\rightleftharpoons}} 2H_3PO_4$。当温度升高到 493 K 及以上时，$P_2O_5$ 开始与 ZrO_2 发生反应形成中间相 ZrP_2O_7。

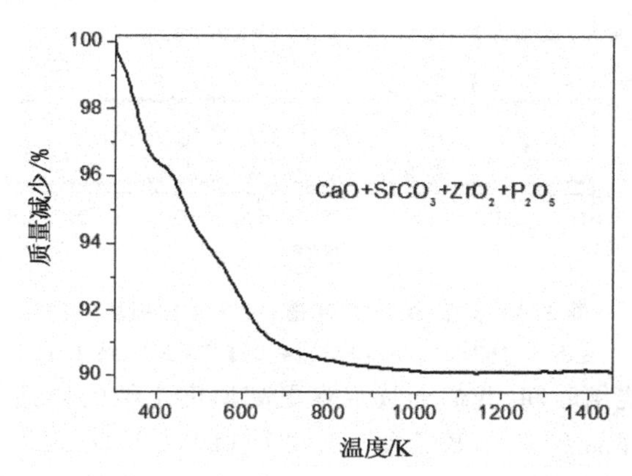

图 5.2　原料 CaO、$SrCO_3$、ZrO_2 和 P_2O_5 的混合物的热重分析曲线

图 5.3 给出了原料混合物（摩尔比 Ca ∶ Sr ∶ Zr ∶ P ＝ 0.5 ∶ 0.5 ∶ 4 ∶ 6）在更高加热温度的 XRD 图谱：在 513 K 预加热，在 873、1073、1273、1373、1473、1573 K 烧结 1 h。对比发现，中间相 ZrP_2O_7 的衍射峰出现明显的变化：从 513 到 1373 K，衍射峰的强度随温度的升高正比增大；在更高的温度范围中，随温度的升高，衍射峰的强度迅速减弱。$Ca_{0.5}Sr_{0.5}Zr_4P_6O_{24}$（CSZP）的衍射峰在 1373 K 开始出现，并且当温度从 1373 K 升高到 1573 K 时，其衍射峰的强度迅速增大。

对比分析图 5.1～图 5.3 后发现，从 513 K 到 1373 K，ZrO_2 具有与 P_2O_5 反应生成 ZrP_2O_7 优势；在 1373 K，ZrP_2O_7 开始与 ZrO_2、CaO 和 $SrCO_3$ 发生化学反应生成 CSZP，并且该化学反应在更高的温度（1473 K 和 1573 K）开始加速进行。

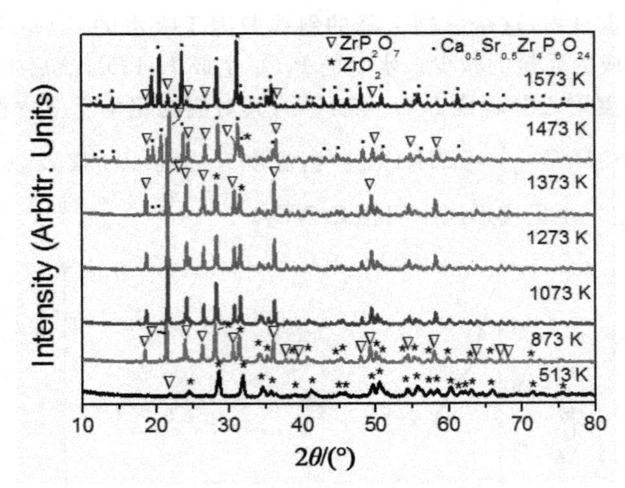

图 5.3　样品的 XRD 图谱：在 513 K 预加热，在 873、1073、1273、1373、1473、1573 K 烧结 1 h

为了缩短烧结时间，我们继续观察更高温度烧结的样品的 XRD 结果。图 5.4 给出了样品在 1573 K 烧结 (a) 2 h、(b) 3 h、(c) 4 h 和 (d) 5 h 的 XRD 图谱。很明显，第二相 ZrP_2O_7 的衍射峰随着烧结时间的延长而逐渐减弱，说明第二相 ZrP_2O_7 的量逐渐减少。当烧结时间等于 4 h 或比 4 h 更长，第二相 ZrP_2O_7 的衍射峰消失了，说明得到了纯相的 CSZP。

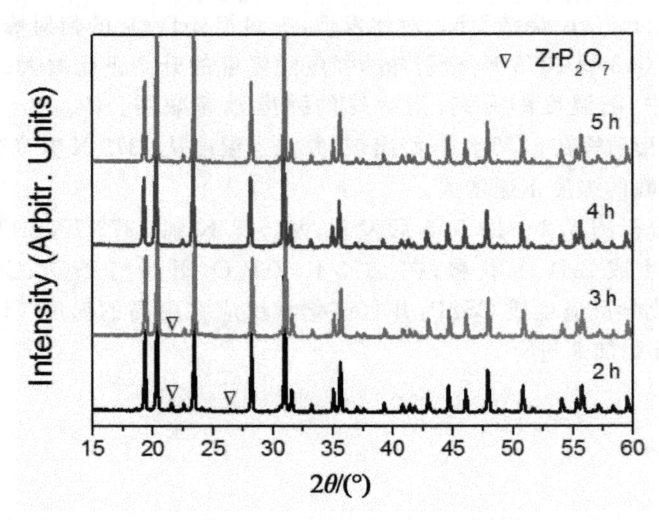

图 5.4　在 513 K 预热后在 1573 K 分别烧结 (a) 2 h、(b) 3 h、(c) 4 h 和 (d) 5 h 得到的 CSZP 样品的 XRD 图谱

如果忽略 P_2O_5 的水解反应，上边的反应可以归结为两步反应：

$$ZrO_2 + P_2O_5 \rightarrow ZrP_2O_7 (493\ K \leqslant T \leqslant 1373\ K) \tag{5.1}$$

$$6ZrP_2O_7 + CaO + 2ZrO_2 + SrCO_3 \rightarrow$$
$$2Ca_{0.5}Sr_{0.5}Zr_4P_6O_{24} + CO_2 (T \geqslant 1373K) \tag{5.2}$$

图 5.1～图 5.4 说明了，一旦中间相 ZrP_2O_7 在烘干过程中（$T \geqslant 493$ K）形成，化学反应式(5.2)在 1373 K 只能很慢地进行，以至于烧结时间至少需要 4 h 在 1573 K 烧结制备 CSZP。

为了实现快速制备 CSZP，必须避免第二相 ZrP_2O_7 的出现。图 5.1～图 5.4 暗示第二相 ZrP_2O_7 的出现可能是干燥过程和/或烧结过程。所以，为了避免第二相 ZrP_2O_7 的出现，干燥温度必须低于 393 K，并且在预先升温到烧结温度的管式炉中烧结，其烧结温度必须高于 1373 K。在这些必要条件下，从原材料到最终目标产物而未经过中间相的直接反应就可以实现，其反应方程式为

$$CaO + 8ZrO_2 + 6P_2O_5 + SrCO_3 \rightarrow 2Ca_{0.5}Sr_{0.5}Zr_4P_6O_{24} + CO_2 \tag{5.3}$$

这是一步反应，完全不同于以上所述的传统的两步反应。事实上，反应式（5.1）和（5.2）代表了一种反应路径，而反应式（5.3）则代表了另外一种反应路径，这就是制备 $Ca_{0.5}Sr_{0.5}Zr_4P_6O_{24}$ 存在的两种不同的反应路径。接下来示例反应路径式(5.3) 的存在，同时探索条件来控制反应路径实现快速制备 CSZP。

图 5.5 给出了在更高的烧结温度 1673 K 制备的 CSZP 样品的 XRD 图谱：烘干温度是 473 K，烧结时间分别是 0.5、1.0、1.5、2.0 h，烧结仍然是在预先升温到烧结温度的管式炉中进行的。研究发现，当烧结时间达到1 h或更长的时间，第二相 ZrP_2O_7 的衍射峰检测不到，得到了纯相的 CSZP。然而，当烧结时间缩短到 0.5 h 时，在 21.5°、24°和 26°三个位置检测到第二相 ZrP_2O_7 的衍射峰。这一结果暗示，反应式（5.1)、(5.2)和(5.3) 在这一烧结温度共存，尽管第二相 ZrP_2O_7 在烘干过程未出现。

图 5.6～图 5.8 给出了制备的 CSZP 的 XRD 图谱：在 473 K 烘干 1 h，再在 1773 K、1823 K 和 1873 K 烧结不同的时间。很明显，纯相的 CSZP 可以在 20、10、5 min 内分别在 1773 K、1823 K 和 1873 K 烧结得到。尽管第二相 ZrP_2O_7 在 1772 K 和 1823 K 没有彻底排除，但是 ZrO_2 与 P_2O_5 的反应被很大程度上限制了。当烧结温度升高到 1873 K 时，烧结时间仅仅 5 min就足够用来合成纯相的 CSZP。我们知道，一般说来，样品和炉子达到温度平衡至少需要几分钟。图 5.6～5.8 表明了，炉子温度越高，样品与炉子越快达到热平衡，并且形成越少的中间相。所以，可以认为在1873 K 时，反应式(5.1)和(5.2)被彻底禁止了，只有反应式（5.3）存在。反应过

程的控制在图 5.9 表示出来。

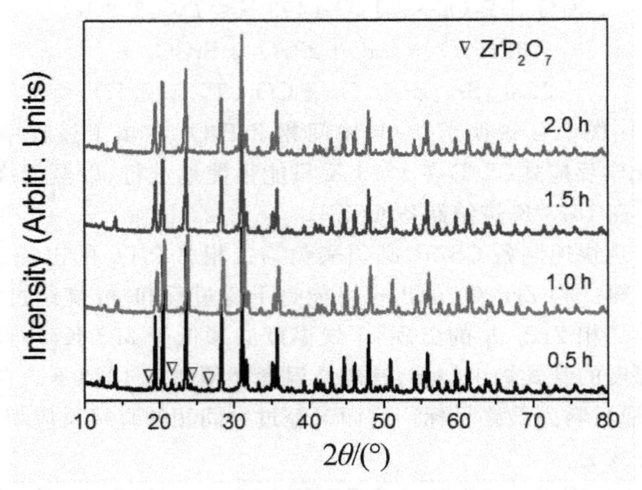

图 5.5 $Ca_{0.5}Sr_{0.5}Zr_4P_6O_{24}$ 的 XRD 图谱：
在 473 K 烘干，在 1673 K 分别烧结 0.5、1.0、1.5、2.0 h

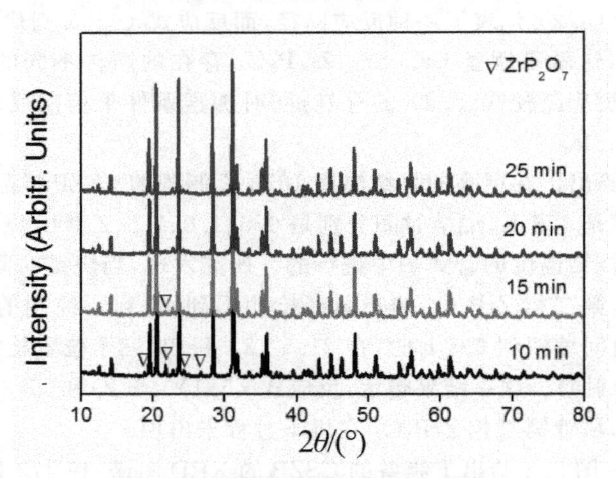

图 5.6 制备的 CSZP 的 XRD 图谱：
在 473 K 烘干 1 h，在 1773 K 分别烧结 10、15、20、25 min

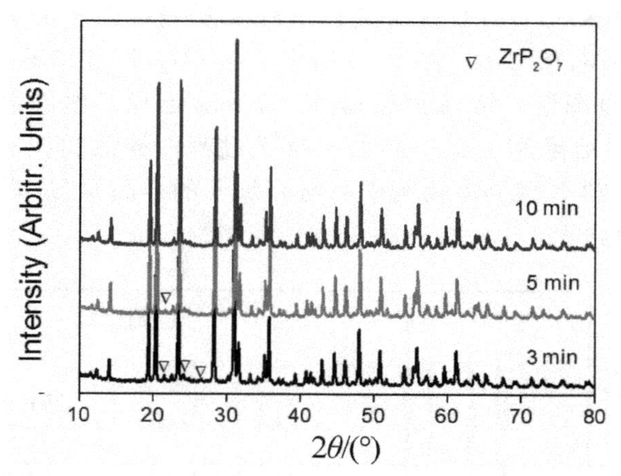

图 5.7　制备的 CSZP 的 XRD 图谱:在 473 K 烘干 1 h,在 1823 K 分别烧结 3、5、10 min

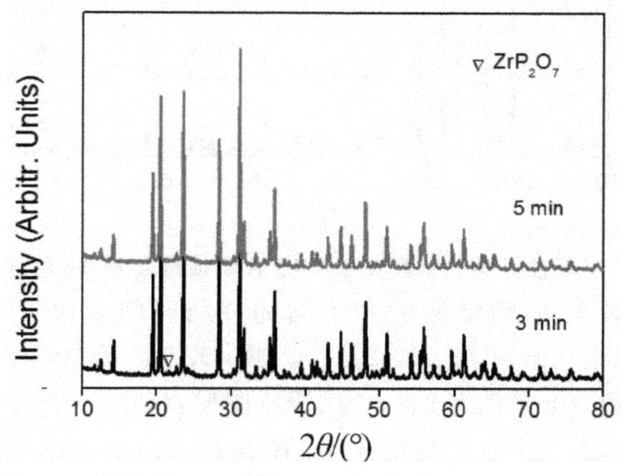

图 5.8　制备的 CSZP 的 XRD 图谱:在 473 K 烘干 1 h,在 1873 K 分别烧结 3 min 和 5 min

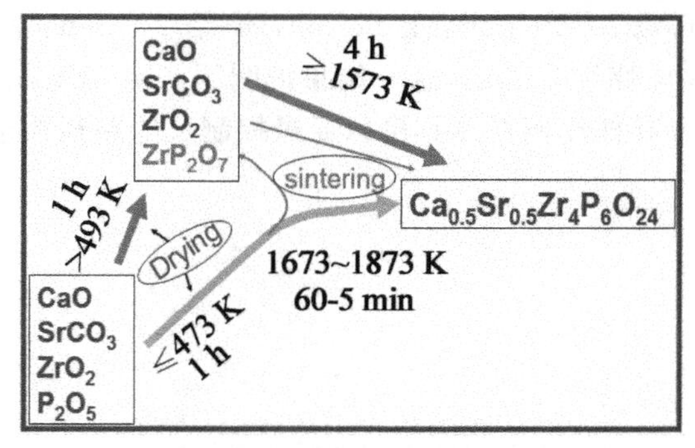

图 5.9　控制制备 CSZP 的反应路径来抑制第二相 ZrP_2O_7

我们也对未烘干的原料直接在预升温到烧结温度的管式炉中烧结1673、1773、1873、1873 K。图5.10给出了在1773 K烧结不同的温度得到的样品的XRD图谱。结果发现，烧结20 min已经足够能得到$Ca_{0.5}Sr_{0.5}Zr_4P_6O_{24}$，这一结果和上边讲到的有烘干过程的样品情况相同。其他在1673、1823、1873 K烧结得到的样品与有烘干的样品类似，其对应的XRD图谱这里没有给出。

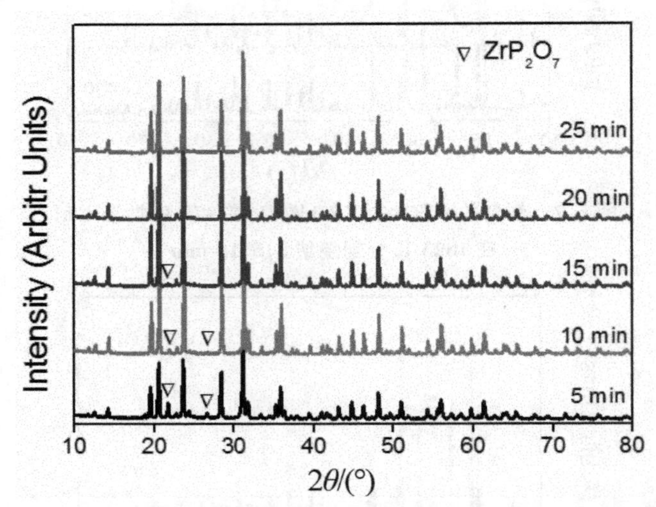

图5.10　未经过干燥过程直接在1773 K烧结得到CSZP的XRD图谱

我们也用不同的烧结温度和不同的烧结时间合成了其他的比例的$Ca_{1-x}Sr_xZr_4P_6O_{24}$（$x=0$、0.2、1）。图5.11给出了不同比例的$Ca_{1-x}Sr_xZr_4P_6O_{24}$（$x=0$、0.2、1）的XRD图谱：(a) $x=0$、(b) $x=0.2$和(c) $x=1$未经烘干过程直接在1673 K烧结60 min、在1773 K烧结20 min、在1823 K烧结10 min和在1873 K烧结5 min。我们发现，纯相的$CaZr_4P_6O_{24}$、$Ca_{0.8}Sr_{0.2}Zr_4P_6O_{24}$和$SrZr_4P_6O_{24}$能够分别在以下条件下烧结得到：在1673 K烧结60 min、在1773 K烧结20 min、在1823 K烧结10 min、在1873 K烧结5 min。这一结果说明了，$Ca_{1-x}Sr_xZr_4P_6O_{24}$（$x=0$、0.2、0.5、1）以及其他比例样品都可以通过控制反应路径快速合成得到。

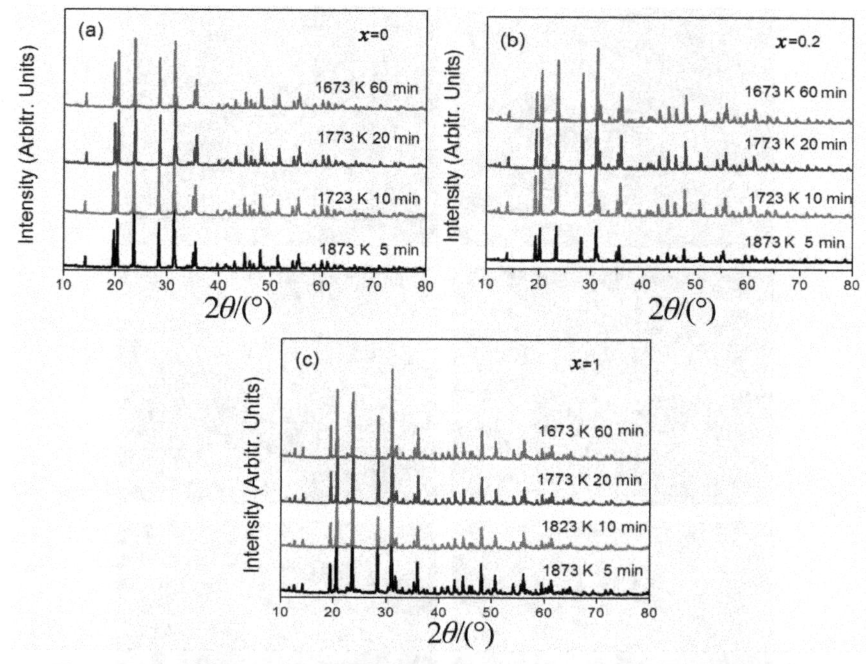

图 5.11 不同烧结温度和时间的不同比例的 $Ca_{1-x}Sr_xZr_4P_6O_{24}$ 的 XRD 图谱

(a) $x=0$、(b) $x=0.2$ 和 (c) $x=1$ 未经烘干直接分别在 1673 K 烧结 60 min、1773 K 烧结 20 min、1823 K 烧结 10 min 和 1873 K 烧结 5 min

5.3.2 微观结构

快速烧结制备过程影响晶体的生长,特别是对于没有烘干过程的直接进行烧结得到的样品。图 5.12(a_1)～(a_4)给出了不同条件制备的样品 SEM 电镜照片:(a_1)和(a_2) 在 1873 K 烧结 5 min 得到的粉末样品 (a_1)对应有烘干过程的样品,(a_2)对应没有烘干过程的样品;(a_3)和(a_4) 使用制备的粉末样品 (a_1)和(a_2) 进行二次烧结 (1873 K, 5 min) 得到的陶瓷片样品。与没有烘干过程的样品的扫描电镜照片 (a_1) 对比发现,具有烘干过程的样品 (a_2) 的颗粒更均匀、更分散。具有烘干过程的样品重新研磨后压片,然后二次烧结的样品导致气孔率明显减少 (a_3)和(a_4)。具有烘干过程进行二次烧结的陶瓷片 (a_3) 组成的颗粒显得更具有分散性,这一结果我们归因于具有烘干过程的样品的颗粒更加具有分散性。

图 5.12　不同条件制备的样品 SEM 电镜照片

(a_1)和(a_2) 在 1873 K 烧结 5 min 得到的粉末样品,(a_1)对应有烘干过程的样品,(a_2)对应没有烘干过程的样品;(a_3)和(a_4) 使用制备的粉末样品 (a_1)和(a_2) 进行二次烧结 (1873 K, 5 min) 得到的陶瓷片样品

图 5.12(b_1)～(b_2)给出了在 1873 K 烧结 5 min 的样品 (a_2) 具有不同的放大倍数的 SEM 照片 (b_1),(b_2)。很明显,样品显得具有较高的气孔率。那些留下的气孔应该是 H_3PO_4 和 $SrCO_3$ 分解出现的 H_2O 和 CO_2 蒸发后未被填充得到的。在快速制备的样品中,陶瓷颗粒的生长未能跟上蒸发的速度,导致较多的气孔留下来。对于二次烧结的陶瓷片样品,因为制备的粉末样品经过研磨、压片、二次烧结,并且没有蒸发过程,所以,几乎没有气孔存在。归结为,低气孔的陶瓷样品可以利用快速烧结和二次烧结得到。

5.3.3　低热膨胀特性

图 5.13 给出二次烧结的样品 $Ca_{1-x}Sr_xZr_4P_6O_{24}$($x$ = 0、0.2、0.5、1.0)随温度变化的线性长度变化曲线。对比几个随着温度升高的线性长度变化

曲线发现，不同反应路径制备的样品具有类似的线性热膨胀特性。对于在473 K烘干1 h然后压片，再在1673 K烧结1 h后得到的样品 $Ca_{1-x}Sr_xZr_4P_6O_{24}$，线性热膨胀系数是：$1.89\times10^{-6}$ K^{-1}（$x = 1.0$，293～1073 K）、0.99×10^{-6} K^{-1}（$x = 0.5$，416～1073 K）、0.39×10^{-6} K^{-1}（$x = 0.2$，293～1073 K）和 -2.33×10^{-6} K^{-1}（$x = 0$，293～1073 K）。对于没有经过烘干过程，直接在1773 K烧结20 min，再在1773 K烧结5 min的陶瓷片样品，其线性热膨胀系数是：2.00×10^{-6} K^{-1}（$x = 1.0$，293～1073 K）、1.52×10^{-6} K^{-1}（$x = 0.5$，293～1073 K）、0.46×10^{-6} K^{-1}（$x = 0.2$，293～1073 K）和 -1.55×10^{-6} K^{-1}（$x = 0$，293～1073 K）。$Ca_{0.5}Sr_{0.5}Zr_4P_6O_{24}$（$1.52\times10^{-6}$ K^{-1}，293～1073 K）的线性热膨胀系数接近Limaye等人1991年报道的值 1.4×10^{-6} K^{-1}（298～773 K），也接近与Jali等人2002年报道的值 2.1×10^{-6} K^{-1}（298～1073 K）和 1.6×10^{-6} K^{-1}（298～773 K）[16,24]。

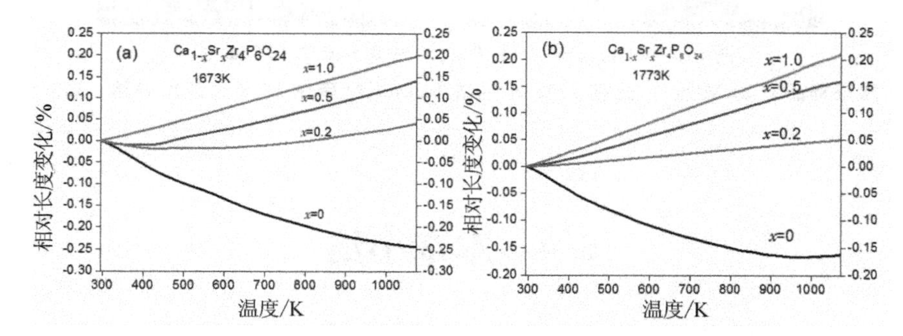

图5.13 不同条件制备的陶瓷样品 $Ca_{1-x}Sr_xZr_4P_6O_{24}$（$x = 0$、0.2、0.5、1.0）线性长度变化曲线

(a) 在426 K烘干1 h，在1673 K烧结1 h；

(b) 未经过烘干过程直接在1773 K烧结20 min、研磨、压片、在1773 K二次烧结5 min

为了澄清陶瓷样品 $Ca_{1-x}Sr_xZr_4P_6O_{24}$（$x=0.0$）的负热膨胀特性是来源于晶格参数的减小还是来源于随着温度的升高气孔的收缩，我们比较了在相同条件下制备的不同比例的样品的SEM照片。图5.14给出不同比例的 $Ca_{1-x}Sr_xZr_4P_6O_{24}$（$x = 0.0$、0.2、0.5、1.0）的陶瓷样品的SEM照片：先在1773 K烧结20 min，然后在1773 K二次烧结5 min。对比发现，陶瓷中的气孔的数目和平均尺寸对于不同比例的样品几乎接近。这一结果暗示，陶瓷样品 $Ca_{1-x}Sr_xZr_4P_6O_{24}$（$x=0.0$）的负热膨胀特性是来源于晶格参数的减小，而不是来源于气孔随着温度的升高而缩小。

图 5.14 $Ca_{1-x}Sr_xZr_4P_6O_{24}$ (x = 0.0、0.2、0.5、1.0)
陶瓷样品的 SEM 照片：先在 1773 K 烧结 20 min，然后在 1773 K 二次烧结 5 min

5.4 本章小结

使用 CaO、$SrCO_3$、ZrO_2 和 P_2O_5 为原料制备 $Ca_{1-x}Sr_xZr_4P_6O_{24}$（$0<x<1$）存在两个反应路径：一个是要通过一个中间相 ZrP_2O_7 才能得到最终产物，另一个是从原材料直接生成目标产物，其反应路径依赖于实验程序、干燥和烧结温度。一旦中间相在烘干或烧结过程中形成，烧结生成目标产物就需要很长的烧结时间，以至于在 1573 K 需要至少烧结 4 h 来制备 $Ca_{0.5}Sr_{0.5}Zr_4P_6O_{24}$。依靠控制反应沿着后一个反应路径，$Ca_{1-x}Sr_xZr_4P_6O_{24}$（$0<x<1$）的烧结时间可以显著地减少，甚至 5 min 内就能合成纯相的目标产物。这个一步反应可以依靠控制干燥温度和烧结温度来实现，当在 493 K 烘干并且在 1873 K 烧结时，中间相 ZrP_2O_7 就能够被彻底杜绝，制备 $Ca_{1-x}Sr_xZr_4P_6O_{24}$ 的一步反应就可以实现。尽管快速合成的粉末样品具有高的气孔率，但是将其粉末研磨、压片后二次烧结就能明显地消除气孔。这项研究为快速合成 $Ca_{1-x}Sr_xZr_4P_6O_{24}$ 及其类似的负热膨胀材料、低热膨胀材料和近零热膨胀材料打下了基础。

参考文献

[1] Suzukiw T, Omote A. Zero thermal expansion in $(Al_{2x}(HfMg)_{1-x})(WO_4)_3$[J]. J Am Ceram Soc, 2006, 89: 691-693.

[2] Li Z Y, Song W B, Liang E J. Structures, phase transition, and crystal water of $Fe_{2-x}Y_xMo_3O_{12}$ [J]. J Phys Chem C, 2011, 115: 17806-17811.

[3] Song X Y, Sun Z H, Huang Q Z, et al. Adjustable zero thermal expansion in antiperovskite manganese nitride[J]. Adv Mater, 2011, 23: 4690-4694.

[4] Yang X B, Cheng X N, Yang J, et al. Synthesis of ZrO_2/ZrW_2O_8 composites with low thermal expansion[J]. Comp Sci Technol, 2007, 67: 1167-1171.

[5] Tani J I, Takahashi M, Kido H. Fabrication and thermal expansion properties of $ZrW_2O_8/Zr_2WP_2O_{12}$ composites[J]. J Eur Ceram Soc, 2010, 30: 1483-1488.

[6] Kofteros M, Rodriguez S, Tandon V, et al. A preliminary study of thermal expansion compensation in cement by ZrW_2O_8 additions[J]. Scripta Mater, 2001, 45: 369-374.

[7] Sullivan L M, Lukehart C M. Zirconium tungstate(ZrW_2O_8)/polyimide nanocomposites exhibiting reduced coefficient of thermal expansion[J]. Chem Mater, 2005, 17: 2136-2141.

[8] Yanase I, Miyagi M, Kobayash H. Fabrication of zero-thermal-expansion $ZrSiO_4/Y_2W_3O_{12}$ sintered body[J]. J Eur Ceram Soc, 2009, 29: 3129-3134.

[9] Miller W, Smith C W, Mackenzie D S, et al. Negative thermal expansion: a review[J]. J Mater Sci, 2009, 44: 5441-5451.

[10] Liang E J. Negative thermal expansion materials and their applications: a survey of recent patents[J]. Rec Pat Mater Sci, 2010, 3: 106-128.

[11] Petkov V I, Sukhanov M V, Ermilova M M, et al. Development and synthesis of bulk and membrane catalysts based on framework phosphates and molybdates[J]. Russ J Appl Chem, 2010, 83: 1731-1741.

[12] Roy R, Vance E R, Alamo J, [NZP], a new radiophase for ceramic nuclear waste forms[J]. Mater Res Bull, 1982, 17: 585-589.

[13] Park H S, Kim I T, Kim H Y, et al. Immobilization of molten salt waste into $MZr_2(PO_4)_3$(M=Li, Na, Cs, Sr)[J]. J Radioanall Nucl Chem, 2006, 268: 617-626.

[14] Hagman L O, Kierkegaard P. The crystal structure of $NaMe_2^{IV}(PO_4)_3$, Me_2^{IV}=Ge, Ti, Zr[J]. Acta Chem Scand, 1968, 22: 1822-1832.

[15] Limaye S Y, Agrawal D K, Mckinstry H A. Synthesis and thermal expansion of $MZr_4P_6O_{24}$(M=Mg, Ca, Sr, Ba)[J]. J Am Ceram Soc, 1987, 70: 232-236.

[16] Limaye S Y, Agrawal D K, Roy R, Mehrotra Y. Synthesis, sintering and thermal expansion of $Ca_{1-x}Sr_xZr_4P_6O_{24}$-an ultra-low thermal expansion ceramic system[J]. J Mater Sci, 1991, 26: 93-98.

[17] Rashmi C, Shrivastava O P. Synthesis and crystal structure of nanocrystalline phase: $Ca_{1-x}M_xZr_4P_6O_{24}$(M=Sr, Ba and x= 0.0—1.0)[J]. Solid State Sci, 2011, 13: 444-454.

[18] Chakraborty N, Basu D, Fischer W. Thermal expansion of $Ca_{1-x}Sr_xZr_4(PO_4)_6$ ceramics[J]. J Eur Ceram Soc, 2005, 25: 1885-1893.

[19] Agrawal D K, Stubican V S. Synthesis and sintering of $Ca_{0.5}Zr_2P_3O_{12}$-a low thermal expansion material[J]. Mater Res Bull, 1985, 20: 99-106.

[20] Wang Z H, Xie D Y, Yuan B H, et al. Synthesis, thermal expansion properties and Raman spectroscopic study of $Ca_{1-x}Sr_xZr_4P_6O_{24}$ ceramics[J]. Adv Mater Res, 2012, 415-417: 1023-1027.

[21] Xie D Y, Wang Z H, Liu X S, et al. Rapid synthesis of low thermal expansion materials of $Ca_{1-x}Sr_xZr_4P_6O_{24}$[J]. Ceram Int, 2012, 38: 3807-3813.

[22] Isobe T, Umezome T, Kameshima Y, et al. Preparation and properties of negative thermal expansion $Zr_2WP_2O_{12}$ ceramics[J]. Mater Res Bull, 2009, 44: 2045-2049.

[23] Shang R, QL Hu, XS Liu, et al. Effect of MgO and PVA on the synthesis and properties of negative thermal expansion ceramics of $Zr_2(WO_4)(PO_4)_2$[J]. Int J Appl Ceram Technol, 2013, 10: 849-856.

[24] Angadi B, Jali V M, Lagare M T, et al. Synthesis and thermal expansion hysteresis of $Ca_{1-x}Sr_xZr_4P_6O_{24}$[J]. Bull Mater Sci, 2002, 25: 191-196.

第6章　$Zr_2W_2P_2O_{15}$的制备及负热膨胀性能

6.1 引　言

低或者负热膨胀性能材料，近年来引起了巨大的研究热情[1-7]。这类材料一般都具有因多面体单元转动模摆动（而不是伸缩振动模）而使固体晶格产生三维方向上变化的柔性网络结构[8,9]。钨酸锆（ZrW_2O_8）在0.3～1050 K的温度范围内展示出较大的各向同性负热膨胀。ZrW_2O_8在常压下有两种立方结构相（423 K以下的α相和423 K以上的β相），高压下一种正交相（γ相）[10-12]。ZrP_2O_7从室温到566 K温度范围内表现出正热膨胀性质，随着温度继续升高它就会呈现出低热膨胀性质[13,14]。ZrV_2O_7由于其稳定的相结构和各向同性的热膨胀性质而成为一种极其受关注的负热膨胀材料[15,16]。但是，室温下ZrV_2O_7是3×3×3超结构立方相，并且从室温到375 K温度范围内呈现出膨胀系数很大的正热膨胀性质。ZrV_2O_7在375～1073 K的温度范围内都呈现出各向同性的负热膨胀性质[17]。在从室温升温过程中，ZrV_2O_7在350 K和375 K两个温度点附近存在相变。高温相是空间群为$Pa\overline{3}$，配位数$Z=4$的1×1×1的一般结构立方相。有研究者利用X射线衍射（XRD）方法揭示了ZrV_2O_7有趣的高压行为，在1.38～1.72 GPa压力下可以从α-相（立方）到β-相（四方）一个明显的相转变。研究表明，在负热膨胀材料ZrV_2O_7中用P替代V可以降低材料的相变温度[18-21]。用P替代V可以将$ZrV_{2-x}P_xO_7$（$0\leqslant x\leqslant 2$）的相变温度由375 K下降到323 K[18]。通过变温拉曼研究发现$ZrV_{2-x}P_xO_7$（$0\leqslant x\leqslant 1$）的相变温度可以降到273 K（$x=0.8$）和213 K（$x=1$），当$x=0.4$时材料的膨胀系数由正转变为负的转变，温度在340 K左右[19]。用双离子Cu^{2+}/P^{5+}或Fe^{3+}/P^{5+}替代ZrV_2O_7中的Zr^{4+}/V^{5+}可以有效降低材料的相变温度并能调节其膨胀系数[20,21]。

已经有研究表明，用A^{3+}来替代ZrW_2O_8（或是$ZrWMoO_8$）中的Zr^{4+}可

以降低其相变温度。在 ZrV_2O_7 中用不等价离子 Mo^{6+}（或 W^{6+}）替代 V^{5+} 不能使其相变温度明显降低[22]。关于用 V^{5+} 来替代 ZrW_2O_8（或是 $ZrWMoO_8$）中 W^{6+} 材料已经有所报道，并有研究者研究了它的结构和热膨胀特性[23]。已经有研究者制备出了 $Ln_2Mo_4O_{15}$（Ln＝Y，Dy，Ho，Tm）系列钼酸化合物，除了 $Dy_2Mo_4O_{15}$ 之外它们的热膨胀系数都是正的[24,25]。

基于 P/W 来替代 ZrV_2O_7 中的 V 和 V 来替代 ZrW_2O_8（或是 $ZrWMoO_8$）中的 W，我们相信用 W 来替代 ZrP_2O_7 中的 P 和用 P 来替代 ZrW_2O_8 中的 W 将会是十分有意义的工作。$Zr_2WP_2O_{12}$ 是获得新的负热膨胀材料的典型代表，但是，它的负热膨胀系数只有 $-2.61\times10^{-6}\ K^{-1}$[26]。在 $Zr_2WP_2O_{12}$ 中加质量为 5%以上的 MgO 化合物的热膨胀系数在 $-3.4\times10^{-6}\ K^{-1}$[27]左右。为了制备具有更大的负热膨胀系数的材料，我们设计了一种新的材料 $Zr_2W_2P_2O_{15}$。根据最近在制备 $Zr_2WP_2O_{12}$ 和 $Ca_{1-x}Sr_xZr_4P_6O_{24}$ 过程中控制反应路径的报道[26,28]，通过控制反应路径避免形成中间相 $Zr_2WP_2O_{12}$ 而制备出新型负热膨胀材料 $Zr_2W_2P_2O_{15}$。

6.2 实验过程

6.2.1 样品制备过程

$Zr_2W_2P_2O_{15}$ 陶瓷以分析纯 ZrO_2（纯度为 99.0%）、$NH_4H_2PO_4$（纯度为 99.0%）和 WO_3（纯度为 99.5%）为原料，采用固相烧结法烧结。按目标产物的化学计量比称取 ZrO_2、$NH_4H_2PO_4$ 和过量 7%的 WO_3。称量的原材料充分混合后再在玛瑙研钵内研磨大约 3 h。研磨好的原料混合物冷压成直径 10 mm，高度为 8～16 mm 圆柱体。最后将冷压成圆柱体的素胚放入预先升温到 1023 K 的管式炉中烧结 4 h。表 6.1 是烧结的详细步骤。

表 6.1　详细烧结方法列表

Sample	Pre-headed temperature and time	Sintering temperature and time
1	1473 K，10 min	1473 K，3 h
2	1573 K，10 min	1573 K，3 h
3	1573 K，10 min	1673 K，3 h

续表

Sample	Pre-headed temperature and time	Sintering temperature and time
4	1673 K, 10 min	1673 K, 10 min
5	1673 K, 10 min	1673 K, 3 h
6	1693 K, 10 min	1693 K, 3 h

6.2.2　样品表征

样品的表征分为以下几个方面：采用 X'Pert PROX 射线粉末衍射仪对所制备的样品进行 X 射线衍射测量，以 0.02°的步长在二倍衍射角为 10°～70°角度范围内获得衍射谱；采用 Renishaw 公司的 MR-2000 拉曼光谱仪对样品进行拉曼光谱分析来获取晶格振动性质，波长为 532 nm；材料的热膨胀系数是利用热膨胀仪测定的，利用 Linseis L76 热膨胀仪测定产物从 290～873 K 的热膨胀曲线，利用 Linseis L75 热膨胀仪测定产物从 140～673 K 的热膨胀曲线，升降温速率均为 5 K/min。

6.3　结果与讨论

6.3.1　$Zr_2W_2P_2O_{15}$ 制备的温度控制

图 6.1 是 $NH_4H_2PO_4$、ZrO_2、WO_3 和研磨后的 ZrO_2、WO_3 和 $NH_4H_2PO_4$（摩尔比 Zr : W : P=1 : 1 : 1）混合物在室温下的 X 射线衍射图谱。比较各个原料所对应的 PDF 卡片可知，研磨后的原材料没有发生任何反应，是 ZrO_2、WO_3 和 $NH_4H_2PO_4$ 的混合物。这个结果表明，研磨过程中原材料之间没有发生任何反应，也没有中间生成物的产生。

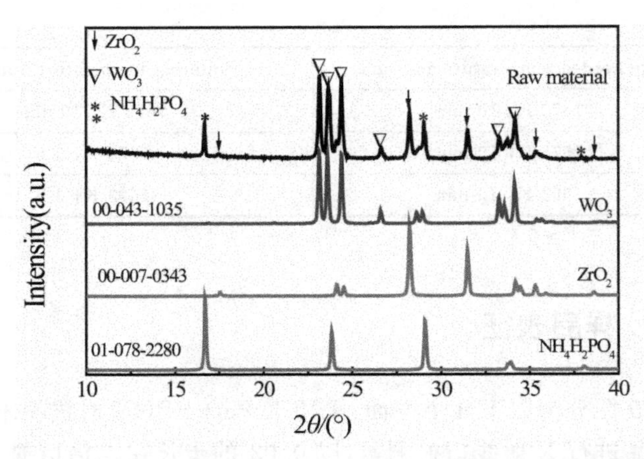

图 6.1　室温下 $NH_4H_2PO_4$，ZrO_2，WO_3 和研磨后原料的 XRD 图谱

图 6.2 是烧结温度为 1473 K 和 1573 K 所制备样品的 XRD 图谱。图 6.2(a)和(b)是经过如下处理过程样品的 XRD 图谱：将冷压成形的原料放入刚玉干锅中，分别在 1473 K 和 1573 K 温度下预烧结 10 min，高温取出样品并迅速放入冷水中淬火之后烘干研磨并冷压成形，随后把样品在相同的温度下烧结 3 h 得到浅绿色样品。图 6.2(a)和(b)的 XRD 图谱明显是 WO_3 和 $Zr_2WP_2O_{12}$ 的衍射峰的复合，这说明材料是 WO_3 和 $Zr_2WP_2O_{12}$ 的混合物。图 6.2(c)是 1573 K 温度下预烧结 10 min 后，淬火后烘干研磨并冷压成形，最后在 1673 K 温度下二次烧结 3 h 后得到的样品的 XRD 图谱。这个 XRD 图谱是 WO_3 和 $Zr_2WP_2O_{12}$ 的衍射峰的复合，这说明该材料是 WO_3 和 $Zr_2WP_2O_{12}$ 的混合物。样品在室温下的 XRD 结果表明这些材料不是单一相。由以上结果我们可以知道，当预处理温度是 1473 K 和 1573 K 时出现 $Zr_2WP_2O_{12}$ 第二相是不可避免的，同时也无法得到 $Zr_2W_2P_2O_{15}$。

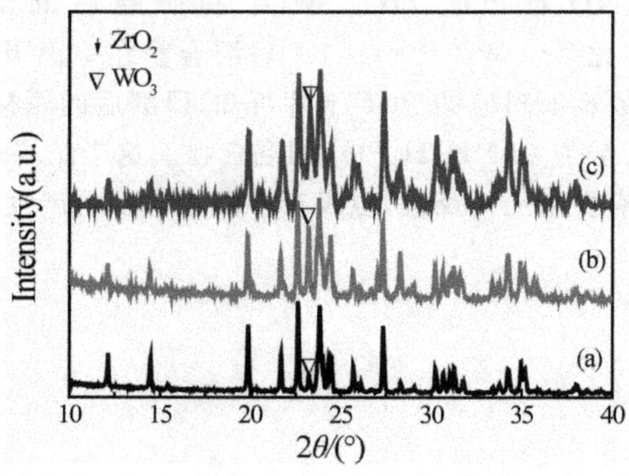

图 6.2　在 1473 K (a)和 1573 K (b)、(c)预烧结 10 min 随后在 1473 K (a)，1573 K(b)，1673 K (c)烧结 3 h(b)，(c)得到样品的 XRD 图谱

对原材料在 1473 K 或是 1573 K 进行预热处理并在相同温度或更高温度下进行二次烧结，其反应过程可以用如下公式表示：

$$2ZrO_2 + 2NH_4H_2PO_4 + WO_3 \rightarrow$$
$$Zr_2P_2WO_{12} + 2NH_3\uparrow + 2H_2O\uparrow \ (1473\ K \leqslant T \leqslant 1573\ K) \qquad (6.1)$$

图 6.3 是烧结温度为 1673 K 和 1693 K 所制备样品的 XRD 图谱。将冷压成形的原料放入刚玉干锅中在 1673 K 温度下预烧结 10 min，高温取出样品并迅速放入冷水中淬火之后烘干研磨并冷压成形，随后把样品在相同的温度下分别烧结 10 min(a)和 3 h(b)得到白色样品。图 6.3(a)和(b)是上述两个样品的 XRD 图谱。两组 XRD 图谱中都没有发现和 WO_3 相一致的衍射峰。这说明在此条件下制备的样品不仅可以避免中间生成物 $Zr_2WP_2O_{12}$的产生，而且可以得到目标产物 $Zr_2W_2P_2O_{15}$。比较 6.3(a)和(b)的 XRD 图谱，发现除了 X 射线衍射峰的强度发生变化外两个图谱之间的 X 射线衍射峰峰位完全一致。这说明当炉管温度是 1673 K 时反应生成物与烧结时间没有关系。图 6.3(c)是 1693 K 温度下所制备样品的 XRD 图谱。该样品的处理过程如下：将冷压成形的原料放入刚玉干锅中在 1693 K 温度下预烧结 10 min，高温取出样品并迅速放入冷水中淬火后烘干研磨并冷压成形，随后把样品在相同的温度下烧结 3 h 得到白色药片。在这个 XRD 图谱中没有发现任何与 WO_3 和 ZrO_2 一致的衍射峰，这说明当烧结温度为 1693 K 时一样可以得到 $Zr_2W_2P_2O_{15}$。

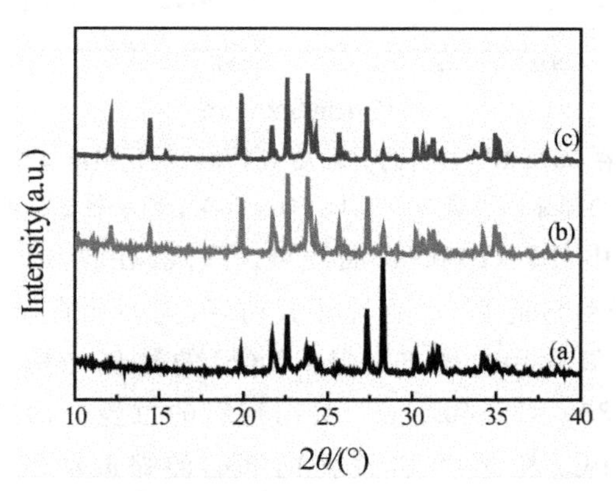

图 6.3 在 1673 K [(a),(b)]和 1693 K (c)预烧结 10 min 随后在相同温度烧结 10 min(a)和 3 h (b),(c)得到样品的 XRD 图谱

对原材料在 1673 K 或是 1693 K 进行预热处理并在相同温度下进行不同时间的二次烧结，其反应过程可以用下式描述：

$$2ZrO_2 + 2NH_4H_2PO_4 + 2WO_3 \rightarrow$$
$$Zr_2P_2W_2O_{15} + 2NH_3\uparrow + 3H_2O\uparrow \ (1673\ K \leqslant T \leqslant 1693\ K) \qquad (6.2)$$

图 6.4(a)～(e)是在 1673 K[(a)、(d)]、1573 K [(b)、(c)]温度下预烧结 10 min 所得到的样品以及具有 $NH_4H_2PO_4$、ZrO_2、WO_3 等原材料的拉曼光谱图。随着预处理温度的提高，可以观察到拉曼光谱发生了明显的变化。在波数为 711 cm^{-1}和 808 cm^{-1}处，拉曼振动峰随着预处理温度的提高而减弱并最终在预处理温度达到 1673 K 时完全消失，与此同时，在波数为 1019 cm^{-1}和 1097 cm^{-1}处出现了新的拉曼峰。通过比较三氧化钨、磷酸根离子和具有 $A_2M_3O_{12}$、ZrW_2O_8 化学通式的拉曼光谱，可以指认 WO_4 四面体的对称伸缩振动(ν1)、反对称伸缩振动(ν3)和弯曲振动(+ν4)分别在波数为 1030～950 cm^{-1}、750～950 cm^{-1}和 280～400 cm^{-1}范围内[29-31]。而 PO_4 四面体的对称伸缩振动(ν1)、反对称伸缩振动(ν3)和弯曲振动(+ν4)分别在波数为 1030～1200 cm^{-1}、1030～1000 cm^{-1}和 400～650 cm^{-1}范围内。而更低波数的拉曼振动峰来源于晶格的天平动和摇摆振动[14,17,32]。

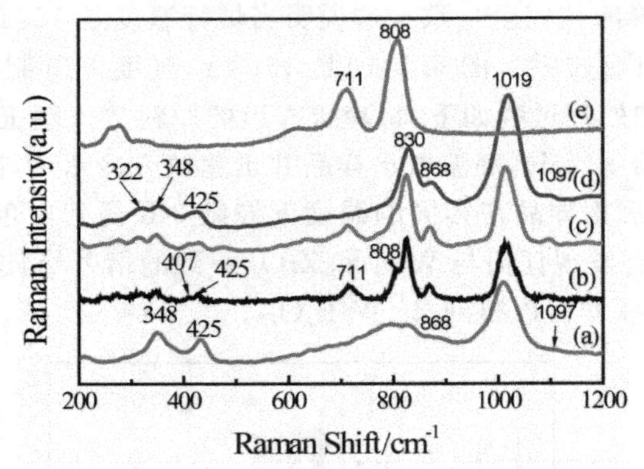

图 6.4　在 1673 K[(a)、(d)]，1573 K [(b)、(c)]温度下预烧结时间 10 min 所得到的样品以及具有 $NH_4H_2PO_4$，ZrO_2，WO_3 等原材料的拉曼光谱图

比较图 6.4 中(b)、(c)和(e)曲线可以发现，在波数为 711 cm^{-1}和 808 cm^{-1}处的拉曼振动峰是 WO_3 的特征振动峰，这说明在制备样品中含有没有完全反应的三氧化钨。图 6.4(b)和(c)的拉曼光谱曲线中在波数为 1097、1019、868、830、425、407 cm^{-1}处出现新的拉曼振动峰，这可以认为是 $Zr_2WP_2O_{12}$中的 PO_4 和 WO_4 四面体内部的伸缩振动模式和弯曲振动模式。图 6.4(b)和(c)的拉曼振动光谱说明材料是 WO_3 和 $Zr_2WP_2O_{12}$的混合物。这可以理解为当预烧结温度是 1473 K 和 1573 K 时不能得到目标生成物 $Zr_2W_2P_2O_{15}$。图 6.4(a)和(d)中在波数为 711 cm^{-1}和 808 cm^{-1}处左右拉曼振动峰完全消失，这意味着样品当中不含有 WO_3。比较图 6.4(a)和(d)的曲线可以发现，除了拉曼振动强度发生变化之外没有任何新的拉曼振动模式的出现和消失，这说明在温度为 1673 K 的烧结过程中没有任何中间生成物的出现并得到目标产物 $Zr_2W_2P_2O_{15}$。拉曼振动光谱结果和 XRD 图谱的测量结果完全一致，因此可以推断温度在 1673 K 以上的烧结处理可以得到新化合物 $Zr_2W_2P_2O_{15}$。

图 6.1～图 6.4 的结果证明当预处理温度低于 1573 K 时会有中间相 $Zr_2WP_2O_{12}$ 产生，并且无论是提高二次烧结温度还是延长烧结时间（在相同温度下）都无法消除这个中间相。当预烧结温度高于 1673 K 时可以很快获得目标生成物 $Zr_2P_2W_2O_{15}$，并且这个结果和二次烧结时间没有任何关系。

为了准确测量 Zr、Fe、Mo、V 和 O 等元素的离子化合价和原子在晶格中的比例，测量了 $Zr_2W_2P_2O_{15}$ 的 X 射线光电子能谱分析（XPS）谱图［图 6.5(a)］，并给出 W 4f、P 2p、Zr 3d 的分立 XPS 谱图［图 6.5(b)～(d)］。W $4f_{7/2}$ 和 W $4f_{5/2}$ 的结合能为 34.1 eV 和 36.3 eV，说明材料中 W 以＋6 价的离子态存在于晶格中。P $2p_{3/2}$ 和 P $2p_{1/2}$ 的结合能为 130.8 eV 和 131.6 eV，说明材料中 P 以＋5 价的离子态存在于晶格中。Zr $3d_{5/2}$ 和 Zr $3d_{3/2}$ 的结合能为 181.5 eV 和 183.8 eV，说明材料中 Zr 以＋4 价的离子态存在于晶格中。Zr、Fe、Mo、V 和 O 等元素的原子在晶格中的质量比在 9.60：9.47：9.46：71.47 左右，这个比例和该材料的理论比（9.52：9.52：9.52：71.44）非常接近，所以材料的分子式可以写成 $Zr_2W_2P_2O_{15}$。

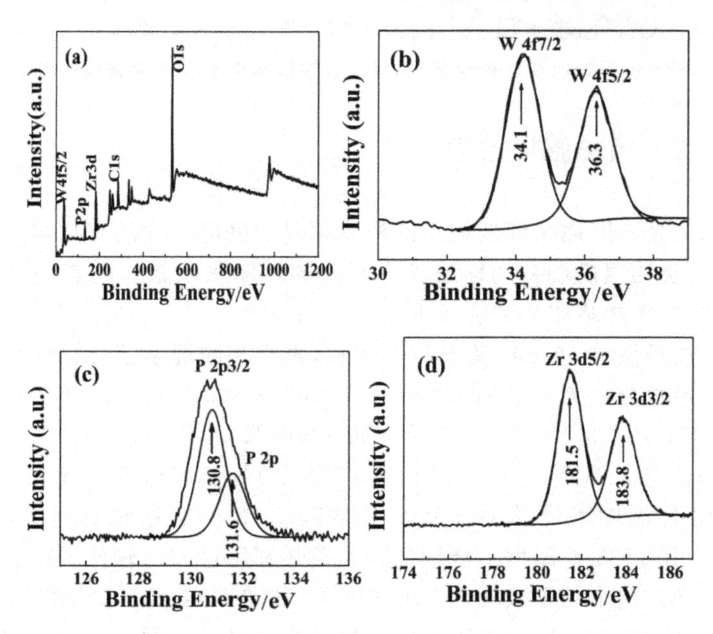

图 6.5 (a)$Zr_2W_2P_2O_{15}$ 的 X 射线 XPS 谱图，W 4f(b)，P 2p(c)Zr 3d(d)的分立能谱

XPS 可以提供非常精细的表面信息，对材料中原子化合价和电子态进行测定并能够给出材料中各原子的比例，同时给出了材料的电子能谱图。图 6.6 是 1693 K 下二次烧结得到 $Zr_2W_2P_2O_{15}$ 的扫描电子显微镜图片和电子能谱图。由于再烧结时间长，温度高，小颗粒结合在一起形成较大的颗粒[24]。分析扫描电子能谱图发现材料由 Zr、W、P 和 O 等元素构成。Zr、W、P 和 O 元素在材料中的原子百分比分别为 10.92%，9.80%，10.06% 和 69.21%，这说明 Zr、W、P 和 O 的原子比接近于 1∶1∶1∶7。因此，从扫描电子能谱图的数据中可认为样品的化学式能写成 $Zr_2W_2P_2O_{15}$。这个结果说明通过加入质量超过分子式需要量 7% 的 WO_3 可补偿其高挥发带来的材料损失。

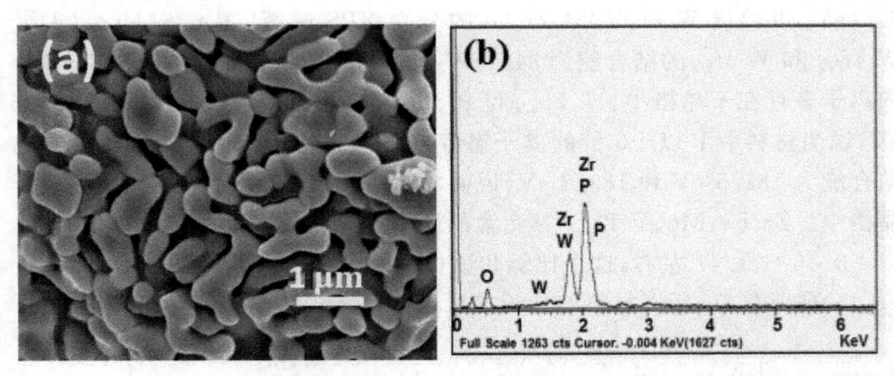

图 6.6　1693 K 下二次烧结得到 $Zr_2W_2P_2O_{15}$ 的扫描电子显微镜图片和电子能谱图

6.3.2　负热膨胀性质

图 6.7 是不同烧结温度得到的样品相对长度随温度的变化曲线。可以看出，不同烧结温度制备的样品具有不同的热膨胀系数。随着烧结温度的提高，材料的负热膨胀系数在不断增大。在 1473、1573、1673、1693 K 温度下对原材料预烧结 10 min 重新研磨压片，再在相同温度下烧结 3 h 得到样品的膨胀系数分别为 $-1.61\times10^{-6}\ K^{-1}$(300～800 K)、$-2.08\times10^{-6}\ K^{-1}$(300～800 K)、$-3.11\times10^{-6}\ K^{-1}$(300～800 K)和 $-3.79\times10^{-6}\ K^{-1}$(300～800 K)。与 $ZrWP_2O_{12}$($-2.78\times10^{-6}\ K^{-1}$)的热膨胀系数比较，在 1473 K 和 1573 K 温度下烧结的样品是 $ZrWP_2O_{12}$ 和正热膨胀材料的混合物。在 1673 K 和 1693 K 温度下烧结的样品负热膨胀性质与较低温度烧结的样品结构不同。这个结果表明，在 1673 K 和 1693 K 温度下烧结的样品的结构与 1473 K 和 1573 K 温度下烧结的样品有明显的不同。这里面存在的原因可能是在 1673 K 和 1693 K 温度下烧结的样品结构比在 1473 K 和 1573 K 温度下烧结的样品含有更多的 WO_4 网络结构。因此，在 1673 K 和 1693

K 温度下烧结的样品极有可能是一种(原材料摩尔比 Zr : W : P=1 : 1 : 1)新的负热膨胀材料 $Zr_2W_2P_2O_{15}$。

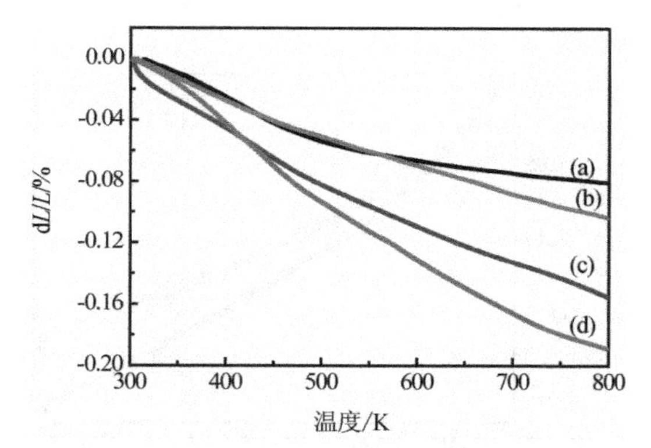

图 6.7　不同烧结温度得到样品的相对长度随温度变化曲线：(a)1473 K，(b)1573 K，(c)1673 K 和 (d)1693 K

为了研究材料的微结构对其热膨胀性能的影响，对各种不同条件烧结的样品进行扫描电子显微镜测量。图 6.8(a)～(c)是在 1473、1573、1693 K 温度下烧结所得到的样品的扫描电子显微镜图片。由图可以看出，在烧结温度由 1473 K 到 1573 K 变化时材料的气孔在减少。但是烧结温度从 1573 K到 1673 K 变化时气孔又会有少许的增多，这有可能和随着温度升高晶粒尺寸增大有关。扫描电子显微镜图片可以看出烧结温度由 1473 K 到 1573 K 变化时，材料的相对密度在增大，然而，烧结温度从 1573 K 到 1673 K 变化时，相对密度又会有少许的降低。烧结温度在 1473 K 和 1573 K 得到样品的相对密度是 81.3%和 89.7%，这和扫描电子显微镜的结果一致。但是 $Zr_2W_2P_2O_1$ 结构的相对密度还没有得到，原因是该材料的结构晶格参数等信息还没有，无法得到其理论密度。这个结果表明，陶瓷材料的热膨胀与其微观结构有关，但是其微观结构不是其热膨胀性质能决定的因素。

图 6.8　在(a)1473 K，(b)1573 K，(c)1693 K 下烧结样品的 SEM 图片

为了进一步了解 $Zr_2W_2P_2O_{15}$ 的负热膨胀性质，我们测量了该材料在低温下相对长度随温度变化曲线(图 6.9)。由测量结果计算出烧结温度为 1673 K 和 1693 K 时，所制备出样品的热膨胀系数分别是 -3.15×10^{-6}

K^{-1}(140～673 K)和-4.01×10^{-6} K^{-1}(140～673 K)。这个结果表明$Zr_2W_2P_2O_{15}$具有很好的低温负热膨胀性质,并且在测量范围内没有相变的出现。

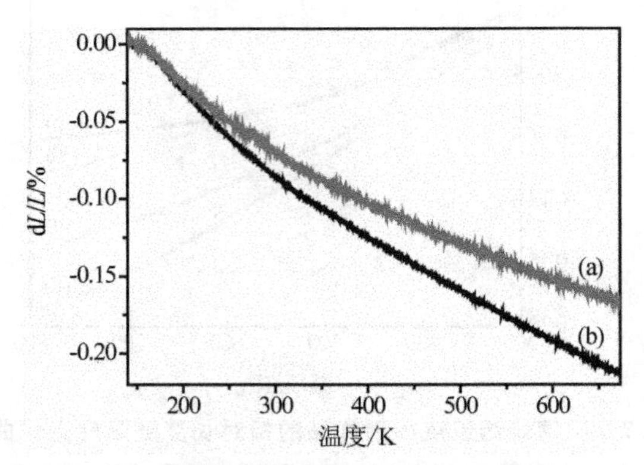

图 6.9　不同烧结温度得到样品的相对长度随温度变化曲线:(a)1673 K,(b)1693 K

6.4　本章小结

通过控制反应路径避免$Zr_2WP_2O_{12}$中间相的产生,制备出一种新型负热膨胀材料$Zr_2W_2P_2O_{15}$。烧结温度在 1473 K 到 1573 K 之间,$Zr_2WP_2O_{12}$很容易生成,但是无论是延长在相同温度下的烧结时间还是提高二次烧结温度都无法使WO_3与$Zr_2WP_2O_{12}$继续反应得到目标产物$Zr_2W_2P_2O_{15}$。如果直接在 1673 K 的温度下烧结样品,可以有效避免中间相$Zr_2WP_2O_{12}$的出现,一种新型负热膨胀材料可以由ZrO_2、WO_3和$NH_4H_2PO_4$组成的原料直接生成。$Zr_2W_2P_2O_{15}$材料在 140～800 K 的温度区间内展示出优良的负热膨胀性能。由膨胀仪测得 1693 K 温度下烧结而成的$Zr_2W_2P_2O_{15}$材料在 140～673 K 温度范围内热膨胀系数是-4.01×10^{-6} K^{-1},在 295～800 K 温度范围内热膨胀系数是-3.78×10^{-6} K^{-1}。

参考文献

[1]J. Chen, F. F. Wang, Q. Z. Huang, et al. Effectively control negative thermal expansion of single-phase ferroelecrics of $PbTiO_3$-(Bi,

La)FeO_3 over a giant range[J]. Sci. Rep,2013,3:2458.

[2]J. Yan, Y. Sun, Y. C. Wen, et al. Relationship between spin ordering, entropy, and anomalous lattice variation in $Mn_3Sn_{1-\varepsilon}Si_\varepsilon C_{1-\delta}$ compounds[J]. Inorg. Chem,2014,53:2317-2324.

[3]W. J. Yao, X. X. Jiang, R. J. Huang, et al. Area negative thermal expansion in a beryllium borate $LiBeBO_3$ with edge sharing tetrahedral. Chem[J]. Commun,2014,50 :13499-13501.

[4]N. Zhang, L. Li, M. Y. Wu, et al. Negative thermal expansion and electrical properties of α-$Cu_2V_2O_7$[J]. J. Eur. Ceram. Soc,2016,36:2761-2766.

[5]F. Bridges, T. Keiber, P. Juhas, et al. Local vibrations and negative thermal expansion in ZrW_2O_8 [J]. Phys. Rev. Lett, 2014, 112:045505.

[6]Q. Q. Liu, Z. Q. Yu, G. F. Che, et al. Synthesis and tunable thermal expansion properties of $Sc_{2-x}Y_xW_3O_{12}$ solid solutions[J]. Ceram. Int,2014,40:8195-8199.

[7]X. S. Liu, F. X. Cheng, J. Q. Wang, et al. The control of thermal expansion and impedance of Al-$Zr_2(WO_4)(PO_4)_2$ nano-cermets for near-zero-strain Al alloy and fine electrical components[J]. J. Alloys Compd,2013,553:1-7.

[8]T. A. Mary, J. S. O. Evans, T. Vogt, et al. Negative thermal expansion from 0. 3 to 1050 Kelvin in ZrW_2O_8[J]. Science,1996,272:90-92.

[9]J. S. O. Evans, T. A. Mary, T. Vogt, et al. Negative thermal expansion in ZrW_2O_8 and HfW_2O_8[J]. Chem. Mater,1996,8:2809-2823.

[10]X. Chen, F. L. Guo, X. B. Deng, et al. Synthesis, phase transition and negative thermal expansion of cubic $Zr(W_{1-y}Mo_y)_{2-x}V_xO_{8-x/2}$ (y=0. 10,0. 20, 0. 30, 0. 40; $0\leqslant x\leqslant 0.40$) solid solutions[J]. J. Alloys Compd,2014, 612:252-258.

[11]X. Chen, F. L. Guo, X. B. Deng, et al. Synthesis, structure and negative thermal expansion of cubic $ZrW_{2-x}V_xO_{8-x/2}$ solid solutions [J]. J. Alloys Compd,2012,537:227-231.

[12]X. Chen, X. B. Deng, H. Ma, et al. Hydrothermal synthesis and thermal properties of a novel cubic $ZrW_{1.8}V_{0.2}O_{7.9}$ solid solution[J]. J. Solid State Chem,2011,184:1090-1095.

[13]N. Khosrovani, V. Korthuis, A. W. Sleight. Unusual 180° P-

O-P bond angles in ZrP_2O_7[J]. Inorg. Chem,1996,35:485-489.

[14]R. L. Withers, Y. Tabira, J. S. O. Evans, et al. A new three-dimensional incommensurately modulated cubic phase (in ZrP_2O_7)and its symmetry characterization via temperature-dependent electron diffraction [J]. J. Solid State Chem,2001,157:186-192.

[15]N. Khosrovani, A. W. Sleight. Structure of ZrV_2O_7 from −263 to 470℃[J]. J. Solid State Chem,1997,132:355-360.

[16]R. L. Withers, J. S. O. Evans, J. Hanson, et al. An in situ temperature-dependent electron and X-ray diffraction study of structural phase transitions in ZrV_2O_7[J]. J. Solid State Chem,1998,137:161-167.

[17]E. A. Petruska, D. V. S. Muthu_, S. Carlson, et al. High-pressure Raman and infrared spectroscopic studies of ZrP_2O_7[J]. Solid State Commun,2010,150:235-239.

[18]V. Korthuis, N. Khosrovani, A. W. Sleight. Negative thermal expansion and phase transitions in the $ZrV_{2-x}P_xO_7$ series[J]. J. Series Chem. Mater,1995,7:412-417.

[19]H. L. Yuan, B. H. Yuan, F. Li, et al. Phase transitions and thermal expansion properties of $ZrV_{2-x}P_xO_7$[J]. Acta Phys. Sin,2012,22:226502.

[20]B. H. Yuan, H. L. Yuan, W. B. Song, et al. High solubility of hetero-valence ion (Cu^{2+})for reducing phase transition and thermal expansion of $ZrV_{1.6}P_{0.4}O_7$[J]. Chin. Phys. Lett,2014,31:076501.

[21]B. H. Yuan, X. S. Liu, W. B. Song, et al. High substitution of Fe^{3+} for Zr^{4+} in $ZrV_{1.6}P_{0.4}O_7$ with small amount of $FeV_{0.8}P_{0.2}O_4$ for low thermal expansion[J]. Phys. Lett,2014,A 378:3397-3401.

[22]P. P. Sahoo, S. Sumithra, G. Madras, et al. Synthesis, structure, negative thermal expansion, and photocatalytic property of Mo doped ZrV_2O_7[J]. Inorg,. Chem,2011,50:8774-8781.

[23] Q. Q. Liu, J. Yang, X. J. Sun, et al. Influence of W doped ZrV_2O_7 on structure, negative thermal expansion property and photocatalytic performance[J]. Appl. Surf. Sci,2014,313:41-47.

[24]Sebastian L, Sumithra S, Manjanna J, et al. Anomalous thermal expansion behaviour of $Ln_2Mo_4O_{15}$(Ln=Y, Dy, Ho, Tm)[J]. Mater Sci Eng B, 2003, 103:289-296.

[25]Wu M M, Cheng Y Z, Peng J, et al. Studies on structural and thermal expansion properties of $Ho_{2-x}Ln_xMo_4O_{15}$ (Ln=Er, Sm and Ce)

solid solutions[J]. J. Alloys Compd. , 2008, 460:103-107.

[26]X. S. Liu, J. Q. Wang, C. Z. Fan, et al. Control of reaction pathways for rapid synthesis of negative thermal expansion ceramic $Zr_2P_2WO_{12}$ with uniform microstructure[J]. Int. J. Appl. Ceram. Technol,2015,12:E28-33.

[27]T. Isobe, T. Umezome, Y. Kameshima, et al. Preparation and properties of negative thermal expansion $Zr_2WP_2O_{12}$ ceramics[J]. Mater. Res. Bulletin, 2009,44:2045-2049.

[28]X. S. Liu, F. Li, W. B. Song, et al. Control of reaction processes for rapid synthesis of low-thermal-expansion $Ca_{1-x}Sr_xZr_4P_6O_{24}$ ceramics[J]. Ceram. Int,2014,40:6013-6020.

[29] E. J. Liang, H. L. Huo, J. P. Wang, et al. Effect of water species on the phonon modes in orthorhombic $Y_2(MoO_4)_3$ revealed by Raman spectroscopy[J]. J. Phys. Chem,2008,C112:6577-6581.

[30]A. K. Arora, R. Nithya, T. Yagi, et al. Two-stage amorphization of scandium molybdate at high pressure[J]. Solid State Commun, 2004,129:9-13.

[31]E. J. Liang, Y. Liang, Y. Zhao, et al. Low-frequency phonon modes and negative thermal expansion in $A(MO_4)_2$($A = Zr$, Hf and $M =$ W, Mo)by Raman and Terahertz time-domain spectroscopy[J]. J. Phys. Chem,2008 ,A 112:12582-12587.

[32]U. L. C. Hemamala, F. El-Ghussein, D. V. S Muthu. High-pressure Raman and infrared study of ZrV_2O_7[J]. Solid State Commun, 2007,141:680-684.

第7章 $ZrMgMo_3O_{12}$的制备及负热膨胀性能

7.1 引 言

Sleight等人发现ZrW_2O_8在较大范围内呈现各向同性负热膨胀性能后，对负热膨胀材料产生极大的研究兴趣[1,2]。越来越多的材料被发现具有负热膨胀性能，比如：AM_2O_8（A＝Zr或Hf；M＝W或Mo）[1,3]、ZrV_2O_7[4,5]、$M(CN)_2$（M＝Zn或Cd）[6]、ABO_3（$PbTiO_3$-$BiFeO_3$，$Pb_{1-x}Bi_xTiO_3$）[7,8]和$A_2M_3O_{12}$（A是稀土元素或三价过渡金属元素，M＝W或Mo）[9－15]。这样极大地催生了具有负、零和正的可控膨胀系数工程材料[2]。

在各种负热膨胀材料中，$A_2M_3O_{12}$系列材料具有很强的化学稳定性、热膨胀系数可调整性和其他性能（如离子导电性）[14,15]。由于不同的阳离子A^{3+}半径，$A_2M_3O_{12}$可能结晶为单斜相（空间群为P21/a）或正交相（空间群为Pnca）[16－18]。其中对于具有较小阳离子A^{3+}半径材料，如$Al_2(MoO_4)_3$结晶为单斜结构，随着温度的升高，发生相变转变为正交结构。然而，对于具有较大阳离子A^{3+}半径材料，如$Y_2(MoO_4)_3$结晶为正交结构，有较强的吸水性，其负热膨胀性能只能在彻底释放结晶水后才能观察到[11,17,18]。在随着温度升降过程中，结晶水进入晶格和从晶格中出来会导致材料出现裂纹[17]。在这个系列中，只有A是Sc原子，材料结晶为正交相并且没有吸水性。然而，$Sc_2M_3O_{12}$具有很低的压力相变（0.25～0.29 GPa），并且$Sc_2Mo_3O_{12}$在接近室温时转变为单斜相[20,21]。更进一步，在这个系列中，钪（Sc）比其他三价元素昂贵，所以$Sc_2M_3O_{12}$不适合广泛地应用。

最近发现，三价元素能够被一个四价和两价元素替换，如$HfMgW_3O_{12}$[21-25]和$HfMgMo_3O_{12}$[26]。$HfMgM_3O_{12}$显示出较低或者负膨胀系数，其中，$HfMgMo_3O_{12}$的线膨胀系数是$\alpha_L = 1.02 \times 10^{-6}\ K^{-1}$[26]，$HfMgW_3O_{12}$的线膨胀系数是$\alpha_L = -0.77 \times 10^{-6}\ K^{-1}$[21]和$\alpha_L = -1.2 \times$

10^{-6} K^{-1}[23]。Suzuki 和 Omote 的文章中指出，常温下 $HfMgW_3O_{12}$ 是正交结构，空间群是 Pnma[21]。但是，Gindhart 等人的研究发现 $HfMgW_3O_{12}$ 在 400 K 有一个相变，由单斜结构（$P2_1/a$）转变为正交结构（Pnma）。$HfMgMo_3O_{12}$ 在整个研究的温度范围中（298～1013 K）呈现正交结构，空间群是 Pnma(62)或 $Pna2_1$(33)[23]。尽管这两种材料的空间结构还没有完全确定，但是 Omote 等人的研究表明，$HfMgW_3O_{12}$ 的结构中 Hf^{4+} 和 Mg^{2+} 离子是有序的 1D 排列[25]。在材料制备方面，Baiz 等人用非水解的溶胶凝胶法制备了 $MgHfW_3O_{12}$ 和 $MgZrW_3O_{12}$ 等材料，但是并没有对材料的详细性能做深入研究[24]。本章对这类材料中的 $ZrMgMo_3O_{12}$ 展开一些初步的研究。研究表明，$ZrMgMo_3O_{12}$ 是一种具有正交结构且在很大温度范围内没有相变和吸水性的负膨胀材料。由于锆元素比铪元素要便宜很多，这就意味着 $ZrMgMo_3O_{12}$ 将会有更多的应用。

7.2 实验过程

本章采用固相烧结法和溶胶凝胶法制备 $ZrMgMo_3O_{12}$。固相烧结法是以市售分析纯的 ZrO_2、MgO 和 MoO_3 粉末为原料，根据目标产物 $ZrMgMo_3O_{12}$ 的分子式，按照摩尔比进行称量。

$$ZrO_2 + MgO + 3MoO_3 \longrightarrow ZrMgMo_3O_{12}$$

将粉末在研钵中混合并研磨大约 2 h，将粉末细化、混合，得到初始粉末。采用干压法压片，得到直径为 10 mm，长度为 7.30 mm、2 mm 等圆柱形素胚，然后放入管式炉中用 1073 K 的温度烧结 4 h 并自然冷却。溶胶凝胶法是以 $ZrOCl_2 \cdot 8H_2O$、$Mg(NO_3)_2 \cdot 2H_2O$ 和 $(NH_4)_6Mo_7O_{24} \cdot 4H_2O$ 为原料，按目标产物 $ZrMgMo_3O_{12}$ 中化学计量摩尔比 Zr∶Mg∶Mo＝1∶1∶3称取原料，搅拌溶解到乙二醇溶剂中并加入柠檬酸成溶液，先升温搅拌成溶胶，再升温烘干成凝胶，最后烧结合成得到目标产物。其中 0.01 mol的目标产物 $ZrMgMo_3O_{12}$，添加 0.30～0.45 mol 的乙二醇和 0.090～0.125 mol 的柠檬酸。

样品由 X'Pert PRO 型 X 射线衍射仪进行物相分析，采用 CuKα 辐射（λ＝0.15418 nm），以步进方式扫描，扫描范围 2θ 为 10°～80°。样品的拉曼光谱分析通过 Jobin-Yvon T64000 型拉曼光谱仪和 Renishaw MR-2000 型拉曼光谱仪进行，激光激发波长分别为 514.5 nm 和 532 nm。激光是线偏振光，光斑大小约为 1 μm。变温拉曼测试由 Linkam Scientific Instruments

Ltd 的 TMS 94 型变温台进行温度控制，其精度为 ± 0.1 K。用 LABSYS^{TM}型热分析仪对样品进行差式量热扫描(DSC)和热重(TG)测试，测试温度范围是 303～1273 K，升温和降温速率为 10 K/min。线膨胀系数测试通过 LINSEIS DIL L76 型膨胀仪进行。微观结构由 JSM-6700F 型扫描电镜进行研究。

7.3 结果与讨论

7.3.1 物相及微观结构

$ZrMgMo_3O_{12}$的物相结构分析，通过变温 XRD 在 300、500、700、1000 K 进行测试，如图 7.1 所示。与已经报道的 $HfMgW_3O_{12}$和 $HfMgMo_3O_{12}$的 XRD 谱线进行对比发现，$ZrMgMo_3O_{12}$在常温下也呈现与之相同的正交结构，空间群为 Pnma (62)。但是，Marinkovic 等人的研究发现，$HfMgMo_3O_{12}$的空间群也有可能是 $Pna2_1$(33)，因为通过粉末衍射的数据还无法确定其准确的空间群。通过对图 7.1 在不同温度下的 XRD 谱线的研究发现，该材料的衍射峰随着温度的升高向大角度方向移动，除此之外谱线没有明显变化，这说明 $ZrMgMo_3O_{12}$的结构从室温到 1000 K 都是正交结构而没有发生相变。

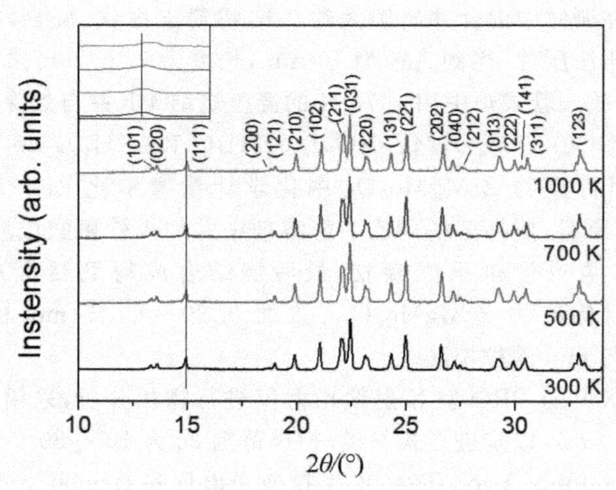

图 7.1　$ZrMgMo_3O_{12}$在 300、500、700、1000 K 的 X 射线衍射谱

图 7.2 是 $ZrMgMo_3O_{12}$的扫描电镜(SEM)图。通过微观图片可以看

到，该样品具有紧密的微观结构，并且由规则的多面体组成，晶粒尺寸大约为 500 nm。

图 7.2　$ZrMgMo_3O_{12}$的 SEM 图，比例尺为 1 μm

7.3.2　负热膨胀性能

为了确定 $ZrMgMo_3O_{12}$的负热膨胀系数，使用米勒指数和式(7.1)来计算样品的晶格参数

$$\frac{1}{d^2}=\frac{H^2}{a^2}+\frac{K^2}{b^2}+\frac{L^2}{c^2} \tag{7.1}$$

图 7.3 是 $ZrMgMo_3O_{12}$在不同温度下的晶格参数，其中实线是对实验数据的线性拟合。由结果可以看到，从室温到 1000 K 的范围内，随着温度的升高，a 轴和 c 轴在不断缩短，而 b 轴则是先膨胀再收缩。通过计算得到 a、b 和 c 轴从室温到 1000 K 的膨胀系数分别是 $\alpha_a=-6.9\times10^{-6}\ K^{-1}$、$\alpha_b=-0.4\times10^{-6}\ K^{-1}$，$\alpha_c=-4.1\times10^{-6}\ K^{-1}$，进而得到体膨胀系数 $\alpha_V=-11.4\times10^{-6}\ K^{-1}$和线膨胀系数 $\alpha_l=-3.8\times10^{-6}\ K^{-1}$。为了证实 $ZrMgMo_3O_{12}$的负膨胀性质，使用膨胀仪对样品进行膨胀系数的测试，如图 7.4 所示。通过膨胀仪测试的实验数据计算得到，该材料从 295～775 K 的线膨胀系数是 $-3.73\times10^{-6}\ K^{-1}$，这与 XRD 测试的结果很接近。图中曲线在 775 K 之后急剧下降的部分是由于样品的软化造成的。

在关于 $Y_2Mo_3O_{12}$的声子模的研究中发现[27]，低于 300 cm^{-1}的大部分声子模会引起负的格林艾森参数，这对出现负膨胀性做出了很大贡献。$Y_2Mo_3O_{12}$出现的负膨胀性的一个很大的原因是天平动(Y 和 Mo 原子相较于桥 O 原子向着同一方向振动)具有最大的格林艾森参数。$ZrMgMo_3O_{12}$的负膨胀性质有可能是相同的原因。

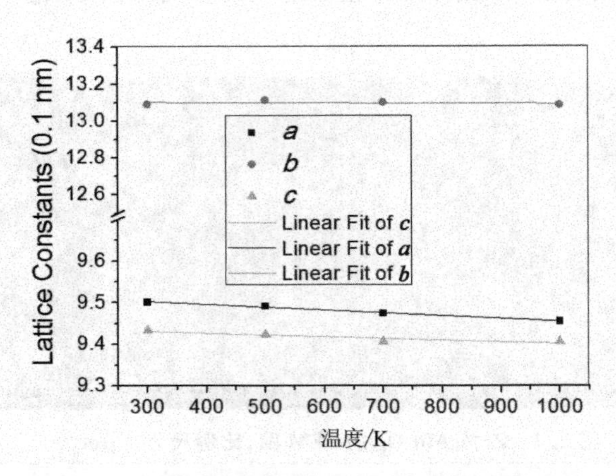

图 7.3　不同温度下 *a*、*b* 和 *c* 轴方向的晶格参数的变化，其中实线是对实验数据的线性拟合

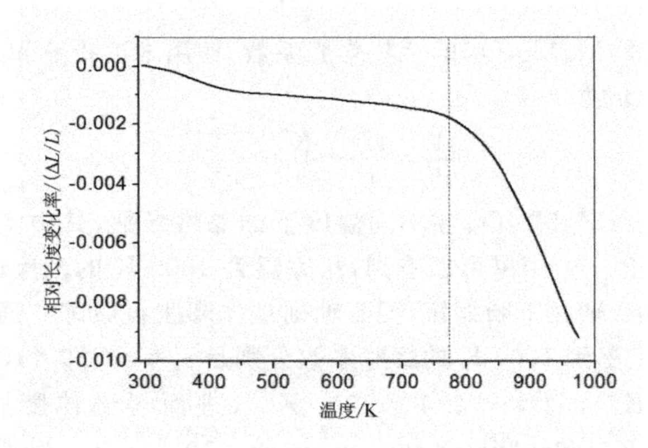

图 7.4　$ZrMgMo_3O_{12}$ 的相对长度变化率

7.3.3　相变及吸水性

为了研究该材料随着温度的增加是否出现相变和是否具有吸水性，对样品进行了变温拉曼和热分析的测试。图 7.5 是在 123～473 K $ZrMgMo_3O_{12}$ 的变温拉曼光谱。从拉曼光谱上看，$ZrMgMo_3O_{12}$ 具有和 $A_2Mo_3O_{12}$ 系列材料相同的特点，即由 AO_6 八面体和 MoO_4 四面体形成共角结构[11,17,28]。通过对比得知，在 900～1050 cm^{-1}，750～950 cm^{-1} 和 300～400 cm^{-1} 的拉曼模分别被认定为 MoO_4 四面体的对称性伸缩振动、非对称性伸缩振动和弯曲振动；而在 300 cm^{-1} 以下的拉曼模被认定为多面体的平动和天平动。图 7.5 中 $ZrMgMo_3O_{12}$的拉曼光谱随着温度的升高没有出现明显的变化，这就说明 $ZrMgMo_3O_{12}$在 123～473 K 的温度范围内一直是正交结构没有发生相变。对其他材料吸水性的研究中发现，在这种框架结构的材料中，微通道内的结晶水不仅影响多面体外部的平动和天平动，还影响内部的伸缩振动，而 $ZrMgMo_3O_{12}$的拉曼光谱说明该材料中不包含结晶水。

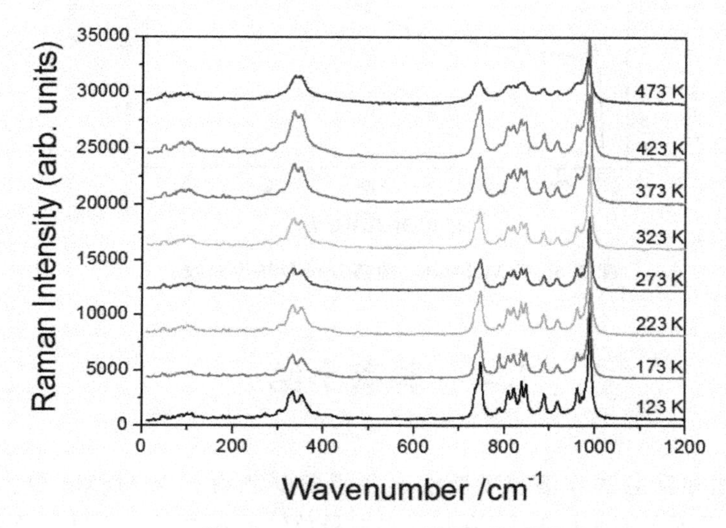

图 7.5　$ZrMgMo_3O_{12}$的变温拉曼光谱

图 7.6 是 $ZrMgMo_3O_{12}$的热分析和热重曲线。在室温到 1200 K 的温度范围内，样品的热分析和热重曲线中没有出现明显的吸/放热峰和明显的质量减少。这也同样说明了，$ZrMgMo_3O_{12}$在 300～1200 K 的范围内没有吸水性和相变。因为在对 $Y_2Mo_3O_{12}$这个材料进行研究的时候发现，随着温度的升高，结晶水的释放在 TG 曲线中的表现是质量减少，而在 DSC 曲线上的表现是出现一个吸热峰[29]。

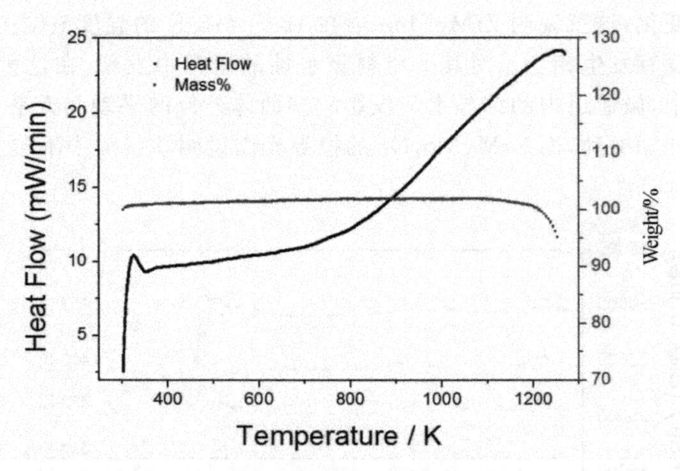

图 7.6　$ZrMgMo_3O_{12}$的热分析和热重曲线

7.4　本章小结

采用固相反应法和溶胶凝胶法制备了负膨胀材料 $ZrMgMo_3O_{12}$。在 $A_2Mo_3O_{12}$系列负膨胀材料中,有些材料在释放结晶水之后才能显示负膨胀性(较大 A^{3+}离子半径),而有些材料是在单斜结构转变为正交结构之后才能显示负膨胀性(较小 A^{3+}离子半径)。与这些材料不同的是,$ZrMgMo_3O_{12}$形成正交结构,其空间群是 Pnma(62)或 $Pna2_1$(33),并且在 123～1200 K 的温度范围内,其结构没有变化。$ZrMgMo_3O_{12}$的负膨胀系数是 $\alpha_l = -3.8\times10^{-6}\ K^{-1}$(室温到 1000 K,通过 XRD 测定)和 $\alpha_l = -3.73\times10^{-6}\ K^{-1}$(294～775 K,通过膨胀仪直接测试)。另外,该材料没有吸水性。具有以上这些性质使得 $ZrMgMo_3O_{12}$在负膨胀材料中性能更加优异,将来一定会有很多应用。

参考文献

[1] Mary T A, Evans J S O, Vogt T, et al. Negative thermal expansion from 0.3 to 1050 Kelvin in ZrW_2O_8[J]. Science, 1996, 272: 90-92.

[2] Liang E J. Thermal expansion materials and their applications: A

survey of recent patents[J]. Rec Pat Mater Sci, 2010, 3: 106-128.

[3] Evans J S O, Hu Z, Jorgensen J D, et al. Compressibility, phase transitions, and oxygen migration in zirconium tungstate, ZrW_2O_8 [J]. Science, 1997, 275: 61-65.

[4] Khosrovani N, Sleight A W, Vogt T. Structure of ZrV_2O_7 from −263 to 470℃[J]. J. Solid State Chem, 1997, 132: 355-360.

[5] Yuan H L, Yuan B H, Li F, et al. Phase transition and thermal expansion properties of $ZrV_{2-x}P_xO_7$ [J]. Acta Phys Sin, 2012, 22: 226502.

[6] Goodwin A L, Calleja M, Conterio M J, et al. Colossal positive and negative thermal expansion in the framework material $Ag_3[Co(CN)_6]$ [J]. Science, 2008: 319 794-797.

[7] Hu P H, Cao Z M, Chen J, et al. Structure and negative thermal expansion of $Pb_{1-x}Bi_xTiO_3$[J]. Mater Lett, 2008, 62: 4585-4587.

[8] Chen J, Fan L L, Ren Y, et al. Unusual transformation from strong negative to positive thermal expansion in $PbTiO_3$-$BiFeO_3$ perovskite[J]. Phys Rev Lett, 2013, 110: 115901.

[9] Sumithra S, Umarji A M. Role of crystal structure on the thermal expansion of $Ln_2W_3O_{12}$(Ln=La, Nd, Dy, Y, Er and Yb)[J]. Solid State Sci 2004, 6: 1313-1319.

[10] Ari M, Jardim P M, Marinkovic B A, et al. Thermal expansion of $Cr_{2x}Fe_{2-2x}Mo_3O_{12}$, $Al_{2x}Fe_{2-2x}Mo_3O_{12}$ and $Al_{2x}Cr_{2-2x}Mo_3O_{12}$ solid solutions[J]. J. Solid State Chem, 2008, 181: 1472-1479.

[11] Liang E J, Huo H L, Wang J P, et al. Effect of water species on the phonon modes in orthorhombic $Y_2(MoO_4)_3$ revealed by Raman spectroscopy[J]. J Phys Chem C, 2008, 112: 6577-6581.

[12] Wu M M, Peng J, Zu Y, et al. Thermal expansion properties of $Lu_{2-x}Fe_xMo_3O_{12}$[J]. Chin Phys B, 2012, 21: 116102

[13] Liu F S, Chen X P, Xie H X, et al. Negative thermal expansion of $Sc_{2-x}Ga_xW_3O_{12}$ solid solution[J]. Acta Phys. Sin, 2010. 59 3350.

[14] Varg T, Wilkinson A P, Lind C, et al. In situ high-pressure synchrotron x-ray diffraction study of $Sc_2W_3O_{12}$ at up to 10 GPa[J]. Phys Rev B, 2005, 71: 214106.

[15] Varga T, Moats J L, Ushakov S V, et al. Thermochemistry of $A_2M_3O_{12}$ negative thermal expansion materials[J]. J Mater Res, 2007,

22：2512-2521.

[16] Tyagi A K，Achary S N，Mathews M D. Phase transition and negative thermal expansion in $A_2(MoO_4)_3$ system（$A=Fe^{3+}$，Cr^{3+} and Al^{3+}）[J]. J Alloys Compd，2002，339：207-210.

[17] Li Z Y，Song W B，Liang E J. Structures，phase transition，and crystal water of $Fe_{2-x}Y_xMo_3O_{12}$ [J]. J Phys Chem C，2011，115：17806-17811.

[18] Li Q J，Yuan B H，Song W B，et al. The phase transition，hygroscopicity，and thermal expansion properties of $Yb_{2-x}Al_xMo_3O_{12}$ [J]. Chin Phys B，2012，21：046501.

[19] Varga T，Wilkinson A P，Jorgensen J D，et al. Neutron powder diffraction study of the orthorhombic to monoclinic transition in $Sc_2W_3O_{12}$ on compression[J]. Solid State Sci，2006，8：289-295.

[20] Paraguassu W，Maczka M，Filho A G S，et al. Pressure-induced structural transformations in the molybdate $Sc_2(MoO_4)_3$ [J]. Phys Rev B，2004，69：094111.

[21] Suzuki T，Omote A. Negative thermal expansion in (HfMg)$(WO_4)_3$[J]. J Am Ceram Soc，2004，87：1365-1367.

[22] Suzuki T，Omote A. Zero thermal expansion in $(Al_{2x}(HfMg)_{1-x})(WO_4)_3$[J]. J Am Ceram Soc，2006，89：691-693.

[23] Gindhart A M，Lind C，Green M. Polymorphism in the negative thermal expansion material magnesium hafnium tungstate[J]. J Mater Res，2008，23：210-213.

[24] Baiz T I，Gindhart A M，Kraemer S K，et al. Synthesis of $MgHf(WO_4)_3$ and $MgZr(WO_4)_3$ using a non-hydrolytic sol-gel method [J]. J Sol-Gel Sci Technol，2008，47：128-130.

[25] Omote A，Yotsuhashi S，Zenitani Y，et al. High ion conductivity in $MgHf(WO_4)_3$ solids with ordered structure：1-D alignments of Mg^{2+} and Hf^{4+} ions[J]. J Am Ceram Soc，2011，94：2285-2288.

[26] Marinkovic B A，Jardim P M，Ari M，et al. Low positive thermal expansion in $HfMgMo_3O_{12}$ [J]. Phys Stat Sol B，2008，245(11)：2514-2519.

[27] Wang L，Yuan P F，Wang F，et al. Negative thermal expansion correlated with polyhedral movements and distortions in orthorhombic $Y_2Mo_3O_{12}$[J]. Mater Res Bull，2013，48：2724-2729.

[28] Maczka M, Paraguassu W, Filho A G S, et al. High-pressure Raman study of $Al_2(WO_4)_3$[J]. J Solid State Chem, 2004, 177: 2002-2006.

[29] Marinkovic B A, Jardim P M, Avillez R R, et al. Negative thermal expansion in $Y_2Mo_3O_{12}$[J]. Solid State Sci, 2005, 7: 1377-1383.

第8章 $ZrScMo_2VO_{12}$制备、负热膨胀、电学和光学性能

8.1 引 言

材料受热膨胀是自然界中的一种常见现象，而遇热收缩或者说负热膨胀则不多见。众所周知，在现代工程技术中，热胀冷缩现象可能会导致许多麻烦，比如材料的疲劳、分层、龟裂以及临时或永久的钝化。如何克服热膨胀或者在受热过程中不同材料膨胀系数失配的问题一直是个难题。但是，α-ZrW_2O_8 大温区负热膨胀性能的发现为解决这一问题带来了希望，从而大大激发了人们对负热膨胀现象的研究兴趣[1-7]。越来越多的负热膨胀材料接连问世，例如：属于开放式框架结构氧化物材料的 $A_2M_3O_{12}$，这里的 A 为三价金属，M 为 W 或 Mo[8-14]；$AMgM_3O_{12}$，此处 A 为元素 Zr 或 Hf，M 为 W 或 Mo[15--20] 以及 ZrV_2O_7[21,22]；氰化物材料 $M(CN)_2$，M 为 Zn 或 Cd；$Ag_3[Co(CN)_6]$[23,24]，氟化物材料 ScF_3 和 ZnF_2[25,26]，属于反钙钛矿结构材料的锰氮化合物 Mn_3AN，这里的 A 元素可以是 Zn、Ga 以及 Ge 等[27-32]，钙钛矿结构材料 $PbTiO_3$[33]、$BiNiO_3$[34] 和双钙钛矿结构的 $LaCu_3Fe_4O_{12}$[35]，以及石英类结构的 β-锂辉石[36]，β-锂霞石[37]，热液石英[38] 等。具有开放式框架结构材料的负热膨胀机理主要缘于声子的非简谐振动，其他结构的负热膨胀绝大部分由于材料的相变引起，如反钙钛矿结构和锰氮化合物的磁容积效应、钙钛矿结构中 $PbTiO_3$ 由铁电到顺电的相变，以及 $LaCu_3Fe_4O_{12}$ 和 $BiNiO_3$ 在温度诱导下的电荷转移效应。

如上所述，有如此多系列的负热膨胀材料相继报道，但是由于它们仍然有很多性能上的缺憾，目前尚不能满足不同器件的需求，比如一些材料的负热膨胀温度区间比较狭窄，或者有着不合适的负热膨胀温度区间，以及吸水性，不合适的相变温度等等，这在极大程度上限制了上述负热膨胀材料的实际应用。事实上，实际应用较多的是高石英结构的 β-锂霞石负热膨胀材料，

以及低热膨胀材料如 β-锂辉石和热液石英等。遗憾的是在工程技术上能够应用的负热膨胀材料屈指可数，国际上各课题组除了努力研究负热膨胀材料的产生机理和调控负热膨胀性能外，在科学技术中开发性能优良且有特殊功能的新型负热膨胀材料也尤为重要。

在本章研究中，制备了一种新型负热膨胀材料，其分子式为 $ZrScMo_2VO_{12}$。这种材料在非常大的温度范围内都拥有优良的负热膨胀性能，同时展现出了能够覆盖整个可见光区的宽带光致法光谱（Photoluminescence, PL）。结构分析表明，$ZrScMo_2VO_{12}$在室温下为正交结构，60 号 Pbcn 空间群；低温变温光致发光谱和变温拉曼研究结果表明，该材料的相变温度为 70～98 K。本章研究了负热膨胀性能和光致发光谱之间的密切联系。目前，$ZrScMo_2VO_{12}$材料尚未见报道，其优良的负热膨胀性能和强白光发光性能展示了这种材料在发光二极管和其他光电器件中的潜在应用价值。

8.2 实验过程

8.2.1 样品制备

实验中采用化学分析纯试剂 ZrO_2、Sc_2O_3、MoO_3 和 V_2O_5 作为原料，按照摩尔比 Zr ∶ Sc ∶ Mo ∶ V=1 ∶ 1 ∶ 2 ∶ 1 进行计算称量，在研钵中充分混合这四种原材料后加入适量无水乙醇，继续研磨约 2 h。将一部分混合均匀的原料压成直径 10 mm，高度 5 mm 的圆柱体用来测它块体的膨胀系数，高度约 1 mm 的片状用来测试拉曼谱、吸收光谱以及光致发光谱，另外一些粉末用来测试 XRD，将这些原料放置于陶瓷方舟中并加上盖子，然后在管式炉中进行烧结，温度预定，持续时间也相应改变，升温速率为 300 K/h，自然冷却至室温。

8.2.2 样品表征

用德国 Bruker D8 Advance X 射线衍射仪（XRD）测试样品的物性，用 TOPAS 4.0 软件对变温 XRD 测试数据进行 Rietveld 全谱拟合，得出样品的晶格常数。型号为 LINSEIS DIL L76 和 LINSEIS DIL L75 的热膨胀仪分别用来测试圆柱体样品的高温和低温膨胀系数。实验中采用英国 Renishaw inVia 型拉曼光谱仪，Linkam THMS600 型温控仪以及日本 Hightech 样品台，升降温速率为 5 K/min。热分析 DSC 及 TG 数据采用德国 Netzsch STA 449F3 型热分析仪，温度范围为 300～873 K，升降温速率为 10 K/min。法国 HORIBA JobinYvon 公司 Fluoromax-4 型光谱仪测试样品的低温光致发光光谱，温控台型号为 LakeShore 325。

8.3 $ZrScMo_2VO_{12}$的反应控制

ZrO_2、Sc_2O_3、MoO_3 和 V_2O_5 原材料中，MoO_3 和 V_2O_5 容易在高温下挥发，在制备过程，适当降低烧结温度、缩短烧结时间，补充一定量的 MoO_3 和 V_2O_5 来抵消它们在高温下的挥发。实际的反应控制过程如下：

通过 X 射线衍射图谱(图 8.1)可以看出，在 873 K 烧结 5 h，原料未充分反应就有 MoO_3 和 V_2O_5 的明显挥发，导致比例失衡。明显看出有 ZrO_2(28.24°)和 Sc_2O_3(31.55°)的衍射峰。为了能够获得纯相的 $ZrScMo_2VO_{12}$，尝试不同的烧结温度，分别烧结 973 K 保温 5 h 和 1073 K 保温 5 h，对比发现，973 K 保温 5 h 烧结，原料就能充分反应，但是还是有明显的 MoO_3 和 V_2O_5 挥发，特别是 1073 K 保温 5 h，MoO_3 和 V_2O_5 的挥发更为明显。

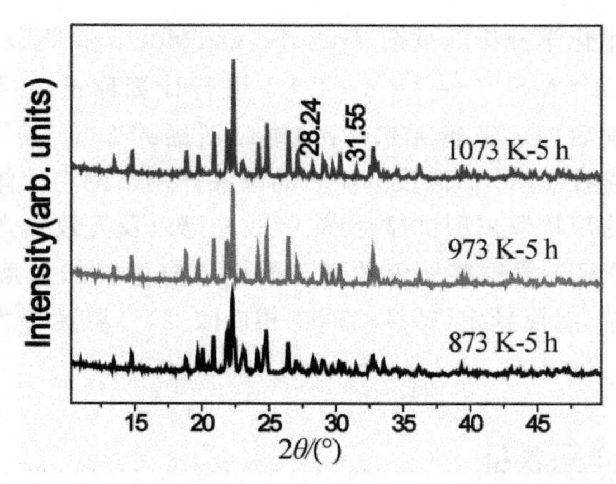

图 8.1 不用烧结温度保温 5 h 得到样品的 X 射线衍射图谱

为了减小挥发并能快速制备样品，在烧结 1073 K 的情况下，缩短烧结时间(图 8.2)。通过观察发现，尽管缩短烧结时间，仍然有 ZrO_2(28.24°)和 Sc_2O_3(31.55°)的衍射峰，说明单纯依靠缩短烧结时间仍然无法解决挥发的问题。

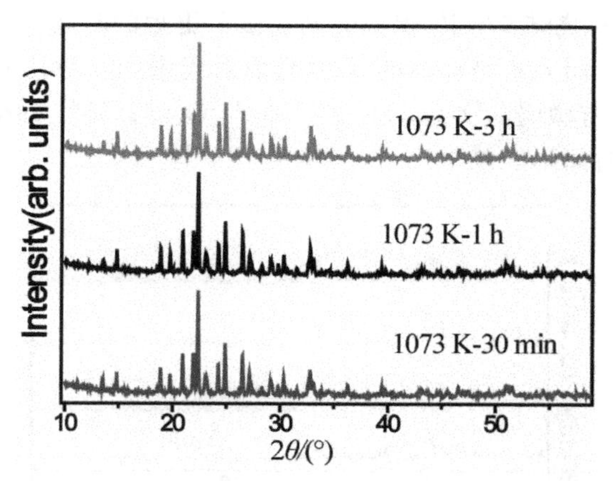

图 8.2　1073 K 烧结保温分别为 30 min、1 h 和 3 h 获得的样品的 X 射线衍射图谱

所以，只有考虑补充一定量的 Mo 和 V 来抵消挥发的量，并降低温度减慢挥发。为了保证能够充分反应，必须提供充分的反应温度，即提供分子运动碰撞进行反应的能量，但是尽量降低温度来减小挥发提供的能量，选择 973 K 烧结，并且尝试缩短烧结时间来缩短挥发时间，直到保证原料能够充分反应和补充的 MoO_3 和 V_2O_5 能抵消它们的挥发。实际情况是，尝试补充的 MoO_3 和 V_2O_5 的摩尔百分比是 3、5、7、9 mol%，烧结 973 K，保温不同的时间：5 h、8 h。最后发现，补充 MoO_3 和 V_2O_5 的摩尔百分比是 9 mol%，保温时间是 5 h 的样品中没有多余的 ZrO_2(28.24°)和 Sc_2O_3(31.55°)的衍射峰(图 8.3)。

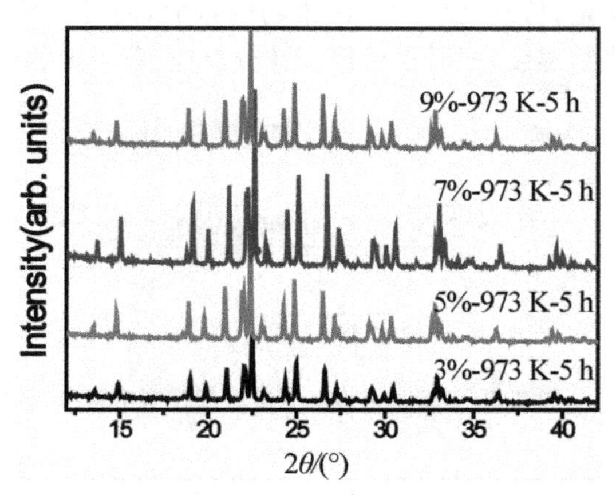

图 8.3　分别添加 3、5、7、9 mol% 的 MoO_3 和 V_2O_5，973 K 烧结 5 h 制备的样品的 X 射线衍射图谱

为了更加节省能量,继续缩短保温时间,补充 MoO_3 和 V_2O_5 的摩尔百分比是 9 mol%,烧结 973 K,保温时间尝试了更短的时间:3 h、1 h、30 min、10 min、3 min。图 8.4 是样品的 X 射线衍射光谱图。对比发现,保温时间低于 3 h 后,会有微弱的 ZrO_2(28.24°)和 Sc_2O_3(31.55°)的衍射峰,也就是说 3 h 的保温时间不能减少。

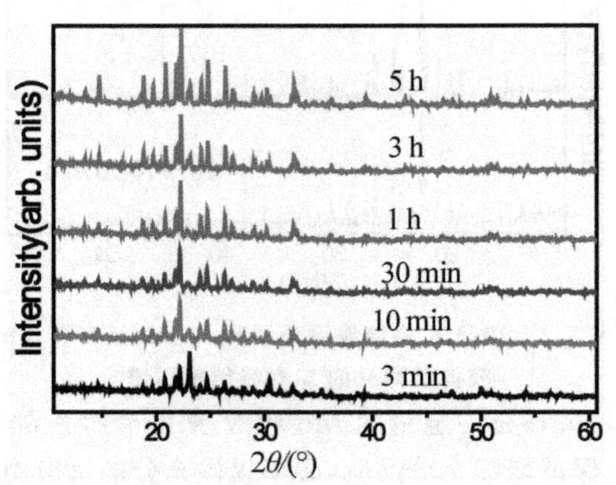

图 8.4 添加 9 mol% 的 MoO_3 和 V_2O_5 得到样品的 X 射线衍射光谱:烧结 973 K,保温时间分别是 5 h、3 h、1 h、30 min、10 min、3 min

最终,对于反应的控制可以总结为"节能减排"。如图 8.5 所示,对于不可避免 MoO_3 和 V_2O_5 的挥发,从补充一定量的 MoO_3 和 V_2O_5 来抵消挥发,特别是采用"降低温度、缩短时间"来实现"节能减排"——降低电能消耗,减少污染物(MoO_3 和 V_2O_5)排放。如果一味地加大补充量、提高烧结温度,可能也能够得到纯相的 $ZrScMo_2VO_{12}$ 样品,但是加大补充量势必增加了原材料的用量,特别是增加了污染物的排放,同时浪费能量。所以,应尽可能地降低烧结温度,同时也要保证充分反应,获得纯相的生成物。

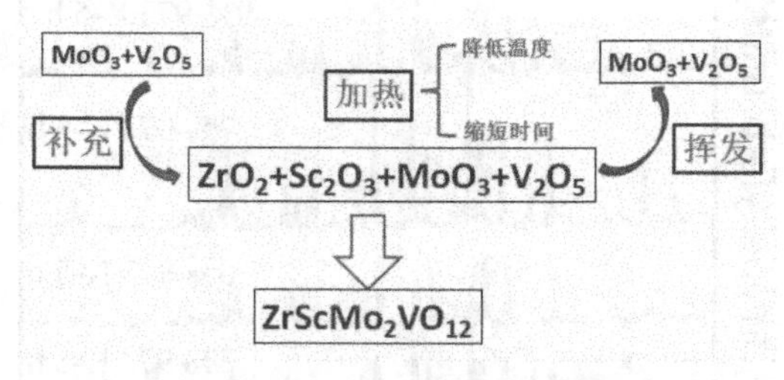

图 8.5 $ZrScMo_2VO_{12}$ 制备反应控制示意图

8.4 $ZrScMo_2VO_{12}$的负热膨胀性能及光学性能

用热膨胀仪测试了 $ZrScMo_2VO_{12}$ 材料的负热膨胀性能。图 8.6(a)分别测试了圆柱体在高温和低温时随着温度的升高其相对长度的变化趋势，从图中可以清晰地看出，在 135～873 K 温度范围内，随着温度的升高，$ZrScMo_2VO_{12}$ 圆柱体持续收缩。这个结果显示该材料在很大温区内(涵盖了室温)表现出来优良的负热膨胀性能，经计算，低温和高温区的线性膨胀系数分别为 $-3.25\times10^{-6}\ K^{-1}$(150～675 K) 和 $-2.20\times10^{-6}\ K^{-1}$(293～823 K)。

热膨胀仪得到的线性膨胀系数是块体材料膨胀或收缩的宏观平均性能，为了研究材料随着温度变化的本征轴向膨胀或收缩结果，换而言之，变温 XRD 测试结果即是晶格常数的内在变化。用 TOPAS4.0 程序对图 8.6(b)中每个温度点下的 XRD 数据进行了 Rietveld 全谱拟合，得到相应的晶格常数和晶胞体积，如图 8.6(c)和图 8.6(d)所示。从图 8.6(c)可以看出，随着温度的升高，晶胞的 b 轴和 c 轴持续收缩，但 a 轴则处于增大趋势，晶胞体积呈现出了热缩现象。计算得 a、b 和 c 轴的膨胀系数依次为 $\alpha_a=-5.93\times10^{-6}\ K^{-1}$，$\alpha_b=-5.43\times10^{-6}\ K^{-1}$ 和 $\alpha_c=-7.05\times10^{-6}\ K^{-1}$，体积膨胀系数 $\alpha_v=-6.57\times10^{-6}\ K^{-1}$，由此可得到该材料从室温到 773 K 范围内的膨胀系数 $\alpha_l=-2.19\times10^{-6}\ K^{-1}$，这与膨胀仪测得的线性膨胀系数相符合。

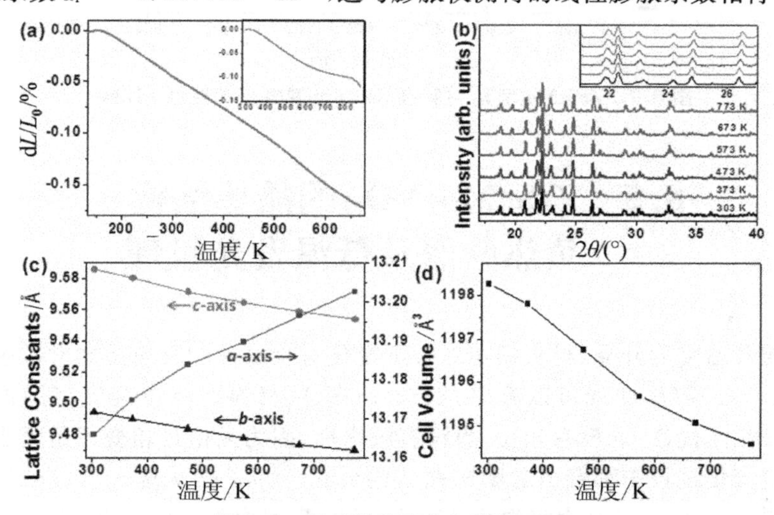

图 8.6 相对长度变化和变温 XRD

(a) $ZrScMo_2VO_{12}$ 圆柱体在温区为室温到 873 K(插图温区为 135～673 K)的相对长度变化；(b)变温 XRD 图谱；(c)晶格常数；(d)晶胞体积随温度的变化趋势图

用光致发光谱测试 $ZrScMo_2VO_{12}$ 材料的变温 PL 谱，由波长为345 nm 的光源激发，如图 8.7 所示。图 8.7(a)中插图为在 345 nm 紫外光照射下的发光照片，从图中可以看出，该材料发出了非常强的白光，裸眼清晰可见。

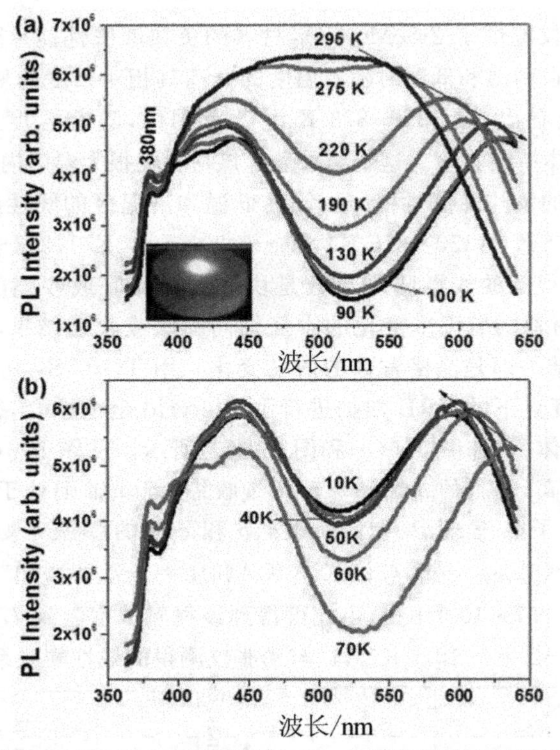

图 8.7　$ZrScMo_2VO_{12}$ 材料在 345 nm 激发下的变温 PL 谱

8.5　$ZrScMo_2VO_{12}$的晶体结构、负热膨胀及低温发光机理

随着温度的升高，材料的相对长度变化对吸水性的反应是非常敏感的。从图 8.6(a)膨胀曲线可以看出，$ZrScMo_2VO_{12}$ 材料在测试温度范围内，负热膨胀性能优良，既没有相变，也没有吸水性，因为无论是相变还是吸水性，在温度变化过程中都会引起膨胀曲线的变化。为了确认这一点，进行了热分析测试。图 8.8(a)为室温到 873 K 温度范围内的 TG/DSC 曲线，图中 375 K 与 400 K 之间的“谷”为仪器的初始化峰，可以看出，温度大于400 K 时，没有明显的吸热峰或放热峰，样品的重量也没有明显的变化，这验证了

$ZrScMo_2VO_{12}$材料在 400～873 K 温度范围内没有相变和吸水性。

图 8.8(b)是室温下样品的 XRD 图谱及 Rietveld 精修图，拟合结果表明，在常温下 $ZrScMo_2VO_{12}$ 晶体为正交结构，60 号 Pbcn 空间群，晶胞参数分别为 a=1.3166(1) nm，b=0.9494(4) nm 和 c=0.9585(9) nm，相应的 R 因子值分别为 R_p=8.08%，R_{wp}=11.92% 和 R_{exp}=5.09%。

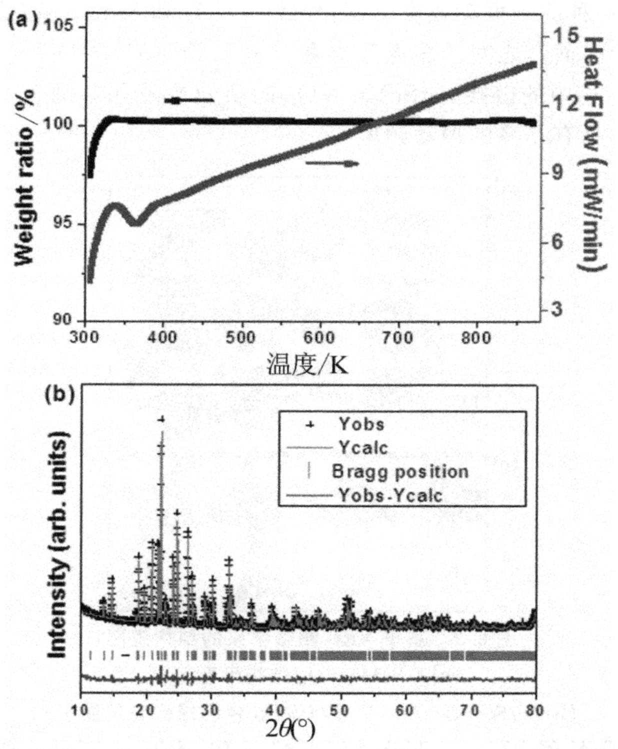

图 8.8 (a)室温到 873 K 温区的 TG/DSC 曲线；(b)室温下样品的 XRD 图谱及 Rietveld 精修图，相应的 R 因子分别为 R_p=8.08%，R_{wp}=11.92%，R_{exp}=5.09%，图中“十”号表示实验曲线，实线表示拟合曲线，竖线表示该相的布拉格位，最下面的曲线表示实验值和拟合值的差值

对于 $ZrScMo_2VO_{12}$ 晶体负热膨胀的详细机理，需要进一步更精密的实验测试以及进行第一性原理的计算。这里仅给出大致的解释。图 8.9 是基于 XRD 精修结果得到的结构示意图。在这个结构中，Zr^{4+} 和 Sc^{3+} 是八面体的中心，Mo^{6+} 和 V^{5+} 是四面体的中心，正如 $A_2M_3O_{12}$系列，八面体和四面体通过共顶角的氧原子连接起来，$ZrScMo_2VO_{12}$ 的负热膨胀可以归因为 A—O—M 链中元素的平动和天平动，并伴随多面体的畸变。在 $Y_2Mo_3O_{12}$ 中，利用第一性原理对于声子态密度和相应的格林艾森参数的计算结果表明，111 个低频声子模中有 75 个格林艾森参数为负值，贡献出了材料的负热膨胀行为。34.5 cm^{-1}处的低频光学声子有着最大的负格林艾森参数，这导致了在垂直于 Y—O—Mo 链的方向上，Y 原子和 Mo 原子的平动使得 Y 和 Mo 两原子之间的距离变小。对 YO_6—O—MoO_4 多面体链的瞬态动力学过程模拟表明，由于温度升高，O 原子相对于 Y 或 Mo 原子在不同方向的振动和这三种原子振动幅度不同，导致了 YO_6 和 MoO_4 多面体不均匀畸变，也伴随着多面体之间的靠近和折叠。由于 $ZrScMo_2VO_{12}$ 中多面体具有类似 $Y_2Mo_3O_{12}$ 中的链接，$ZrScMo_2VO_{12}$ 的负热膨胀可以理解为畸变准刚性单元模型，具有非零的振动频率。

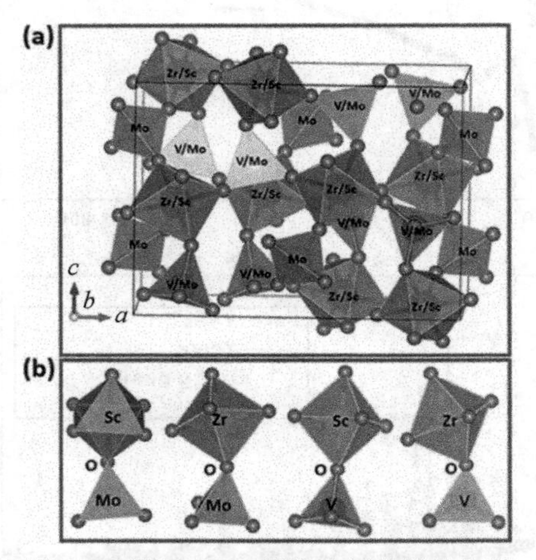

图 8.9　基于 XRD 精修结果的结构意图

(a)$ZrScMo_2VO_{12}$ 结构示意图；

(b)Zr/Sc—O—Mo/V 多面体(红色小球代表氧原子)

对于光学性能，图 8.7 所示的低温变温 PL 谱显示了如下特征：①从 90～295 K，PL 谱的强度随温度的升高而增强，这与热胀冷缩材料相反，但是从 10～70 K，峰强则随温度的升高而减弱，像通常观察到的材料一样，由于声子辐射增强而减少了跃迁几率；②PL 谱可以拟合成三个窄的荧光带和两个宽荧光带[如图 8.10(a)所示]。三个窄发光峰对应于带边跃迁，随着温度的升高，峰位移动较小。而位于长波长处的两个宽的荧光带则随着温度的降低，移动非常明显，而且二者趋势刚好相反。随着温度的降低，能量最低(长波长)处的荧光峰位置明显红移，从室温下的 545 nm 移动到了 70 K 时的 635 nm，低于 70 K 时又开始蓝移。图 8.10(c)为室温下的吸收光谱和 100 K 时的 PL 谱，图中可以看出，在吸收带边附近，有一个束缚激子的乌尔巴赫带尾。

$ZrScMo_2VO_{12}$ 材料丰富的物理性能源自于其特殊的结构设计，它可以

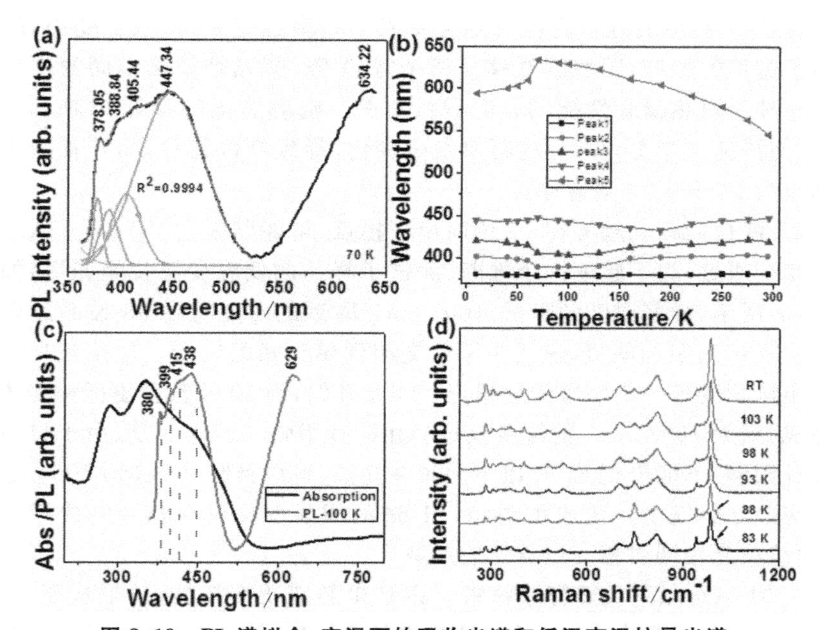

图 8.10 PL 谱拟合,室温下的吸收光谱和低温变温拉曼光谱

(a)PL 谱拟合为三窄两宽荧光带;(b)PL 谱峰位随温度的变化曲线;

(c)室温下的紫外可见吸收光谱和 100 K 时的 PL 谱;(d)低温拉曼光谱

看作是 $Sc_2Mo_3O_{12}$ 的变形,用一个 Zr^{4+} 替换 Sc^{3+},同时用一个 V^{5+} 替换 Mo^{6+} 以保持价态平衡。这种替代类似于半导体中 n 型和 p 型共掺的作用,由于在一个单胞中有四个分子式,因此在一个晶胞中就有四对 n 型和 p 型离子对,类似 n 和 p 型共掺杂的离子分别占据了八面体和四面体的中心,所以被高度束缚,n 型掺杂和 p 型掺杂在带隙之间产生了施主能级和受主能级,此外,也可由束缚激子形成束缚激子态,比如 $D^{\circ}X$、$A^{\circ}X$ 等,对应于带边跃迁的三个窄的荧光峰可初步归结为带间跃迁,施主能级到价带的跃迁,或者导带到受主能级的跃迁,两个对温度有依赖的宽的荧光带主要归结为施主受主对能级到价带的跃迁。

施主受主对之间的相互作用与它们之间的间距大小有关,由于存在不同间距的施主受主对,因此,在晶格中位于不同的多面体中心的施主受主之间有不同的作用强度,这可能是导致荧光峰展宽的原因。

随着温度变化,施主受主对复合发光的峰位移动行为可由公式 $\hbar\omega = E_g - \left\{(E_D + E_A) - \frac{e^2}{\varepsilon r_{DA}} + \left(\frac{e^2}{\varepsilon}\right)\left(\frac{a}{r_{DA}}\right)^6\right\}$[41] 来解释,这里,$E_D$ 和 E_A 分别是导带底的施主能级和价带顶的受主能级,ε 是介电常数,a 是中性施主受主之间相互作用的有效范德瓦尔斯系数,r_{DA} 是它们之间的距离。随着温度的降

低，r_{DA}减小，相应的施主受主对复合发光的频率会变大，即波长变小，就表现出了蓝移的趋势，反之则红移。两个宽的 PL 荧光带截然不同的表现应该与这种材料热膨胀性能的各向异性有关。随着温度的降低，b 轴和 c 轴变大，使得施主受主对之间的距离发生变化，导致峰位红移，而 a 轴减小使得相应的 PL 峰位发生蓝移。

PL 峰位的移动趋势在 70 K 时出现拐点，可能归因为 $ZrScMo_2VO_{12}$材料的相变所致，为了验证这个推断，测试了样品的低温变温拉曼光谱，如图 8.10(d)所示，随着温度的降低，1002 cm^{-1}附近的拉曼峰在 93 K 时逐渐出现，到 80 K 时更加明显，这表明了正交相到单斜相的转变。从拉曼光谱可以看出该相变是一个缓慢的过程，从 93 K 开始，到 80 K 甚至更低相变才全部完成，因为 1002 cm^{-1}的拉曼模振动在持续增强。遗憾的是，由于目前实验条件限制，不能得到 80 K 以下的拉曼光谱，可以推断 $ZrScMo_2VO_{12}$在 70 K 时应该已经完全转化成单斜相，PL 谱的明显变化仅在相变完成后才出现，而拉曼光谱则对相变过程反应灵敏。

$A_2Mo_3O_{12}$系列负热膨胀材料可以是单斜或正交结构，这取决于 A 位三价阳离子的半径大小，离子半径越大的 Lu、Er、Yb 和 Y 结晶为正交相，但是有强烈的吸水性，只有在完全失去结晶水后才能够观察到负热膨胀现象，$ZrMgW_3O_{12}$也有类似的性质。另一方面，A^{3+} 离子半径较小时则表现为单斜相，高温时转化为正交相，如 A 位分别是 Al、Fe、Cr 和 In 时，它们的相变温度依次是 473 K、780 K、658 K 和 610 K，只有在转化为高温正交相时才表现出负热膨胀现象，类似现象的材料还有 ZrV_2O_7(在 473 K 以上)和 $HfMgW_3O_{12}$(在 400 K 以上)。显然 $ZrScMo_2VO_{12}$在 150～823 K 温度范围内没有相变，也没有吸水性，其中涵盖了室温。据我们所知，几乎没有负膨胀材料发光的报道，Macalik 等报道了掺杂 Eu^{3+} 的 $Al_2(WO_4)_3$ 发光[42]，Naruke and Obaid 报道了单斜相 $Gd_2W_3O_{12}$和正交相 $Lu_2W_3O_{12}$共掺杂 Tm 和 Yb[43]，在 980 nm 的激光激发下的上转换跃迁。在这两篇报道中，只报道了 Eu 离子的荧光或者 Tm 和 Yb 离子的上转换发光，而并未观察到具有负膨胀特性的母体材料的发光，即使是在 Tm 和 Yb 浓度很低的情况下，无论是在有水还是无水的正交相结构材料都有低的本征荧光。这很可能归因于这些负膨胀材料的间接带隙，在间接带隙半导体中，不能发生直接发光，$ZrScMo_2VO_{12}$非常强的光致发光谱是材料自身的本征发光，揭示了该材料存在着直接带隙。

8.6 $ZrScMo_2VO_{12}$晶体结构随压强的变化

在常温常压下 $ZrScMo_2VO_{12}$晶体为正交结构，如图 8.11 和图 8.12 给出了 $ZrScMo_2VO_{12}$晶体高压拉曼光谱图。通过这两个图很明确地看出，随着压强的增加，其晶体结构会发生一定的变化。当压强增加到 1.3 GPa 时，波数 1004 cm^{-1}附近出现一个肩峰，其对应于单斜结构的特征峰，说明晶体从正交结构转化为单斜结构。特别是当压强达到 5.7 GPa 时，$ZrScMo_2VO_{12}$原来的有拉曼峰的位置呈现一个宽化的荧光包，也就是意味着此时晶体已经转化成为无定型态。

$ZrScMo_2VO_{12}$在高压下转化为无定型态后，即使降低压强，这种无定型态也无法转变回晶体结构。如图 8.13 所示，$ZrScMo_2VO_{12}$的拉曼谱仍没有明显的峰出现，呈现无定型态结构，说明 $ZrScMo_2VO_{12}$在高压下的晶体结构变化是不可逆转的变化。

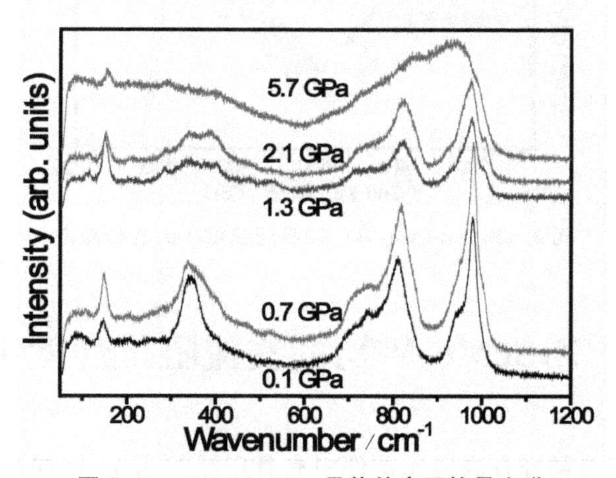

图 8.11　$ZrScMo_2VO_{12}$晶体的高压拉曼光谱

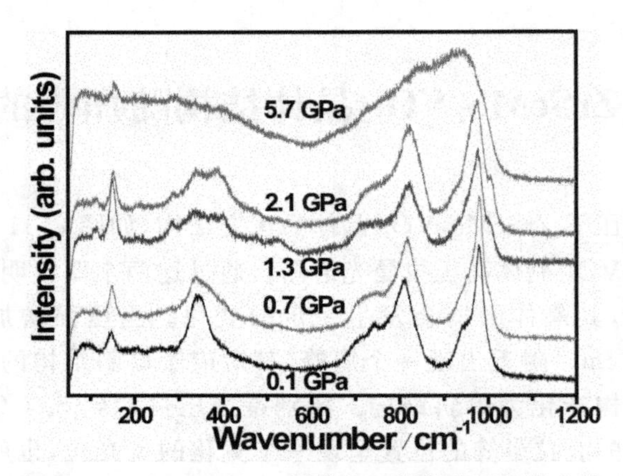

图 8.12　$ZrScMo_2VO_{12}$晶体归一化的高压拉曼光谱

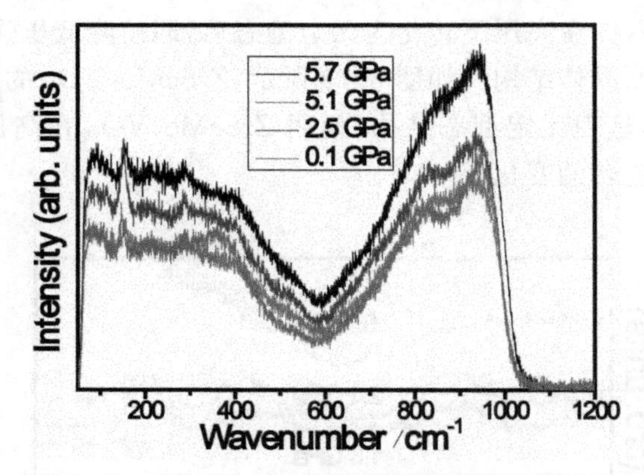

图 8.13　$ZrScMo_2VO_{12}$随着压强减小的拉曼光谱

8.7　$ZrScMo_2VO_{12}$的交流阻抗性能研究

氧离子传导陶瓷在高温元器件中有着广泛的用途，比如固体氧化物燃料电池、氧离子膈膜及传感器等。绝大多数固体电解质的离子迁移率取决于移动离子的价态和离子尺寸的大小。在离子传导固体电解质中三价离子导体由于迁移率低下很少用做电解质，对于框架式结构的外围阴离子，如O^{2-}，随着温度的升高，静电相互作用增强，由于通常的温度效应会导致晶格膨胀，离子电导率随着温度的升高而增大，从而促使载流子发生迁移。$A_2M_3O_{12}$系列材料展示了很好的电导和负热膨胀性能，尤其是三价离子的电导率及 673～1073 K 宽温区的线性热膨胀性能[44-47]。研究表明，WO_4 多面体中的电荷输运能够引起非常高的离子电导率[48]，$MgHfW_3O_{12}$与$Sc_2W_3O_{12}$结构几乎相同，但随着Mg^{2+}/Hf^{4+}替代$Sc_2W_3O_{12}$中的两个Sc^{3+}离子，$MgHfW_3O_{12}$在600℃时的电导率高达2.5×10^{-4} S/cm，高出类似结构的离子导体一个数量级[16,49]，这表明离子替代能够增加材料的导电性能。

$Zr_2P_2WO_{12}$作为一种负热膨胀材料，提示$A_2M_3O_{12}$中的A位三价离子可以由四价Zr^{4+}离子替代，这里Zr^{4+}的电负性(1.33)低于Sc^{3+}(1.36)。在$Sc_2Mo_3O_{12}$中用Zr^{4+}部分替代Sc^{3+}，Mo^{6+}应由五价离子部分替代，如P^{5+}，V^{5+}等。我们已经报道过$ZrScMo_2VO_{12}$、$ZrScW_2PO_{12}$、$HfScMo_2VO_{12}$、Hf-ScW_2PO_{12}等负热膨胀材料，该系列材料均为60号空间群，具有相似的晶体结构，但在$Sc_2(MO_4)_3$中用四价离子替代一个Sc^{3+}，同时用五价离子替换一个M^{6+}，有望展现高的离子电导率。

所以我们首次研究了$ZrScMo_2VO_{12}$的离子电导性能，并讨论了每个离子的作用及离子导电机理。将制备的$ZrScMo_2VO_{12}$陶瓷样品薄片一面涂银胶粘上银丝作为电极，放入烘箱373 K烘干2 h，然后将陶瓷样品的另一面涂上银胶粘上电极线，同样烘干。再将两面粘有电极的陶瓷片放在坩埚中快速拉过提前设置的1073 K管式炉管，用来保证电极线牢固接触。然后将陶瓷片的电极线接长，并将电极线套上陶瓷绝缘管避免断路，将电极片放置在瓷舟中送入小管式炉中，电极引线从小管式炉炉管一端露出，分别接到电化学工作站的工作电极和对电极上，准备测试阻抗性能。

图8.14为$ZrScMo_2VO_{12}$的扫描电镜照片，从图中可以看出，有大量的团簇和孔洞，表面不均匀，材料的平均粒度为2～5 μm，颗粒表面光滑，轮廓分明，这表明材料结晶度高，在颗粒之间有明显的晶界存在。

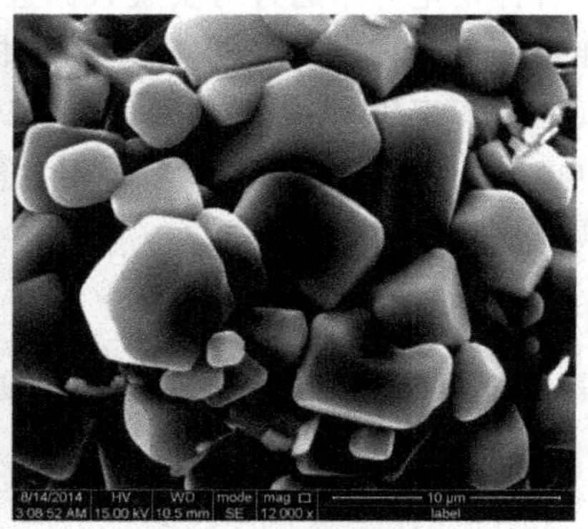

图8.14 $ZrScMo_2VO_{12}$陶瓷片室温扫描电子显微镜照片

图8.15给出$ZrScMo_2VO_{12}$陶瓷样品对应从293～773 K的交流阻抗

谱。陶瓷的孔洞对电导率的影响可以忽略不计，奈奎斯特曲线由一个圆弧组成，在高频处半圆与实轴的交点为材料的体电阻，由晶粒和晶界共同产生，交点随着温度的变化而变化。同时奈奎斯特曲线在低频区可以看到一个小尾巴，表明有离子电导的存在，这个结果与其他离子电导材料一致[50-53]。晶粒性能与高频区半圆弧有关。从奈奎斯特曲线可以看出，材料的总电阻随着温度的升高而降低，这可能与热缺陷、肖特基缺陷（晶界）及弗伦克尔缺陷（晶粒）有关[54-58]。

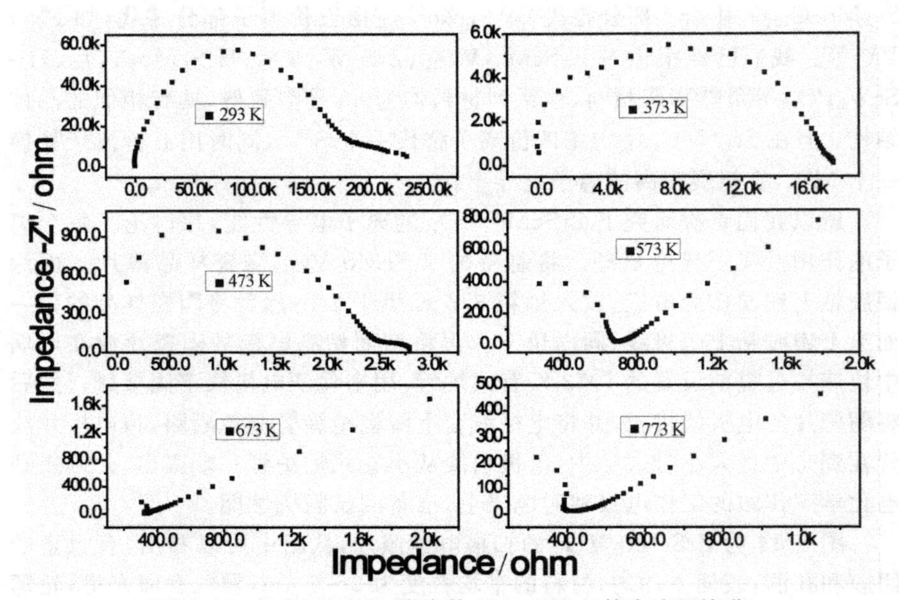

图 8.15　$ZrScMo_2VO_{12}$ 陶瓷从 293～773 K 的交流阻抗谱

样品的电导率通过对实验数据进行拟合计算得到，拟合实验数据的等效电路由一系列电导 Y、电容 C 和常相角元件 CPE 串并联而成，如图 8.16 所示。晶粒电阻 R_b 和晶界电导 R_{gb} 之和，即为电解质的总电阻 R，可以通过 ZSimpWin 软件对实验数据进行拟合得到，然后通过式(8.1)计算得出材料的电导率。

$$\sigma = \frac{Yd}{A} \tag{8.1}$$

这里 d 和 A 分别为电解质样品的厚度和面积。

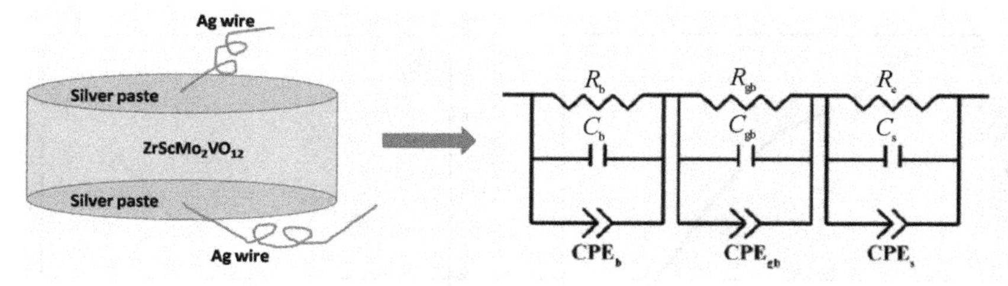

图 8.16　$ZrScMo_2VO_{12}$ 等效电路图，其中 R_b、R_{gb} 和 R_e 分别为晶粒电阻、晶界电阻和离子或电极界面电阻

图 8.17 为 $ZrScMo_2VO_{12}$ 常压下电导率随温度的变化以及总电导率的阿伦尼乌斯曲线，材料在 523 K 和 673 K 时的电导率分别为 8.49×10^{-6} S/cm 和 6.37×10^{-5} S/cm，可以看出，电子导电率几乎是非线性增加关系，这表明材料在测试温度下（室温到 673 K）可能没有发生相变。

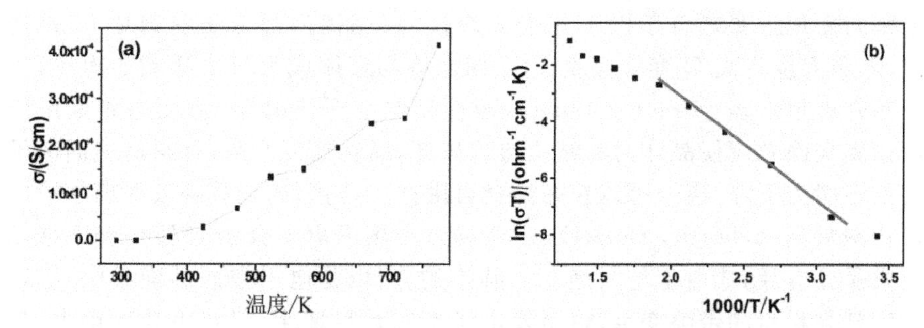

图 8.17　$ZrScMo_2VO_{12}$ 常压下电导率随温度的变化图以及总电导率的阿伦尼马斯曲线
(a) $ZrScMo_2VO_{12}$ 陶瓷电导率随温度的变化曲线；
(b) 总电导率的阿伦尼乌斯（Arrhenius）曲线

图 8.18 为 $ZrScMo_2VO_{12}$ 室温下的紫外可见吸收光谱，带隙能量约为 2.07 eV 和 2.3 eV，是典型的半导体带隙，且小于 $Sc_2Mo_3O_{12}$ 的带隙，这与材料的特殊设计有关，$ZrScMo_2VO_{12}$ 由 $Sc_2Mo_3O_{12}$ 结构改进而成，Zr^{4+} 替代一个 Sc^{3+}，同时为保持价态平衡用 V^{5+} 替代一个 Mo^{6+}，替代后起到 n 型和 p 型类共掺的作用，这种掺杂降低了带隙。

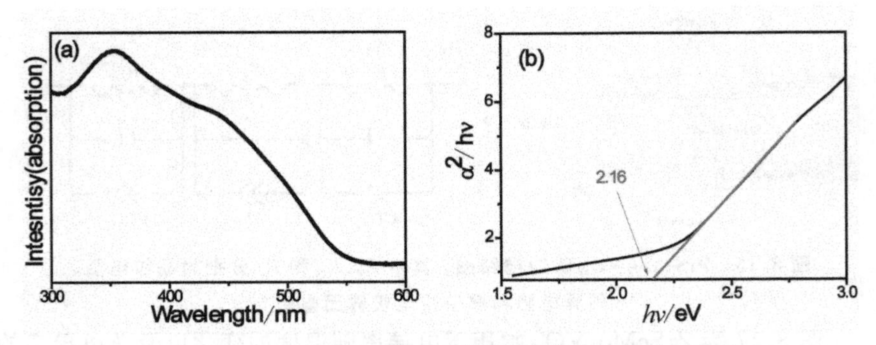

图 8.18 $ZrScMo_2VO_{12}$ 紫外可见吸收光谱及光学带隙估处

(a)$ZrScMo_2VO_{12}$ 紫外可见吸收光谱；(b)光学带隙估算

半导体带隙与温度有关，随着温度的升高，其带隙变窄[59-62]，$ZrScMo_2VO_{12}$的电导率随着温度的升高而增大，此处随着温度的升高，材料电导率的变化主要来自于以下几个方面：①在晶体内部由于材料中 V 是变价，随着温度升高 O 容易摆脱 VO_4 四面体的束缚成为自由活动的离子，出现弗仑克尔缺陷（Frenkel Defect）而在晶粒中形成电导；②在晶界处由于位错和表面效应使晶体对称结构遭到破坏，随着温度升高，材料对表面离子的束缚能力下降，离子可以在晶界处自由移动，内部离子填补表面离子形成肖特基缺陷（Schottky Defect），在电场力作用下离子会沿着晶粒表面移动形成晶界电导；③由于材料是 p、n 共掺的，所以是电子空穴共同导电，随着温度升高材料的带隙变窄，热激发电子空穴数目增多，材料电导率增大，但是由于受晶界势垒的影响，单位时间通过晶界的电子空穴数目受到限制。

$ZrScMo_2VO_{12}$的电化学性能优异，具有离子电导性质，材料的电导率随着温度升高而增大，那么其是否具有锂离子导电性？为了研究其性能，以该材料为基底做了原装电池，并对其性能进行了初步测试，如图 8.19 所示。

图 8.19(a)为 $ZrScMo_2VO_{12}$ 室温下的充放电循环性能。由图中可以看出，材料最初几次循环中容量损失明显。从 20 次循环以后比容量随着循环衰减速率降低，从 20 次循环以后到 100 次循环衰减变缓说明样品的循环特性优良，并且经历 100 次充放电循环之后依然保持较高的充放电容量（约 200 mAh/g）。图 8.19(b)为样品在第 2、20 和 40 次循环时的充放电曲线。在第 2 次充放电过程中，材料在 0.8～1.5 V 之间出现电压平台，在随后的循环过程中，材料依旧保持了较好的充放电平台。充放电平台的出现说明材料在电化学过程中结构稳定性保持较好。初步研究结果表明，$ZrScMo_2VO_{12}$在室温下的长期充放电过程中可以保持结构稳定性，这说明 $ZrScMo_2VO_{12}$作为电极材料使用潜力很大，我们可以进一步改善电池的制备

工艺，提高其比容量。

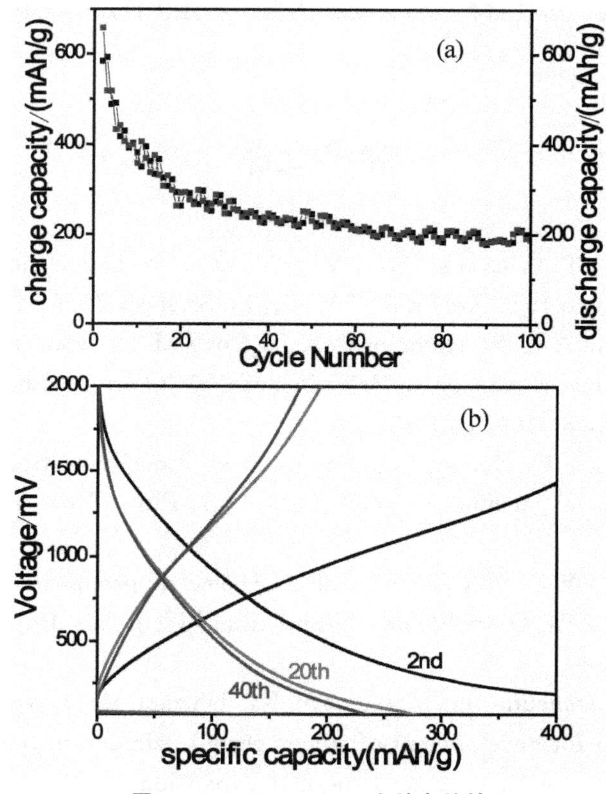

图 8.19 $ZrScMo_2VO_{12}$ 充放电特性

(a)$ZrScMo_2VO_{12}$ 室温下的充放电循环性能；(b)样品在第 2、20 和 40 次循环时的充放电曲线

8.8 本章小结

本章研究一种新型负热膨胀材料 $ZrScMo_2VO_{12}$，它不仅在很宽的温度范围内具有优良的负热膨胀性能，还展现了非常强的宽带光致发光，覆盖了整个可见光区域。结构分析表明，$ZrScMo_2VO_{12}$ 晶体在室温下属于 60 号空间群的正交结构，该材料的相变温度为 70～90 K。负膨胀特性归因于块体材料内部灵活的框架结构和容易扭曲的多面体，或者是桥氧原子的横向非简谐振动。非常强的白光辐射可能源于 n 型和 p 型共掺效应，在带隙中不仅有类施主态和受主态，还有施主受主对甚至是束缚激子的复合发光。其优良的负热膨胀性能和白光发光性能暗示了这种材料在 LED 和其他光电

器件中的潜在应用。该材料在高压下由正交相转变为单斜相，并且这种相变是不可逆的。这种材料的设计思想为发展功能化负热膨胀材料拓开了一条新的思路。

参考文献

[1] Mary T A, Evans J S O, Vogt T, et al. Negative thermal expansion from 0.3 to 1050 Kelvin in ZrW_2O_8[J]. Science, 1996, 272: 90-92.

[2] Pryde A K A, Hammonds K D, Dove M T, et al. Origin of the negative thermal expansion in ZrW_2O_8 and ZrV_2O_7[J]. J Phys: Condens Matter, 1996, 8: 10973-10982.

[3] Bridges F, Keiber T, Juhas P, et al. Local vibrations and negative thermal expansion in ZrW_2O_8 [J]. Phys Rev Lett, 2014, 112: 045505.

[4] Zha J W, Lv J, Zhou T, et al. Dielectric properties and thermal expansion of ZrW_2O_8/polyimide hybrid films[J]. J Adv Phys, 2012, 1: 48-53.

[5] Poowancum A, Matsumaru K, Ishizaki K. Low-temperature glass bonding for development of silicon carbide/zirconium tungsten oxide porous ceramics with near zero thermal expansion coefficient[J]. J Am Ceram Soc, 2011, 94:1354-1356 .

[6] Gava V, Martinotto A L, Perottoni C A. First-principles mode Gruneisen parameters and negative thermal expansion in α-ZrW_2O_8[J]. Phys Rev Lett, 2012, 109: 195503.

[7] Badrinarayanan P, Rogalski M K, Kessler M R. Carbon fiber-reinforced cyanate ester/nano-ZrW_2O_8 composites with tailored thermal expansion[J]. ACS Appl Mater Inter, 2012, 4(2): 510-517.

[8] Wang Z P, Song W B, Zhao Y, et al. Raman spectroscopic study on the structure and phase transition of $A_2(MoO_4)_3$(A=Al, Cr, Fe)[J]. Chin J Light Scatt, 2011, 23: 250-255.

[9] Li Z Y, Song W B, Liang E J. Structures, phase transition, and crystal water of $Fe_{2-x}Y_xMo_3O_{12}$ [J]. J Phys Chem C, 2011, 115: 17806-17811.

[10] Imanaka N, Hiraiwa M, Adachi G, et al. Thermal contraction

behavior in $Al_2(WO_4)_3$ single crystal[J]. J Crystal Growth, 2000, 220: 176-179.

[11] Varga T, Moats J L, Ushakov S V, et al. Thermochemistry of $A_2M_3O_{12}$ negative thermal expansion materials[J]. J Mater Res, 2007, 22: 2512-2521.

[12] Marinkovic B A, Ari M, Jardim P M, et al. $In_2Mo_3O_{12}$: A low negative thermal expansion compound[J]. Thermochim Acta, 2010, 499: 48-53.

[13] Tyagi A K, Achary S N, Mathews M D. Phase transition and negative thermal expansion in $A_2(MoO_4)_3$ system, ($A=Fe^{3+}$, Cr^{3+} and Al^{3+})[J]. J Alloys Compd, 2002, 339: 207-210.

[14] Sumithra S, Umarji A M. Negative thermal expansion in rare earth molybdates[J]. Solid State Sci, 2006, 8: 1453-1458.

[15] Marinkovic B A, Jardim P M, Ari M, et al. Low positive thermal expansion in $HfMgMo_3O_{12}$[J]. Phys Status Solidi, 2008, 245(11): 2514-2519.

[16] Suzuki T, Omote A. Negative Thermal Expansion in (HfMg)$(WO_4)_3$[J]. J Am Ceram Soc, 2004, 87(7): 1365-1367.

[17] Song W B, Liang E J, Liu X S, et al. A negative thermal expansion material of $ZrMgMo_3O_{12}$ [J]. Chin Phys Lett, 2013, 30 (12): 126502.

[18] Baiz T I, Gindhart A M, Kraemer S K, et al. Synthesis of $MgHf(WO_4)_3$ and $MgZr(WO_4)_3$ using a non-hydrolytic sol-gol method [J]. J Sol-Gel Sci Technol, 2008, 47(2):128-130

[19] Gindhart A M, Lind C, Green M. Polymorphism in the negative thermal expansion material magnesium hafnium tungstate[J]. J Mater Res, 2008, 23(1): 210-213.

[20] Li F, Liu X S, Song W B, et al. Phase transition, crystal water and low thermal expansion behavior of $Al_{2-2x}(ZrMg)_xW_3O_{12}\cdot n(H_2O)$ [J]. J Solid State Chem, 2014, 218(4): 15-22.

[21] Evans J S O, Hanson J C, Sleight A W. Room-temperature superstructure of ZrV_2O_7[J]. Acta Crystal, 1998, 54(6): 705-713.

[22] Yuan B H, Liu X S, Song W B, et al. High substitution of Fe^{3+} for Zr^{4+} in $ZrV_{1.6}P_{0.4}O_7$ with small amount of $FeV_{0.8}P_{0.2}O_4$ for low thermal expansion[J]. Phys Lett A, 2014, 378: 3397-3401.

[23] Ding P, Liang E J, Jia Y, et al. Electronic structure, bonding and phonon modes in the negative thermal expansion materials of Cd $(CN)_2$ and Zn $(CN)_2$ [J]. J Phys: Condens Matter, 2008, 20 (27): 275224.

[24] Goodwin A L, Calleja M, Conterio M J, et al. Colossal positive and negative thermal expansion in the framework material $Ag_3[Co(CN)_6]$ [J]. Science, 2008, 319:794-797.

[25] Li C W, Tang X L, Muñoz J A, et al. Structural relationship between negative thermal expansion and quartic anharmonicity of cubic ScF_3[J]. Phys Rev Lett, 2011, 107(19): 195504.

[26] Chatterji T, Zbiri M, Hansen T C. Negative thermal expansion in ZnF_2[J]. Appl Phys Lett, 2011, 98: 181911.

[27] Chu L H, Wang C, Yan J, et al. Magnetic transition, lattice variation and electronic transport properties of Ag-doped $Mn_3Ni_{1-x}Ag_xN$ antiperovskite compounds[J]. Scripta Mater, 2012, 67(2): 173-176.

[28] Ding L, Wang C, Chu L H, et al. Near zero temperature coefficient of resistivity in antiperovskite $Mn_3Ni_{1-x}Cu_xN$[J]. Appl Phys Lett, 2011, 99(25): 251905.

[29] Hamada T, Takenaka K. Giant negative thermal expansion in antiperovskite manganese nitrides [J]. J Appl Phys, 2011, 109 (7): 07E309.

[30] Song X Y, Sun Z H, Huang Q Z, et al. Adjustable zero thermal expansion in antiperovskite manganese nitride[J]. Adv Mater, 2011, 23: 4690-4694.

[31] Wu M M, Wang C, Sun Y, et al. Magnetic structure and lattice contraction in Mn_3NiN[J]. J Appl Phys, 2013, 114: 123902.

[32] Yoon I T, Kang T W, Kim D J. Magnetic behavior of Mn_3GaN precipitates in ferromagnetic $Ga_{1-x}Mn_xN$ layers [J]. Mater Sci Eng B, 2006, 134(1): 49-53.

[33] Chen J, Wang F F, Huang Q Z, et al. Effectively control negative thermal expansion of single-phase ferroelectrics of $PbTiO_3$-(Bi, La) FeO_3 over a giant range[J]. Sci Rep, 2013, 3: 2458.

[34] Azuma M, Chen W, Seki H, et al. Colossal negative thermal expansion in $BiNiO_3$ induced by intermetallic charge transfer[J]. Nat Commun, 2011, 2(1): 347.

[35] Long Y W, Hayashi N, Saito T, et al. Temperature-induced A-B intersite charge transfer in an A-site-ordered $LaCu_3Fe_4O_{12}$ perovskite [J]. Nature, 2009, 458: 60-64.

[36] Xia L, Wang X Y, Wen G W, et al. Nearly zero thermal expansion of β-spodumene glass ceramics prepared by sol-gel and hot pressing method[J]. Ceram Int, 2012, 38: 5315-5318.

[37] Pelletant A, Reveron H, Chevalier G F, et al. Thermal expansion of β-eucryptite in oxide-based ceramic composites[J]. J Eur Ceram Soc, 2013, 33: 531-538.

[38] Roos C, Becker O, Siebers F. Microstructure and stresses in a keatite solid-solution glass-ceramic[J]. J Mater Sci, 2007, 42: 50-58.

[39] Wang L, Wang F, Yuan P F, et al. Negative thermal expansion correlated with polyhedral movements and distortions in orthorhombic $Y_2Mo_3O_{12}$[J]. Mater Res Bull, 2013, 48: 2724-2729.

[40] Marinkovic B A, Ari M, Avillez R R, et al. Correlation between AO_6 polyhedral distortion and negative thermal expansion in orthorhombic $Y_2Mo_3O_{12}$ and related materials[J]. Chem Mater, 2009, 21: 2886-2894.

[41] Hopfield J J, Thomas D G, Gershenzon M. Pair spectra in GaP [J]. Phys Rev Lett, 1963, 10: 62-64.

[42] Macalik L, Hanuza J, Hermanowicz K, et al. Luminescence properties of Eu^{3+}-doped $Al_2(WO_4)_3$[J]. Mater Sci Poland, 2004, 22: 145-152.

[43] Naruke H, Obaid D M. Structure dependence of near-infrared stimulated blue emission in polycrystalline $Ln_2(WO4)_3$ (Ln = Gd and Lu) doped with Tm and Yb[J]. J Lumin, 2009, 129: 1132-1136.

[44] Imanaka N, Kobayashi K, Fujiwara K, et al. Trivalent rare earth ion conduction in the rare earth tungstates with the $Sc_2(WO_4)_3$-type structure[J]. J Alloys Compd, 1998, 39: 303-306.

[45] Adachi G Y, Imanaka N, Tamura S. Ionic conducting lanthanide oxides[J]. Chem Rev, 2002, 102(6): 2405-30.

[46] Imanaka N, Tamura S, Hiraiwa M, et al. Trivalent aluminum ion conducting characteristics in $Al_2(WO_4)_3$ single crystals[J]. Chem Mater, 1998, 10(9): 2542-2545.

[47] Kohler J, Imanaka N, Adachi G Y. Multivalent cationic con-

duction in crystalline solids[J]. Chem Mater, 1998, 10 (12): 3790-3812.

[48] Zhou Y K, Adams S, Rao R P, et al. Charge transport by polyatomic anion diffusion in $Sc_2(WO_4)_3$ [J]. Chem Mater, 2008, 20(20): 6335-6345.

[49] Omote A, Yotsuhashi S, Zenitani Y, et al. High ion conductivity in $MgHf(WO_4)_3$ solids with ordered structure: 1-D alignments of Mg^{2+} and Hf^{4+} ions[J]. J Am Ceram Soc, 2011, 94(8): 2285-2288.

[50] Jacquens J, Farrusseng D, Georges S, et al. Tests for the use of $La_2Mo_2O_9$-based oxides as multipurpose SOFC core materials[J]. Fuel Cells, 2010, 10(3): 433-439.

[51] Georges S, Goutenoire F, Laligant Y, et al. Reducibility of fast oxide-ion conductors $La_{2-x}R_xMo_{2-y}W_yO_9$ (R= Nd, Gd) [J]. J Mater Chem, 2003, 13: 2317-2321.

[52] Georges S, Bohnke O, Goutenoire F, et al. Effects of tungsten substitution on the transport properties and mechanism of fast oxide-ion conduction in $La_2Mo_2O_9$[J]. Solid State Ionics, 2006, 177: 1715-1720.

[53] Corbel G, Laligant Y, Goutenoire F, et al. Effects of partial substitution of Mo^{6+} by Cr^{6+} and W^{6+} on the crystal structure of the fast oxide-ion conductor structural effects of W^{6+} [J]. Chem Mater, 2005, 17 (18) : 4678-4684.

[54] Varotsos P, Alexopoulos K. On the possibility of the enthalpy of a Schottky defect decreasing with increasing temperature[J]. J Phys C: Solid State Phys, 1979, 12 (19): L761-764.

[55] Wærnhus I, Grande T, Wiik K. Electronic properties of polycrystalline $LaFeO_3$ part II: defect modelling including Schottky defects[J]. Solid State Ionics, 2005, 176: 2609-2616.

[56] Guisbiers G. Schottky defects in nanoparticles[J]. J Phys Chem C, 2011, 115: 2616-2621.

[57] Hosono H, Kawazoe H, Matsunami N. Experimental evidence for Frenkel defect formation in amorphous SiO_2 by electronic excitation [J]. Phys Rev Lett, 1998, 80(2): 317-320.

[58] Batra A P, Slifkin L M. Temperature dependence of Frenkel-defect formation energy deduced from diffusion of sodium in silver chloride [J]. Phys Rev B, 1975, 12(8): 3473-3475.

[59] Hsu K Y, Wang C Y, Liu C P. The growth of GaN nanorods

with different temperature by molecular beam epitaxy[J]. J Electrochem Soc, 2010, 157(5): K109-112.

[60] Shan W, Schmidt T J, Yang X H, et al. Temperature dependence of interband transitions in GaN grown by metalorganic chemical vapor deposition[J]. Appl Phys Lett, 1995, 66(8): 985-987.

[61] Ye C, Fang X, Wang M, et al. Temperature-dependent photoluminescence from elemental sulfur species on ZnS nanobelts[J]. J Appl Phys, 2006, 99(6): 063504.

[62] Pejova B, Abay B, Bineva I. Temperature dependence of the band gap energy and sub-band-gap absorption tails in strongly quantized ZnSe nanocrystals deposited as thin films[J]. J Phys Chem C, 2010, 114(36): 15280-15291.

第9章 $ZrScW_2PO_{12}$的制备及负热膨胀和发光性能

9.1 引 言

正如前面几章所述，自从发现 ZrW_2O_8 在非常大的温区内具有遇热收缩的特性之后[1]，研究人员对负热膨胀材料的兴趣持续高涨，越来越多的新型负热膨胀材料问世，也提出了一些负热膨胀的机理来解释这些材料的热收缩现象。对于一系列框架式结构的材料，如 ZrW_2O_8、$A_2M_3O_{12}$[2,3]、$Zn(CN)_2$[4]、ScF_3[5]，低频声子模的非谐天平动和平动直接导致了负热膨胀现象，但是，在锰氮化合物中的负热膨胀则是由于磁致收缩效应而产生的，即由于磁矩强弱的变化导致材料体积发生变化。对于铁电材料 $PbTiO_3$、反钙钛矿材料 $BiNiO_3$ 和 $LaCu_3Fe_4O_{12}$ 系列材料[6-9]，电荷的自发极化和电荷转移则分别是其遇热收缩的直接原因。另外，在一些高分子大分子材料中也发现了负热膨胀现象，例如 $(C_3H_5NO)_n$、S-$C_{20}H_{22}$ 和 $[C_6H_{13}N_2]^+Cl^-\cdot 3H_2O$ 等[10,11]。

通常情况下，磁致收缩或电荷转移伴随的相变导致的负热膨胀温度区域很窄，研究者们也做了很多努力去拓宽相应的负热膨胀温区[12-15]。虽然开放式框架结构的系列材料在较大温区内都展示出了负热膨胀性能，但目前仍存在很多问题，严重限制了其实际应用。例如 AM_2O_8（A＝Zr，Hf；M＝W，Mo）系列材料在室温下为亚稳相[16,17]，ZrV_2O_7 的相变温度高于室温，而对于 $A_2M_3O_{12}$（A 为稀土元素或者过渡族金属）系列，A 位三价阳离子的半径比较小，研究表明离子半径越大，其吸水性也越强[18-21]。研究人员做了大量工作去尝试降低这些开放式框架结构的相变温度和吸水性[22-25]，结果表明，对于 $A_2M_3O_{12}$ 系列，两个 A 位阳离子可以用四价和二价离子进行替代以解决其吸水性问题。基于这个设计思路，分子通式为 ABM_3O_{12} 的一系列材料应运而生，有 $HfMgW_3O_{12}$[26]、$HfMgMo_3O_{12}$[27]、

$ZrMgMo_3O_{12}$[28]，$ZrMgW_3O_{12}$[29] 以及 $ZrMnMo_3O_{12}$[30] 等，其中，$ZrMgW_3O_{12}$不仅在包含室温的很大温区内具有负热膨胀性能，且没有吸水性；$HfMgW_3O_{12}$[31]和 $ZrMnMo_3O_{12}$分别在 400 K 和 363 K 左右从单斜结构转变为正交结构后也展示了负热膨胀性能；但 $HfMgMo_3O_{12}$则表现出低正热膨胀性能，具有 $ZrMgW_3O_{12}$较强的吸水性，只有在结晶水完全释放后才展示出负热膨胀性能。由于上述种种原因，目前负热膨胀材料在工程中鲜有应用。

基于第 4 章 $ZrScMo_2VO_{12}$[32]的设计，相继设计出了新型负热膨胀材料 $HfScMo_2VO_{12}$[33]，与 $ZrScMo_2VO_{12}$类似，这种材料也至少从 150 K 到 823 K 大温区内展示了负热膨胀性能，同时还有较强的光致发光特性，其波长覆盖了整个可见光区域。受这两种新材料的启发，考虑到钨酸盐的烧结温度高，有望获得负热膨胀温区更大的多功能陶瓷材料。本章设计了分子式为 $ZrScW_2PO_{12}$的新材料，并研究了其负热膨胀性能和光学性能。结果表明，这种材料室温下为正交结构，60 号 Pnca 空间群，至少从 138 K 到 1300 K 温区内均表现出负热膨胀性能，比 $ZrScMo_2VO_{12}$和 $HfScMo_2VO_{12}$的负热膨胀温区更宽。除此之外，该材料也具有覆盖整个可见光波长的强发光性能。据我们所知，这种材料尚未见报道，且这类既有负热膨胀又具发光性能的多功能材料有望在发光二极管等光电子器件中得到应用。

9.2 实验过程

9.2.1 样品制备

原材料均采用分析纯化学试剂(纯度为 99.7%)，初始材料分别是 ZrO_2、Sc_2O_3、WO_3及 P_2O_5，按照元素摩尔比为 Zr∶Sc∶W∶P = 1∶1∶2∶1 的比例进行计算、称重，将原材料充分混合后，在玛瑙研钵中研磨约 2 h，在压片机上压成直径约 8 mm，高约 6 mm 的圆柱体以备测量线性膨胀系数。压 2～3 mm 薄片若干，在高温管式炉中烧结温度 1573 K，保温 5 h，自然冷却到室温。

9.2.2 样品的表征

分别采用德国林赛斯公司的 DIL L76 型和 L75 型高温膨胀仪和低温

膨胀仪测试膨胀系数。X 射线衍射仪采用日本 Rigaku，SmartLab 3KW 型号，铜靶辐射，扫描范围为 5°～120°，用 CeO_2 作为内标材料，利用 TOPAS 4.0 软件对衍射数据进行 Rietveld 拟合。采用 HORIBA Jobin-Yvon 公司 LabRAM HR 型拉曼光谱仪、Cryocon 22 C 型温控仪、532 nm 波长的激光作为激发光源。光致发光谱采用 HORIBA Jobin-Yvon 公司的 Fluoromax-4 型荧光光谱仪，Lake Shore 325 型温控仪。

9.3 结果与讨论

9.3.1 结构分析

图 9.1(a)为室温下 $ZrScW_2PO_{12}$ 样品的 XRD 衍射图谱及 Rietveld 法全谱拟合结果，实验值(Yobs)、计算值(Ycalc)、残差(Yobs-Ycalc)及布拉格位见图示。全谱拟合结果表明，$ZrScW_2PO_{12}$ 为正交结构，60 号 Pnca 空间群相应的 R 因子依次为：$R_{exp}=4.55\%$，$R_{wp}=8.24\%$，$R_p=6.10\%$，在可接受范围内，计算得到的晶格参数分别为：$a=9.4328(3)$ Å，$b=12.9053(3)$ Å，$c=9.3180(4)$ Å。

图 9.1(b)为 10°～40° 的 XRD 衍射峰指标化结果，为了研究该材料的结构是否稳定，我们进行了高温变温 XRD 测试，测试温度从室温到 873 K，如图 9.1(c)所示，从图中可以看出在所测试温度范围内除了由于热膨胀或者热收缩出现的少许峰位移动外，没有看到其他明显的变化，这意味着 $ZrScW_2PO_{12}$ 在此温度范围内仍然保持着正交结构，没有发生结构相变。

由于拉曼光谱可以非常灵敏地分辨出材料从单斜到正交时的结构变化情况，我们尝试了 $ZrScW_2PO_{12}$ 的低温拉曼光谱，测试温度从 4 K 到 464 K，目的在于考察 $ZrScW_2PO_{12}$ 在低温下的结构，并确定材料的相变温度；然而在图 9.1(d)中，在测试温度范围内，单斜相的特征峰无法从 1027 cm^{-1} 附近的对称伸缩模式中分峰出来，仅仅观察到温度低于 74 K 时，在 831 cm^{-1} 附近的反对称伸缩振动不明显的红移。这说明，$ZrScW_2PO_{12}$ 的正交结构至少保持到 74 K。拉曼峰位的移动拐点，则可能预示着随着温度的降低，晶体由正交相转变为单斜相。这个推测在下面的变温发光谱实验中得到证实。

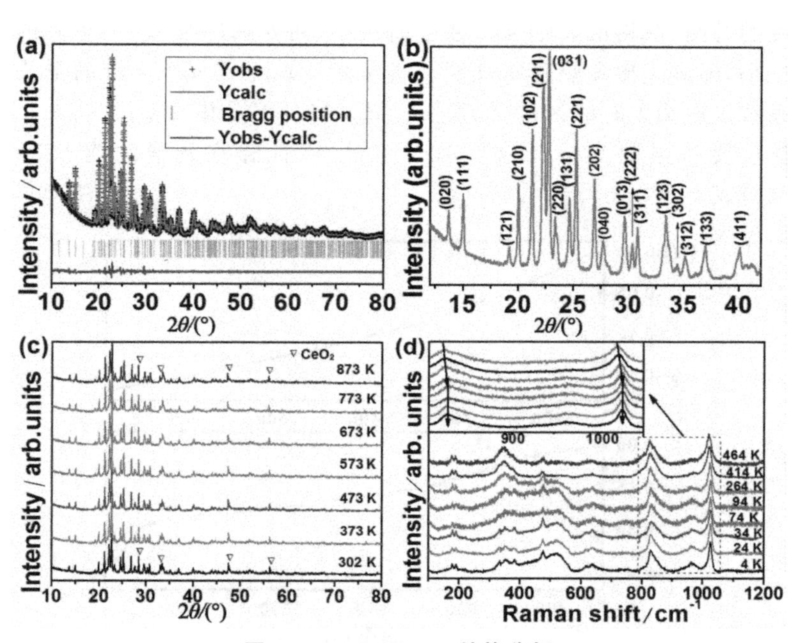

图 9.1 $ZrScW_2PO_{12}$结构分析

(a)室温下的 XRD 图谱及全谱拟合;(b)10°～40° 的 XRD 峰指标化图;

(c)从 303 K 到 873 K 的变温 XRD;(d)从 4 K 到 464 K 的变温拉曼光谱

9.3.2 负热膨胀性能

分别对 $ZrScW_2PO_{12}$圆柱体的高低温热膨胀性能进行测试。图 9.2(a)为材料的相对长度随温度的变化情况,从图中可以看出,从 138 K 到 1300 K 左右,$ZrScW_2PO_{12}$持续收缩。有文献表明热膨胀仪测得的相对长度变化量能够灵敏地反映出来材料的相变和结晶水释放情况。图中非常平滑的线性热膨胀曲线表明,在所测试的温度范围内,该材料既没有吸水性,也没有相变发生,这与前面变温 XRD 和低温拉曼光谱的研究结果相一致。当温度高于 1300 K 时材料相对长度急剧减小,这是由于块体 $ZrScW_2PO_{12}$临近烧结温度而引起的材料软化所致。经计算,在低温 138～673 K 和高温 298～1273 K 线性温度范围内,线性膨胀系数分别是$-2.98\times10^{-6}\ K^{-1}$和$-2.68\times10^{-6}\ K^{-1}$。

前面讲过,材料的本征热膨胀性能可以通过变温 XRD 数据确定,为此我们也根据图 9.1(c)中的变温 XRD 数据进行了 Rietveld 全谱拟合,计算得到的晶胞参数和体积随温度的变化趋势见图 9.2(b),从图中可以看出,随温度的升高,晶格的 a 轴和 c 轴逐渐减小,而 b 轴持续增大,整体的体积也在减小,即表现出负热膨胀性质。进一步计算得到 a、b、c 轴的平均线性膨胀系数依次为 $-3.81\times10^{-6}\ K^{-1}$、$1.36\times10^{-6}\ K^{-1}$ 和 $-2.82\times10^{-6}\ K^{-1}$,平均体积膨胀系数为 $-5.26\times10^{-6}\ K^{-1}$,线性膨胀系数约为 $-1.75\times10^{-6}\ K^{-1}$。

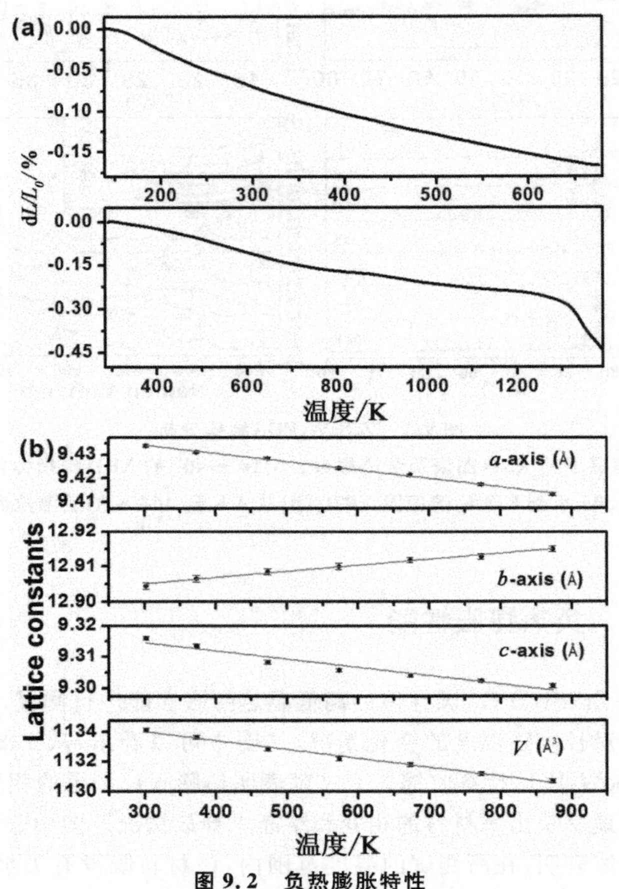

图 9.2　负热膨胀特性

(a) $ZrScW_2PO_{12}$ 高温和低温膨胀仪测得的相对长度变化图;

(b)不同温度下的晶格参数和晶胞体积实线为线性拟合结果

由于 $ZrScW_2PO_{12}$ 为 Pnca 空间群,这种正交结构的每一个原胞都包含了四个共顶点的结构单元,六配位的 Zr^{4+}/Sc^{3+} 和四配位的 W^{6+}/P^{6+} 分别占据八面体和四面体的中心,每一个八面体与四个 WO_4 四面体和两个 PO_4 四面体共享一个顶点,同时每一个四面体与两个 ZrO_6 八面体和 ScO_6 八面体共享一个顶点。在框架式结构中的非直性链 Zr/Sc—O—W/P 有利于非谐的多面体天平动和平动,也利于桥氧原子的横向振动,这样导致随着温度的升高，Zr/Sc—O—W/P 链更加弯曲，Zr/Sc 与 W/P 更趋近，最终导致负热膨胀现象的发生。Zr/Sc—O—W/P 链的取向决定了负热膨胀的各向异性，由于这样的空间排布结构，多数非直线链 Zr/Sc—O—W/P 链与 a 轴或 c 轴，或 ac 面相连接。进一步分析发现，四个具有最大键角(大约 175°)的 Zr/Sc—O—W/P 链轻微向 a 轴方向或 ac 面倾斜，四个次最大键角的 Zr/Sc—O—W/P 链轻微向 ac 方向或 bc 面倾斜，同时，所有沿着 b 轴方向的 Zr/Sc—O—W/P 链具有较小的键角(<140°)。我们认为，那些具有较大键角的 Zr/Sc—O—W/P 链更有利于 Zr/Sc 和 W/P 的天平动和平动，这些导致 a 轴和 c 轴方向的负热膨胀。这样的振动可能很大程度上被一些 Zr/Sc—O—W/P 链抑制，这些链由于 O—O 原子间的排斥效应而具有较小键角。

9.3.3　发光性能研究

图 9.3(a)为室温下的紫外可见吸收光谱以及 94 K 时的光致发光谱，激发波长为 345 nm 的激光光源，由吸收光谱可以根据 Tauc 公式 $\alpha^2(h\nu)=B(h\nu+E_g^{op})$估算出光学带隙 E_g^{op}，式中的 α 为吸收系数，$h\nu$ 为光子能量，B 是布朗克常量，当吸收系数为零时，即 $\alpha^2(h\nu)=0$，从图 9.3(b)可以推算出带隙大约是 3.23 eV，由此可见，该材料可被看作是一个宽带隙半导体。

$ZrScW_2PO_{12}$展示出了非常强的宽谱带发光特性，发光范围从 370 nm 到 650 nm，几乎覆盖了整个可见光区域，图 9.3(c)中的插图为室温 345 nm 波长激发下材料发出的白光，由手机摄像头拍摄获得，图 9.3(c)和图 9.3(d)是不同温度下的发光谱。PL 谱可以拟合为三个窄的发光峰，峰位分别在392 nm，409 nm 和 431 nm，另外一个宽谱带峰位大约在 515 nm，如图 9.3(a)所示。从图 9.3(c)可以看出随着温度的降低，三个窄的谱带有略微的移动，然而宽的谱带则先有明显的红移，进一步降低温度发现直到 64 K 时又开始转变为蓝移。392 nm 附近的宽谱带对应着图 9.3(b)插图中的导带到价带的带间跃迁，其他较长波长处的发光带则与带隙间的能态有关。

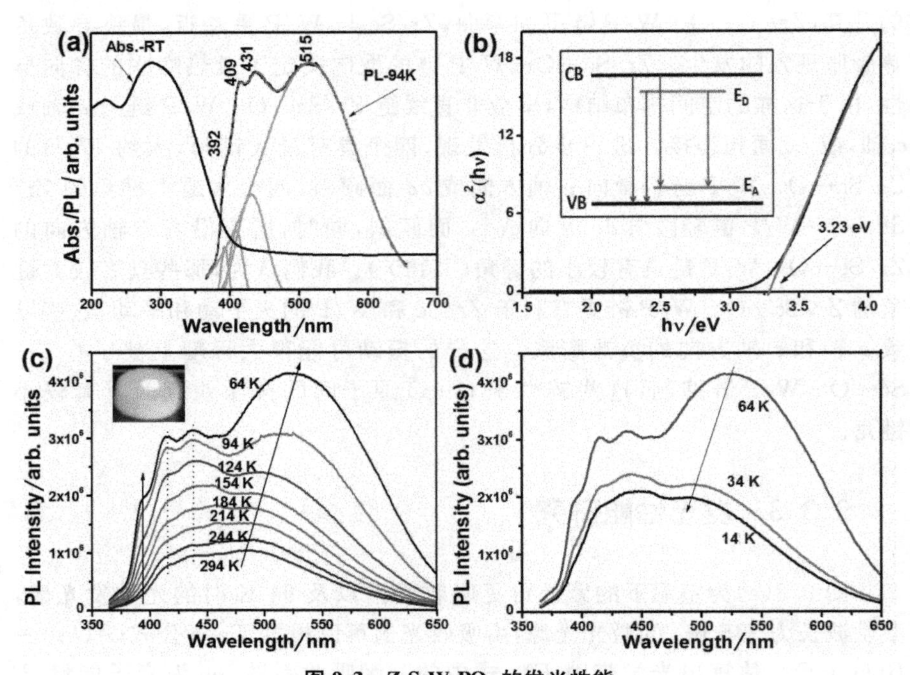

图 9.3　$ZrScW_2PO_{12}$ 的发光性能

(a)室温下的紫外可见吸收光谱和 94 K 时的光致发光谱；

(b)带隙估算，插图为激发态的能带示意图；(c)(d)变温发光谱，345 nm 波长激发，

插图为 345 nm 激光照射下的样品发光照片

根据之前的有关报道，$ZrScW_2PO_{12}$ 多谱带强发光可以认为是 $Sc_2W_3O_{12}$ 基础上的 n 型和 p 型类共掺效应所致，Zr^{4+} 和 P^{5+} 离子的引入导致在价带(VB)和导带(CB)之间产生了施主态(D)和受主态(A)。409 nm 附近的发光由导带(CB)到受主能级(E_A)之间跃迁产生；431 nm 附近的发光对应于施主能级(E_D)到价带(VB)之间的跃迁；515 nm 附近的宽发光峰则归因于施主受主对的能级跃迁(DAP)。随着温度的降低，正交结构的 $ZrScW_2PO_{12}$ 施主和受主态之间能量增大间距变窄，使得 $h\nu$ 减小，从而导致相应的发光峰发生了红移。如图 9.3(c)和图 9.3(d)所示，随着温度的进一步降低，施主受主对产生的发光峰先发生红移，到 64 K 时开始蓝移，这提示了 $ZrScW_2PO_{12}$ 可能在 64 K 附近发生了正交到单斜结构的相变，单斜结构的材料通常表现为正热膨胀性能，因此随着温度的降低，发光峰发生了蓝移。这与变温拉曼光谱的测试结果相一致。考虑到相变是一个渐变的过程，可以推断出 $ZrScW_2PO_{12}$ 的相变温度发生在 64 K 到 74 K 之间。

为了更直观地表示 $ZrScW_2PO_{12}$ 的发光性能，我们画出了不同温度下的色坐标，详见图 9.4。从图中可以看出，该材料室温下时色坐标为

(0.2211,0.2842),64 K 时为(0.2809,0.3648),在 4 K 时转变为(0.2119,0.2830),非常醒目的是,在 64 K 和 94 K 时,发生了跃变,这与图 9.1(d)中的低温拉曼光谱相吻合。

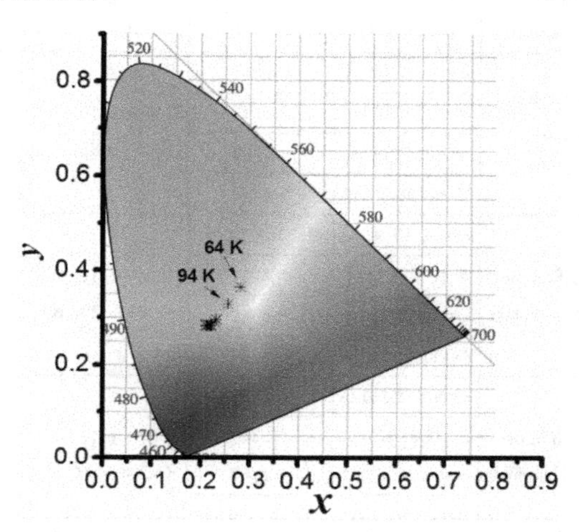

图 9.4 $ZrScW_2PO_{12}$在不同温度下的色坐标

9.3.4 $A^{IV}B^{III}M_2^{VI}M^{V}O_{12}$系列化合物的性能对比

对于本课题组发现的几种通式为 $A^{IV}B^{III}M_2^{VI}X^{V}O_{12}$ 的化合物,我们对其晶格结构、晶胞参数、热膨胀性能和光致发光性能进行了对比,详见表 9.1。从表中可以看出,这几种化合物在室温下都为正交结构,空间群为 Pnca 或 Pbcn,均展现了各向异性的热膨胀现象,从 $ZrScMo_2VO_{12}$、$HfScMo_2VO_{12}$、$ZrScW_2PO_{12}$到 $HfScW_2PO_{12}$,晶胞体积逐渐减小,它们的体膨胀或者线性膨胀系数依次减小,W/P 电负性(2.36/2.19)高于 Mo/V(2.16/1.63),且 W/P 的离子半径(62/38 pm)小于 Mo/V 的离子半径(65/59 pm),这使得 WO_4/PO_4 四面体比 MoO_4/VO_4 四面体更为坚硬而不易发生畸变,所以对于 $ZrScW_2PO_{12}$和 $HfScW_2PO_{12}$两类化合物,晶胞体积明显减小,而且负膨胀温度范围显著增大,相比于电负性,八面体中心的四价离子半径对晶胞体积及负膨胀性能起着更重要的作用。这几种化合物均在可见光范围内展示了非常强的光致发光性质,只不过 $HfScW_2PO_{12}$在室温下发出的为蓝光,而其余化合物对应不同的 CIE 色坐标。

表 9.1 $A^{IV}B^{III}M_2^{VI}M^{V}O_{12}$系列化合物的性能对比

Materials	Structure (space group)	RT Lattice parameters	Axial CTE /(×10⁻⁶ K⁻¹)	Linear CTE /(×10⁻⁶ K⁻¹)	CIE (x,y) (RT)	Ref.
$ZrScMo_2VO_{12}$	Orthorhombic (Pbcn) (No. 60)	a=13.1660 Å	5.93	−2.19 (<150~823 K)	(0.28, 0.34)	This work
		b=9.4944 Å	−5.43			
		c=9.5859 Å	−7.05			
		V=1198.3 Å³	−6.55			
$HfScMo_2VO_{12}$	Orthorhombic (Pbcn) (No. 60)	a=13.15049 Å	5.63	−2.11 (<150~800 K)	(0.27,0.39)	33
		b=9.48693 Å	−5.27			
		c=9.57784 Å	−6.69			
		V=1194.91 Å³	−6.34			
$ZrScW_2PO_{12}$	Orthorhombic (Pnca) (No. 60)	a=9.4328(3) Å	−3.81	−1.75 (<138~1300 K)	(0.22,0.28)	This work
		b=12.9053(3) Å	1.36			
		c=9.3180(4) Å	−2.82			
		V=1134.3 Å³	−5.26			
$HfScW_2PO_{12}$	Orthorhombic (Pnca) (No. 60)	a=9.3971 Å	−3.60	−1.27 (<140~1469 K)	(0.15, 0.08)	34
		b=12.8732 Å	9.16			
		c=9.2817 Å	−2.70			
		V=1122.8 Å³	−3.82			

9.4 本章小结

本章研究了新材料 $ZrScW_2PO_{12}$ 的性质，由传统的固相烧结法制备而成，从热膨胀仪上可以看出至少从 138 K 到 1300 K 大温度范围内都表现出负热膨胀现象。高温粉末 XRD 数据表明，在室温到 1073 K 范围内，$ZrScW_2PO_{12}$ 为正交结构，60 号 Pnca 空间群，变温拉曼光谱和低温光致发光谱结果表明，该材料直到 64～74 K 时均保持着正交结构，本征膨胀系数为 -1.75×10^{-6}/K。而且 $ZrScW_2PO_{12}$ 表现出非常强的宽谱带发光特性，几乎覆盖了整个可见光区，初步认为是带间跃迁，施主能级到价带跃迁，导带到受主能级跃迁以及施主受主对能级之间的跃迁产生。其负热膨胀及强宽谱带发光特性可能会在光电二极管及其他光电设备中有潜在的应用价值，这有待于深入研究。

参考文献

[1] Mary T A, Evans J S O, Vogt T, et al. Negative thermal expansion from 0.3 to 1050 Kelvin in ZrW_2O_8[J]. Science, 1996, 272: 90-92.

[2] Mary T A, Sleight A W. Bulk thermal expansion for tungstate and molybdates of the type $A_2M_3O_{12}$[J]. J Mater Res, 1999, 14: 912-915.

[3] Tyagi A K, Achary S N, Mathews M D. Phase transition and negative thermal expansion in $A_2(MoO_4)_3$ system, ($A=Fe^{3+}$, Cr^{3+} and Al^{3+})[J]. J Alloys Compd, 2002, 339: 207-210.

[4] Ding P, Liang E J, Jia Yu, et al. Electronic structure: bonding and phonon modes in the negative thermal expansion materials of $Cd(CN)_2$ and $Zn(CN)_2$[J]. J Phys: Condens Matter, 2008, 20: 275224.

[5] Li C W, Tang X L, Muñoz J A, et al. Structural relationship between negative thermal expansion and quartic anharmonicity of cubic ScF_3[J]. Phys Rev Lett, 2011, 107(19): 195504.

[6] Yoon I T, Kang T W, Kim D J. Magnetic behavior of Mn_3GaN precipitates in ferromagnetic $Ga_{1-x}Mn_xN$ layers[J]. Mater Sci Eng B, 2006, 134: 49-53.

[7] Chen J, Hu L, Deng J X, et al. Negative thermal expansion in functional materials: controllable thermal expansion by chemical modifications[J]. Chem Soc Rev, 2015, 44: 3522.

[8] Azuma M, Chen W, Seki H, et al. Colossal negative thermal expansion in $BiNiO_3$ induced by intermetallic charge transfer[J]. Nature Commun, 2011, 2(1): 347.

[9] Long Y W, Hayashi N, Saito T, et al. Temperature-induced A-B intersite charge transfer in an A-site-ordered $LaCu_3Fe_4O_{12}$ perovskite[J]. Nature, 2009, 458: 60-64.

[10] Shen X Y, Viney E R, Johnson C C, et al. Large negative thermal expansion of a polymer driven by a submolecular conformational change[J]. Nat Chem, 2013, 5: 1035-1041.

[11] Szafranski M. Strong negative thermal expansion and relaxor ferrelectricity driven by supramolecular patterns[J]. J Mater Chem C,

2013, 1: 7904-7913.

[12] Sun Y, Wang C, Wen Y C, et al. Negative thermal expansion and magnetic transition in anti-perovskite structured $Mn_3Zn_{1-x}Sn_xN$ compounds[J]. J Am Ceram Soc, 2010, 93: 2178-2181.

[13] Chen J, Wang F F, Huang Q Z, et al. Effectively control negative thermal expansion of single-phase ferroelectrics of $PbTiO_3$-(Bi, La) FeO_3 over a giant range[J]. Sci Rep, 2013, 3: 2458.

[14] Huang R J, Liu Y Y, Fan W, et al. Giant negative thermal expansion in $NaZn_{13}$-type La(Fe, Si, Co)$_{13}$ compounds[J]. J Am Chem Soc, 2013, 135: 11469.

[15] Suzuki T, Omote A. Zero thermal expansion in (Al_{2x}(HfMg)$_{1-x}$)(WO_4)$_3$[J]. J Am Ceram Soc, 2006, 89: 691-693.

[16] Allen S, Ward R J, Hampson M R, et al. Structures and phase transitions of trigonal $ZrMo_2O_8$ and $HfMo_2O_8$ [J]. Acta Cryst, 2004, B60: 32-40.

[17] Lind C, Wilkinson A P. Seeding and the non-hydrolytic sol-gel synthesis of ZrW_2O_8 and $ZrMo_2O_8$[J]. J Sol-Gel Sci Technol, 2002, 25: 51-56.

[18] Yuan B H, Liu X S, Mao Y C, et al. Chao M J, Low thermal expansion over a wide temperature range of $Zr_{1-x}Fe_xV_{2-x}Mo_xO_7$ ($0 \leqslant x \leqslant 0.9$)[J]. Mater Chem Phys, 2016, 170: 162-167.

[19] Evans J S O, Mary T A, Sleight A W. Negative thermal expansion in $Sc_2(WO_4)_3$[J]. J Solid State Chem, 1998, 137: 148-160.

[20] Burcham L J, Wachs I E. Vibrational analysis of the two non-equivalent, tetrahedral tungstate (WO_4) units in $Ce_2(WO_4)_3$ and $La_2(WO_4)_3$[J]. Spectrochim Acta Part A, 1998, 54(10): 1355-1368.

[21] Wu M Y, Jia Y, Sun Q. Effects of A^{3+} cations on hydration in $A_2M_3O_{12}$ family materials: a first-principles study[J]. Comp Mater Sci, 2016, 111: 28-33.

[22] Song W B, Wang J Q, Li Z Y, et al. Phase transition and thermal expansion property of $Cr_{2-x}Zr_{0.5x}Mg_{0.5x}Mo_3O_{12}$ solid solution[J]. Chin Phys B, 2014, 23(6): 433-439.

[23] Yuan B H, Yuan H L, Song W B, et al. High solubility of hetero-valence ion (Cu^{2+}) for reducing phase transition and thermal expansion of $ZrV_{1.6}P_{0.4}O_7$[J]. Chin Phys Lett, 2014, 31: 076501.

[24] Liu X S, Cheng Y G, Liang E J, et al. Interaction of crystal water with the building block in $Y_2Mo_3O_{12}$ and the effect of Ce^{3+} doping [J]. Phys Chem Chem Phys, 2014, 16: 12848.

[25] Li Z Y, Song W B, Liang E J. Structures, phase transition, and crystal water of $Fe_{2-x}Y_xMo_3O_{12}$[J]. J Phys Chem C,2011,115: 17806-17811.

[26] Suzuki T, Omote A. Negative thermal expansion in (HfMg)$(WO_4)_3$[J]. J Am Ceram Soc, 2004, 87: 1365-1367.

[27] Marinkovic B A, Jardim P M, et al. Low positive thermal expansion in $HfMgMo_3O_{12}$[J]. Phys Stat Sol B, 2008, 245:2514-2519.

[28] Song W B, Liang E J, Liu X S, et al. A negative thermal expansion material of $ZrMgMo_3O_{12}$[J]. Chin Phys Lett, 2013, 30: 126502.

[29] Li F, Liu X S, Song W B, et al. Phase transition, crystal water and low thermal expansion behavior of $Al_{2-2x}(ZrMg)_xW_3O_{12} \cdot n(H_2O)$ [J]. J. Solid State Chem, 2014, 218: 15-22.

[30] Ge X H, Mao Y C, Lin L, et al. Phase transition and negative thermal expansion property of $ZrMnMo_3O_{12}$[J]. Chin Phys Lett, 2016, 33: 046503.

[31] Gindhart A M, Lind C, Green M. Polymorphism in the negative thermal expansion material magnesium hafnium tungstate[J]. J Mater Res, 2008, 23: 210-213.

[32] Ge X H, Mao Y C, Liu X S, et al. Negative thermal expansion and broad band photoluminescence in a novel material of $ZrScMo_2VO_{12}$ [J]. Sci Rep, 2016, 6: 24832.

[33] Cheng Y G, Liang Y, Ge X H, et al. A novel material of $HfScMo_2VO_{12}$ with negative thermal expansion and intense white-light emission[J]. RSC Adv, 2016, 6: 53657.

[34] Cheng Y G, Liang Y, Mao Y C, et al. A novel material of $HfScW_2PO_{12}$ with negative thermal expansion from 140 K to 1469 K and intense blue photoluminescence[J]. Mater Res Bull, 2017, 85: 176-180.

第10章 $Er_{0.7}Sr_{0.3}NiO_{3-\delta}$相变及负热膨胀性能

10.1 引 言

近年来,负热膨胀材料越来越受到关注,主要是由于这类材料具有控制热膨胀系数潜在应用,以及可能应用于制冷工程方面[1-8]。这些近零或可控热膨胀系数材料主要是依靠将负热膨胀材料和正热膨胀系数材料复合得到[1,2]。到目前为止,仅有很少类型的近零或可控热膨胀材料制备出来,比如:$Fe_{2-x}Y_xMO_3O_{12}$、$Al_{2x}Fe_{2-2x}Mo_3O_{12}$、$ZrW_2O_8$-Cu、$ZrW_2O_8$-$xZrO_2$、$NaZr_2P_3O_{12}$、$RMnO_3$ 磁性材料和因瓦合金[1-12]。另一方面,巨负热膨胀材料可以通过调整一个负热膨胀材料中一些原子来获得,由于能够快速收缩,可以用于制冷工程方面[13,14]。目前,巨负热膨胀已经发现在钙钛矿 ABO_3 和反钙钛矿材料 Mn_3XN 中存在。对于反钙钛矿材料 Mn_3XN 材料,很多有趣的物理特性发现在磁相变附近,比如:磁阻效应、零热膨胀、自旋玻璃行为、巨负磁卡效应等[9-12]。然而,反钙钛矿材料 Mn_3XN 材料的应用受到限制,是由于其严格的制备条件。对比反钙钛矿材料 Mn_3XN 材料,钙钛矿材料 ABO_3 具有类似的结构,拥有许多类似反钙钛矿材料的物理现象,能够克服其严格制备条件的缺点。比如:$Gd_{1-x}Sr_xMnO_3$ ($0<x\leqslant0.3$)、$BiNiO_3$、$PbTiO_3$ 和 $LaGaO_3$ 不仅具有巨负热膨胀性能,而且在工业生产方面具有很大的应用前景 [7,15-18]。$Bi_{0.95}La_{0.05}NiO_3$ 具有明显的负热膨胀性能,其线性负热膨胀系数达到 -137.0×10^{-6} K^{-1}[15]。$LaGaO_3$ 大约在 420 K 附近呈现负热膨胀性能,发生从正交到三方晶系的相转变[17,18]。另外,这些钙钛矿材料的原料很容易找到并且价格不贵。考虑到这些优点,很有必要深入探索一种新型钙钛矿材料,来获得快速热收缩的特性。已经报道有一些 $RNiO_3$ 材料,比如 $BiNiO_3$、$Bi_{0.95}La_{0.05}NiO_3$ 和 $Nd_{1-x}Eu_xNiO_3$ ($0\leqslant x\leqslant0.5$)[15,19],这些材料具有明显的负热膨胀特性,其负热膨胀机理与电荷转

移和相变有关。考虑到以上报道的 $RNiO_3$ 和 $Gd_{1-x}Sr_xMnO_3$($0<x\leqslant0.3$)[7,15,19],我们选择了 Er^{3+} 和 Sr^{2+} 来取代 $RNiO_3$ 中的 R 来探索新型负热膨胀材料。

在这项研究中,$Er_{0.7}Sr_{0.3}NiO_{3-\delta}$用固相法合成,对其热膨胀性能进行了深入研究。研究结果显示,$Er_{0.7}Sr_{0.3}NiO_{3-\delta}$在高温范围内(655～780 K)呈现巨负热膨胀性能。其负热膨胀机理使用 X 射线衍射图谱、拉曼光谱和热分析等方法进行了研究,其结果证明,其负热膨胀性能是由正交相到三方相的相转变引起的。这项新型负热膨胀材料的研究,在工业生产和制冷工程方面有一定的应用价值。

10.2 实验过程

样品材料采用固相法制备,分析纯 Er_2O_3、$SrCO_3$ 和 Ni_2O_3 作为原料,根据元素摩尔比 Er∶Sr∶Ni = 0.7∶0.3∶1 称取原料并充分混合。混合物干粉在研钵中研磨 1 h 左右,然后添加少量无水乙醇再研磨 2 h 左右。获得的混合物放在 373 K 温度下烘干 1 h。将干燥的混合物使用单轴方向压片机(769YP-15A, 200 MPa)压制成圆柱体($\Phi10\times8$ mm)。得到圆柱体最初在管式炉中 1173 K 烧结 2 h,气氛为空气,接下来再在 1573 K 烧结 6 h,样品随管式炉自然降至室温。

线性热膨胀系数使用林赛斯热膨胀仪(Thermal Dilatometer Linseis L76)测试,升降温速率都是 5 K/min。X 射线衍射实验使用 X 射线衍射仪(Bruker D8 Advance)测定。样品的微观结构使用扫描电镜(Scanning Electron Microscope, SEM, FEI Quanta 250)观察记录,配备能量色散光谱(EDS Energy Spectrum, Appllo XP. DSC, LabsysTM Thermal Analyzer)。拉曼光谱使用拉曼光谱仪(Renishaw MR-2000 Raman Spectrometer)研究,激光波长是 532 nm。其变温拉曼光谱测试使用了专用升降温台(TMS 94 Heating/Freezing Stage, Linkam Scientific Instruments)。

10.3 结果与讨论

图 10.1 给出 $Er_{0.7}Sr_{0.3}NiO_{3-\delta}$样品的 X 射线衍射图谱的 Rietveld 精修结果。X 射线衍射图谱使用 Topas 软件精修,精修结果显示,样品的 X 射

线衍射峰属于 $NdInO_3$-型（JCPDS 卡，No. 00-025-1104）的正交结构。据报道，$La_{1-x}Sr_xInO_{3-\delta}$具有类似的正交结构[20,21]。

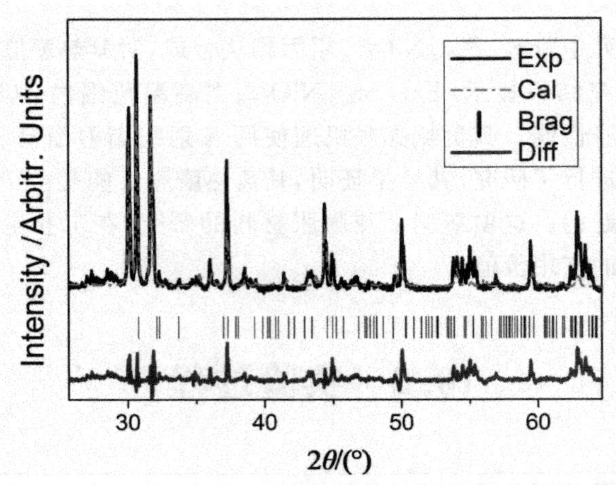

图 10.1 $Er_{0.7}Sr_{0.3}NiO_{3-\delta}$样品的 X 射线衍射图谱的精修结果

图 10.2(a)和(b)显示 $Er_{0.7}Sr_{0.3}NiO_{3-\delta}$扫描电子显微镜照片及其相应的能量色散光谱图。通过图 10.2(a)可以观察到，陶瓷样品是由棒状的颗粒构成，没有明显的气孔存在，说明密度较高。平均的棒状颗粒长度大约是 3～5 μm，显示结晶度较高。对于能量色散光谱，显示出主要的元素是 Sr、Er、Ni 和 O，其原子比大约为 0.3∶0.7∶1∶3，与化合物样品的化学计量比接近（表 10.1）。

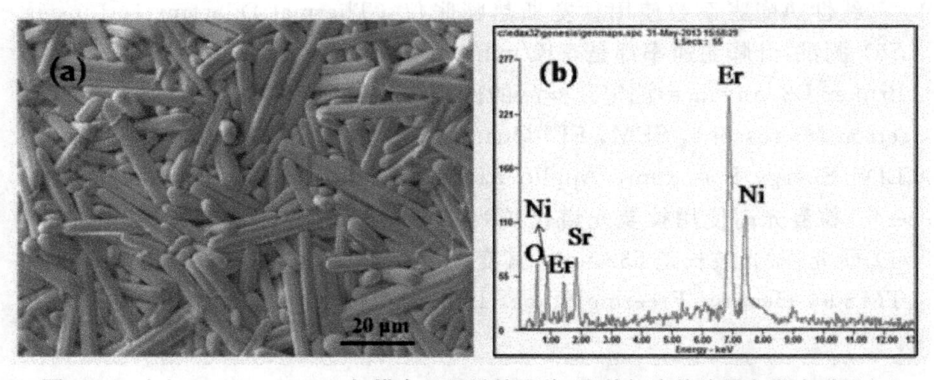

图 10.2 (a) $Er_{0.7}Sr_{0.3}NiO_{3-\delta}$扫描电子显微镜照片，及其相应的能量色散光谱图(b)

表 10.1 图 10.2(a)中 $Er_{0.7}Sr_{0.3}NiO_{3-\delta}$原子百分含量

element	Sr	Er	Ni	O
原子百分含量/at.%	6.57	14.88	22.18	56.37

图 10.3 给出了 $Er_{0.7}Sr_{0.3}NiO_{3-\delta}$陶瓷样品的相对长度随温度的变化（$dL/L_0$）。该图显示出，在 655 K 以下，陶瓷样品呈现正热膨胀，然而，从 655 K 到 780 K，陶瓷样品呈现巨负热膨胀，在 780 K 以上，陶瓷样品又转变为正热膨胀。其线性负热膨胀系数为 $-39.0\times10^{-6}\ K^{-1}$（655～780 K）。这个巨负热膨胀过程与样品 $Er_{0.7}Sr_{0.3}NiO_{3-\delta}$从正交到三方相转变有关（图 10.3）。

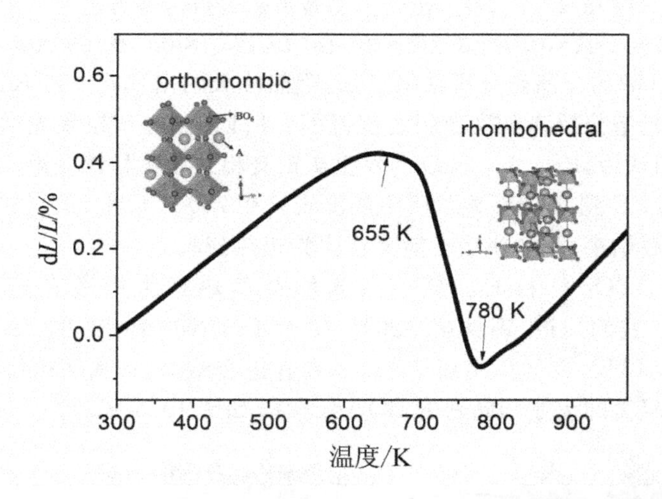

图 10.3 $Er_{0.7}Sr_{0.3}NiO_{3-\delta}$陶瓷样品的相对长度随温度的变化趋势

$Er_{0.7}Sr_{0.3}NiO_{3-\delta}$相转变引起负热膨胀可以通过变温拉曼[（图 10.4(a)]和热分析曲线[图 10.4(b)] 观察到。

有关利用拉曼光谱分析和相转变的文献比较多[22,23]。从图 10.4(a)可以看出，位于 510、575、612、920 cm^{-1} 的拉曼光谱带的消失，和位于 542、720、792 cm^{-1} 拉曼光谱带的相对强度减弱。根据拉曼光谱的结果推测，从 653 K 发生了相转变[图 10.4(a)]。拉曼光谱带的变化与一些振动模式的变化有关，这些变化包括了 A—O 之间的距离、B—O 之间的距离和 BO_6 八面体的无序度[22,23]。根据报道，对于 $NdNiO_3$ 和 $Nd_{0.7}Eu_{0.3}NiO_3$[19]，随着温度的升高，出现相转变，在相转变过程中，Ni—O 距离减小、R—O 距离增加。对于 $PbTiO_3$，在从四方到立方转变过程中，Ti—O 距离减小[24]。所以，我们认为，在 $Er_{0.7}Sr_{0.3}NiO_{3-\delta}$ 相转变过程中，出现 Er—O 距离伸长，Ni—O 距离缩短，这些变化导致该材料的负热膨胀特性[19,25]。

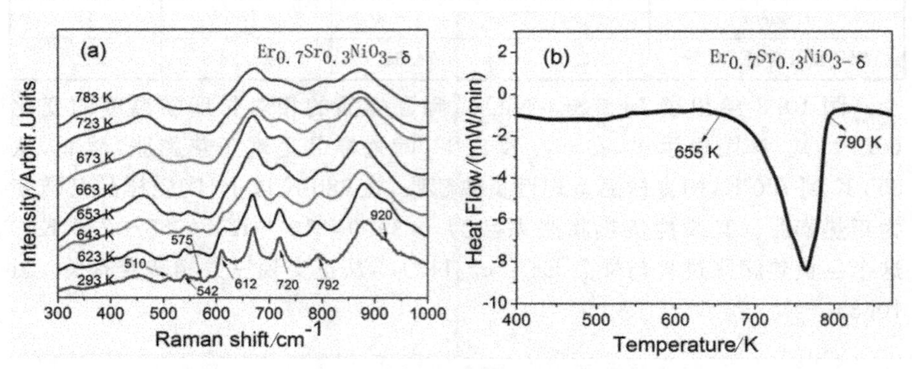

图 10.4　$Er_{0.7}Sr_{0.3}NiO_{3-\delta}$变温拉曼光谱及热分析曲线

(a) $Er_{0.7}Sr_{0.3}NiO_{3-\delta}$变温拉曼光谱；(b) $Er_{0.7}Sr_{0.3}NiO_{3-\delta}$热分析曲线

图 10.4(b)的样品热分析结果显示，吸热峰大约出现在 655 K，该温度对应于拉曼光谱分析和负热膨胀温度范围。所以，考虑到拉曼光谱和热分析曲线，我们认为，$Er_{0.7}Sr_{0.3}NiO_{3-\delta}$发生从正交相到三方相转变温度大约是 655 K，从 655 K 到 780 K 显示巨负热膨胀。在 780 K 以上，从正交相到三方相转变彻底结束，其热膨胀性能又转化为正热膨胀。

钙钛矿 ABO_3 材料的相转变用来解释负热膨胀机理有较多的报道[18,19,25-27]。我们知道，钙钛矿 ABO_3（A = La，Nd，Pr 和 Er；B = Al，Sc，In，Ru 和 Ni）在居里温度 T_C 以下具有正交结构，氧离子围绕在 B 原子周围形成轻微的无序和倾斜的 BO_6 八面体，如图 10.5 所示。

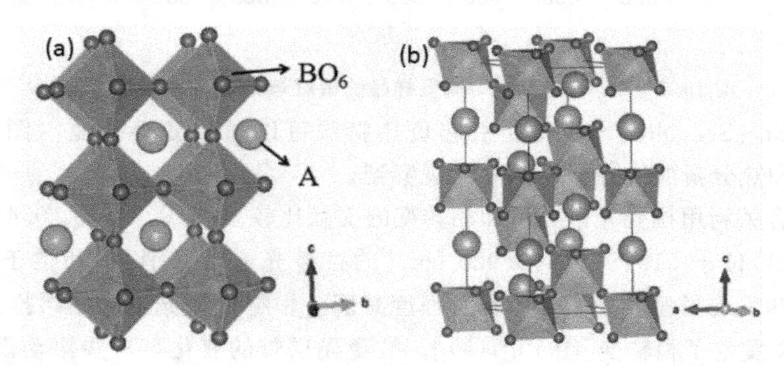

图 10.5　(a) ABO_3(A = La, Nd, Pr 和 Er; B = Al, Sc, In, Ru 和 Ni)

正交结构的单元晶胞；(b) 三方结构的单元晶胞

钙钛矿 ABO_3 的容忍因子 t 是一个关联参数（Relevant Parameter），用来估计无序度。

$$t=\frac{1}{\sqrt{2}}\frac{d_{AO}}{d_{BO}} \tag{10.1}$$

其中，d_{AO}/d_{BO} 是 A/B 与 O 之间的距离（A—O 和 B—O）。当 t 减小时，正交结构的无序度增加[17-18]。$LaGaO_3$ 和 $La_{0.9}Sr_{0.1}GaO_{2.95}$ 在大约 420 K 有一个从正交相到三方相的转变，$LaGaO_3$ 的正交相容忍因子 $t=0.9483$，三方相容忍因子 $t=0.9904$[17]。所以说，从正交相转变为三方相无序度降低（图 10.5），这个相转变伴随着巨收缩和吸热效应[18,28]。$LaGaO_3$ 热膨胀系数随着掺杂量的增加而变大，正比于氧空位含量的增加，其相转变温度随着不同掺杂元素变化而改变[18]。这种现象与负热膨胀材料 $PbTiO_3$ 类似，这个材料在室温时是四方相，大约 763 K 转变为立方相，这个相转变伴随着一个明显的负热膨胀特性。在四方相中 TiO_6 八面体严重无序，但是，在 763 K 以上，在立方相中，TiO_6 八面体变得很规则[16,24,26,27]。所以，我们得到一个结论，随着相变发生的 BO_6 八面体无序度的降低，导致了钙钛矿 ABO_3 结构的负热膨胀。

$RGaO_3$、$RNiO_3$ 和 $RAlO_3$ 的正交相和三方相的界限是容忍因子接近 $t=0.985$[17]。这意味着，当容忍因子 $t\leqslant 0.985$，这些材料是正交相；当容忍因子 $t\geqslant 0.985$，这些材料是三方相。所以，从正交相转变为三方相，容忍因子增加，八面体 BO_6 的无序度降低，从而导致了负热膨胀现象的发生。

根据上边的分析，$Er_{0.7}Sr_{0.3}NiO_{3-\delta}$ 的容忍因子随着从正交相转变为三方相而增加，NiO_6 在正交相中严重无序，但是随着 t 的增加，无序度降低。结合式(10.1)和文献[19]，我们推测，在从正交相到三方相转变过程中，Er—O 距离伸长，Ni—O 距离缩短，所以材料整体表现出巨收缩。另一方面，Sr^{2+} 可能影响到 Er—O 距离和容忍因子。根据文献[20,21]，由于离子 Sr^{2+}(1.44 Å)半径大于 La^{3+}(1.36 Å)离子半径，钙钛矿的容忍因子随着 $La_{1-x}Sr_xInO_3$ 中 x 的增加而增加，正交结构的无序度降低。对于当前的 $Er_{0.7}Sr_{0.3}NiO_{3-\delta}$ 化合物，Sr^{2+} 离子半径（1.44 Å）大于 Er^{3+} 离子半径(1.03Å)，我们认为，Sr 取代 $ErNiO_3$ 中 Er 位后，会增加容忍因子，降低 NiO_6 八面体的倾斜度。所以，根据式(10.1)，增加的容忍因子会增加 Er—O 距离。

另外，对于 $LaGaO_3$ 化合物，相变温度随着 Sr 掺杂量的增加而降低，热膨胀系数随着氧空位增加而增加[18,25]。$GdMnO_3$ 化合物的相变温度也随着 Sr 替代 Gd 的量增加而降低[7]。所以，可以认为，相对于 $ErNiO_3$，$Er_{0.7}Sr_{0.3}NiO_{3-\delta}$ 中 Sr 离子导致了相变温度的降低，增加了热膨胀系数。

10.4 本章小结

$Er_{0.7}Sr_{0.3}NiO_{3-\delta}$采用固相法制备，并获得了负热膨胀性能。$Er_{0.7}Sr_{0.3}NiO_{3-\delta}$陶瓷样品由规则的棒状颗粒组成，具有很高的致密度，其线性热膨胀系数是-39.0×10^{-6} K^{-1}(655～780 K)。$Er_{0.7}Sr_{0.3}NiO_{3-\delta}$陶瓷样品的负热膨胀机理与其正交相到三方相的相转变有关，NiO_6 八面体的无序度降低，Ni—O 距离的收缩程度大于 Er—O 距离的膨胀，结果导致 $Er_{0.7}Sr_{0.3}NiO_{3-\delta}$在相转变过程中表现出负热膨胀。

参考文献

[1] Liang E J. Thermal expansion materials and their applications: A survey of recent patents[J]. Rec Pat Mater Sci, 2010, 3: 106-128.

[2] Liu X S, Cheng F X, Wang J Q, et al. The control of thermal expansion and impedance of Al-$Zr_2(WO_4)(PO_4)_2$ nano-cermets for near-zero-strain Al alloy and fine electrical components[J]. J Alloys Compd, 2013, 553: 1-7.

[3] Wang K, Reeber R R. Mode Grüneisen parameters and negative thermal expansion of cubic ZrW_2O_8 and $ZrMo_2O_8$[J]. Appl Phys Lett, 2000, 76: 2203.

[4] Li Z Y, Song W B, Liang E J. Structures, phase transition and crystal water of $Fe_{2-x}Y_xMo_3O_{12}$[J]. J Phys Chem C, 2011, 115: 17806-17811.

[5] Singh S P, Pandey D. Evidence for monoclinic crystal structure and negative thermal expansion below magnetic transition temperature in $Pb(Fe_{1/2}Nb_{1/2})O_3$[J]. Appl Phys Lett, 2007, 90: 242915.

[6] Demin R V, Koroleva L I, Privezentsev R V, et al. Connection of giant volume magnetostriction and colossal magnetoresistance in $La_{0.8}Ba_{0.2}MnO_3$[J]. Phys Lett A, 2004, 325: 426-429.

[7] Hirano A, Hirano F, Matsumura T, et al. An anomalous thermal expansion in the perovskite system, $Gd_{1-x}Sr_xMnO_3$ $(0\leqslant x\leqslant0.3)$[J]. Solid State Ionics, 2006, 177: 749-755.

[8] Wang H P, Chang J, Wei B. Density and related thermophysical properties of metastable liquid Ni-Cu-Fe ternary alloys[J]. Phys Lett A, 2010, 374: 2489-2493.

[9] Chu L H, Wang C, Yan J, et al. Magnetic transition, lattice variation and electronic transport properties of Ag-doped $Mn_3Ni_{1-x}Ag_xN$ antiperovskite compounds[J]. Scripta Mater, 2012, 67(2): 173-176.

[10] Hamada T, Takenaka K. Giant negative thermal expansion in antiperovskite manganese nitrides[J]. J Appl Phys, 2011, 109: 07A904.

[11] Asano K, Koyama K, Takenaka K. Magnetostriction in Mn_3CuN[J]. Appl Phys Lett, 2008, 92: 161909.

[12] Rong C B, Liu J P. Temperature and magnetic-field-induced phase transitions in Fe-rich FePt alloys[J]. Appl Phys Lett, 2007, 90: 222504.

[13] Franco V, Blázquez J S, Ingale B, et al. The magnetocaloric effect and magnetic refrigeration near room temperature: Materials and models[J]. Annu Rev Mater Res, 2012, 42: 305-342.

[14] Huang R J, Xu W, Xu X D, et al. Negative thermal expansion and electrical properties of $Mn_3(Cu_{0.6}Nb_xGe_{0.4-x})N$ ($x=0.05\sim0.25$) compounds[J]. Mater Lett, 2008, 62: 2381-2384.

[15] Azuma M, Chen W, Seki H, et al. Colossal negative thermal expansion in $BiNiO_3$ induced by intermetallic charge transfer[J]. Nat Commun, 2011, 2(1): 347.

[16] Wang F F, Xie Y, Chen J, et al. (Pb,Cd)-O covalency in $PbTiO_3$-$CdTiO_3$ with enhanced negative thermal expansion[J]. Phys Chem Chem Phys, 2014, 16: 5237-5241.

[17] Marti W, Fischer P, Altorfer F, et al. Crystal structures and phase transitions of orthorhombic and rhombohedral $RGaO_3$ (R=La,Pr, Nd) investigated by neutron powder diffraction[J]. J Phys: Condens Matter, 1994, 6: 127-135.

[18] Inaba H, Hayashi H, Suzuki M. Structural phase transition of perovskite oxides $LaMO_3$ and $La_{0.9}Sr_{0.1}MO_3$ with different size of B-site ions[J]. Solid State Ionics, 2001, 144: 99-108.

[19] Escote M T, Barbeta V B, Jardim R F, et al. Metal-insulator transition in $Nd_{1-x}Eu_xNiO_3$ compounds[J]. J Phys: Condens Matter, 2006, 18: 6117-6132.

[20] He H P, Huang X J, Chen L Q. Sr-doped $LaInO_3$ and its possible application in a single layer SOFC[J]. Solid State Ionics, 2000, 130: 183-193.

[21] He H P, Huang X J, Chen L Q. The effects of dopant valence on the structure and electrical conductivity of $LaInO_3$[J]. Electrochim Acta, 2001, 46: 2871-2877.

[22] SaÏd S, Marchet P, Merle-Méjean T, et al. Raman spectroscopy study of the $Na_{0.5}Bi_{0.5}TiO_3$-$PbTiO_3$ system[J]. Mater Lett, 2004, 58: 1405-1409.

[23] Liu Q, Xu D, Li G, et al. Analysis of laser Rama spectrum of perovskite $La_{1-x}Ca_xMnO_3$[J]. Chin J Low Temp Phys, 2013, 35: 81-86.

[24] Yin H R, Lv C Z, Li H, et al. Development and recent research progress on advanced negative thermal expansion materials[J]. Chin Ceram, 2008, 44: 14-17.

[25] Datta P, Majewski P, Aldinger F. Thermal expansion behaviour of Sr- and Mg-doped LaGaO solid electrolyte[J]. J Eur Ceram Soc, 2009, 29: 1463-1468.

[26] Xing X R, Chen J, Deng J X, et al. Solid solution $Pb_{1-x}Sr_xTiO_3$ and its thermal expansion[J]. J Alloys Compd, 2003, 360: 286-289.

[27] Chen J, Xing X R, Liu G R. Structure and negative thermal expansion in the $PbTiO_3$-$BiFeO_3$ system[J]. Appl Phys Lett, 2006, 89: 101914.

[28] Dube D C, Scheel H J, Reaney I, et al. Dielectric properties of lanthanum gallate ($LaGaO_3$) crystal[J]. J Appl Phys, 1994, 75: 4126-4130.

第11章　$ZrV_{2-x}P_xO_7$固溶体的相变与热膨胀性质的研究

11.1　引　言

将ZrV_2O_7的晶体结构与NaCl的晶体结构进行对比发现：ZrO_6八面体中心位于Na的位置，连接两个VO_4四面体的桥氧原子占据Cl位。ZrV_2O_7由于其具有稳定的相结构和各向同性的负热膨胀性质而备受关注。ZrV_2O_7在不同温度下具有不同的晶体结构，350 K以下是3×3×3超结构立方相，表现为较大正热膨胀性质；375 K以上为1×1×1结构的一般结构立方相，表现为负热膨胀特性；但ZrV_2O_7在350～375 K的温度区间存在一个到现在为止还没有搞清楚的相变过程，在350～375 K的相变温度区间呈现出更大的正热膨胀性质[1-3]。立方相ZrV_2O_7结构是由ZrO_6八面体与VO_4四面体通过多面体顶点上的桥氧原子连接而成。每个ZrO_6八面体周围有六个VO_4四面体，通过氧原子连接在一起；然而每个VO_4四面体周围只有三个ZrO_6八面体，留下氧原子与另外一个VO_4四面体连接形成V_2O_7结构群。立方相ZrV_2O_7具有$Pa\bar{3}$空间群，配位数$Z=4$的框架结构。在超结构相中有89%的V—O—V键角为160°，另外11%的V—O—V键角为180°[1]，一般结构相中所有的V—O—V键角均为180°[1-3]。如果能够将ZrV_2O_7的相变温度降低至室温以下，该材料将具有广阔的应用前景[4-6]。

由于ZrP_2O_7和ZrV_2O_7的结构和性质十分相近，可形成连续固溶体，所以可以通过用P替代V的方式来降低ZrV_2O_7的相变温度。由于材料的结构发生变化会引起晶格振动的变化[7,8]，拉曼光谱法是测量晶格振动的常用方法之一，应用变温拉曼光谱法测定材料的相变温度具有反应灵敏、测量方便、数据处理简单等优点。本章主要采用变温拉曼方法来测量材料的相变温度。

11.2 实验过程

11.2.1 样品制备过程

$ZrV_{2-x}P_xO_7$ 陶瓷是以分析纯 ZrO_2(纯度为 99.0%)、V_2O_5(纯度为 99.0%)和 P_2O_5(纯度为 99.0%)氧化物粉末为原料采用固相烧结法烧结。因为 P_2O_5 在空气中具有强烈的吸水性,首先并迅速地称量 P_2O_5,然后按照 P_2O_5 的量按目标产物 $ZrV_{2-x}P_xO_7$(x = 0, 0.4, 0.8,1.0)固溶体的化学计量比称取 ZrO_2 和 V_2O_5,称量的原材料充分混合后再在玛瑙研钵内研磨大约 2 h,研磨好的原料混合物放入干燥箱,在 423 K 温度下干燥 4 h 以上。为避免干燥样品再次吸水,迅速冷压成直径 10 mm,高度为 8~16 mm 圆柱体。最后将冷压成的圆柱体放入预先升温到 923~1073 K 的管式炉中烧结 6~8 h。

11.2.2 样品表征

样品的表征分为以下几个方面:采用 D/MAX-3B 型转靶 X 射线粉末衍射仪对所制备的样品进行物相分析。采用 Renishaw 公司的 MR-2000 拉曼光谱仪(激发波长为 532 nm)对样品进行拉曼光谱分析。变温拉曼温控设备采用的是可以在一个温度点保温 60 min 温度误差±0.1 K 的 TMS-94 型精密温度控制器。利用 Linseis L76 热膨胀仪测定产物从 290~873 K 的热膨胀曲线,升降温速率为 5 K/min。采用型号为 Ulvac Sinku-Riko DSC 1500M/L 差热分析 (Differential Scanning Calorimetry, DSC) 和热重 (Thermogravimetric Analysis, TG) 实验进行表征,测量温度范围为 273~873 K,升降温速率为 10 K/min。陶瓷样品的密度是采用阿基米德原理进行测试。

11.3 结果与讨论

11.3.1 XRD 分析

ZrV_2O_7 在室温下(350 K 以下)的晶体结构是空间群为 $Pa\overline{3}(Z=108)$ 3×3×3 超结构立方相。当温度高于 375 K 时,ZrV_2O_7 的晶体结构是空间群为 $Pa\overline{3}(Z=4)$的 1×1×1 一般结构立方相。图 11.1 是 ZrV_2O_7 的 3×3×3超结构立方相(PDF No. 88-0587)和 1×1×1 结构立方相(PDF No. 88-0583)的 XRD 对比图。对比两图可以发现,在样品 ZrV_2O_7 温度为 298 K时 XRD 图谱中二倍衍射角在 35°～60°之间的各个衍射峰右边有一个明显的次级峰;在温度为 743 K 时,即 ZrV_2O_7 由 3×3×3 超结构相转变为 1×1×1 结构的立方相之后,次级衍射峰消失。这说明超结构的 XRD 图谱的典型特征在于二倍衍射角位于 35°～60°之间的各个衍射峰右边均伴有次级峰。

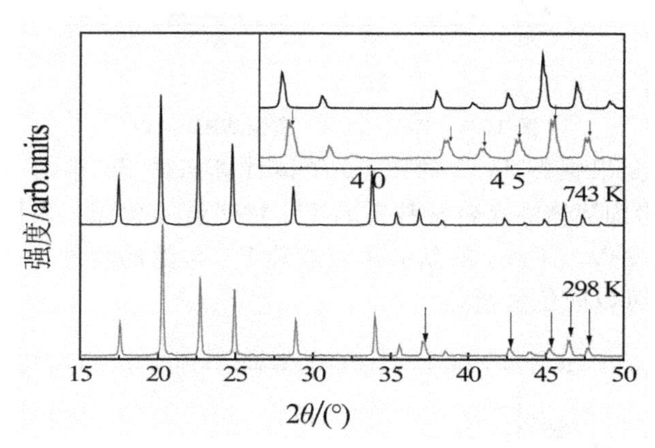

图 11.1 ZrV_2O_7 在 298 K 和 743 K 的 XRD 图谱

图 11.2 是所制备试样 $ZrV_{2-x}P_xO_7$(x =0.0,0.4,0.8,1.0)固溶体在室温下的 XRD 图谱。由图 11.2 可以看出,随着固溶体 $ZrV_{2-x}P_xO_7$ 中 P^{5+} 含量的增加,二倍衍射角在 35°～60°之间的各个衍射峰右边的次级峰逐渐减弱并最终消失;整个测量角度范围内所有衍射峰随着 P^{5+} 替代量的增加向大角度偏移。由此可以推断,随着 $ZrV_{2-x}P_xO_7$ 固溶体中 P^{5+} 含量的增加,室温下材料的晶体结构由 3×3×3 超结构立方相逐渐转变为 1×1×1

一般结构立方相(x＝0.8 和 1.0 时)。产生这种现象的原因可以解释为 P^{5+} 离子半径(0.038 nm)小于 V^{5+} 的离子半径(0.059 nm),随着 P^{5+} 替代 V^{5+} 的替代量增加,会使晶格中的孔隙率增大,原子占有率减小,从而导致 160°V－O－V(或 V—O—P 或 P—O—P)键角逐渐被拉大,当替代量足够时,室温下所有的 V—O—V(P)键角都已经伸展为 180°,此时材料的相就是 1×1×1 一般立方结构相。

固溶体 $ZrV_{2-x}P_xO_7$ 的 XRD 在整个测量角度范围内所有衍射峰随着 P^{5+} 替代量的增加向大角度偏移,表明随着固溶体 $ZrV_{2-x}P_xO_7$ 中 P^{5+} 含量的增加,材料的晶格常数减小。产生这一现象的原因是 P^{5+}(38 pm)的离子半径小于 V^{5+}(59 pm)的离子半径。

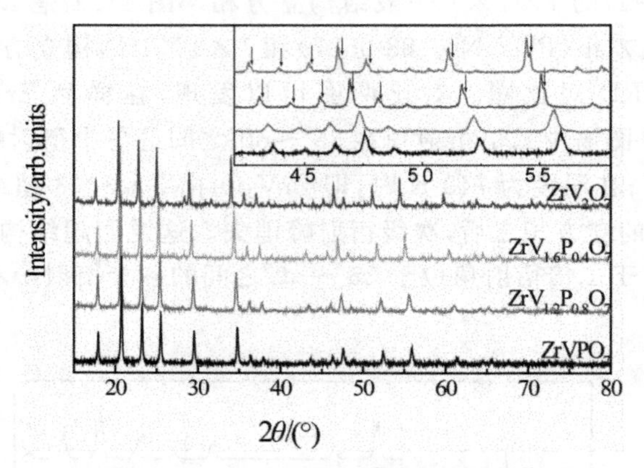

图 11.2　$ZrV_{2-x}P_xO_7$ 室温 XRD 图谱

图 11.3 是根据图 11.2 的 XRD 图谱计算出的 $ZrV_{2-x}P_xO_7$(x = 0, 0.4,0.8,1.0)固溶体的晶格常数随着 P^{5+} 替代量变化图。由图 11.3 可以看出,固溶体 $ZrV_{2-x}P_xO_7$ 的晶格常数随着 P^{5+} 含量的增加而线性减小,这说明 P 对 V 可以同位大量替代。

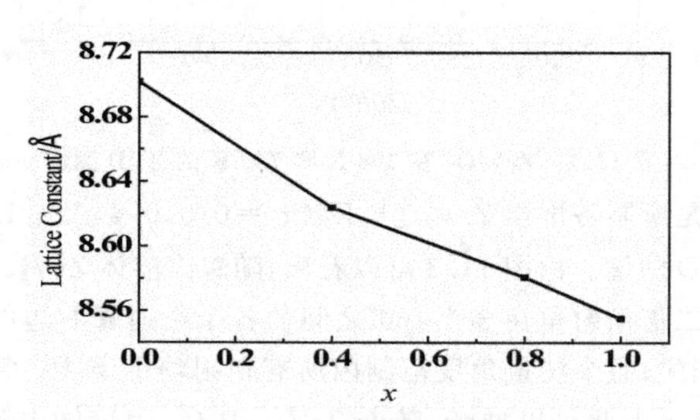

图 11.3　$ZrV_{2-x}P_xO_7$ 的晶格常数随 x 变化曲线

11.3.2 Raman 光谱分析

高温相的 ZrV_2O_7 具有 Pa3 或者 T_h^6 空间群。每一个晶体学原胞中含有 4 个分子，4 个 Zr 原子在 4a 位，8 个 V 原子占据 8c 位；O 原子中有 4 个在 4b 位，另外 24 个 O 原子分布于 24d 位。这些化合物的振动模式可以由群的方法来获得。全部模式可以由下式表示：

$$\Gamma = 8A_g + 12A_u + 16E_g + 24E_u + 24T_g + 36T_u \tag{11.1}$$

用 Dmol3 模块来计算在布里渊中心的声子振动模式。在广义梯度近似(GGA)下，以赝势法为基础，计算了 ZrV_2O_7 的态密度、能带结构、电子密度。利用能量降低和 k 点取样来验证收敛性测试以确保计算结果的正确性。

由图 11.4(a)中 ZrV_2O_7 的能带结构计算结果可以看出，ZrV_2O_7 是间接带隙半导体，其带隙为 11.32 eV。图 11.4(b)是实验测得的 ZrV_2O_7 的拉曼光谱图与计算结果比较图。由图可以看出，实验结果和理论计算结果可以很好地对应，由此可以对该材料的各个振动模式进行归属。

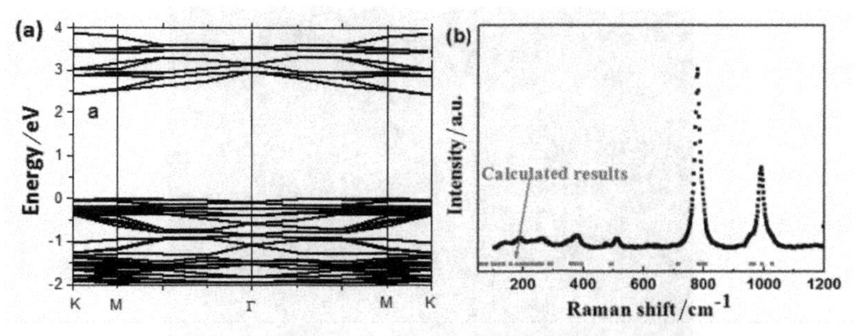

图 11.4 ZrV_2O_7 的能带结构计算结果与实验测得的拉曼光谱比较图

为了精确指认各个振动模式，我们对 ZrV_2O_7 中 VO_4 四面体的晶格振动的高温相测试结果、低温相测试结果和计算结果的拉曼光谱图进行了比较，见表 11.1。对比表中拉曼振动对应可知，计算结果和实验基本上可以一一对应，由此可见我们采用的计算方法是可信的。比较表中结果可知，不管是高温相还是低温相都没有测试到波数在 790 cm^{-1} 处的拉曼振动峰，这是由于该频率是 VO_4 四面体的对称伸缩振动和反对称伸缩振动的简并(如图 11.5)，对光子作用不敏感，试验中难以测试。只有超结构相拉曼光谱测试结果中存在振动模式的拉曼振动谱在 700 cm^{-1}、403 cm^{-1} 和 279 cm^{-1} 处有拉曼振动峰，由此推断这三个拉曼振动模式是超结构相所特有的，我们可以通过这三个峰的产生和消失来判定 ZrV_2O_7 的相结构。

表 11.1　ZrV_2O_7 的拉曼振动模式

单位：cm^{-1}

振动分类	对称分配	理论计算	实验结果（一般结构相）	实验结果（超结构相）
	T_g	1025	1021	1023
	A_g	992	978	987
$\nu_s(VO_4)$	T_g	955.5	952	952
	E_g	790		
	E_g	774	774	776
$\nu_{as}(VO_4)$				703
	T_g	494	506	508
	A_g	488		475
$\delta_{as}(VO_4)$	E_g	391.6		403
	T_g	375	365	371
$\delta_s(VO_4)$	E_g	358		302
	T_g	260	258	260
	A_g	226.6	224	228

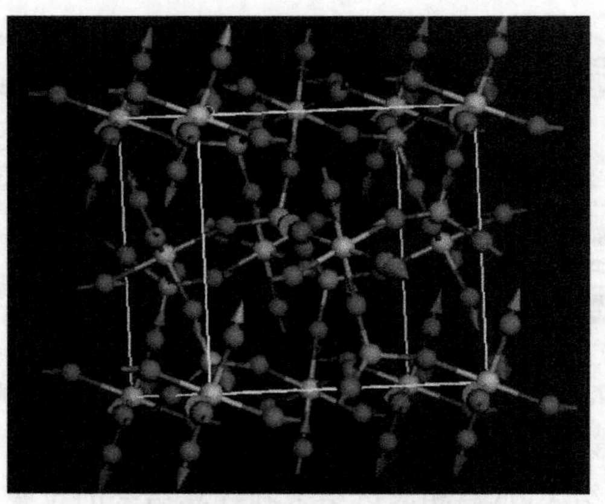

图 11.5　VO_4 四面体的对称伸缩振动和反对称伸缩振动的简并

图 11.6 是 $ZrV_{2-x}P_xO_7(x = 0,0.4,0.8,1.0)$ 固溶体的室温拉曼光谱图。由于 ZrV_2O_7 的晶体结构是 ZrO_6 八面体周围有 6 个 VO_4 四面体，通过氧原子连接在一起；每个 VO_4 四面体周围只有 3 个 ZrO_6 八面体，留下氧原子与另外一个 VO_4 四面体连接形成 V_2O_7 结构群。通过与其他八面体与四面体共顶角框架结构的拉曼光谱对比[7-10]可知，在 ZrV_2O_7 拉曼光谱图中 VO_4 的对称伸缩（ν_1）振动模对应于 1100～910 cm^{-1} 的拉曼振动峰，反对称伸缩（ν_3）振动模对应于 910～700 cm^{-1} 的拉曼振动峰，反对称弯曲（ν_4）振动模对应于 450～550 cm^{-1} 的拉曼振动峰，对称弯曲（ν_2）振动模对应于 400

～320 cm^{-1}的拉曼振动峰，Zr 原子的移动和 VO_4 四面体的平动与天平动振动模[7,10]对应于更低波数的拉曼振动峰。比较图 11.6(a)～(d)可知，随着晶格当中 P^{5+} 的引入，在波数为 876 cm^{-1}、1043 cm^{-1} 和 1092 cm^{-1} 附近出现新的 Raman 振动峰，并且这些峰的相对强度随 P^{5+} 对 V^{5+} 替代量的增大而增强。所以这些新出现的 Raman 振动峰可以被指认为 PO_4 四面体的对称伸缩振动模和反对称伸缩振动模。由图可以看出，PO_4 四面体的振动频率明显高于相对应的 VO_4 四面体的波数，由此可以推断出 PO_4 四面体的振动模的能量明显高于对应的 VO_4 四面体的振动模，这是由于 P—O 键的键强要高于 V—O 键的键强，由此可以推测 ZrV_2O_7 的负热膨胀性能要好于 ZrP_2O_7，这与刚性单元模型的膨胀原理相一致。P 的掺入使位于 776 cm^{-1}处的 VO_4 四面体反对称伸缩振动的 Raman 振动峰向高波数移动[10,11]，而 988 cm^{-1}处的 VO_4 四面体对称振动的 Raman 振动峰向低波数移动；出现这种现象的原因是由于 P 具有较小离子半径和较大的电负性(11.19 Pauling)，使 PO_4 四面体比 VO_4 四面体(V 的电负性 1.63 Pauling)具有更小的体积和更高的硬度(键强度)，因此具有较高的伸缩振动能量[11]。较小的 P 离子半径使 O—O 之间具有较大排斥力，从而使四面体的硬度增大，引起 VO_4 四面体的形变和伸缩振动模出现明显频移现象，此结果符合晶格振动光谱学原理[11,12]。同时，随着 P^{5+} 的掺入，引起 VO_4 四面体的形变和晶格畸变，从而使拉曼峰明显展宽，在 233 cm^{-1} 附近出现明显凸起[11]。低波数的 Raman 模对应于桥氧原子的横向振动或 Zr、P、V 原子相对于桥氧原子的天平动或平动，这些外模是产生负热膨胀的主要原因。

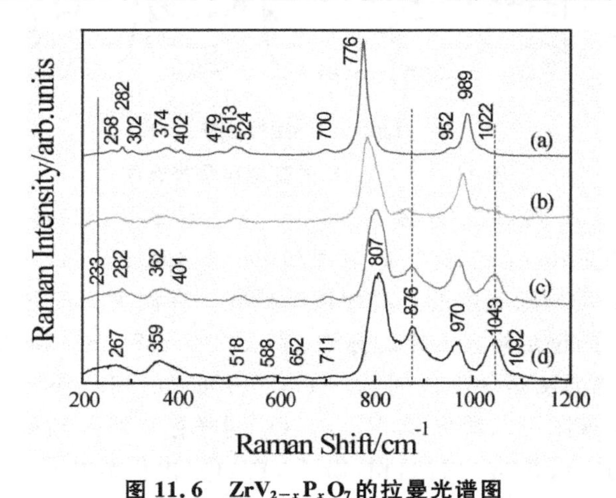

图 11.6 $ZrV_{2-x}P_xO_7$ 的拉曼光谱图

(a)$x=0$;(b)$x=0.4$;(c)$x=0.8$;(d)$x=1.0$

图 11.7 是 ZrV_2O_7 在 323～473 K 温度区间的变温拉曼光谱图。对比

ZrV_2O_7 在不同温度下的拉曼光谱图可知，波数在 343 cm^{-1} 和 700 cm^{-1} 处的拉曼振动峰随着温度的升高逐渐减弱，当温度升高到 383 K 时，这两个拉曼振动完全消失。在 383 K 的温度下 ZrV_2O_7 是一般立方结构相，由此可以推断出此拉曼振动峰是 ZrV_2O_7 的 3×3×3 超结构立方相的特征峰。测量 ZrV_2O_7 在降温过程中的拉曼光谱，与高温时材料的拉曼光谱进行比较发现，当温度降至 383 K 以下时，在波数为 343 cm^{-1} 和 700 cm^{-1} 处重新出现了拉曼振动峰，这说明该相变过程是可逆的。由此可以推断：① ZrV_2O_7 超结构立方相的特征拉曼振动峰在波数为 343 cm^{-1} 和 700 cm^{-1} 处；② 随着温度的升高，ZrV_2O_7 在 383 K 左右会发生由 3×3×3 超结构立方相向 1×1×1一般结构立方相的转变。与此同时，随着温度的升高，ZrV_2O_7 的拉曼光谱图中在波数为 233 cm^{-1} 附近发生明显凸起。这种凸起与 ZrV_2O_7 的 3×3×3 的超结构立方相减少或消失有关；也就是说，ZrV_2O_7 在温度低于 383 K 时就已经开始发生相变，但这个相变完成需要把样品温度升高到 383 K。

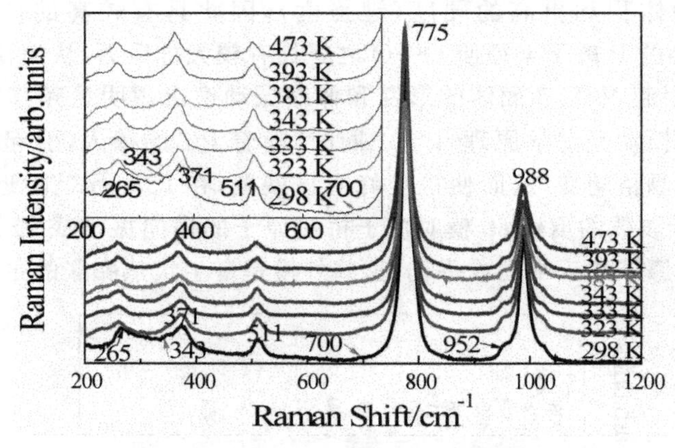

图 11.7 ZrV_2O_7 的变温拉曼光谱图

图 11.8 是 $ZrV_{1.6}P_{0.4}O_7$ 温度为 293～473 K 的变温拉曼光谱图。对比不同温度下的 Raman 光谱可知，在 279 cm^{-1}，438 cm^{-1}，709 cm^{-1} 和 902 cm^{-1} 处拉曼振动峰随温度的升高而逐渐减弱。在温度升高到 363 K 时，对应于 3×3×3 的超结构立方相的标识 279 cm^{-1}、438 cm^{-1} 和709 cm^{-1} 处的拉曼峰消失，当温度至 363 K 时，279 cm^{-1}、438 cm^{-1} 和 709 cm^{-1} 处拉曼峰重新出现。由该图可以看出：$ZrV_{1.6}P_{0.4}O_7$ 同样存在两种结构相：具有超结构的低温相与一般结构的高温相，$ZrV_{1.6}P_{0.4}O_7$ 由低温相向高温相发生相变的温度降至 363 K 以下。

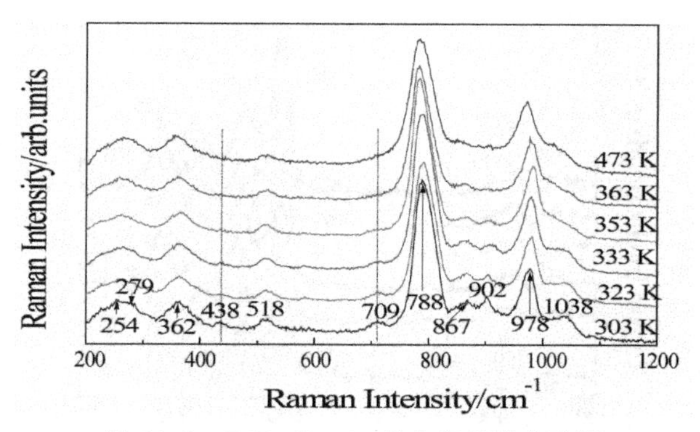

图 11.8 $ZrV_{1.6}P_{0.4}O_7$ 的变温拉曼光谱图

图 11.9 是样品 $ZrV_{1.2}P_{0.8}O_7$ 在 253～393 K 温度区间的变温拉曼光谱图。对比样品在不同温度下的拉曼光谱可知，随温度的降低，在 402 cm^{-1} 和 705 cm^{-1} 处出现新的拉曼振动峰，这些拉曼振动峰随着温度的降低而逐渐增强。对应于 3×3×3 的超结构立方相标识的 402 cm^{-1} 和 705 cm^{-1} 处的拉曼振动峰出现在温度为 273 K 的拉曼光谱中。同时我们注意到，温度在 273 K 和 263 K 的拉曼光谱的最大区别在于是否有出现在波数为 286 cm^{-1} 处的锐锋。基于以上比较可以得出结论：$ZrV_{1.2}P_{0.8}O_7$ 相变温度在 263～273 K 之间。

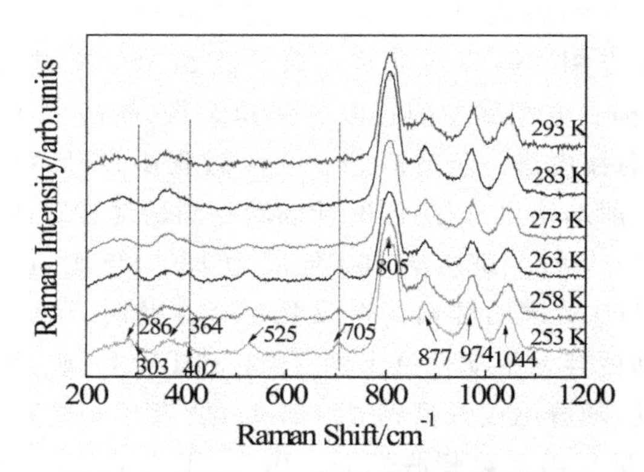

图 11.9 $ZrV_{1.2}P_{0.8}O_7$ 的变温拉曼光谱图

图 11.10 是样品 $ZrVPO_7$ 在 173～293 K 之间的变温拉曼光谱图。对比该样品在不同温度下的拉曼光谱图，随温度的降低在波数为 300 cm^{-1}、400 cm^{-1} 和 478 cm^{-1} 处出现新的拉曼振动峰，这些拉曼振动峰随着温度的降低而逐渐增强。我们注意到，在温度为 213 K 时，波数为 300 cm^{-1} 的锐锋消失，说明 $ZrVPO_7$ 相变温度降至 213 K。

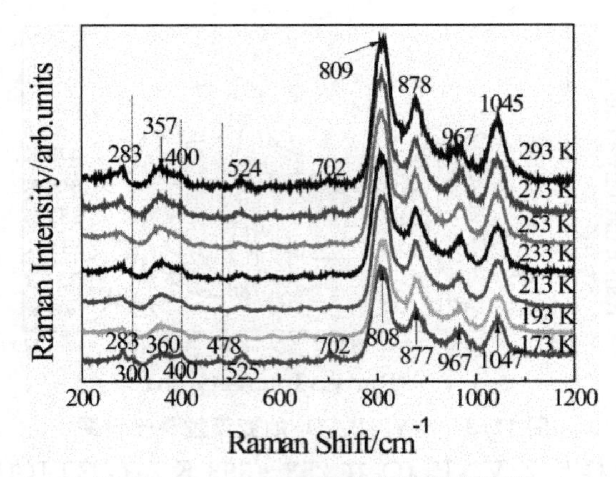

图 11.10　$ZrVPO_7$ 的变温拉曼光谱图

11.3.3　$ZrV_{2-x}P_xO_7$ 固溶体热膨胀性质

图 11.11 是 $ZrV_{2-x}P_xO_7$ 固溶体相对长度随温度变化曲线。从图中可以看出，ZrV_2O_7 在从室温到 426 K 温度范围内呈现正热膨胀性质。在 350～390 K 温度区间，ZrV_2O_7 的膨胀曲线出现隆起的现象，这说明 ZrV_2O_7 从室温下的 3×3×3 的超结构立方相要经过中间过渡态之后才转变为 1×1×1一般结构立方相。随着温度从室温升高到 350 K 过程中，ZrV_2O_7 从 3×3×3的超结构立方相到中间过渡相体积膨胀，晶格常数变大，表现为正热膨胀性质；随着温度进一步升高到 390 K 过程中，ZrV_2O_7 从中间相过渡到 1×1×1 的一般结构立方相，同时伴随着材料的体积膨胀，在此过程中对应于部分 V—O—V 键的键角从 160°伸展为 180°，与此同时晶胞体积的变大，全部的 V—O—V 键的键角均伸展到 180°。此时，V—O—V 链上桥氧原子的横向振动更容易带动桥链上的 ZrO_6 和 PVO_4（或 PO_4）原子基团发生平动和天平动；随着温度升高到 429 K 时，所有相变结束，在此之后随着温度升高，材料呈现出负热膨胀性质。由图 11.11(a)可以计算出 ZrV_2O_7 在相变之前，从室温到 390 K 的温度区间内平均线膨胀系数为 34.2×10^{-6} K^{-1}，在相变之后的 429～750 K 温度区间内平均线膨胀系数为 -4.61×10^{-6} K^{-1}。其他由 P 替代 V 的 $ZrV_{2-x}P_xO_7$ 固溶体也呈现相同的特点。由图 11.11 可以计算出：$ZrV_{1.8}P_{0.2}O_7$ 在 403～750 K 的温度区间内平均线膨胀系数为 -3.77×10^{-6} K^{-1}[(图 11.11(b)]；$ZrV_{1.6}P_{0.4}O_7$ 在 372～750 K 的温度区间内平均线膨胀系数为 -4.33×10^{-6} K^{-1}[(图 11.11(c)]；$ZrV_{1.4}P_{0.6}O_7$ 在 390～750 K 的温度区间内平均线膨胀系数为 -11.64×10^{-6} K^{-1}

[(图 11.11(d)];$ZrV_{1.2}P_{0.8}O_7$ 在 398～750 K 的温度区间内平均线膨胀系数为-11.04×10^{-6} K^{-1}[(图 11.11(e)];$ZrVPO_7$ 在 435～750 K 的温度区间内的平均线膨胀系数为-11.15×10^{-7} K^{-1}[(图 11.11(f)]。虽然 XRD 和拉曼光谱的测试结果均表明 $ZrV_{2-x}P_xO_7$ 固溶体在室温以下($x=0.8$，1.0)或高于室温($x=0.2$，0.4，0.6)附近已经发生从 3×3×3 的超结构立方相到 1×1×1 的一般结构立方相的相变，但膨胀仪测试的结果是该系列材料在室温附近都呈现出正热膨胀性质，对应的线膨胀系数分别为 26.87×10^{-6} K^{-1}($x=0.2$，300～392 K)、16.32×10^{-6} K^{-1}($x=0.4$，300～360 K)、6.43×10^{-6} K^{-1}($x=0.6$，300～380 K)、4.37×10^{-6} K^{-1}($x=0.8$，300～390 K)和 3.43×10^{-6} K^{-1}($x=1.0$，300～420 K)。分析以上结果发现，$ZrV_{2-x}P_xO_7$ 系列材料的膨胀系数的变化特点是，无论是在正膨胀温度区间的膨胀系数还是在负热膨胀温度区间的膨胀系数都随着 x 值的增大而减小。产生这一现象的原因是由于 P 的离子半径小于 V 的离子半径，随着 P 含量的增加 O—V(P)—O 键的平均长度减小，这会使氧原子之间的距离变短(氧原子之间的距离变化会影响多面体的刚性)，从而导致多面体的刚性增强，多面体的刚性越强，桥氧原子横向振动越困难，材料所呈现出的热膨胀性能就越不明显。

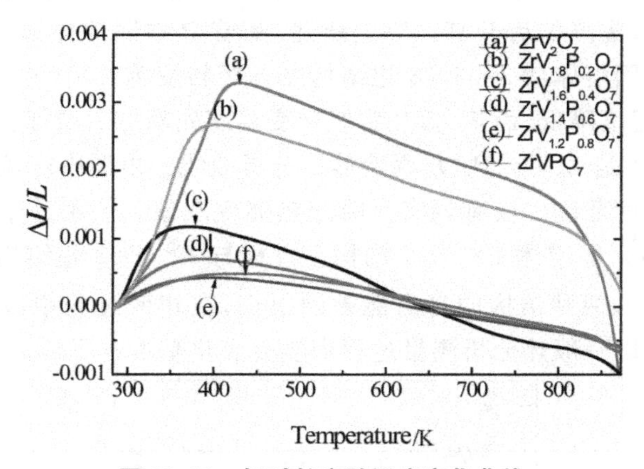

图 11.11　相对长度随温度变化曲线

由图 11.11 可知，$ZrV_{2-x}P_xO_7$ 固溶体($x=0$，0.2，0.4，0.6，0.8，1.0)，负热膨胀性质的起始温度点分别为 429 K、403 K、372 K、390 K、398 K 和 435 K。该结论与变温拉曼测量的从 3×3×3 的超结构立方相到 1×1×1的一般结构立方相的相转变的温度不一致，产生这种不同的原因是 $ZrV_{2-x}P_xO_7$ 固溶体从 3×3×3 的超结构立方相到 1×1×1 的一般结构立方相的相转变存在两个过程：①随着温度的升高，$ZrV_{2-x}P_xO_7$ 固溶体的

3×3×3 超结构立方相解体成一般结构相，但此时的 1×1×1 结构中有部分的 V—O—V(或 V—O—P)键角没有伸展到 180°；②随着温度进一步升高，V—O—V(或 V—O—P)键角全部扩展为 180°。变温拉曼测量所得到的相变点是相变的第一过程，是相变的起点，膨胀仪测量所得到的正负热膨胀转换温度点是相变的第二个过程，是相变终点，由起点到终点的过程是 V—O—V(或 V—O—P)键角伸展到 180°的过程。对于该结论的解释是：①拉曼光谱测量的是晶格内部分子的振动模式，当 3×3×3 超结构解体时，晶体的对称性增高，这会使一些振动模式发生简并，所对应的拉曼振动峰的个数会减少；膨胀仪测量的结果是材料的宏观热膨胀效应所造成的，只有全部的 V—O—V(或 V—O—P)键角扩大为 180°，桥氧原子的振动拉近 V—V(或 V—P)间的距离，材料才呈现出负热膨胀性质；②从电负性上讲，由于 P 的电负性大于 V 的电负性，P 在 $ZrV_{2-x}P_xO_7$ 固溶体中含量越多越容易形成 1×1×1 一般结构相，越容易发生第一过程的相变，所以变温拉曼光谱测试的结果是相变温度随着 P 替代量的增加而降低；③由于 P 的离子半径小于 V 的离子半径并且 P 的电负性大于 V 的电负性，P 替代 V 的量越多 $ZrV_{2-x}P_xO_7$ 固溶体的 1×1×1 结构中 V—O—V(或 V—O—P)键角扩展就越困难，所以 $ZrV_{2-x}P_xO_7$ 固溶体的正负热膨胀的转变温度随着 P 替代 V 的量的增大先降低后升高。综上所述，随着 P 在固溶体 $ZrV_{2-x}P_xO_7$ 中含量的增加，固溶体从 3×3×3 超结构立方相转变为 1×1×1 一般结构立方相的相变温度降低，而正、负热膨胀转变温度先降低后增加。

图 11.12 是 $ZrV_{2-x}P_xO_7$ 固溶体热分析曲线。由图中热流曲线可以看出，在测量温度范围内没有观察到吸放热突变现象。产生这个现象的原因是 $ZrV_{2-x}P_xO_7$ 固溶体 1×1×1 结构立方相与 3×3×3 超结构立方相都属于空间群 $Pa\overline{3}$，两种结构的自由能差别很小，在相变过程中吸热和放热现象不明显，所以一般热分析测量过程中热流变化基本看不到。

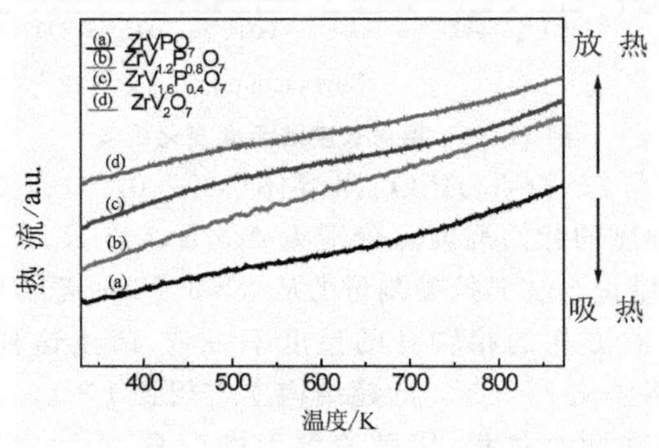

图 11.12　$ZrV_{2-x}P_xO_7$ 固溶体热分析曲线

11.4 本章小结

以ZrO_2、V_2O_5和P_2O_5为原料，利用固相烧结合成技术制备出具有立方相结构的$ZrV_{2-x}P_xO_7$（$x=0,0.2,0.4,0.6,0.8,1.0$）固溶体。XRD分析结果表明，当P对V的替代量达到40%和50%时，固溶体在室温下是1×1×1一般结构立方相。变温拉曼光谱分析结果表明，ZrV_2O_7、$ZrV_{1.6}P_{0.4}O_7$和$ZrV_{1.2}P_{0.8}O_7$的相变温度分别为383 K、363 K和273 K。因为P^{5+}小于V^{5+}的离子半径，所以在固溶体中用P^{5+}替代V^{5+}有利于降低晶格中原子的空间占有率，原子的空间占有率下降会导致V—O—V(或P—O—V)键角伸展，V—O—V(或P—O—V)键角的伸展有利于3×3×3的超结构向1×1×1一般结构立方相转变，这对相变起促进作用而降低了材料的相变温度。膨胀系数测试表明：ZrV_2O_7、$ZrV_{1.8}P_{0.2}O_7$、$ZrV_{1.6}P_{0.4}O_7$、$ZrV_{1.4}P_{0.6}O_7$、$ZrV_{1.2}P_{0.8}O_7$、$ZrVPO_7$所对应的正负热膨胀转变温度分别为429 K、403 K、372 K、390 K、398 K、436 K；正负热膨胀转变温度以上所对应的平均线膨胀系数分别为$-4.61\times10^{-6}\ K^{-1}$、$-3.77\times10^{-6}\ K^{-1}$、$-4.33\times10^{-6}\ K^{-1}$、$-11.64\times10^{-6}\ K^{-1}$、$-11.04\times10^{-6}\ K^{-1}$、$-11.15\times10^{-7}\ K^{-1}$。随着$P^{5+}$在固溶体中含量的增加，材料的负热膨胀系数逐渐减小，正负热膨胀转变阶段膨胀系数差别显著减小。

该研究得出，该系列材料中，当P对V的替代量达到20%时，$ZrV_{1.6}P_{0.4}O_7$材料的正负热膨胀转变温度最低，为下一步采用Zr位离子替代来降低材料的相变温度和改善膨胀性质打下基础。

参考文献

[1] Evans J S O, Hanson J C, Sleight A W. Room-temperature superstructure of ZrV_2O_7[J]. Acta Crystallogr, 1998, B54:705-713.

[2]Withers R L,Evans J S O, Hanson J C, et al. An in situ temperature-dependent electron and X-ray diffraction study of structural phase transitions in ZrV_2O_7[J]. J. Solid State Chem, 1998, 137, 161-167.

[3]Khosrovani N, Sleight A W,Vogt T. Structure of ZrV_2O_7 from −263 to 470℃[J]. J. Solid State Chem, 1997, 132, 355-360.

[4] Hudalla C, Eckert H, Dupree R. Structural studies of $ZrV_{2-x}P_xO_7$ solid solutions using 31P-{51V} and 51V-{31P} rotation echo double resonance NMR[J]. J. Phys. Chem, 1996, 100: 15986-15991.

[5] Korthuis V, Khosrovani N, Sleight A W. Negative thermal expansion and phase transitions in the $ZrV_{2-x}P_xO_7$ series[J]. Chem. Mater, 1995, 7:412-417.

[6] Dua J, Gao Y F, Luo H J, et al. Formation and metal-to-insulator transition properties of VO_2-ZrV_2O_7 composite films by polymer-assisted deposition[J]. Sol Energy Mater Sol Cells,2011, 95: 1604-1609.

[7] Hemamala U L C, El-Ghussein F, Muthu D V S. High-pressure Raman and infrared study of ZrV_2O_7[J]. Solid State Commun, 2007,141 (12):680-684.

[8] Petruska E A, Muthu D V S, Carlson S. High-pressure Raman and infrared spectroscopic studies of ZrP_2O_7[J]. Solid State Commun., 2010, 150:235-239.

[9] Liang E J, Huo H L, Wang J P, et al., Effect of water species on the phonon modes in orthorhombic $Y_2(MoO_4)_3$ revealed by Raman pectroscopy[J]. J. Phys. Chem. C, 2008,112:6577-6581 .

[10] Sakuntala T, Arora A K, Rao Rekha. ZrV_2O_7 的热膨胀和非简谐振动[J]. 硅酸盐学报,2009,37: 696-7011.

[11] 袁焕丽,袁保合,李芳,等. $ZrV_{2-x}P_xO_7$ 固溶体的相变与热膨胀性质的研究[J]. 物理学报,2012, 61(22):51-54.

[12] 张光寅,蓝国祥,王玉芳. 晶格振动光谱学[M]. 北京:高等教育出版社,2000.

[13] Withers R L, Tabira Y, Evans J S O, et al. A new three-dimensional incommensurately modulated cubic phase (in ZrP_2O_7) and its symmetry characterization via temperature-dependent electron diffraction[J]. J. Solid State Chem,2001, 152: 186-1911.

[14] Mittal R, Chaplot S L. Lattice dynamical calculation of negative thermal expansion in ZrV_2O_7 and HfV_2O_7[J]. Phy. Rev. B, 2008, 78: 2599-2604.

[15] Yamamura Y, Horikoshi A, Yasuzuka S, et al. Negative thermal expansion emerging upon structural phase transition in ZrV_2O_7 and HfV_2O_7[J]. Dalton Trans, 2011, 40:2242-2248.

[16] Sahoo P P, Sumithra S, Madras G, et al. Synthesis, structure,

negative thermal expansion, and photocatalytic property of Mo doped ZrV_2O_7[J]. Inorg Chem, 2011, 50: 8774-8781.

[17] 云大钦,谷臣清,王晓芳.负热膨胀材料 ZrV_2O_7 与金属 Al 的复合行为及特性[J].复合材料学报,2005, 22: 25-31.

[18] Dua J, Gao Y F, Luo H J, et al. Formation and metal-to-insulator transition properties of VO_2-ZrV_2O_7 composite films by polymer-assisted deposition[J]. Sol Energy Mater Sol Cells,2011, 95: 1604-1609.

第12章 Cu^{2+}对Zr^{4+}替代对$ZrV_{1.6}P_{0.4}O_7$的相变温度和热膨胀的影响

12.1 引 言

由于立方相ZrW_2O_8在宽温度范围内具有各向同性的负热膨胀性质和潜在的应用前景，而得到广泛关注。但是，立方相ZrW_2O_8存在的几个问题直接限制了该材料的实际应用。首先，室温下ZrW_2O_8是亚稳相结构，并在温度为440 K附近发生明显的从有序到无序的相变[1-4]；其次，在0.21 GPa左右的压力下会发生由立方相到正交相的不可逆相变[5-7]。立方相的ZrV_2O_7在室温下具有稳定的相结构，并且展示出各向同性的热膨胀性质。ZrV_2O_7在大于1.6 GPa的压力下才发生相变[8-10]，相比于立方相ZrW_2O_8具有更好的抗压能力，这对于制备可控膨胀系数的复合材料来讲是有现实意义的。但是，ZrV_2O_7在375 K会发生由3×3×3超结构立方相向一般结构立方相转变的相变，并且只有后者具有负热膨胀性质[9-16]。有效地降低该材料的相变温度，使其在涵盖室温的温度范围内具有负热膨胀性质或低热膨胀性质势必成为该材料的研究热点。ZrP_2O_7具有和ZrV_2O_7一样的晶体结构[17,18]。Sleight小组报道称可以通过用P替代V来降低ZrV_2O_7的结构相变温度。我们进一步研究了P替代ZrV_2O_7中的V对材料的相变温度的影响，研究发现，随着P替代量的增加，材料发生相变的起始温度在降低，但是材料的正负热膨胀转变温度并没有相同的变化规律。膨胀测试仪测试的结果表明，只有当P对V的替代量达到20%时材料的正负热膨胀转变温度最低为340 K[10,19]。有报道称，对于3×3×3超结构立方相向一般结构立方相转变来讲，替代ZrV_2O_7中的Zr位是一种比P替代V更有效的方法[20]。基于以上研究结果，我们选择Cu^{2+}适量替代$ZrV_{1.6}P_{0.4}O_7$中的Zr^{4+}来降低相变温度和调控热膨胀性能。

本章研究用Cu替代Zr对$ZrV_{1.6}P_{0.4}O_7$的相变和热膨胀性质的影响。

用低价态的 Cu^{2+} 来替代高价态的 Zr^{4+} 等价于用离子半径较小的 P^{5+} 替代 V^{5+}，这有利于材料中的 V(P)—O—V 键的键角伸展，使 V(P)—O—V 键更易于伸展成直线，即键角为 180°。这种 V(P)—O—V 键角的变化可以有效降低材料的相变温度和调控热膨胀性能。

12.2　实验过程

12.2.1　样品制备过程

$Zr_{1-x}Cu_xV_{1.6}P_{0.4}O_{7-x}$($x=0$，0.1，0.2)陶瓷是以分析纯 CuO(纯度为 99.5%)、ZrO_2(纯度为 99.0%)、V_2O_5(纯度为 99.0%)和 P_2O_5(纯度为 99.0%)氧化物粉末为原料，采用固相烧结法烧结。因为 P_2O_5 在空气中具有强烈的吸水性，首先迅速地称量 P_2O_5，然后按照 P_2O_5 的量依据目标产物 $Zr_{1-x}Cu_xV_{1.6}P_{0.4}O_{7-x}$($x=0$，0.1，0.2)的化学计量比称取 CuO、$ZrO_2$ 和 V_2O_5，称量的原材料充分混合后再在玛瑙研钵内研磨大约 3 h，研磨好的原料混合物在 443 K 烘干箱内干燥 4 h 以上。为避免干燥样品再次吸水，迅速冷压成直径 10 mm，高度为 8～16 mm 的圆柱体。最后将冷压成圆柱体的素胚放入预先升温到 1073 K 的管式炉中烧结 8 h。

12.2.2　样品表征

样品的表征分为以下几个方面：采用 D/MAX-3B 型转靶 X 射线粉末衍射仪对所制备的样品进行物相分析。变温 XRD 用升降温控制设备的控制精度为±0.1 K。采用 Renishaw 公司的 MR-2000 拉曼光谱仪，激发波长为 532 nm 的激光，对样品进行拉曼光谱分析。变温拉曼温控设备采用的是可以在一个温度点保温 60 min，温度误差为±0.1 K 的 TMS-94 型精密温度控制器。利用 Linseis L76 热膨胀仪测定从 290～873 K 的相对长度随温度变化曲线，升降温速率为 5 K/min。采用型号为 Ulvac Sinku-Riko DSC 1500M/L 差热分析 (Differential Scanning Calorimetry，DSC) 和热重 (Thermogravimetric Analysis，TG) 实验进行表征，测量温度范围为 293～1073 K，升降温速率为 10 K/min。

12.3 结果与讨论

12.3.1 相变

图 12.1 是 $Zr_{1-x}Cu_xV_{1.6}P_{0.4}O_{7-x}$($x$=0,0.05,0.1,0.15,0.2)的室温XRD图。由图 12.1(a)可知,在没有掺杂 Cu^{2+} 时,除了峰位略微偏移外,$ZrV_{1.6}P_{0.4}O_7$ 的 XRD 图与 PDF 卡片库中 No. 88-0587 ZrV_2O_7 的超结构立方相一致,这说明 $ZrV_{1.6}P_{0.4}O_7$ 的晶体结构在室温下是 3×3×3 超结构立方相。由图 12.1 可知,随着样品中 Cu^{2+} 含量的增加,X 射线衍射峰向大角度偏移,这说明材料晶格常数有明显减小;尽管 Cu^{2+} (71 pm)和 Zr^{4+} (72 pm)的离子半径基本相等,但晶格常数却随着 Cu^{2+} 含量的增加而减小,产生这一现象的原因是 Cu^{2+} 低于 Zr^{4+} 的化合价,这会使单位晶格中 O 原子的总量减少,从而使晶格常数减小;当 $x \leqslant 0.1$ 时 XRD 主衍射峰随着 Cu 含量的增加没有明显变化,说明材料的结构保持了原来的立方相结构,并且在 x=0.1 时,标示 3×3×3 超结构立方相特征的二倍衍射角为 30°～60°范围内的衍射峰右边的肩峰劈裂消失,这说明 $Zr_{0.9}Cu_{0.1}V_{1.6}P_{0.4}O_{6.9}$ 在室温下是 1×1×1 一般结构立方相而不是 3×3×3 超结构立方相;当 Cu 替代 Zr 的替代量达到 20%时,在二倍衍射角为 30°～60°范围内的衍射峰左边又出现了肩峰,这说明 $Zr_{0.8}Cu_{0.2}V_{1.6}P_{0.4}O_{6.8}$ 室温下出现新的相,出现这一现象的原因是由于 Cu^{2+} 的化合价和 Zr^{4+} 化合价相差很大,在 Cu 替代 Zr 的替代量较大时带有氧空位的晶格总数增加,在 XRD 图中的表现是衍射峰出现劈裂现象。

图 12.2 是根据图 12.1 的 XRD 数据,按照立方相用式(12.1)和式(12.2)采用迭代法计算得到的 $Zr_{1-x}Cu_xV_{1.6}P_{0.4}O_{7-x}$ 的晶格常数(超结构立方相得到的晶格常数除以 3)随 Cu 替代 Zr 的替代量的变化曲线。

$$2d\sin\theta=\lambda \tag{12.1}$$

$$\frac{1}{d^2}=\frac{h^2+k^2+l^2}{a^2} \tag{12.2}$$

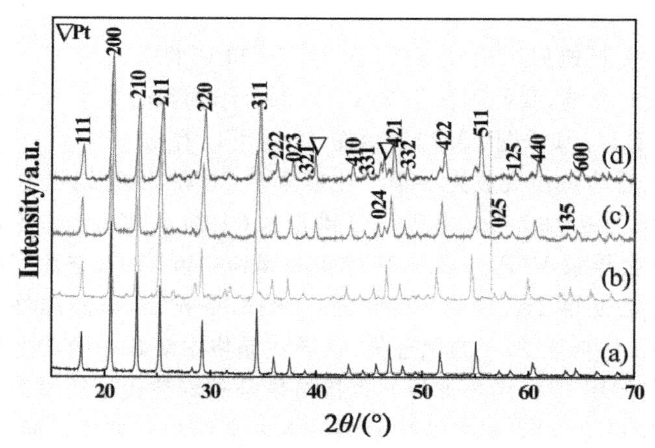

图 12.1　$Zr_{1-x}Cu_xV_{1.6}P_{0.4}O_{7-x}$ 的室温 XRD 图谱：

(a)$x=0$;(b)$x=0.05$;(c)$x=0.1$;(d)$x=0.2$

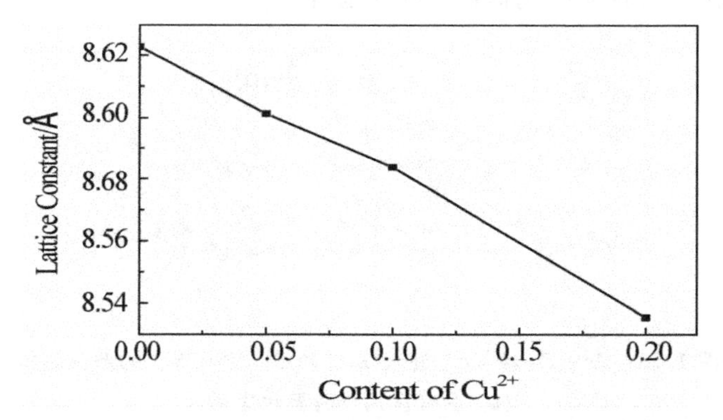

图 12.2　$Zr_{1-x}Cu_xV_{1.6}P_{0.4}O_{7-x}$ 的晶格常数随 Cu 替代 Zr 替代量变化曲线

由图 12.1 和图 12.2 可知，随着 Cu^{2+} 替代量的增加 XRD 衍射峰形和相对强度没有明显变化，而晶格常数却在线性减小。这说明 Cu 离子几乎全部进入晶格中而没有形成其他中间生成物。

这种晶格常数随离子替代量的增加而变小的原因与上一章提到的用较小离子半径的 P^{5+}(38 pm)替代较大离子半径的 V^{5+}(59 pm)导致晶胞参数减小不同，产生这一现象的主要原因是 Cu^{2+} 的化合价低于 Zr^{4+} 的化合价，在材料结构不变的情况下，平均每个化合物单胞中总离子数略微减少。单胞中原子数减少会导致两方面发生变化，一方面单胞内原子数减少会导致晶格体积变小，即晶格常数减小；另一方面单胞内氧原子数减少会使晶胞中出现氧缺陷，氧缺陷的引入会使晶胞中原子空间占有率下降，这有利于 V—O—V(P)键角伸展形成 1×1×1 一般结构立方相。由图 12.1 可以看出室温下 Cu 替代量达到 5%～10%时，室温下材料已经展示出一般结构立方相。

为了更直观地展示出在 ZrV_2O_7 中 Cu 和 P 的引入对 V—O—V 键角和晶格常数的影响，我们画出了 ZrV_2O_7 部分结构，(a)未引入 Cu 和 P，(b)引入 Cu 和 P 以后(见图 12.3)。由图 12.3 可以看出 V—O—V 键角在 Cu 和 P 引入以后钝角伸展成为平角。比较含有 Cu 和 Zr 的氧化物，发现 Cu—O 键键长(大约 0.195 nm)比 Zr—O 键键长(大约 0.206 nm)短，化合物中 Cu 替代 Zr 会导致 V(P)—O_1—V 键角伸展到接近 180°，与此同时，随着替代量的增加会使得 $Zr_{1-x}Cu_xV_{1.6}P_{0.4}O_{7-x}$ 的晶格收缩，进而晶格常数减小。另一方面，Cu^{2+} 低于 Zr^{4+} 的化合价，这导致晶格中氧缺陷的产生和 V(P)—O_1—V 键角伸展[21]。键角伸展的直接结果是随着替代量的增加，材料在室温下已经从 3×3×3 超结构立方相转变为一般结构立方相。通过以上分析可以看出，用 Cu 替代 Zr 来降低相变温度要比用 P 替代 V 更有效。这为解决该系列材料的相变问题提供了一个思路。

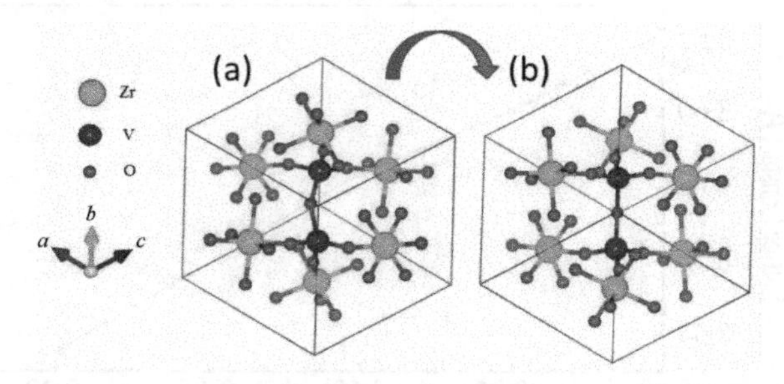

图 12.3　ZrV_2O_7 中 Cu^{2+} 替代 Zr^{4+} 和 P^{5+} 替代 V^{5+} 的部分结构：(a) 没有替代；(b)替代之后

上文中关于相变的讨论是在一些测试数据基础上的推理。为了验证推理的正确性我们测量了 $Zr_{0.9}Cu_{0.1}V_{1.6}P_{0.4}O_{6.9}$ 的变温 XRD。图 12.4 是 $Zr_{0.9}Cu_{0.1}V_{1.6}P_{0.4}O_{6.9}$ 从 293 K 到 873 K 的变温 XRD 图。由图可以看出，从室温到 523 K 温度区间内样品的 XRD 图没有任何变化，在此温度之上 X 射线衍射峰随着温度进一步升高向大角度方向移动。从室温到 873 K 的测量温度范围内 $Zr_{0.9}Cu_{0.1}V_{1.6}P_{0.4}O_{6.9}$ 的变温 XRD 图谱表明样品在测量温度范围内没有发生相变，从室温到 523 K 材料呈现出近零膨胀特性，在此温度之上晶格会随着温度升高而收缩。

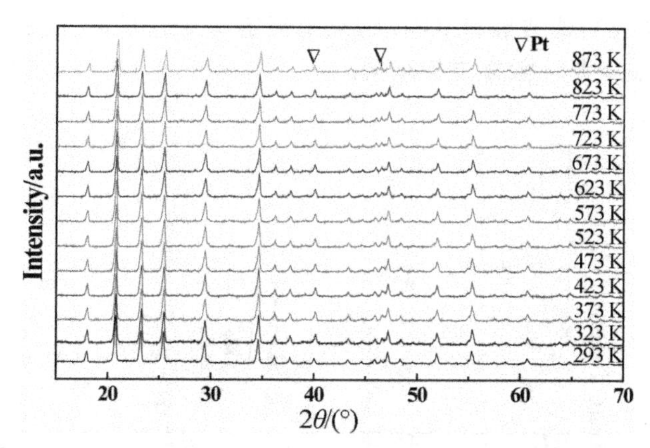

图 12.4　$Zr_{0.9}Cu_{0.1}V_{1.6}P_{0.4}O_7$ 的从室温到 873 K 变温 XRD 图谱

上文中采用 XRD 方法发现，在 $ZrV_{1.6}P_{0.4}O_7$ 中用 Cu^{2+} 替代 Zr^{4+} 的替代量增加到一定程度时，在室温下材料已经是一般结构立方相而不是 3×3×3 超结构立方相，变温 XRD 测量结果也没有发现样品发生相变。为了确定材料的相变温度，我们进一步测量了材料的拉曼光谱图。

图 12.5 是 ZrV_2O_7 在室温(a)和 473 K(b)温度下，$ZrV_{1.6}P_{0.4}O_7$(c)和 $Zr_{0.9}Cu_{0.1}V_{1.6}P_{0.4}O_{6.9}$(d)在室温下的拉曼光谱图。室温下 ZrV_2O_7 的拉曼振动模式主要在 228、260、279、302、371、403、475、508、703、776、952、987、1023 cm^{-1}等波数处。根据晶格振动光谱理论[8,22,23]，在 952、987 和 1023 cm^{-1}处振动峰可以指认为 VO_4 四面体的对称伸缩振动，776 处是 VO_4 四面体的反对称伸缩振动，而在 475 cm^{-1}和 508 cm^{-1}处的振动模可以指认为 VO_4 四面体的反对称弯曲振动和 ZrO_8 八面体的对称伸缩振动，228、260、279、302、371 和 403 cm^{-1}处振动模式指认为 VO_4 四面体的对称弯曲振动。比较图 12.5(a)和(b)可以发现，ZrV_2O_7 在 473 K 的温度下比室温下的拉曼振动谱少两个(403 cm^{-1}和 475 cm^{-1}处)拉曼振动峰，这表明它们是 3×3×3 超结构立方相所特有的振动峰。比较图 12.5(a)和(c)，在 $ZrV_{1.6}P_{0.4}O_7$ 的室温拉曼振动光谱中，在 1092、905、865、432 cm^{-1}处出现了几个新的振动模式，这些振动模式和 PO_4 四面体的对称伸缩振动、反对称伸缩振动和弯曲振动模式相对应，VO_4 四面体反对称振动主峰(987 cm^{-1}处)出现红移，对称伸缩振动主峰(776 cm^{-1}处)出现蓝移，出现这种现象的原因是 P—O 键的结合能大于 V—O 键的结合能，这可以作为 P 替代 V 进入晶格的证据。图 12.5(c)中还存在 3×3×3 超结构立方相所特有的振动峰，室温下 $ZrV_{1.6}P_{0.4}O_7$ 还是 3×3×3 超结构立方相。图 12.5(d)所示室温下 $Zr_{0.9}Cu_{0.1}V_{1.6}P_{0.4}O_{6.9}$ 的拉曼光谱中 3×3×3 超结构立方相的特征拉曼振动峰

没有出现，拉曼测试结果和 XRD 结果都证实了 $Zr_{0.9}Cu_{0.1}V_{1.6}P_{0.4}O_{6.9}$ 的晶体结构在室温下是一般立方相结构。

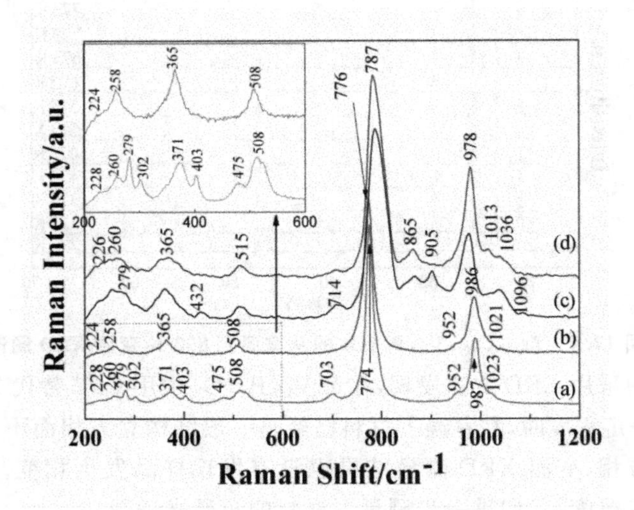

图 12.5　ZrV_2O_7 在 295 K(a)，473 K(b)，$ZrV_{1.6}P_{0.4}O_7$(c)和 $Zr_{0.9}Cu_{0.1}V_{1.6}P_{0.4}O_{6.9}$(d)在室温下的拉曼光谱图

为了进一步证明 $Zr_{0.9}Cu_{0.1}V_{1.6}P_{0.4}O_{6.9}$ 的晶体结构在室温下已经是一般结构立方相，并测量出一般结构立方相到 3×3×3 超结构立方相的相变温度。在最低温度为液氮温度下，测量了该材料的变温拉曼光谱。图 12.6 是 $Zr_{0.9}Cu_{0.1}V_{1.6}P_{0.4}O_{6.9}$ 的变温拉曼光谱图，从图中可以明显看出，当温度下降到 153 K 时，在波数为 403 cm^{-1}、481 cm^{-1} 和 918 cm^{-1} 处出现几个新的拉曼峰，这正是 ZrV_2O_7(或 ZrP_2O_7)的超结构立方相的特征拉曼振动峰。这说明材料在 173～153 K 温度范围内发生了从一般结构立方相到 3×3×3 超结构立方相变化的相变。

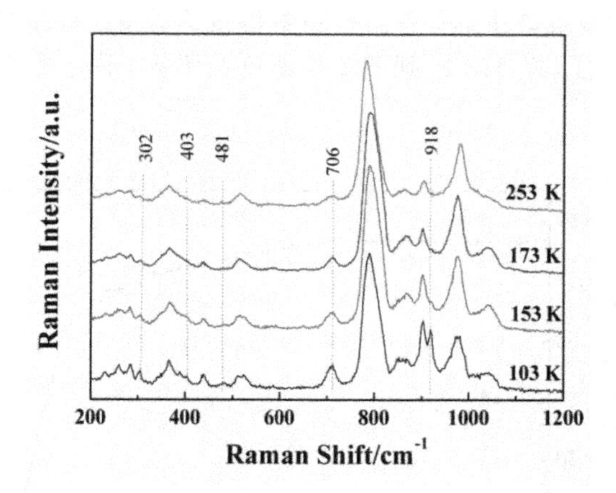

图 12.6　$Zr_{0.9}Cu_{0.1}V_{1.6}P_{0.4}O_{6.9}$ 在 253 K，173 K，153 K 和 103 K 温度下的拉曼光谱图

图 12.7 是 $Zr_{0.9}Cu_{0.1}V_{1.6}P_{0.4}O_{6.9}$ 和 $Zr_{0.8}Cu_{0.2}V_{1.6}P_{0.4}O_{6.8}$ 固溶体的热分析曲线。由图中热流曲线可以看出，在测量温度范围内没有观察到吸放热现象。起始温度点处的热流拐点产生的原因是仪器本身，和样品无关。由图可知，整个测量温度范围内没有明显的吸放热现象，这说明在测量温度区间内没有相变的发生，材料从室温到 873 K 温度范围内热稳定性良好。

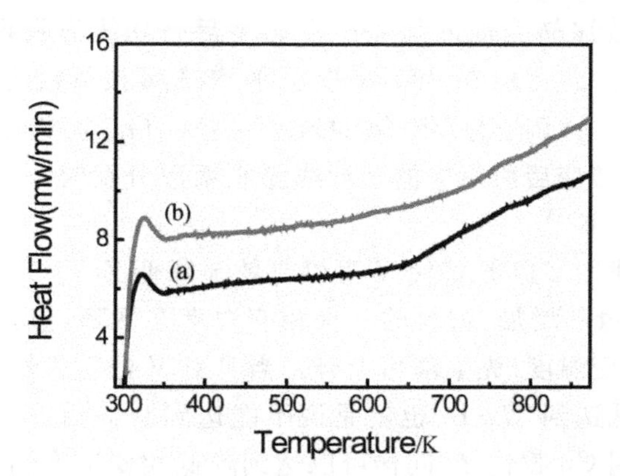

图 12.7　$Zr_{0.9}Cu_{0.1}V_{1.6}P_{0.4}O_{6.9}$ (a) 和 $Zr_{0.8}Cu_{0.2}V_{1.6}P_{0.4}O_{6.8}$ (b) 的热分析曲线

12.3.2　热膨胀性质

图 12.8 是 $Zr_{0.9}Cu_{0.1}V_{1.6}P_{0.4}O_{6.9}$ 根据图 12.4 的变温 XRD 数据，按照立方相用式(12.1)和式(12.2)采用迭代法计算得到的 $Zr_{1-x}Cu_xV_{1.6}P_{0.4}O_{7-x}$ 的晶格常数随温度变化曲线。由图可以看出，从室温到 523 K 的温度范围内材料晶格常数基本不随温度的变化而变化，展示出近零膨胀特性(＜

10^{-9} K^{-1})，在此温度之上，晶格常数随着温度升高，材料晶格开始收缩，展示出负热膨胀性质，在 523 K 到 773 K 温度范围内，平均线膨胀系数为-5.857×10^{-6} K^{-1}。

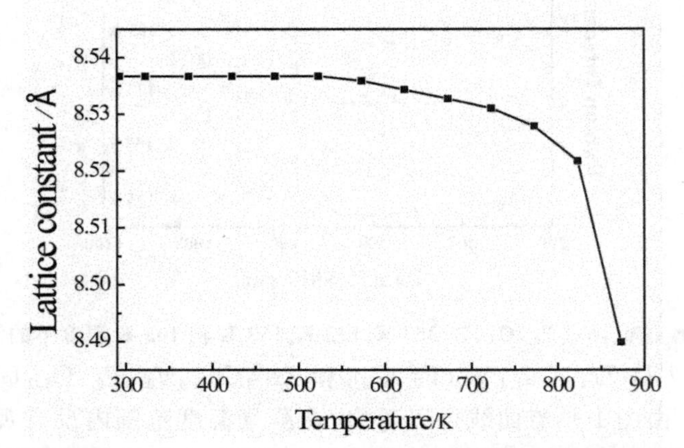

图 12.8 $Zr_{0.9}Cu_{0.1}V_{1.6}P_{0.4}O_{6.9}$的晶格常数随温度的变化曲线

图 12.9 是 ZrV_2O_7、$ZrV_{1.6}P_{0.4}O_7$、$Zr_{0.9}Cu_{0.1}V_{1.6}P_{0.4}O_{6.9}$和 $Zr_{0.8}Cu_{0.2}V_{1.6}P_{0.4}O_{6.8}$化合物宏观伸长率随温度的变化曲线。由图 12.9(a)可知，ZrV_2O_7 正负热膨胀转变温度是 426 K，转变后平均线膨胀系数为-4.61×10^{-6} K^{-1}。$ZrV_{1.4}P_{0.6}O_7$ 在 390 K 以上平均线膨胀系数为-2.64×10^{-6} K^{-1}。$Zr_{0.9}Cu_{0.1}V_{1.6}P_{0.4}O_{6.9}$和 $Zr_{0.8}Cu_{0.2}V_{1.6}P_{0.4}O_{6.8}$正负热膨胀转变温度都在 370 K 处，转变后所对应的平均线膨胀系数分别为-4.87×10^{-6} K^{-1}和-4.35×10^{-6} K^{-1}。

从上一章我们知道 P 替代 V 可以有效地降低 ZrV_2O_7 的相变温度，随着 P 对 V 替代量的增加，材料的一次相变温度在下降，但是二次相变温度(正负热膨胀转变温度)先下降后上升。当 P 对 V 的替代量达到 20%时，二次相变温度最低达到 372 K，也就是说不能达到制备涵盖室温的负热膨胀材料的目的。用 Cu 替代 Zr 同样可以达到降低相变温度的目的，产生这一现象的原因是 Cu^{2+} 低于 Zr^{4+} 的化合价，这会导致晶格中氧缺陷的产生和 V(P)—O_1—V 键角的伸展，键角伸展的直接结果是随着替代量的增加，材料在室温下已经从 3×3×3 超结构立方相转变为一般结构立方相。但是由于 Cu^{2+} 和 Zr^{4+} 化合价相差较大，当替代量达到 10%和 20%时二次相变温度基本保持不变，采用这种方法进一步降低相变温度是十分困难的。

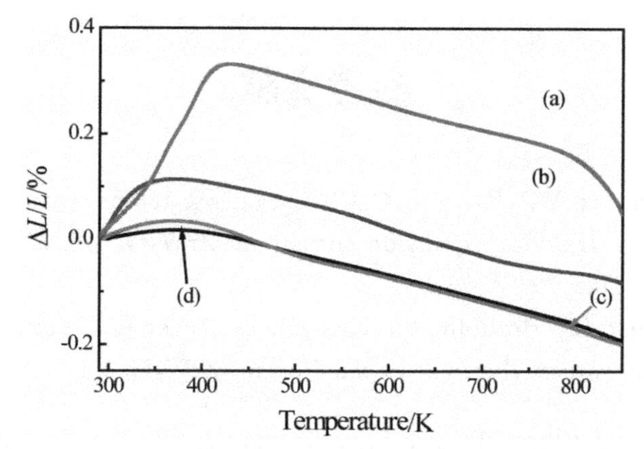

图 12.9 相对长度随温度变化曲线(a)ZrV_2O_7;(b)$ZrV_{1.6}P_{0.4}O_7$;(c)$Zr_{0.9}Cu_{0.1}V_{1.6}P_{0.4}O_{6.9}$;(d)$Zr_{0.8}Cu_{0.2}V_{1.6}P_{0.4}O_{6.8}$

12.4 本章小结

利用固相烧结合成技术制备了 $Zr_{1-x}Cu_xV_{1.6}P_{0.4}O_{7-x}$,并研究了 Cu/P 和 Zr/V 替代对 ZrV_2O_7 的相变和热膨胀特性的影响。研究结果表明,不等价离子 Cu 对 Zr 取代比等价离子 P 对 V 取代更有效地降低材料的相变温度。在 $ZrV_{1.6}P_{0.4}O_7$ 中 Cu 对 Zr 的取代有效地延展 V(P)—O—V 键角使其接近 180°。室温 XRD 结果表明,当 Cu 对 $ZrV_{1.6}P_{0.4}O_7$ 中 Zr 的替代量达到 10%时,材料在室温下不是 3×3×3 超结构立方相而是 1×1×1 一般结构立方相;当替代量达到 20%时会破坏原有的立方相结构,材料 $Zr_{0.8}Cu_{0.2}V_{1.6}P_{0.4}O_{6.8}$中会出现其他相结构(这有待下一步研究)。$Zr_{0.9}Cu_{0.1}V_{1.6}P_{0.4}O_{6.9}$的变温 XRD 结果表明,材料在室温到 873 K 的温度范围内保持了稳定的相结构,说明该材料热稳定性能良好。变温拉曼结果表明,材料 $Zr_{0.9}Cu_{0.1}V_{1.6}P_{0.4}O_{6.9}$的一次相变温度已经降到 173 K 以下。利用 $Zr_{0.9}Cu_{0.1}V_{1.6}P_{0.4}O_{6.9}$的变温 XRD 计算晶格常数,结果表明,材料在 523 K 以下呈现出近零膨胀特性,在此温度到软化温度之间的平均膨胀系数为-5.857×10^{-6} K^{-1}。膨胀仪测试结果表明,$Zr_{0.9}Cu_{0.1}V_{1.6}P_{0.4}O_{6.9}$和 $Zr_{0.8}Cu_{0.2}V_{1.6}P_{0.4}O_{6.8}$的正负热膨胀转变温度均在 370 K,材料的平均线膨胀系数分别为-4.87×10^{-6} K^{-1}和-4.35×10^{-6} K^{-1}。与没有采用 Cu 替代 Zr 相比,材料的一次相变温度明显降低,二次相变温度基本保持不变。

参考文献

[1] Ramirez A P,Kowach G R. Large low temperature specific heat in the negative thermal expansion compound ZrW_2O_8[J]. Phys Rev Lett, 1998, 80: 49012.

[2] Ernst G, Broholm C, Kowach G R, et al. Phonon density of states and negative thermal expansion in ZrW_2O_8 [J]. Nature, 1998, 396: 147.

[3] Mittal R, Chaplot S L, Schober H, et al. Origin of negative thermal expansion in cubic ZrW_2O_8 revealed by high pressure inelastic neutron scattering[J]. Phys. Rev. Lett, 2001, 86: 4692.

[4] David W I F, Evans J S O, Sleight A W. Direct evidence for a low frequency phonon mode mechanism in the negative thermal expansion compound ZrW_2O_8[J]. Europhys. Lett,1999, 46: 661.

[5] Evans J S O, David W I F, Sleight A W. Structural investigation of the negative-thermal-expansion material ZrW_2O_8[J]. Acta Crystallogr Sect. B,1999, 55: 333-340.

[6] Evans J S O, Hu Z, Jorgensen J D, et al. Compressibility, phase transitions, and oxygen migration in zirconium tungstate, ZrW_2O_8[J]. Science, 1997, 275: 61-65.

[7] Jorgensen J D, Hu Z, Teslic S, et al. Compressibility, pressure-induced cubic-to-orthorhombic phase transition in ZrW_2O_8[J]. Phys Rev B, 1999, 59:215-225.

[8] Hemamala U L C, El-Ghussein F, Muthu D V S. High-pressure raman and infrared study of ZrV_2O_7[J]. Solid State Commun. ,2007,141 (12):680-684.

[9] Petruska E A, Muthu D V S, Carlson S. High-pressure raman and infrared spectroscopic studies of ZrP_2O_7[J]. Solid State Commun. , 2010, 150, 235-239.

[10] Korthuis V, Khosrovani N, Sleight A W. Negative thermal expansion and phase transitions in the $ZrV_{2-x}P_xO_7$ series[J]. Chem. Mater, 1995, 7:412-417.

[11]Withers R L,Evans J S O, Hanson J C, et al. An in situ temper-

ature-dependent electron and X-ray diffraction study of structural phase transitions in ZrV_2O_7[J]. J. Solid State Chem，1998，137，161-167.

[12]Khosrovani N，Sleight A W，Vogt T. Structure of ZrV_2O_7 from －263 to 470℃[J]. J. Solid State Chem，1997，132，355-360.

[13] Withers R L，Tabira Y，Evans J S O，et al. A new three-dimensional incommensurately modulated cubic phase (in ZrP_2O_7) and its symmetry characterization via temperature-dependent electron diffraction[J]. J. Solid State Chem，2001，152：186-192.

[14] Mittal R，Chaplot S L. Lattice dynamical calculation of negative thermal expansion in ZrV_2O_7 and HfV_2O_7[J]. Phy. Rev. B，2008，78：2599-2604.

[15] Yamamura Y，Horikoshi A，Yasuzuka S，et al. Negative thermal expansion emerging upon structural phase transition in ZrV_2O_7 and HfV_2O_7[J]. Dalton Trans，2011，40:2242-2248.

[16] Withers R L，Evans J S O，Hanson J，et al. An in situ temperature-dependent electron and X-ray diffraction study of structural phase transition in ZrV_2O_7[J]. Solid State Chem,1998，137:161-167.

[17] Khosrovani N，Korthuis V，Sleight A W. Unusual 180° P—O—P bond angles in ZrP_2O_7[J]. Inorg. Chem.，1996，35:485-489.

[18] Xiang H M，Feng Z H，Zhou Y C. Ab initio computations of electronic，mechanical，lattice dynamical and thermal properties of ZrP_2O_7[J]. Europ Ceram Soci.，2014，34:1809-1818

[19] 袁焕丽，袁保合，李芳，等. $ZrV_{2-x}P_xO_7$固溶体的相变与热膨胀性质的研究[J]. 物理学报，2012，61(22)：51－54.

[20] Yanase I，Kojima T，Kobayashi H. Effects of Nb and Y substitution on negative thermal expansion of $ZrV_{2-x}P_xO_7$($0 \leqslant x \leqslant 0.8$)[J]. Solid State Commun,2011，151:595-598.

[21] Ofer R，Keren A，Chmaissem O，et al. Universal doping dependence of the ground-state staggered magnetization of cuprate superconductors[J]. Phy. Rev. B,2008，78:140508.

[22] Liu Q Q，Cheng X N，Sun X J，et al. Synthesis and characterization of sol-gel derived ZrV_2O_7 fibers with negative thermal expansion property[J]. Sol-Gel Sci Tech.，2014，72:502-510.

[23] 张光寅，蓝国祥，王玉芳. 晶格振动光谱学[M]. 北京：高等教育出版社，2000.

第13章 Fe^{3+}替代Zr^{4+}对$ZrV_{1.6}P_{0.4}O_7$相变及热膨胀性能影响

13.1 引 言

材料的热膨胀性质不同会产生热应力导致仪器损坏，由负热膨胀(NTE)材料(ZrV_2O_7,ZrW_2O_8 和 $Zr_2P_2WO_{12}$等)和正热膨胀材料复合得到的近零膨胀材料可能完全解决热应力的问题。ZrW_2O_8和 ZrV_2O_7 都呈现出各向同性的负热膨胀性质，但是 ZrW_2O_8 在室温下是亚稳相结构。ZrV_2O_7 因其在室温下的稳定相并具有各向同性的负热膨胀性质得到了极大关注。它在室温下是3×3×3 超结构相并在 375 K 以上转变为空间群为 $Pa\bar{3}$,配位数 $Z=4$ 的 1×1×1 的一般结构立方相。高温相保持各向同性的负热膨胀性质到 1073 K。ZrV_2O_7 在从室温升温过程中在 350 K 和375 K附近存在两个相变[1-9]。X 射线衍射(XRD)研究表明，ZrV_2O_7 在 1.38～1.72 GPa压力下可以从α-相(立方)到β-相(四方)转变[7,10]。

ZrV_2O_7 从 3×3×3 超结构立方相向一般结构立方相转变会导致其热膨胀特性从很大的正膨胀转变为负热膨胀，这是这种材料得到广泛应用的瓶颈。许多研究都集中在对 ZrV_2O_7 进行离子取代来降低材料的相变温度。Sleight 小组利用 DSC 方法研究 $ZrV_{2-x}P_xO_7$($0\leqslant x\leqslant 2$)的相变温度发现，对于 $x=0.1$、0.2、0.3 所对应的二次相变温度分别对应于 362 K、340 K和 326 K。前面我们利用变温拉曼研究发现，当 $x=0.8$ 和 $x=1.0$ 时对应的相变温度分别为 273 K 和 213 K，但是用相对长度测试仪测得当 $x=0.4$ 时出现热膨胀系数由正转变为负的最低转变温度(340 K)[11]。这说明在 V 位等价离子取代不能得到涵盖室温的低热膨胀材料(或负热膨胀材料)。在 ZrV_2O_7 中用不等价离子 Mo^{6+} 替代 V^{5+}不能降低其相变温度[12]，而 W^{6+} 替代 V^{5+} 能略微降低 ZrV_2O_7 的相变温度[13]。$Zr_{1-x}Hf_xV_2O_7$ 固溶体的成功制备说明 Hf^{4+} 可以任意比例取代 Zr^{4+}，但是其相变温度没有明显变化[14]。

也有报道用 Cs^+ 掺杂纳米 ZrV_2O_7 并研究了其微观结构和电容特性，但没有提到对热膨胀性能的影响[15]。

综上所述，在 Zr 位或 V 位单粒子替代不能够足够有效地使 ZrV_2O_7 的相变温度降低到室温以下。Yanase 等[16]研究了 Nb^{5+} 和 Y^{3+} 共同取代 P 掺杂的 ZrV_2O_7 中的 Zr^{4+} 发现这样替代要比只用 P 替代 V 更有效地使超结构和正热膨胀消失。上一章我们用 Cu 替代 $ZrV_{1.6}P_{0.4}O_7$ 中的 Zr 可以有效地降低相变温度。基于第 2 章研究结果，只用 P 对 V 的替代量达到 20%（即 $ZrV_{1.6}P_{0.4}O_7$）时，材料的正负热膨胀性质转变温度最低。本章研究用 Fe 替代 $ZrV_{1.6}P_{0.4}O_7$ 中的 Zr 对材料的相变和热膨胀影响。预期得到在室温附近的近零膨胀材料，并有效地降低材料的相变温度。

13.2 实验过程

13.2.1 样品制备过程

Fe 掺杂的 $ZrV_{1.6}P_{0.4}O_7$ 陶瓷按照 Fe 和 Zr 的摩尔比为 0∶10，1∶9，2∶8，3∶7 和 4∶6 制备，以分析纯 Fe_2O_3（纯度为 99.0%）、ZrO_2（纯度为 99.0%）、V_2O_5（纯度为 99.0%）和 P_2O_5（纯度为 99.0%）氧化物粉末为原料，采用固相烧结法烧结。因为 P_2O_5 在空气中具有强烈的吸水性，首先并迅速地称量 P_2O_5，然后按照 P_2O_5 的量按目标产物的化学计量比称取 Fe_2O_3、ZrO_2 和 V_2O_5，称量的原材料充分混合后，再在玛瑙研钵内研磨大约 3 h，研磨好的原料混合物在 443 K 的烘干箱内干燥 4 h 以上。为避免干燥样品再次吸水，迅速冷压成直径 10 mm，高度为 8～16 mm 圆柱体。最后将冷压成圆柱体的素胚放入预先升温到 1023 K 的管式炉中烧结 8 h。

13.2.2 样品表征

样品的表征分为以下几个方面：采用 D/MAX-3B 型转靶 X 射线粉末衍射仪对所制备的样品进行物相分析。变温 XRD 用升降温控制设备的控制精度为±0.1 K。利用 Linseis L76 热膨胀仪测定产物的热膨胀曲线，升降温速率为 5 K/min。采用 Axis Ultra 的 X 射线光电子能谱（X-ray Photoelectron Spectroscopy，XPS）仪用来分析样品的组成和元素的化合态。

13.3 结果与讨论

13.3.1 相变

图 13.1 是 ZrV_2O_7 在 387 K 温度下的 XRD 图(a);Fe 掺杂的 $ZrV_{1.6}P_{0.4}O_7$(有少量的 $FeV_{0.8}P_{0.2}O_4$ 陶瓷,Fe 和 Zr 的摩尔比分别为 0∶10,1∶9,2∶8,3∶7 和 4∶6)样品的室温 XRD 图(b)~(f)。由图 13.1 可以看出,Fe 掺杂的 $ZrV_{1.6}P_{0.4}O_7$ 室温下具有和 ZrV_2O_7 的高温相(PDF No. 88-0585,空间群:$Pa\overline{3}$)基本相同的结构。当摩尔比 Fe∶Zr=1∶9 时,除了峰位向大角度偏移和标识物 Pt 的一个峰之外,材料和 ZrV_2O_7 在 387 K 温度下的 X 射线衍射峰完全一样,这说明当 Fe 对 Zr 的替代量达到 10%时,在室温下材料已经是一般结构立方相;当摩尔比 Fe∶Zr≥2∶8 时,增加了一些较弱的衍射峰,这些峰的相对强度随着 Fe 对 Zr 的替代量的增加而增强,出现这些衍射峰的原因是 Fe 没有进入晶格而形成了少量的 $FeV_{0.8}P_{0.2}O_4$。并且主衍射峰随着 Fe 对 Zr 的替代量的增加向大角度偏移,这说明材料的晶格常数在减小,产生这一现象的原因是:一方面 Fe^{3+} 的离子半径(613.5 pm)小于 Zr^{4+} 的离子半径(72 pm);另一方面 Fe^{3+} 的化合价小于 Zr^{4+},会使化合物中 O 离子含量减少,单位晶格中的总原子数减少而使晶格常数减小。

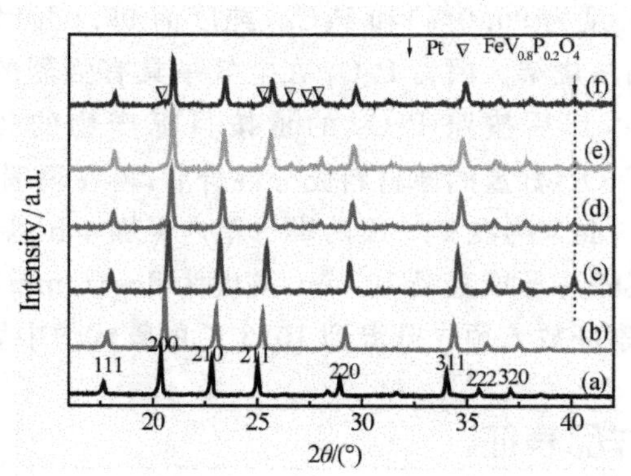

图 13.1 ZrV_2O_7 在 387 K(a)和 Fe 掺杂的 $ZrV_{1.6}P_{0.4}O_7$ 室温 XRD 图(b)~(f)Fe 和 Zr 的摩尔比分别为 0∶10,1∶9,2∶8,3∶7 和 4∶6

图 13.2 是根据图 13.1 的 XRD 数据按照立方相结构,用式(13.1)和式(13.2)采用迭代法计算得到的材料的晶格常数(超结构立方相得到的晶格常数除以 3)随 Fe 替代 Zr 的替代量的变化曲线。

$$2d\sin\theta=\lambda \tag{13.1}$$

$$\frac{1}{d^2}=\frac{h^2+k^2+l^2}{a^2} \tag{13.2}$$

由图 13.2 和图 13.3 可知，随着 Fe^{3+} 含量的增加，材料的 XRD 衍射峰型和相对强度没有明显变化。晶格常数随着 Fe^{3+} 替代量的增加而减小，并且其变化是非线性的。这说明随着 Fe 离子替代量的增加，Fe 离子并没有全部进入晶格而是部分生成中间生成物 $FeV_{0.8}P_{0.2}O_4$。

晶格常数随离子替代量的增加而变小的现象，说明随着 Fe 替代量的增加进入化合物晶格的 Fe 离子的量也在增加。产生这种现象的原因有两个，一方面 Fe^{3+} 的离子半径(613.5 pm)小于 Zr^{4+} 的离子半径(72 pm)，会导致晶体的晶格常数随 Fe 对 Zr 替代量的增加而减小；另一方面 Fe^{3+} 的化合价小于 Zr^{4+} 的化合价会使化合物中 O 离子含量减少，部分晶格中出现氧空位，单位晶格中的总原子数减少会导致晶格收缩。较小半径的离子替代较大半径的离子和单胞中原子数减少会导致两个方面发生变化，一方面较小离子和单胞内原子数减少会导致晶格体积变小，即晶格常数减小；另一方面单胞内氧原子数减少会使晶胞中出现氧缺陷，氧缺陷的引入会使晶胞中原子空间占有率下降，这有利于 V—O—V(P)键的键角伸展而形成 1×1×1 一般结构立方相。

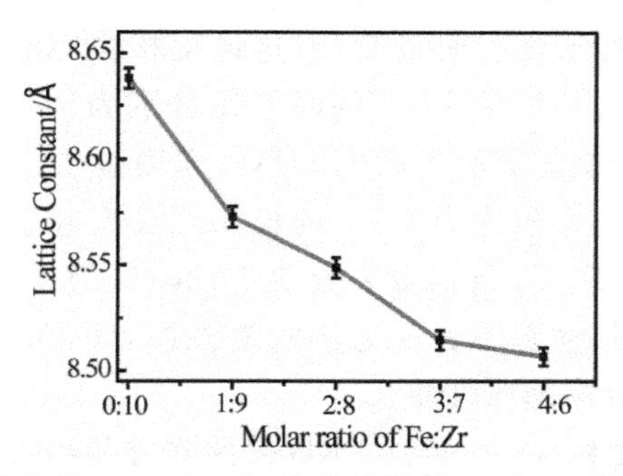

图 13.2　Fe 掺杂的 $ZrV_{1.6}P_{0.4}O_7$ 晶格常数随 Fe 和 Zr 摩尔比变化曲线

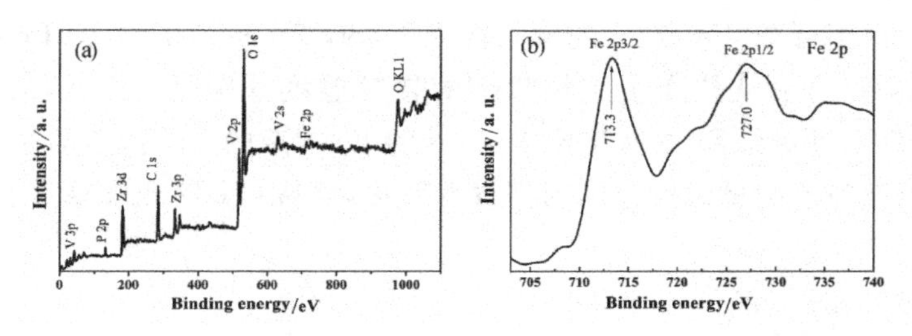

图 13.3　Fe 和 Zr 摩尔比为 4∶6 的 Fe 掺杂的 $ZrV_{1.6}P_{0.4}O_7$ XPS 全谱和分离能谱图

(a)Fe 和 Zr 摩尔比为 4∶6 的 Fe 掺杂的 $ZrV_{1.6}P_{0.4}O_7$ XPS 全谱

;(b)Fe 2p 的 XPS 分离能谱图

13.3.2 Fe在晶格中存在价态及占位

为了探索掺杂Fe离子的价态，我们利用XPS能谱仪测量了Fe和Zr摩尔比为4∶6的Fe掺杂的$ZrV_{1.6}P_{0.4}O_7$的XPS能谱的全谱[图13.3(a)]和Fe 2p的XPS能谱图[图13.3(b)]。Fe $2p_{1/2}$和Fe $2p_{3/2}$的束缚能分别为731.3 eV和727.0 eV，这表明Fe离子的价态为+3价。Fe^{3+}离子占据的是Zr^{4+}位而不是V^{5+}/P^{5+}位，这可以由晶格常数随着Fe^{3+}离子含量变化而变化找到证据。如果Fe^{3+}离子占据的是V^{5+}/P^{5+}位，由于Fe^{3+}大于V^{5+}/P^{5+}的离子半径会导致晶格常数变大。然而，Fe^{3+}离子的引入导致了晶格常数减小，所以Fe^{3+}离子不可能占据V^{5+}/P^{5+}位。Fe^{3+}和Zr^{4+}离子间化合价相差更小会使得Fe^{3+}替代Zr^{4+}更加容易实现。

13.3.3 热膨胀性质及相变分析

图13.4是Fe和Zr的摩尔比分别为1∶9，2∶8，3∶7和4∶6的Fe掺杂的$ZrV_{1.6}P_{0.4}O_7$样品的由室温到873 K变温XRD图。由图可以看出，在测量温度范围内峰形没有明显变化，这说明材料在测量过程中相稳定性较好，没有发生相变。对Fe和Zr的摩尔比分别为1∶9，2∶8和3∶7主峰放大可以看出，峰位随温度升高先向小角度偏移，之后向大角度偏移。而不同的是Fe和Zr的摩尔比为4∶6的样品既没有峰型变化也没有峰位移动。以上结果表明，Fe和Zr的摩尔比为1∶9，2∶8和3∶7的样品随温度升高先呈现出热膨胀性质后表现为热收缩性质，而Fe和Zr的摩尔比为4∶6的样品展示出近零膨胀性质。

图13.5(a)是由图13.4变温XRD按照立方相用式(13.1)和式(13.2)采用迭代法计算得到的Fe掺杂的$ZrV_{1.6}P_{0.4}O_7$样品的晶格常数随温度变化曲线。由图可知，Fe和Zr的摩尔比为1∶9，2∶8和3∶7的Fe掺杂的$ZrV_{1.6}P_{0.4}O_7$样品从热膨胀到热收缩的转变温度分别是423 K，383 K和353 K。然而，Fe和Zr的摩尔比为4∶6的Fe掺杂的$ZrV_{1.6}P_{0.4}O_7$样品的晶格常数在整个测量温度范围内都没有变化，该材料具有近零膨胀特性。

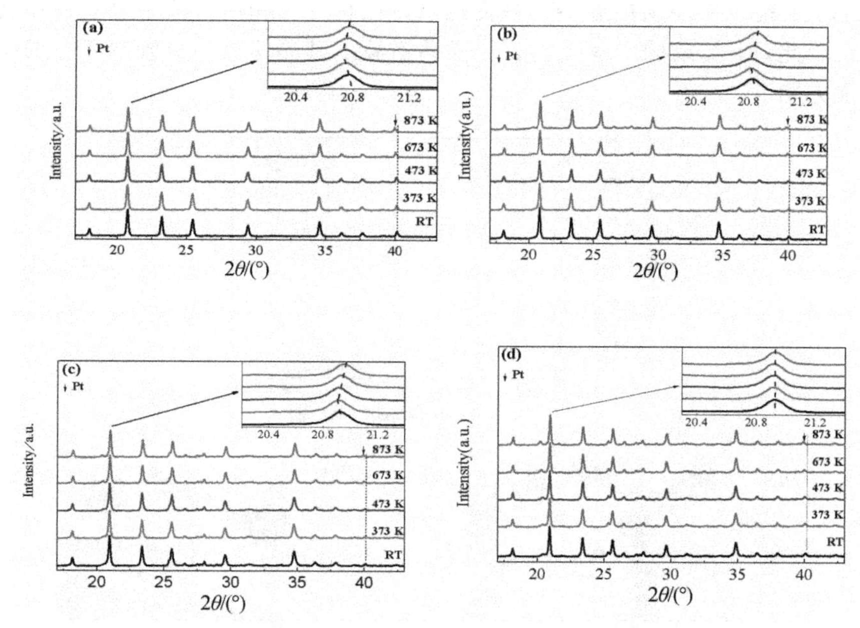

图 13.4　Fe 掺杂的 $ZrV_{1.6}P_{0.4}O_7$ 样品的由室温到 873 K 变温 XRD 图

Fe 和 Zr 的摩尔比为(a) 1∶9, (b) 2∶8, (c) 3∶7, (d) 4∶6

为了更进一步探索 Fe^{3+} 对 Zr^{4+} 的替代对相变的影响和负热膨胀的起源，在图 13.5(b)和(c)中画出多面体连接原理图。温度在 375 K 以上 ZrV_2O_7 的负热膨胀可以理解为 V—O—V 连接上的桥氧原子的横向热振动，或者是 V 离子的横向振动或天平动，这些都会拉近 V—V 之间的距离[图 13.5(b)]。有报道称 3×3×3 超结构立方相中有 89％的 V—O—V 键角弯曲到 160°，为了保持对称性在三维晶轴上的另外 11％的 V—O—V 键角平均为 180°，而在一般 1×1×1 结构立方相中所有的 V—O—V 键角均为 180°[1,2,17]。由于 P^{5+} 的离子半径小于 V^{5+}，所以 P^{5+} 对 V^{5+} 的替代可以降低晶格中原子空间占有率，提供更多的自由空间，这有利于 V—O—P 键角伸展到 180°并达到降低相变温度的目的。图 13.5(c)是 Fe^{3+} 替代 Zr^{4+} 对 $ZrV_{1.6}P_{0.4}O_7$ 的热膨胀性质和 V—O—V/P 键角的影响示意图。由于 Fe^{3+} 小于 Zr^{4+} 的化合价、Fe^{3+} 小于 Zr^{4+} 的离子半径，Fe^{3+} 对 Zr^{4+} 的替代会导致氧空位的产生和拉近金属原子与氧原子之间的距离($d_{(Fe-O)}=2.029$ Å 和 $d_{(Zr-O)}=2.072$ Å)。氧空位的引入会降低晶格中原子空间占有率提供更多的自由空间，这有利于 V—O—P/V 键角的伸展，金属原子与氧原子之间的距离减小会拉动氧原子另一端的 V(或者 P)向金属原子方向运动，这有利于 V—O—P/V 键角的伸展。以上这些共同作用的结果使全部的 V—

O—P/V 键角伸展到接近 180°并促进从超结构立方相向一般结果立方相转变。因此,Fe 掺杂的 $ZrV_{1.6}P_{0.4}O_7$ 样品室温下其晶体结构更倾向于一般结构立方相。

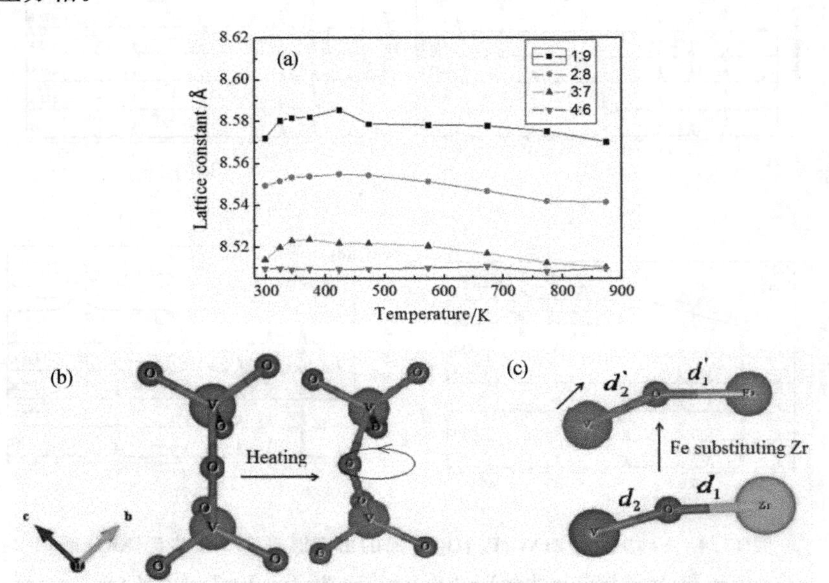

图 13.5 样品的晶格数随温度变化曲线及多面体连接原理图

(a)Fe 和 Zr 摩尔比分别为 1∶9,2∶8,3∶7 和 4∶6 的 Fe 掺杂的 $ZrV_{1.6}P_{0.4}O_7$ 样品的晶格常数随温度变化曲线;

(b)高温相的负热膨胀起源;(c) Fe^{3+} 对 Zr^{4+} 的替代导致 V—O—V/P 键角伸展

图 13.1 中弱的 X 射线衍射峰,我们把它归结于样品中含有少量 $FeV_{0.8}P_{0.2}O_4$ 的杂质,在变温 XRD 测量过程中,弱衍射峰随着温度的升高逐渐向较小角度偏移[图 13.6(a)],这表明 $FeV_{0.8}P_{0.2}O_4$ 具有正的热膨胀特性。为了观察少量的 $FeV_{0.8}P_{0.2}O_4$ 杂质对样品热膨胀性质的影响,利用 Linseis L76 热膨胀仪测量了样品的相对长度随温度的变化曲线。图 13.6(b)是 ZrV_2O_7(a)和 Fe 和 Zr 摩尔比分别为 0∶10(b),1∶9(c),2∶8(d),3∶7(e)和 4:6(f)的 Fe 掺杂的 $ZrV_{1.6}P_{0.4}O_7$ 相对长度随温度变化曲线。

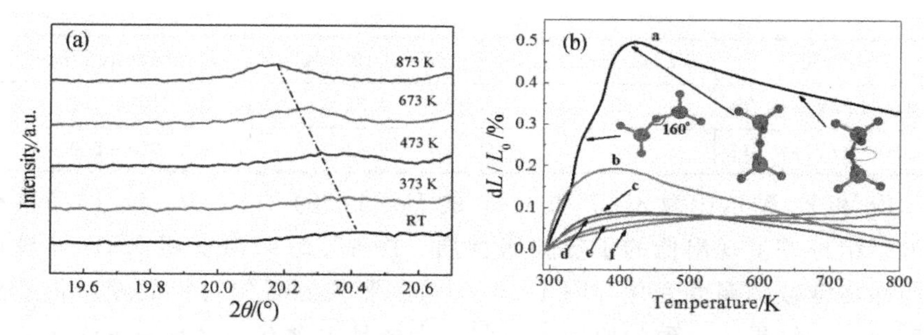

图13.6 (a)Fe和Zr摩尔比为4∶6的Fe掺杂的$ZrV_{1.6}P_{0.4}O_7$变温XRD图；(b)ZrV_2O_7(a)和Fe和Zr摩尔比分别为0∶10(b)，1∶9(c)，2∶8(d)，3∶7(e)和4∶6(f)的Fe掺杂的$ZrV_{1.6}P_{0.4}O_7$相对长度随温度变化曲线

对于ZrV_2O_7[图13.6(b)中a]，相对长度随温度变化曲线的两个拐点对应了两个相变，一个是从超结构相向一般结构立方相的转变，另一个目前为止还不知道是怎样的相变。只有第二个相变发生以后ZrV_2O_7才呈现出负热膨胀性质。对于$ZrV_{1.6}P_{0.4}O_7$[图13.6(b)中b]，只观察到一个拐点，并在此拐点温度之上，材料正热膨胀性能消失呈现出负热膨胀性质。材料中加入Fe之后[图13.6(b)中c]，在转变温度之下材料的正热膨胀性能明显被抑制，并随着Fe含量的增加[图13.6(b)中d、e]，拐点向更低温度位置移动且正负热膨胀差别越来越不明显，这表明Fe的加入可以非常有效地抑制第二相变。Fe和Zr摩尔比为4∶6的Fe掺杂的$ZrV_{1.6}P_{0.4}O_7$[图13.6(b)中f]呈现出没有拐点的低热膨胀特性。ZrV_2O_7和$ZrV_{1.6}P_{0.4}O_7$随着温度升高先展示出正热膨胀特性之后表现为负热膨胀特性，这和文献[17,18]报道一致。Fe和Zr摩尔比为1∶9和2∶8的Fe掺杂的$ZrV_{1.6}P_{0.4}O_7$样品表现出同样的热膨胀特性，这和图13.6(a)由变温XRD得到的晶格常数随温度的变化关系吻合的非常好。表13.1是由膨胀仪测试结果计算得到的材料的线膨胀系数。随着Fe含量的增加样品的膨胀系数逐渐变大。Fe和Zr摩尔比为3∶7和4∶6的样品的膨胀系数相差不大，这说明在这两个比例下晶格当中Fe的含量变化不大。

表13.1 由膨胀仪测试计算得到的材料的线膨胀系数

样品	Fe∶Zr molar ratio	CTE/($\times10^{-6}$ K^{-1})	Temperature range/K
ZrV_2O_7		−13.61	422～800
$ZrV_{1.6}P_{0.4}O_7$	0∶10	−13.33	396～800
Fe-doped $ZrV_{1.6}P_{0.4}O_7$	1∶9	−2.22	393～800
Fe-doped $ZrV_{1.6}P_{0.4}O_7$	2∶8	−0.92	435～800

续表

Sample	Fe∶Zr molar ratio	CTE/(×10⁻⁶ K⁻¹)	Temperature range/K
Fe-doped $ZrV_{1.6}P_{0.4}O_7$	3∶7	0.52	400～800
Fe-doped $ZrV_{1.6}P_{0.4}O_7$	4∶6	0.91	380～800

Fe和Zr摩尔比为3∶7和4∶6的Fe掺杂的$ZrV_{1.6}P_{0.4}O_7$样品具有立方相结构并呈现出低的正热膨胀性质。图13.6(a)由变温XRD计算得到的晶格常数随温度变化与图13.6(b)热膨胀仪测得的材料的相对长度随温度变化的结果不一致的原因可以归结为样品中含有少量具有正膨胀特性的$FeV_{0.8}P_{0.2}O_4$。$FeV_{0.8}P_{0.2}O_4$物质所占的含量可以根据主X射线衍射峰的强度比来估算，其在样品中所占的质量百分比与主衍射峰强度成正比关系。为了得到每一相的质量百分比和热膨胀系数，利用Fullprof软件使用Rietveld方法对Fe和Zr摩尔比为4∶6的Fe掺杂的$ZrV_{1.6}P_{0.4}O_7$室温下XRD数据进行了结构精修。分别得到了可以接受的较为可靠性因子(图13.7)，其中Fe掺杂的$ZrV_{1.6}P_{0.4}O_7$：R_{wp}= 7.18，$FeV_{0.8}P_{0.2}O_4$：R_{wp}=13.46。每一相的质量百分比可以由如下公式得到[128]：

$$W_X = \frac{I_{Xi}}{K_A^X \sum_{i=1}^{N} \frac{I_i}{K_A^i}} \tag{13.3}$$

式中：I_i是最强峰的积分强度；K_A^i是PDF卡片中的RIR值。

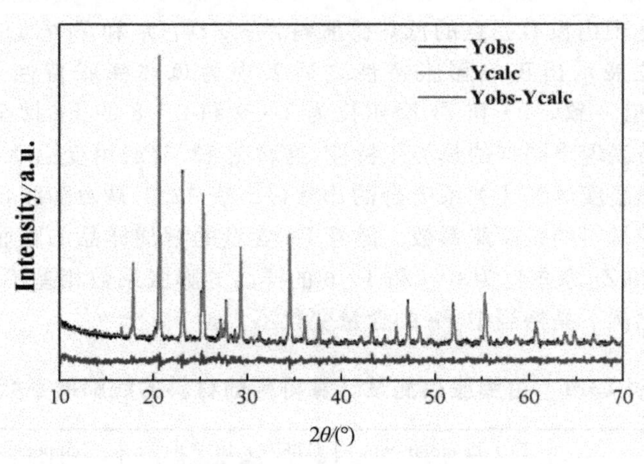

图13.7　对应于Fe和Zr摩尔比为4∶6的Fe掺杂的$ZrV_{1.6}P_{0.4}O_7$室温下XRD结构精修

表13.2是由XRD结果得到的Fe掺杂的$ZrV_{1.6}P_{0.4}O_7$的摩尔百分比(由质量百分比转换得到)。Fe掺杂的$ZrV_{1.6}P_{0.4}O_7$的密度由摩尔质量与摩尔体积的比值得到。$FeV_{0.8}P_{0.2}O_4$的密度是由维加德定律[$\rho=\rho$(Fe-

$VO_4)\times0.8+\rho(FePO_4)\times0.2=3.68\times0.8+3.04\times0.2=3.552\ g/cm^3$]计算得到的。由变温 XRD 结果得到的 Fe 和 Zr 摩尔比为 1∶9、2∶8、3∶7 和 4∶6 的 Fe 掺杂的 $ZrV_{1.6}P_{0.4}O_7$ 的膨胀系数计算结果分别为 -3.22×10^{-6}、$-2.61\times10^{-6}\ K^{-1}$、$-0.55\times10^{-6}\ K^{-1}$和 $0.82\times10^{-7}\ K^{-1}$，$FeV_{0.8}P_{0.2}O_4$ 的膨胀系数为 $3.69\times10^{-6}\ K^{-1}$。更进一步，样品预期的热膨胀系数由式 $\alpha=\alpha_1\times vol.\%+\alpha_2\times(1-vol.\%)$计算得到，并在表 13.2 中给出。

表 13.2　由 Fe 掺杂的 $ZrV_{1.6}P_{0.4}O_7$ 和 $FeV_{0.8}P_{0.2}O_4$ 的摩尔百分比

Molar ratio (Fe:Zr)	Calculated density /cm^{-3}	Fe-doped Zr $V_{1.6}P_{0.4}O_7$/mol%	$FeV_{0.8}P_{0.2}O_4$ (mol%)	Expected CET ($\times10^{-6}\ K^{-1}$)
1∶9	3.092	99.35	0.65	−3.17
2∶8	3.085	97.76	2.24	−2.46)
3∶7	3.085	95.85	13.15	−0.36
4∶6	3.071	91.89	8.11	0.39

13.4　本章小结

利用固相烧结合成技术制备了 Fe 掺杂的 $ZrV_{1.6}P_{0.4}O_7$ 固溶体。室温 XRD 结果表明，固溶体具有 ZrV_2O_7 的一般结构相。对于 Fe 掺杂的 $ZrV_{1.6}P_{0.4}O_7$ 固溶体热膨胀和收缩性能分析结果表明，随着固溶体中 Fe^{3+} 含量的增加，材料的热膨胀和收缩都会被抑制。变温 XRD 分析结果表明，Fe 和 Zr 摩尔比为 4∶6 时 Fe 掺杂的 $ZrV_{1.6}P_{0.4}O_7$ 表现出近零膨胀特性。因为 Fe^{3+} 小于 Zr^{4+} 的化合价和 Fe^{3+} 小于 Zr^{4+} 的离子半径，所以 Fe^{3+} 对 Zr^{4+} 的替代会导致氧空位的产生和拉近金属原子与氧原子之间的距离，氧空位引入会降低晶格中原子空间占有率，提供更多的自由空间，这有利于 V—O—P/V 键角的伸展，金属原子与氧原子之间的距离减小会拉动氧原子另一端的 V(或者 P)向金属原子方向运动，这有利于 V—O—P/V 键角的伸展。以上这些共同作用的结果使全部的 V—O—P/V 键角伸展到接近 180°并促进从超结构立方相向一般结构立方相转变，这些都会使样品具有更低的相变温度，并展示出近零膨胀特性。

参考文献

[1]Withers R L,Evans J S O, Hanson J C, et al. An in situ temperature-dependent electron and X-ray diffraction study of structural phase transitions in ZrV_2O_7[J]. J. Solid State Chem,1998, 137, 161-167.

[2]Khosrovani N, Sleight A W,Vogt T. Structure of ZrV_2O_7 from −263 to 470℃[J]. J. Solid State Chem, 1997, 132, 355-360.

[3] Withers R L, Tabira Y, Evans J S O, et al. A new three-dimensional incommensurately modulated cubic phase (in ZrP_2O_7) and its symmetry characterization via temperature-dependent electron diffraction[J]. J. Solid State Chem, 2001, 152: 186-192.

[4] Mittal R, Chaplot S L. Lattice dynamical calculation of negative thermal expansion in ZrV_2O_7 and HfV_2O_7[J]. Phy. Rev. B, 2008, 78: 2599-26013.

[5] Yamamura Y, Horikoshi A, Yasuzuka S, et al. Negative thermal expansion emerging upon structural phase transition in ZrV_2O_7 and HfV_2O_7[J]. Dalton Trans, 2011, 40:2242-2248.

[6] Hemamala U L C, El-Ghussein F, Muthu D V S. High-pressure Raman and infrared study of ZrV_2O_7[J]. Solid State Commun, 2007, 141 (12):680-684.

[7] Petruska E A, Muthu D V S, Carlson S. High-pressure Raman and infrared spectroscopic studies of ZrP_2O_7[J]. Solid State Commun., 2010, 150, 235-239.

[8] Withers R L, Evans J S O, Hanson J, et al. An in situ temperature-dependent electron and X-ray diffraction study of structural phase transition in ZrV_2O_7[J]. Solid State Chem 1998, 137:161-167.

[9] Lahiri S, Roy K, Bhattacharya S,et al. Separation of 134Cs and 152Eu using inorganic ion exchangers, zirconium vanadate and ceric vandate. [J]. Appl Radiat Isot, 2005, 63:293-299.

[10] Withers R L, Tabira Y, Evans J S O, et al. High-pressure properties of TiP_2O_7, ZrP_2O_7 and ZrV_2O_7[J]. Appl. Crystallogr, 2001, 34: 7-12.

[11] 袁焕丽,袁保合,李芳,等. $ZrV_{2-x}P_xO_7$ 固溶体的相变与热膨胀性质的研究[J]. 物理学报,2012, 61(22):51—54.

[12] Sahoo P P, Sumithra S, Madras G, et al. Synthesis, structure, negative thermal expansion, and photocatalytic property of Mo doped ZrV_2O_7[J]. Inorg Chem, 2011, 50: 8774-8781.

[13] Liu Q Q, Yang J, Sun X J, et al. Influence of W doped ZrV_2O_7 on structure, negative thermal expansion property and photocatalytic performance[J]. Appl. Surf. Sci,2014, 34:41-47.

[14] Hisashige T, Yamaguchi T, Tsuji T, et al. Phase transition of $Zr_{1-x}Hf_xV_2O_7$ solid solutions having negative thermal expansion[J]. Ceram Soc Jpn,2006, 114:607-611.

[15] Elkady M F, Feteha M Y, El Essawy N A. Microstructure and electrical conductivity properties of novel synthesized cesium doped nano-zirconium vanadate[J]. Int Res Chem Environ,2014, 4:184-1913.

[16] Yanase I, Kojima T, Kobayashi H. Effects of Nb and Y substitution on negative thermal expansion of $ZrV_{2-x}PxO_7$ ($0 \leqslant x \leqslant 0.8$)[J]. Solid State Commun,2011, 151:595-598.

[17] Evans J S O, Hanson J C, Sleight A W. Room-temperature superstructure of ZrV_2O_7[J]. Acta Crystallogr,1998, B54:705-713.

[18] Korthuis V, Khosrovani N,Sleight A W. Negative thermal expansion and phase transitions in the $ZrV_{2-x}P_xO_7$ series[J]. Chem. Mater, 1995, 7:412-417.

第14章 Fe/Mo双替代ZrV_2O_7中Zr/V对其相变及热膨胀性能影响

14.1 引 言

材料的热膨胀系数差别较大时，温度变化较快会在材料之间产生热应力，甚至导致仪器性能下降或失效。负热膨胀材料由于其在零热膨胀器件和调整不同材料的热膨胀系数等方面的潜在应用前景而引起极大的关注[1-7]。但是负热膨胀材料的一些缺点限制了其应用，比如亚稳相结构[8-12]、相变、吸水性[13]、各向异性[14]等。关于负热膨胀材料的研究主要集中在改善性能和发现新的负热膨胀材料方面。ZrW_2O_8和ZrV_2O_7都呈现出各向同性的负热膨胀性质，但是ZrW_2O_8在室温下具有热力学亚稳相特点。ZrV_2O_7由于其稳定的相结构和各向同性成为一种极其受关注的负热膨胀材料。但是，室温下ZrV_2O_7是$3\times3\times3$超结构立方相并且从室温到375 K温度范围内呈现出巨大的热膨胀特性。ZrV_2O_7在375 K以上直到软化温度1073 K都呈现出各向同性的负热膨胀性能。从室温升温过程中，ZrV_2O_7在350 K和375 K附近存在两个相变点。高温相是空间群为$Pa\overline{3}$，配位数$Z=4$的$1\times1\times1$一般结构立方相。有报道，利用X射线衍射(XRD)方法揭示了ZrV_2O_7有趣的高压行为，在1.38～1.72 GPa压力下存在一个可以从α-相（立方）到β-相（四方）的明显相转变。

关于ZrV_2O_7的许多研究都集中在降低材料的相变温度方面。Sleight小组为降低ZrV_2O_7的相变温度用P^{5+}替代V^{5+}制备出$ZrV_{2-x}P_xO_7$($0\leqslant x\leqslant2$)，并把相变温度从375 K($x=0$)降低到326 K($x=0.3$)。通过变温拉曼研究发现，$ZrV_{2-x}P_xO_7$($0\leqslant x\leqslant1$)的相变温度可以降低到273 K($x=0.8$)和213 K($x=1$)，但是正负热膨胀转变温度最低降低到340 K($x=0.4$)。ZrV_2O_7中引入P而使相变温度降低，可以归结为P的引入导致晶格中原子占有率下降从而使V—O—V键的伸展更为容易[15,16]。在ZrV_2O_7中用

不等价离子 Mo^{6+} 替代 V^{5+}[17]或是 W^{6+} 替代 V^{5+}[18]能略微降低其相变温度。$Zr_{1-x}Hf_xV_2O_7$ 固溶体的研究表明，材料的相变温度没有明显变化[19]。Yanase 等人研究了 Nb^{5+} 和 Y^{3+} 共同取代 P 掺杂的 ZrV_2O_7 中的 Zr^{4+}，结果表明，这样替代要比只用 P 替代 V 更有效地使超结构和正热膨胀消失[20]。综合以上可知，单粒子替代 ZrV_2O_7 中的 Zr^{4+} 或者 V^{5+} 由于化合价或者是离子半径不同可能导致晶格畸变，并且只能实现很低的替代率。我们已经报道了用 Cu^{2+}/P^{5+} 或者 Fe^{3+}/P^{5+} 替代 ZrV_2O_7 中的 Zr^{4+}/V^{5+}。然而，实现高浓度的掺杂还是十分困难的。尽管在 ZrV_2O_7 中用 P^{5+} 替代 V^{5+}，或是 Nb^{5+}/Y^{3+} 替代 Zr^{4+}，或是 Cu^{2+}/P^{5+} 或 Fe^{3+}/P^{5+} 替代 Zr^{4+}/V^{5+} 来抑制低温度范围内的巨大热膨胀似乎很有效，但是用热膨胀仪测得的热膨胀系数的正负转变温度点一直都在 350 K 附近。另外，研究利用具有正热膨胀材料和负热膨胀材料复合得到具有零热膨胀系数的复合材料也是一项十分有意义的工作[21,22]。

为了进一步降低 ZrV_2O_7 的相变温度，同时对 Zr 位和 V 位进行离子替代和提高掺杂的浓度是必须要做的工作。本章我们用 Fe^{3+}/Mo^{6+} 来替代 ZrV_2O_7 中的 Zr^{4+}/V^{5+} 制备出 $Zr_{1-x}Fe_xV_{2-x}Mo_xO_7$。并详细研究双离子替代对其热膨胀性能的影响。研究结果表明，Fe^{3+}/Mo^{6+} 在 ZrV_2O_7 中的溶解度要远高于 Cu^{2+}/P^{5+} 或者 Fe^{3+}/P^{5+}。当 $x \geqslant 0.5$ 时超结构立方相消失，当 $x=0.8 \sim 0.9$ 时得到了从 190 K 到 700 K 温度范围内的近零膨胀材料。

14.2　实验过程

14.2.1　样品制备过程

$Zr_{1-x}Fe_xV_{2-x}Mo_xO_7$ ($0.0 \leqslant x \leqslant 1.0$) 陶瓷以分析纯 Fe_2O_3（纯度为 99.0%，天津致远化工有限公司生产）、ZrO_2（纯度为 99.0%，天津光复精细化工研究所生产）、V_2O_5（纯度为 99.0%，天津开通化工有限公司生产）和 MoO_3（纯度为 99.5%，天津开通化工有限公司生产）氧化物粉末为原料采用固相烧结法烧结。按目标产物的化学计量比称取 Fe_2O_3、ZrO_2、MoO_3 和过量 7%的 V_2O_5，称量的原材料充分混合后再在玛瑙研钵内研磨大约 3 h。研磨好的原料混合物冷压成直径为 10 mm，高度为 8～16 mm 的圆柱体。最后将冷压成圆柱体的素胚放入预先升温到 1023 K 的管式炉中烧结 4 h。

14.2.2 样品表征

样品的表征分为以下几个方面：采用 D/MAX-3B 型转靶 X 射线粉末衍射仪对所制备的样品进行物相分析。变温 XRD 用升降温控制设备，其控制精度为±0.1 K。采用 Renishaw 公司激发波长为 532 nm 的 MR-2000 拉曼光谱仪对样品进行拉曼光谱分析。变温拉曼温控设备采用的是可以在一个温度点保温 60 min，温度误差为±0.1 K 的 TMS-94 型精密温度控制器。材料的热膨胀系数是利用热膨胀仪测定的，利用 Linseis L76 热膨胀仪测定产物从 290～873 K 的热膨胀曲线，利用 Linseis L75 热膨胀仪测定产物从 140～673 K 的热膨胀曲线，升降温速率为 5 K/min。

14.3 结果与讨论

14.3.1 晶体结构分析

图 14.1 是我们制备的 $Zr_{1-x}Fe_xV_{2-x}Mo_xO_7$（$x$=0，0.1，0.3，0.5，0.6，0.7，0.8，0.9）系列材料在室温下的 XRD 图谱。当 x=0.0 时，XRD 图中的主衍射峰除了标记为"∇"的第二相 ZrO_2 的弱峰之外都与室温下 ZrV_2O_7（JCPDF card：88-0587）的标准 XRD 谱线一致，ZrO_2 衍射峰的出现与烧结过程中 V_2O_5 的挥发有关。然而，仔细比较 x=0.1 和 x=0.3 样品的 X 射线衍射峰，可以观察到主衍射峰几乎没有任何变化，第二相 ZrO_2 的衍射峰明显减弱并且对于 x= 0.3 的样品来讲已经完全消失。这个结果表明：①当 Fe^{3+}/Mo^{6+} 对 ZrV_2O_7 中的 Zr^{4+}/V^{5+} 替代量较少时（$x \leqslant 0.3$）材料保持原来立方相结构；②Fe^{3+}/Mo^{6+} 替代 ZrV_2O_7 中的 Zr^{4+}/V^{5+} 有利于消除样品中第二相的 ZrO_2 从而制备出单一相的纯净陶瓷样品。另一方面这也可能与 Fe_2O_3 和 V_2O_5 更容易反应而抑制了 V_2O_5 的挥发使原料中 ZrO_2 反应完全有关，使 ZrO_2 第二相完全消失。在 Fe^{3+} 掺杂的 $ZrV_{1.6}P_{0.4}O_7$ 中观察到同样的现象。当 x 的值由 0 增大到 0.5 的过程中，大约在 20°的主衍射峰的相对强度逐渐变弱而变成第二主衍射峰，而在 23°左右原来的次级衍射峰的相对强度逐渐增强变成主衍射峰，除此之外整个过程中几个主峰没有明显变化，这说明当 $x \leqslant 0.5$ 时材料的主结构还与 ZrV_2O_7 的晶体结构相同。然而，随着 Fe^{3+}/Mo^{6+} 对 ZrV_2O_7 中的 Zr^{4+}/V^{5+} 替代量的进一步增

加，当 x 的值由 0.6 增大到 0.9 的过程中，除了衍射峰向更大角度移动外，原来在 20°左右的主衍射峰的相对强度继续变弱直至消失，原来的次级衍射峰劈裂成二倍衍射角大约在 23°和 25°的两个峰，甚至还出现了一些新的衍射峰。随着 Fe^{3+}/Mo^{6+} 对 Zr^{4+}/V^{5+} 替代量的进一步增加，衍射峰的劈裂和新的衍射峰的出现表明晶体晶格的对称性降低，从立方结构转变为正交或者是单斜结构。当 $x=0.6$ 和 $x=0.7$ 时，材料的 X 射线衍射峰除了包含所有立方相衍射峰外，还有其他衍射峰的出现，这说明此时材料处于两相共存或是多相共存状态。当 $x=0.8$ 和 $x=0.9$ 时，对应立方相的主 X 射线衍射峰全部消失，而前面提到的新的衍射峰变强，并且 $x=0.8$ 和 $x=0.9$ 时衍射峰峰形和峰位没有任何变化，这说明材料的晶体结构发生彻底的改变并形成新的晶体结构。

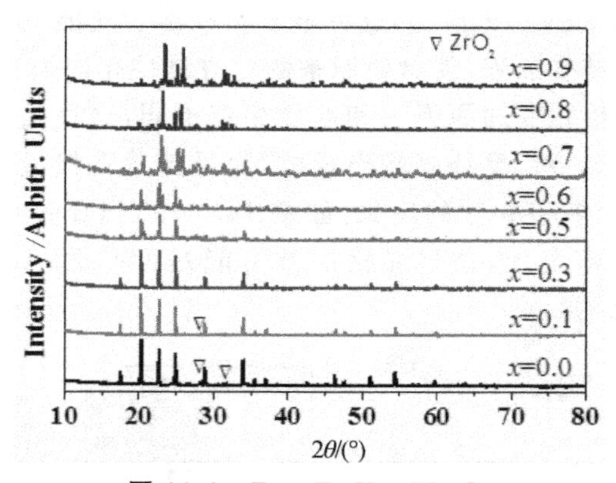

图 14.1　$Zr_{1-x}Fe_xV_{2-x}Mo_xO_7$

($x=0.0, 0.1, 0.3, 0.5, 0.6, 0.7, 0.8, 0.9$)的 XRD 图谱

为了 Fullprof 软件结构精修的需要，我们在室温下测量了一组慢扫描的 XRD 数据。用空间群是 $Pa\bar{3}$的立方结构的 ZrV_2O_7 作为 XRD 数据精修的起始模型。对于 $x=0.3$ 的数据精修时，Zr/Fe 的混合离子占据全部的 Zr 位和 V/Mo 的混合离子占据全部的 V 位被认为是最容易得到的，也是最适合的占位方法[142]。图 14.2(a)和 14.2(c)所示的是 $x=0.0$ 和 $x=0.3$ 时 $Zr_{1-x}Fe_xV_{2-x}Mo_xO_7$ 的结构精修结果。从精修结果可以发现，晶格常数由8.77014 Å($x=0.0$)减小到 8.73699 Å($x=0.3$)。为了直观地展示出 Fe/Mo 替代 ZrV_2O_7 中的 Zr/V 时晶体结构的变化，图 14.2(b)和 14.2(d)分别给出当 $x=0.0$ 和 $x=0.3$ 时的晶体结构示意图。由图可以看出，$x=0.0$ 和 $x=0.3$的样品有相似的立方结构，然而在 $x=0.3$ 的样品中，因为正八面体中心位置由 0.3 的 Fe 和 0.7 的 Zr 组成，为了标示出含量的不同，我们采用不同颜色的砌块组成，因为正四面体的中心位置 V 的含量是 1.7，远大于 0.3 的 Mo 含量，所以全部用相同的红色标示。在如此大的不等价离子替代量的情况下材料依旧保持立方结构相并且没有第二相出现，这是从来没有报道过的，这和不等价离子取代在晶格当中同时引入了缺电子位的空穴$(Fe_{Zr})^-$和多电子注入位$(Mo_V)^+$有不可忽视的联系。众所周知，Fe^{3+}替代 Zr^{4+} 结果是所能提供和氧原子配对的电子数减少一个，使八面体周围出现一个不成对电子而形成空穴；另一方面，Mo^{6+} 所能提供和氧原子配对的电子数要比 V^{5+} 多一个，Mo^{6+} 替代 V^{5+} 结果是减少一个使四面体周围多出一个自由活动的电子，这样的电子在总量不太多且不改变材料晶格结构的前提下去填补前面提到的空穴，这种$(Fe_{Zr})^-$和$(Mo_V)^+$的形成有利于电子在整个晶体当中转移而使晶体保持电中性，所以可以实现不等价离子较大量替代，并保持材料的立方结构相不变化。然而，随着 Fe^{3+}/Mo^{6+} 对 Zr^{4+}/V^{5+} 替代量的进一步增加，这种电子转移尽管还能使材料保持电中性同时也会使晶格畸变加强，使材料原来的立方结构相消失出现新的结构，这就是离子替代产生相变的原因。和温度相变不同，这种晶格畸变引起的相变并不是在某一个替代量处突然出现的，而是随着替代量的增加在缓慢变化的过程，会出现多相共存的现象，如图 14.1 中，当 $x=0.6$ 和 $x=0.7$ 时就是这种情况。事实上，这种晶格占位可能是 Fe^{3+} 和 Zr^{4+} 以及 Mo^{6+} 和 V^{5+}之间竞争的结果。

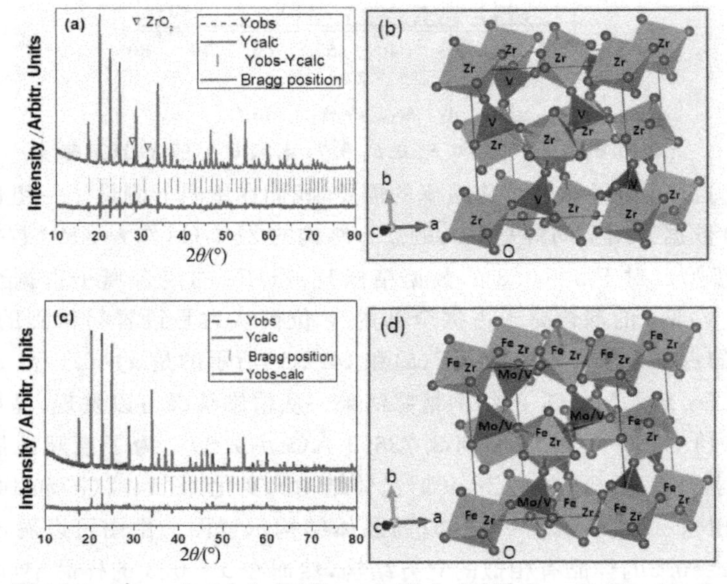

图 14.2　当 $x=0.0$ (a)，(b)和 $x=0.3$(c)，(d)时 $Zr_{1-x}Fe_xV_{2-x}Mo_xO_7$ 室温 XRD 数据进行的结构精修结果和结构示意图

对于 Fe^{3+}/Mo^{6+} 对 ZrV_2O_7 中的 Zr^{4+}/V^{5+} 替代量较多的样品，比如 $Zr_{0.2}Fe_{0.8}V_{1.2}Mo_{0.8}O_7$ 和 $Zr_{0.1}Fe_{0.9}V_{1.1}Mo_{0.9}O_7$，从 ZrV_2O_7 的晶体结构出发，根据 X 射线衍射峰的变化很难推断出其晶体结构。目前为止，还没有发现适合它们的晶体结构信息。在这种情况下，要根据 XRD 数据对材料的晶体结构进行结构精修来确定材料的结构及原子占位是十分困难的，然而可以利用基于最小二乘法的 PowderX 程序[143]来计算 $Zr_{0.2}Fe_{0.8}V_{1.2}Mo_{0.8}O_7$ 的晶格常数，并对衍射峰进行指标化。图 14.3 是利用 PowderX 程序指标化 $Zr_{0.2}Fe_{0.8}V_{1.2}Mo_{0.8}O_7$ 的 XRD 图谱。由图 14.3 可以看出，实验测得的 88 个 X 射线衍射峰有 87 个很好地符合单斜结构所对应的 X 射线衍射线。$Zr_{0.2}Fe_{0.8}V_{1.2}Mo_{0.8}O_7$ 所对应的晶格常数是 $a=8.4881$ Å，$b=8.9056$ Å 和 $c=8.2044$ Å；所对应的晶格角度是 $\alpha=90°$，$\beta=112.736°$，$\gamma=90°$。图 14.4 是 $Zr_{0.2}Fe_{0.8}V_{1.2}Mo_{0.8}O_7$ 和 $Zr_{0.1}Fe_{0.9}V_{1.1}Mo_{0.9}O_7$ 的从室温到 873 K 变温 XRD 图谱。随着温度升高，除了 $Zr_{0.2}Fe_{0.8}V_{1.2}Mo_{0.8}O_7$ 的 X 射线衍射峰略微向小角度偏移和 $Zr_{0.1}Fe_{0.9}V_{1.1}Mo_{0.9}O_7$ 的衍射峰向大角度略有偏移之外，两个样品的 XRD 峰形没有任何变化。结果表明：一方面从室温到 873 K 温度范围内两种材料的结构稳定没有发生相变；另一方面，$Zr_{0.2}Fe_{0.8}V_{1.2}Mo_{0.8}O_7$ 的峰位向小角度偏移，说明其具有较弱的正热膨胀特性，$Zr_{0.1}Fe_{0.9}V_{1.1}Mo_{0.9}O_7$ 的衍射峰向大角度偏移，说明其从室温到 873 K 温度范围内具有很弱的负热膨胀性质。

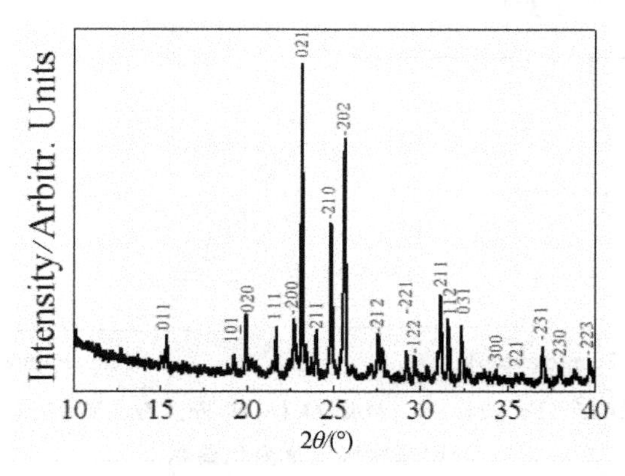

图 14.3　利用 PowderX 程序指标化 $Zr_{0.2}Fe_{0.8}V_{1.2}Mo_{0.8}O_7$ 的 XRD 图谱

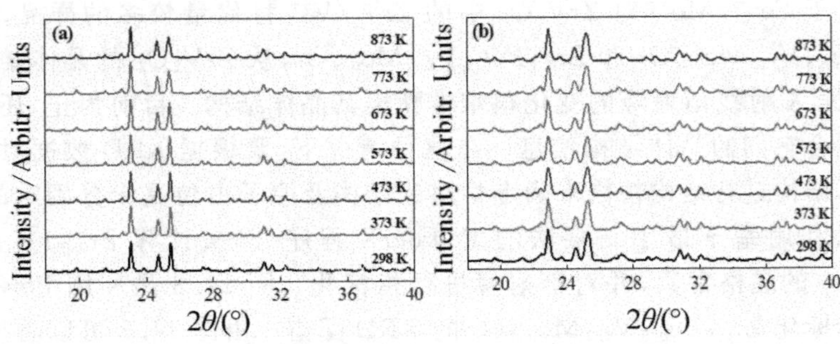

图 14.4　$Fe_{0.8}Zr_{0.2}V_{1.2}Mo_{0.8}O_7$(a)和 $Fe_{0.9}Zr_{0.1}V_{1.1}Mo_{0.9}O_7$(b)从室温到 873 K 变温 XRD

14.3.2　低热膨胀性能

图 14.5(a)和 14.5(b)是 $Zr_{0.2}Fe_{0.8}V_{1.2}Mo_{0.8}O_7$ 和 $Zr_{0.1}Fe_{0.9}V_{1.1}Mo_{0.9}O_7$ 的晶格常数从室温到 873 K 温度的区间内随温度的变化曲线，这两组数据是根据图 14.4 的变温 XRD 结果利用 PowderX 程序基于最小二乘法计算方法得到的。由图 14.5(a)可以看出，$Zr_{0.2}Fe_{0.8}V_{1.2}Mo_{0.8}O_7$ 的 a 轴和 c 轴随着温度的升高增长很小，而 b 轴随温度的升高增长很明显；由图 14.5(b)可以看出，$Zr_{0.1}Fe_{0.9}V_{1.1}Mo_{0.9}O_7$ 的三支晶轴随着温度升高都是略有收缩，并且 c 轴随温度呈线性变化。

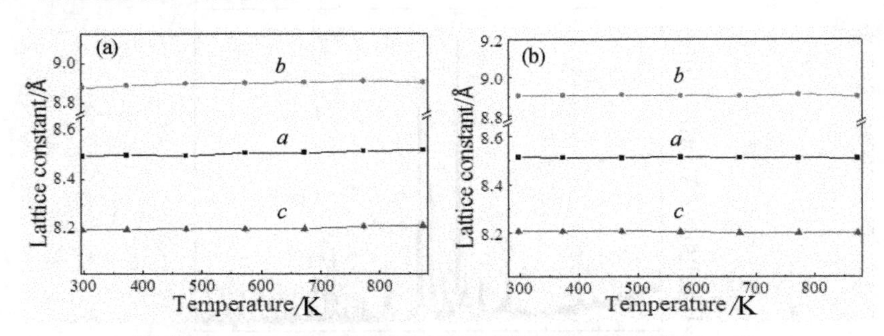

图 14.5　$Fe_{0.8}Zr_{0.2}V_{1.2}Mo_{0.8}O_7$(a)和 $Fe_{0.9}Zr_{0.1}V_{1.1}Mo_{0.9}O_7$(b)晶轴随温度变化曲线

图 14.6 是 $Zr_{0.2}Fe_{0.8}V_{1.2}Mo_{0.8}O_7$ 和 $Zr_{0.1}Fe_{0.9}V_{1.1}Mo_{0.9}O_7$ 的晶胞体积随温度变化曲线。由图可以看出，$Zr_{0.2}Fe_{0.8}V_{1.2}Mo_{0.8}O_7$ 的晶胞体积随着温度的升高而膨胀，而 $Zr_{0.1}Fe_{0.9}V_{1.1}Mo_{0.9}O_7$ 的晶胞体积随着温度的升高呈现出收缩特性，这与图 14.5 所得到的晶格常数随温度变化规律一致。根据以上结果计算得到的 $Zr_{0.2}Fe_{0.8}V_{1.2}Mo_{0.8}O_7$ 和 $Zr_{0.1}Fe_{0.9}V_{1.1}Mo_{0.9}O_7$ 的各个晶轴的线膨胀系数和它们各自的体膨胀系数都列入表 14.1 中。尽管

$Zr_{0.2}Fe_{0.8}V_{1.2}Mo_{0.8}O_7$ 和 $Zr_{0.1}Fe_{0.9}V_{1.1}Mo_{0.9}O_7$ 具有相同的晶体结构，但是却呈现出不同的热膨胀性质。出现这一现象的原因可以归结为 Fe^{3+}/Mo^{6+} 对 Zr^{4+}/V^{5+} 替代量的不同。当 $x=0.8$ 时，所有的$(Fe_{Zr})^-$空穴和$(Mo_V)^+$提供的电子都用来促进结构相变，导致晶体中没有以 ZrV_2O_7 为基础的立方结构相，但也没有多余的$(Fe_{Zr})^-$和$(Mo_V)^+$可以在空间自由活动，所以随着温度升高晶格呈现出热膨胀特性；当 $x=0.9$ 时，结构相变完成后材料中还有可以自由活动的$(Fe_{Zr})^-$空穴和$(Mo_V)^+$提供的多余电子，随着温度的升高会激发出电子空穴对，电子空穴对的产生会影响晶格的热膨胀性质。综上所述，随着温度的升高晶体受晶格振动和电子空穴移动两方面的影响而呈现出热收缩的特点。

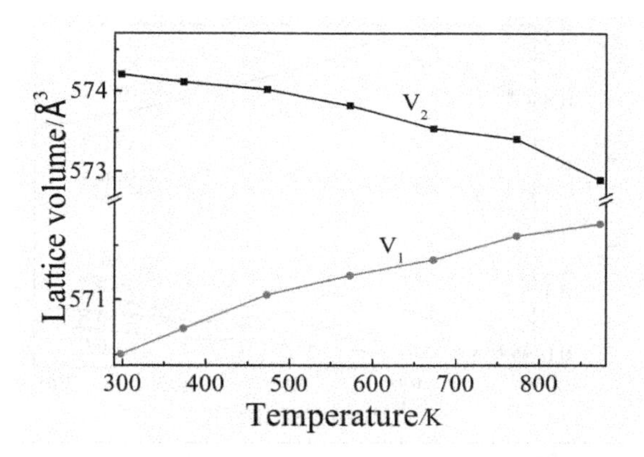

图 14.6　$Fe_{0.8}Zr_{0.2}V_{1.2}Mo_{0.8}O_7$ (V_1) 和 $Fe_{0.9}Zr_{0.1}V_{1.1}Mo_{0.9}O_7$ (V_2) 晶胞体积随温度变化曲线

表 14.1　由变温 XRD 数据计算得到的 $Fe_{0.8}Zr_{0.2}V_{1.2}Mo_{0.8}O_7$ 和 $Fe_{0.9}Zr_{0.1}V_{1.1}Mo_{0.9}O_7$ 热膨胀系数

晶轴	CTE/($\times10^{-6}$ K^{-1}) $Zr_{0.2}Fe_{0.8}V_{1.2}Mo_{0.8}O_7$	CTE/($\times10^{-6}$ K^{-1}) $Zr_{0.1}Fe_{0.9}V_{1.1}Mo_{0.9}O_7$
a	0.21	−0.40
b	3.85	−0.97
c	0.43	−1.22
V	4.25	−2.53

为了计算材料的热膨胀系数我们采用热膨胀仪测量 $Zr_{1-x}Fe_xV_{2-x}Mo_xO_7$ 的相对长度随温度变化曲线，如图 14.7 所示。从图 14.7 可以看出，对于 $x=0.0\sim0.5$ 的样品在 400 K 以下表现出正热膨胀的特点，这正

是 3×3×3 超结构立方相所展示的膨胀特性。这说明绝对膨胀系数发生变化外，在 x 的值低于 0.5 时材料所展示出的热膨胀性质与 ZrV_2O_7 完全相同(随着温度的升高先膨胀后收缩)，另一方面又说明这种双离子替代并不能使相变温度得到任何改变。随着 Fe^{3+}/Mo^{6+} 对 ZrV_2O_7 中的 Zr^{4+}/V^{5+} 替代量进一步增加，热膨胀仪所测试的结果中没有看到相变的存在，这说明样品的晶格结构中已经不存在 3×3×3 超结构立方相；从图中可以明显看出，当 x 的值达到 0.7 以上时，样品的热膨胀系数随着替代量的增加而减小。当 x 的值为 0.9 时，材料呈现出近零膨胀特性，这个结果和变温 XRD 测得的结果保持一致。表 14.2 是由热膨胀仪测得的 $Zr_{1-x}Fe_xV_{2-x}Mo_xO_7$ 的相对长度随温度变化计算得到的热膨胀系数。

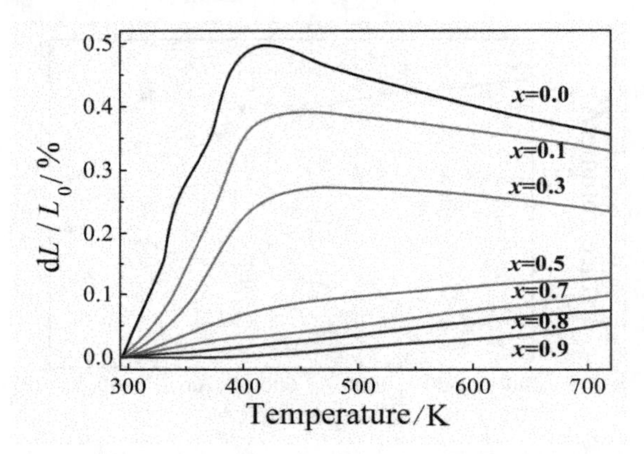

图 14.7　x=0、0.1、0.3、0.5、0.7、0.8、0.9 的 $Zr_{1-x}Fe_xV_{2-x}Mo_xO_7$ 相对长度随温度的变化曲线

表 14.2　由热膨胀仪测得的 $Zr_{1-x}Fe_xV_{2-x}Mo_xO_7$ 的热膨胀系数

样品	CTE/($\times 10^{-6}$ K^{-1})	温度范围/K
ZrV_2O_7	−4.81	420～700
$Zr_{0.9}Fe_{0.1}V_{1.9}Mo_{0.1}O_7$	−2.21	450～700
$Zr_{0.7}Fe_{0.7}V_{1.7}Mo_{0.7}O_7$	−1.30	450～700
$Zr_{0.5}Fe_{0.5}V_{1.5}Mo_{0.5}O_7$	1.65	420～700
$Zr_{0.3}Fe_{0.7}V_{1.3}Mo_{0.7}O_7$	2.48	300～600
$Zr_{0.2}Fe_{0.8}V_{1.2}Mo_{0.8}O_7$	1.86	300～600
$Zr_{0.1}Fe_{0.9}V_{1.1}Mo_{0.9}O_7$	0.92	300～600

上面的结果揭示了各向异性的热膨胀特性是 $Zr_{0.1}Fe_{0.9}V_{1.1}Mo_{0.9}O_7$ 本身所固有的一种性质。从室温到 700 K 的温度范围内，$Zr_{0.1}Fe_{0.9}V_{1.1}Mo_{0.9}O_7$ 都小

于 $Zr_{0.2}Fe_{0.8}V_{1.2}Mo_{0.8}O_7$ 的线热膨胀系数。热膨胀仪测量 $Zr_{0.1}Fe_{0.9}V_{1.1}Mo_{0.9}O_7$ 的热膨胀系数($0.92\times10^{-6}K^{-1}$)与变温 XRD(-0.86×10^{-6} K^{-1})的不同，出现这种现象的原因可能与烧结过程中样品内部含有小孔有关。

为了进一步研究材料 $Zr_{0.1}Fe_{0.9}V_{1.1}Mo_{0.9}O_7$ 的低热膨胀性质，我们采用 Linseis L75 热膨胀仪测量了 $Zr_{0.1}Fe_{0.9}V_{1.1}Mo_{0.9}O_7$ 和 ZrV_2O_7 的从 140 K 到 673 K 温度范围的相对长度随温度变化曲线，如图 14.8 所示。根据图 14.8 计算得到在 140 K 到 400 K 的温度范围内 $Zr_{0.1}Fe_{0.9}V_{1.1}Mo_{0.9}O_7$ 的热膨胀系数是 0.72×10^{-6} K^{-1}。这个结果表明，$Zr_{0.1}Fe_{0.9}V_{1.1}Mo_{0.9}O_7$ 具有涵盖室温和宽温区的低热膨胀特性。

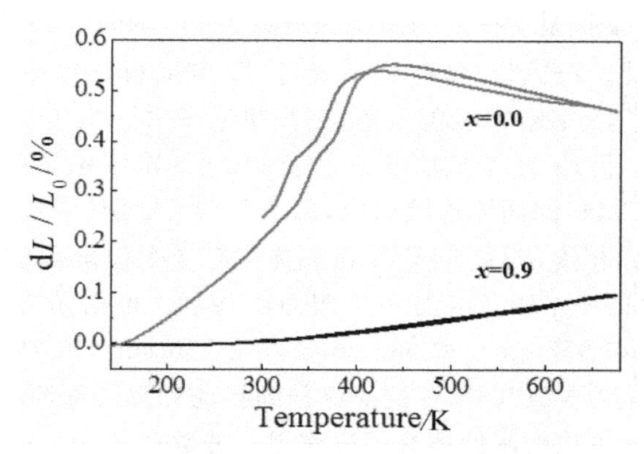

图 14.8　$x=0$ 和 $x=0.9$ 的 $Zr_{1-x}Fe_xV_{2-x}Mo_xO_7$ 在低温范围内相对长度随温度的变化曲线

材料 $Zr_{0.1}Fe_{0.9}V_{1.1}Mo_{0.9}O_7$ 的低热膨胀性质产生的机制主要可以归结为 Fe/Mo 对 ZrV_2O_7 中的 Zr/V 大量替代导致原来晶体结构遭到破坏，并且材料中出现新的晶体结构也受到过量替代的影响。Fe 和 Mo 的电负性分别为 1.83 和 2.16，这要大于它们所替代原子 Zr (1.33)和 V (1.53)所对应的电负性。①随着 Fe^{3+}/Mo^{6+} 对 ZrV_2O_7 中 Zr^{4+}/V^{5+} 的替代会增加材料对外所显示的电负性并能够有效地降低晶格中 O 原子的负化合价态和氧原子之间的排斥力，氧原子之间的引力增大的直接结果会导致框架结构的坍塌[23,24]。②Fe/Mo 对 ZrV_2O_7 中的 Zr/V 离子替代会出现 Mo—O—V 键结构而降低原晶格中 V—O—V 对称性，而此处在 V—O—V 中桥氧原子的横向热振动正是 ZrV_2O_7 具有负热膨胀性质的原因。在 ZrV_2O_7 中 V—O—V 键角接近 180°，随着 Fe/Mo 对 ZrV_2O_7 中的 Zr/V 离子替代量的增加，这个键角会变得越来越小，产生这一现象的原因是替代量的增加导致晶格畸变加强和氧原子之间的吸引力变大。③Fe^{3+}/Mo^{6+} 对 Zr^{4+}/V^{5+} 替代量很大时($x=0.9$)，晶格畸变导致的结构相变完全完成后，材料中还有可以自由活动的(Fe_{Zr})$^-$空穴和(Mo_V)$^+$提供的多余电子,随着温度的升高会激发出电子空穴对,电子空穴对的移动速率会改变晶格,所以随着温度的升高,晶格受晶格振动和电子空穴移动两方面的影响。

14.3.3 晶格振动

为了更进一步研究 Fe/Mo 对 ZrV_2O_7 中的 Zr/V 替代对材料的晶格振动方面的影响,我们用拉曼光谱仪对这一系列材料的拉曼特性进行了测量。图 14.9 是 x 值从 0.0 到 0.9 不同 $Zr_{1-x}Fe_xV_{2-x}Mo_xO_7$ 的拉曼光谱图。纯 ZrV_2O_7 的特征拉曼振动峰大约出现在波数为 231、260、373、509、776、792、953、988 cm^{-1}处。ZrV_2O_7 具有 Pa $\overline{3}$或者 T_h^6 空间群。每一个晶体学原胞中含有 4 个分子,4 个锆原子在 4a 位,8 个钒原子占据 8c 位;28 个氧原子中有 4 个在 4b 位,另外 24 个氧原子分布于 24d 位;其晶格结构可以看成是由 ZrO_6 八面体和 VO_4 四面体连接而成,每个 ZrO_6 八面体通过顶角 O 原子与 6 个 VO_4 四面体相连,而每个 VO_4 四面体只有 3 个顶角 O 原子与 ZrO_6 八面体共享,剩余的一个顶角与另一个四面体共享。根据晶格振动光谱学规律,可以把波数在 953 cm^{-1} 和 988 cm^{-1} 以及 776 cm^{-1} 和 792 cm^{-1} 处的拉曼振动模式指认为 VO_4 四面体的对称伸缩振动和反对称伸缩振动模式,这些振动对材料的负热膨胀性能有促进作用。波数位于 450～550 cm^{-1} 之间和 400～320 cm^{-1}之间的拉曼振动模式可以指认为 VO_4 四面体的对称弯曲振动和反对称弯曲振动模式。那些低于 300 cm^{-1} 的低波数的拉曼振动谱带主要来源是 Zr 原子的移动引起的晶格整体振动以及 VO_4 四面体的平动和天平动模式。

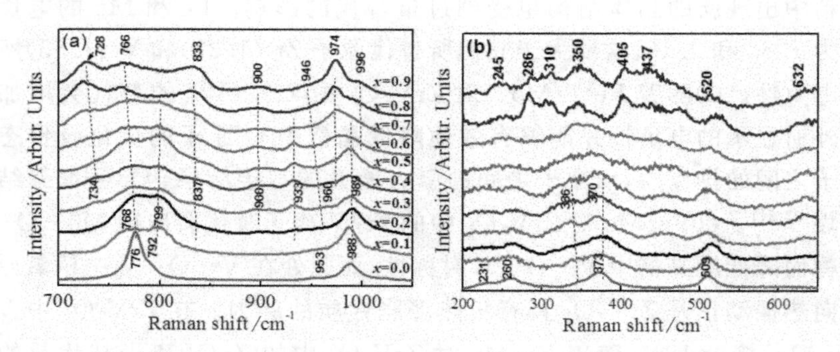

图 14.9　x=0、0.1、0.2、0.3、0.4、0.5、0.6、0.7、0.8、0.9 的 $Zr_{1-x}Fe_xV_{2-x}Mo_xO_7$ 的室温拉曼光谱图

如图 14.9 所示,随着在 ZrV_2O_7 晶格当中引入 Fe^{3+} 和 Mo^{6+} 拉曼光谱图发生非常明显的变化,这揭示出通过 Fe^{3+} 和 Mo^{6+} 对 ZrV_2O_7 晶格当中

Zr^{4+} 和 V^{5+} 的替代，在晶格当中出现新的多面体与原晶格当中的 VO_4 四面体相互作用，影响了多面体的振动。对于 $x=0.1$ 样品的拉曼光谱中第一个非常明显的变化是波数大约在 370 cm^{-1} 和 776 cm^{-1} 处 VO_4 四面体的反对称弯曲振动和反对称伸缩振动模式的劈裂，随着 Fe^{3+} 和 Mo^{6+} 在晶格当中的含量的增加这种劈裂变得更加明显。当 $x\geqslant0.3$ 时，拉曼光谱中第二个明显的变化是在波数为 734、837、900 和 933 cm^{-1} 处出现了新的拉曼峰，并且这些拉曼峰随着 Fe^{3+} 和 Mo^{6+} 在晶格当中含量的增加而发生移动，这些拉曼峰可以被指认为 MoO_4 四面体的对称伸缩振动和反对称伸缩振动。当 $x\geqslant0.6$ 时，拉曼光谱图中出现了第三个明显的变化，在波数大约在 988 cm^{-1} 处的拉曼振动模劈裂成波数为 974 cm^{-1} 和 986 cm^{-1} 的两个谱带，同时伴随着波数大约在 780 cm^{-1} 和 933 cm^{-1} 处的拉曼振动模随着 Fe^{3+} 和 Mo^{6+} 对 ZrV_2O_7 晶格当中 Zr^{4+} 和 V^{5+} 的替代量的增加而减弱直到完全消失。这一变化对于 $x>0.7$ 的样品的拉曼谱图尤其明显，在较低波数范围内的拉曼振动谱中可以观察到相似的现象。波数大约在 373 cm^{-1} 处的拉曼振动模随着 Fe^{3+} 和 Mo^{6+} 对 ZrV_2O_7 晶格当中 Zr^{4+} 和 V^{5+} 的替代量的增加而减弱直到完全消失。当 $x\geqslant0.3$ 时，在波数为 310、405、437、632 cm^{-1} 处出现了新的拉曼峰，并且这些拉曼峰随着 Fe^{3+} 和 Mo^{6+} 在晶格当中的含量的增加逐渐增强。当 $x>0.7$ 时，在波数为 286 cm^{-1} 处出现了新的拉曼振动模。

考虑到随着 Fe^{3+} 和 Mo^{6+} 在晶格当中的含量的增加 XRD 和拉曼光谱的变化，可以得出如下结论：① 对于 $x=0.1\sim0.5$ 的 $Zr_{1-x}Fe_xV_{2-x}Mo_xO_7$ 样品晶格结构保持了 ZrV_2O_7 在室温下的超结构立方相，但由于晶格当中引入了 $(Fe_{Zr})^-$ 和 $(Mo_V)^+$，这对一般结构立方相的破坏是显而易见的，尤其是 $x\geqslant0.3$ 的样品中这种现象更加明显；②对于 $x=0.6$ 的样品而言，从立方相到单斜相的相变开始发生，当 $x=0.6$ 和 $x=0.7$ 时，材料的晶体结构是单斜相和立方相共存的状态，$x=0.8$ 和 $x=0.9$ 的材料只存在单斜结构相。

为了证明 VO_4 和 MoO_4 四面体之间的相互作用关系，这有可能正是在瞬态当中的结果对应于一些新的拉曼峰，我们测量了 $x=0.3$ 和 0.8 的变温拉曼光谱。图 14.10 是 $x=0.3$ 和 $x=0.8$ 时 $Zr_{1-x}Fe_xV_{2-x}Mo_xO_7$ 从室温到 873 K 的变温拉曼光谱图。当 $x=0.3$ 时，在波数为 896 cm^{-1} 和 932 cm^{-1} 处的拉曼峰逐渐变弱或消失，这说明对于较低替代量和弱相互作用来说，随着温度的升高瞬态变弱，晶格畸变随温度升高而逐渐消失，这和图 14.1 中 XRD 测量结果一致，室温下 Fe^{3+} 和 Mo^{6+} 对 ZrV_2O_7 晶格当中 Zr^{4+} 和 V^{5+} 替代量较低的情况下晶格畸变不足以改变晶体的相结构，材料依然保持了与 ZrV_2O_7 一样的晶格结构。对于较大替代量来讲，当 $x=0.8$ 时，在波数为 896 cm^{-1}处的拉曼峰几乎不随温度的升高而变化,出现这一现象的原因是晶格当中形成$(Fe_{Zr})^-$和$(Mo_V)^+$之后,它们之间会产生很强的相互作用,这种强的相互作用是升高温度所不能打破的。这和图 14.4 中变温 XRD 测量结果完全一致,Fe^{3+}和Mo^{6+}对ZrV_2O_7晶格当中Zr^{4+}和V^{5+}替代量较高的情况下晶格畸变使材料完全失去了原来的晶体结构(立方相),从而形成一种全新的晶体结构(单斜相),并且这种全新的晶体结构热稳定性很好。

综合以上分析可知,Fe^{3+}和Mo^{6+}对ZrV_2O_7晶格当中Zr^{4+}和V^{5+}进行双离子掺杂。当替代量较低时,材料可以很好地保持原有的晶体结构;当替代量较高时,材料会形成新的热稳定性较好的晶体结构;当替代量介于两者之间时,材料处于两相共存状态。

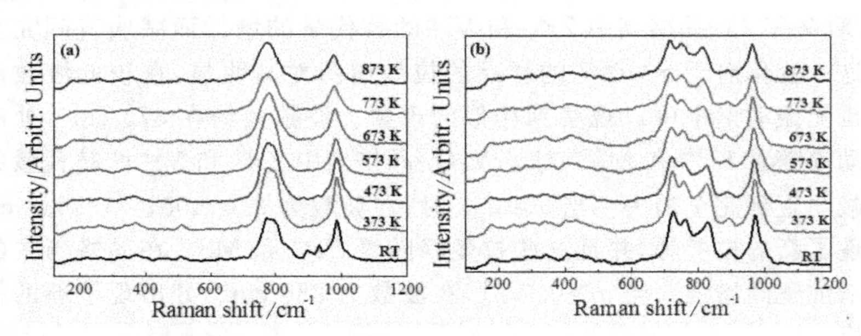

图 14.10 $x=0.3$(a)和 $x=0.8$(b)时 $Zr_{1-x}Fe_xV_{2-x}Mo_xO_7$ 从室温到 873 K 的变温拉曼光谱图

14.4 本章小结

采用固相烧结法制备出一种新的$Zr_{1-x}Fe_xV_{2-x}Mo_xO_7$材料,并研究 Fe/Mo 对$ZrV_2O_7$中的 Zr/V 离子替代量对材料的晶体结构热膨胀性能的影响。当$x\leqslant0.5$时,室温下 XRD 分析结果表明材料保持了与ZrV_2O_7一样的立方相结构。随着Fe^{3+}和Mo^{6+}替代量的增加,$(Fe_{Zr})^-$和$(Mo_V)^+$之间强相互作用逐渐形成,这种强相互作用可以使材料形成稳定的晶体结构。样品$Zr_{0.1}Fe_{0.9}V_{1.1}Mo_{0.9}O_7$在 140～700 K 温度区间内展示出低热膨胀性质,从 140～400 K 温度区间内其热膨胀系数低至0.72×10^{-6} K^{-1}。材料$Zr_{0.1}Fe_{0.9}V_{1.1}Mo_{0.9}O_7$的低热膨胀性质产生的机制主要可以归结为 Fe/Mo 对ZrV_2O_7中的 Zr/V 大量替代导致原来的晶体结构遭到破坏,并且出现新的晶体结构。

参考文献

[1] Chen J, Wang F F, Huang R J, et al. Effectively control negative thermal expansion of single-phase ferroelectrics of $PbTiO_3$-(Bi,La) FeO_3 over a giant range[J]. Sci. Rep., 2013, 3:800-802.

[2] Wang C, Sun Y, Wen YC, et al. Tuning the range, magnitude, and sign of the thermal expansion in intermetallic $Mn_3(Zn,M)_xN$(M=Ag, Ge) Phys[J]. Rew. B, 2012,85:6705-6711.

[3] Deng S, Sun Y, Wang C, et al. Frustrated triangular magnetic structures of Mn_3ZnN: Applications in thermal expansion[J]. Phys. Chem. C, 2015, 119:24983-24990.

[4] Deng S, Sun Y, Wu Q, et al. Invar-like behavior of antiperovskite $Mn_{3+x}Ni_{1-x}N$ compounds[J]. Chem. Mater., 2015, 27: 2495-2501.

[5] Zhao Y Y, Hu F X, Bao L F, et al. Giant negative thermal expansion in bonded MnCoGe-based compounds with Ni_2In-type hexagonal structure[J]. Am. Chem. Soc., 2015, 137: 1746-1749.

[6] Yan J, Sun Y, Wu H, et al. Phase transitions and magnetocaloric effect in $Mn_3Cu_{0.89}N_{0.96}$[J]. Acta Materialia, 2014, 74: 58-614.

[7] Lin K, Wu H, Wang F, et al. Structure and thermal expansion of the tungsten bronze $Pb_2KNb_5O_{15}$[J]. Dalton Trans., 2014, 43:7027-7043.

[8] Miller W, Smith C W, Mackenzie D S, et al. Negative thermal expansion: a review[J]. J Mater Sci, 2009, 44: 5441-5451.

[9] Evans J S O. Negative thermal expansion materials[J]. J Chem Soc, Dalton Trans, 1999, 3317-3521.

[10] 邢献然. 氧化物材料的负热膨胀机理[J]. 北京科技大学学报, 2000, 22: 56-58.

[11] Buysser K D, Driessche I V, Schaubroeck, et al. EDTA assisted sol-gel synthesis of ZrW_2O_8[J]. J Sol-Gel Scien Tech, 2008, 46:133-136.

[12] Bridges F, Keiber T, Juhas P, et al. Local vibrations and negative thermal expansion in ZrW_2O_8 [J]. Phys. Rev. Lett., 2014, 112:0455014.

[13] Liu Q, Yu Z Q, Che G F, et al. Synthesis and tunable thermal expansion properties of $Sc_{2-x}Y_xW_3O_{12}$ solid solutions[J]. Ceram. Int., 2014, 40: 8195-8199.

[14] Liu X S, Cheng F X, Wang J Q, et al. The control of thermal expansion and impedance of Al-$Zr_2(WO_4)(PO_4)_2$ nano-cermets for near-zero-strain Al alloy and fine electrical components[J]. J. Alloys Compd., 2013, 553: 1-7.

[15] Korthuis V, Khosrovani N, Sleight A W. Negative thermal expansion and phase transitions in the $ZrV_{2-x}P_xO_7$ series[J]. Chem. Mater, 1995, 7:412-417.

[16] 袁焕丽,袁保合,李芳,等. $ZrV_{2-x}P_xO_7$固溶体的相变与热膨胀性质的研究[J]. 物理学报,2012, 61(22)51-54.

[17] Sahoo P P, Sumithra S, Madras G, et al. Synthesis, structure, negative thermal expansion, and photocatalytic property of Mo doped ZrV_2O_7[J]. Inorg Chem, 2011, 50: 8774-8781.

[18] Liu Q Q, Yang J, Sun X J, et al. Influence of W doped ZrV_2O_7 on structure, negative thermal expansion property and photocatalytic performance[J]. Appl. Surf. Sci, 2014, 34:41-47.

[19] Hisashige T, Yamaguchi T, Tsuji T, et al. Phase transition of $Zr_{1-x}Hf_xV_2O_7$ solid solutions having negative thermal expansion[J]. Ceram Soc Jpn, 2006, 114:607-611.

[20] Yanase I, Kojima T, Kobayashi H. Effects of Nb and Y substitution on negative thermal expansion of $ZrV_{2-x}P_xO_7$ ($0 \leqslant x \leqslant 0.8$)[J]. Solid State Commun, 2011, 151:595-598.

[21] García-Moreno O, Fernández A, Torrecillas R. Conventional sintering of LAS-SiC nanocomposites with very low thermal expansion coefficient[J]. J. Eur. Ceram. Soc, 2010, 30: 3219-32214.

[22] García-Moreno O, Fernández A, Torrecillas R, et al. Alumina reinforced eucryptite ceramics: Very low thermal expansion material with improved mechanical properties[J]. J. Eur. Ceram. Soc, 2011, 31: 1641-1648.

[23] Seo D K, Whangbo M H. Symmetric stretching vibrations of two-coordinate oxygen bridges as a cause for negative thermal expansion in $ZrV_xP_{2-x}O_7$ and AW_2O_8 (A=Zr, Hf) at high temperature[J]. J Solid State Chem., 1997, 129:160-163.

[24] Evans J S O, Mary T A, Sleight A W. Negative thermal expansion in a large molybdate and tungstate family[J]. J Solid State Chem., 1997, 133:580-583.

第15章 Al/Mo双替代ZrV_2O_7中Zr/V对其相变及热膨胀性能影响

15.1 引 言

当温度变化较快时，热膨胀系数差别较大的材料之间会在器件中引入降低器件性能的热应力，甚至会导致器件彻底失效。利用低热膨胀系数材料或近零膨胀材料制造的器件具有较强的抗热冲击能力和较高的稳定性(特别是在极端条件下)[1-3]。性能优异、涵盖室温、宽温度范围内具有负热膨胀性能的材料是制备近零膨胀和任意可控膨胀材料的基础，也是解决现代科学技术面临的许多难题、走向工程应用的关键所在。目前发现的负热膨胀材料主要有具有柔性结构的氧化物[4-16]，磁相变引起负热膨胀的具有反钙钛矿结构的锰氮化物[2,3,17,18]，铁电自发极化引起负热膨胀的ABO_3型化合物等[1,19,20]。具有柔性结构的氧化物负热膨胀材料以其负膨胀温度区间大，选材广泛而备受关注。然而，目前发现此类负热膨胀材料的一些缺点限制了它们在更广阔范围的应用，比如亚稳相结构[4,5]、相变点远高于室温、吸水性[6]、各向异性[7,14-16]等，为了解决这些问题，很多研究都集中在提高材料的性能和发现新的负热膨胀材料上。ZrW_2O_8和ZrV_2O_7都展现出各向同性的负热膨胀性质，但是在室温下ZrW_2O_8是热力学亚稳相结构。由于ZrV_2O_7具有热稳定性和各向同性的特点，使其成为最具有吸引力的负热膨胀材料之一[8-10]。然而，在室温下ZrV_2O_7属于3×3×3超结构，直到温度在375 K以上超结构消失，一般结构的ZrV_2O_7才展示出负热膨胀性质。研究表明，在升温过程中ZrV_2O_7在350 K和375 K有两个相变[8-11]。高温相ZrV_2O_7具有一般的母体结构，其结构为空间群是$Pa\bar{3}$，配位数为4的立方相结构。高压X射线衍射研究表明，ZrV_2O_7具有有趣的压力相变，它在1.38～1.72 GPa压力下会发生一个由α-相(立方)到β-相(类四方)的可逆相变[12,13]。

为了降低 ZrV_2O_7 的相变温度，国内外许多研究小组做了很多研究。Sleight 等用 P^{5+} 替代 V^{5+} 把 $ZrV_{2-x}P_xO_7$（$0 \leqslant x \leqslant 2$）相变温度点从 375 K（$x=0$）降低到 326 K（$x=0.3$）[21]。我们通过变温 Raman 研究发现 $ZrV_{2-x}P_xO_7$（$0 \leqslant x \leqslant 1$）的相变温度点可以降到 273 K（$x=0.8$）和 213 K（$x=1$），但是从正热膨胀到负热膨胀的最低改变温度大约在 340 K（$x=0.4$）[22]。用不等价的 Mo^{6+} 或 W^{6+} 替代 ZrV_2O_7 中 V^{5+} 不能明显降低其相变温度[23,24]。$Zr_{1-x}Hf_xV_2O_7$ 固溶体的相变温度与 ZrV_2O_7 比较，其相变温度没有明显改变[25]。Yanase 等研究表明，用 Nb^{5+}，Y^{3+} 替代 ZrV_2O_7 中的 Zr^{4+} 比用 P^{5+} 替代 V^{5+} 更有效地抑制 $3 \times 3 \times 3$ 超结构的出现[26]。替代 ZrV_2O_7 中的 Zr 或 V 会使晶格发生畸变，这一现象是金属离子化合价或离子半径的差异造成的。研究表明，用 Cu^{2+}/P^{5+} 或 Fe^{3+}/P^{5+} 替代 Zr^{4+}/V^{5+} 的双离子替代也很难在保持晶格结构不变的情况下达到高掺杂来有效降低相变温度[27,28]。

综合以上，为了进一步减低 ZrV_2O_7 相变温度，使其在室温范围内具有负热膨胀或低膨胀性质可以通过在 Zr 位和 V 位同时高掺杂来实现。本书采用 Al^{3+}/Mo^{6+} 替代 ZrV_2O_7 中的 Zr^{4+}/V^{5+} 制备出 $Zr_{1-x}Al_xV_{2-x}Mo_xO_7$ 系列材料，并调整双离子不同掺杂量来实现近零膨胀性能。

15.2 实验过程

以 Al_2O_3、ZrO_2、MoO_3 和 V_2O_5 为原料，采用固相烧结法制备出 $Zr_{1-x}Al_xV_{2-x}Mo_xO_7$（$0.0 \leqslant x \leqslant 0.9$）系列材料。原料按目标产物的化学计量比称量、混合并在玛瑙干锅中加酒精研磨 3 h，之后干压成直径为 10 mm、长度为 10 mm 的圆柱体，最后放入马弗炉中在 1023 K 下烧结 4 h 并随炉降至室温。

采用 X'Pert PRO 型 X 射线衍射仪对所烧结样品进行物相分析。采用激发波长为 532 nm 的 Renishaw 公司的 MR-2000 拉曼光谱仪对样品进行拉曼光谱分析。采用德国 Linseis L76 热膨胀仪测定产物从室温到 750 K 的相对长度随温度变化关系。

15.3 结果与讨论

图 15.1 是 $Zr_{1-x}Al_xV_{2-x}Mo_xO_7$（$x=0.0$，0.1，0.3，0.5，0.6，0.7，

0.9）样品在室温下的 X 射线衍射(XRD)图谱。当 $x=0.0$ 时，室温下除了有 ZrO_2 的弱衍射峰外主要衍射峰和 ZrV_2O_7（PDF 卡：88-0587）的衍射峰一致，产生这一现象的原因是在烧结过程中有 V 的挥发。与 $x=0.1$ 和 $x=0.3$ 相比，可以很明显地看出随着 Al 和 Mo 加入量的增加，第二相 ZrO_2 的衍射峰逐渐减弱。当 $x=0.3$ 时，ZrO_2 第二相的衍射峰完全消失了。这个结果表明，Al/Mo 替代 Zr/V 可以有效地抑制 ZrO_2 第二相的形成，这与 Al 更容易与 V 结合抑制了 V 的挥发有关。当 x 从 0.3 增加到 0.5 时，除了 ZrV_2O_7 结构的主衍射峰外，在衍射角 14°、15.5°、21°、23.5°、26°、28°、30.5°和 33°左右处出现了新的衍射峰，这表明材料已经不是单一结构相，而是具有 ZrV_2O_7 的晶体结构和另一种结构的混合相。比较 x 从 0 到 0.5 衍射图谱可知，随着 Al/Mo 对 Zr/V 的替代量的增加，ZrV_2O_7 结构的衍射峰向大角度偏移，这说明 Al/Mo 的进入可以使晶格变小。这是由于 Zr^{4+} 的离子半径(72 pm)大于 Al^{3+} 的离子半径(53.5 pm)而 Mo^{6+} (59 pm)和 V^{5+} (54 pm)的离子半径相差不大造成的。随着 Al/Mo 含量的增加衍射图变化更加明显，当 $x=0.6$ 到 0.9 时，与替代量较少的衍射峰相比 ZrV_2O_7 结构在 20°左右的主衍射峰强度进一步变弱，并成为次强峰最后彻底消失，并有一些新的衍射峰出现并逐渐增强，从峰形上看材料的主相已不是 ZrV_2O_7 结构。随着 Al/Mo 对 Zr/V 的替代量的增加，ZrV_2O_7 结构的衍射峰消失和新的衍射峰出现表明材料的晶体结构对称性降低（从立方结构转变为正交或单斜结构）。

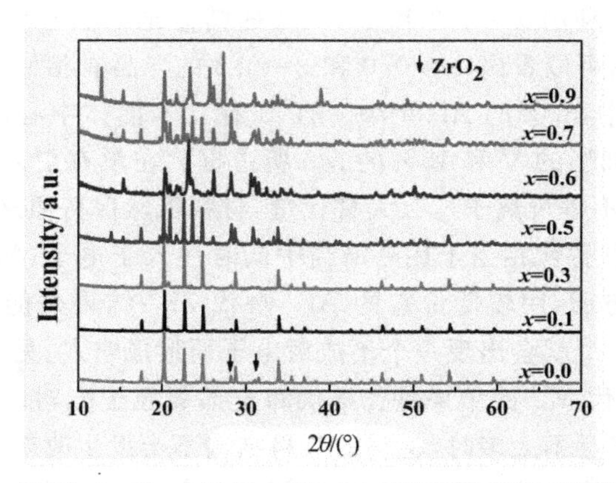

图 15.1　$Zr_{1-x}Al_xV_{2-x}Mo_xO_7$ 室温下的 XRD 图谱

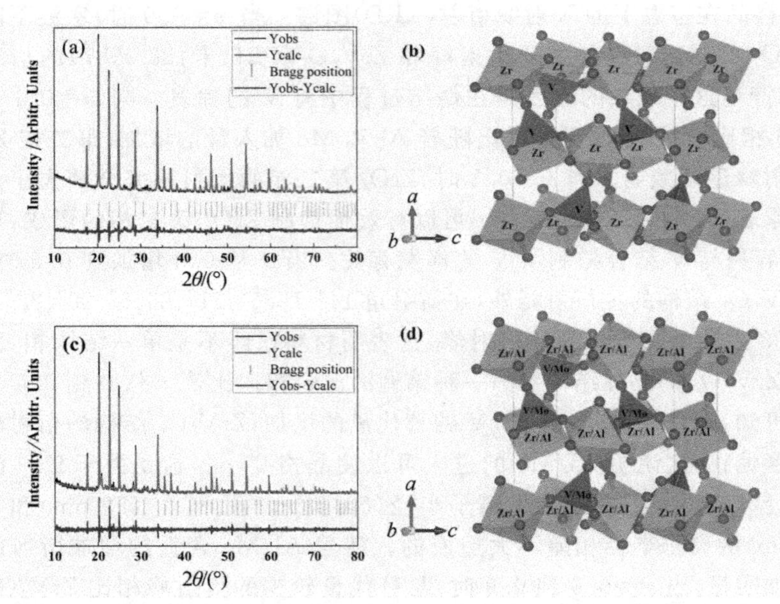

图 15.2 当 $x=0.0$[(a),(b)]和 $x=0.3$[(c),(d)]时 $Zr_{1-x}Al_xV_{2-x}Mo_xO_7$ 的精修结果和结构示意图

采用 Topas 软件对 $x=0.0$[图 15.2(a)]和 $x=0.3$[图 15.2(c)]时的 XRD 结果进行了结构精修并得到了可靠的 R_{wp}因子(8.96 和 11.41)。为了直观地展示出当 Al/Mo 替代 Zr/V 对 ZrV_2O_7 的晶体结构变化的影响,图 15.2(b)和(d)是利用 $x=0.0$ 和 $x=0.3$ 的精修结果画出所对应的晶格结构示意图。由图可以看出,$x=0.0$ 和 $x=0.3$ 的样品有相似的立方结构,在 $x=0.3$ 的样品中,30%的 Al 和 70%的 Zr 在正八面体中心位置,正四面体的中心位置被 85%的 V 和 15%的 Mo 所占据。在没有引入第二相的情况下,同时用两种不等价离子这么大替代量,材料依然保持原来立方结构很少有报道[29]。这种替代相当于在晶格当中同时注入了电子$(Mo/V)^+$和空穴$(Al/Zr)^-$。一方面,用较低价态的 Al^{3+} 替代 Zr^{4+} 结果是能提供和氧原子配对电子数少一个就会出现一个不成对电子而形成空穴;另一方面,用较高价态的 Mo^{6+} 替代 V^{5+} 的结果是在提供和全部氧原子配对电子后还多一个电子。在总替代量不太多时,材料的晶格结构不会发生改变,注入电子会占据空穴使整个晶体对外显示电中性,这样就可以在不改变材料结构的情况下实现较大量不等价离子掺杂。但是,这种机制不可能一直延续下去,随着替代量的进一步增加,尽管材料对外还保持电中性,但是也会引起晶格畸变而使材料发生相变出现新的结构。这种相变和温度相变不同,它是一个缓变过程,在此过程中会出现多相共存的现象,图 15.1 当 $x=0.5\sim0.7$ 时就是这种情况。

为了深入研究 Al/Mo 对 ZrV_2O_7 中的 Zr/V 替代对材料的晶格振动方面的影响，采用拉曼光谱仪对 $Zr_{1-x}Al_xV_{2-x}Mo_xO_7$ 系列材料的拉曼特性进行了测量(图 15.3)。纯 ZrV_2O_7 特征拉曼振动峰在波数分别为 188、282、374、479、524、776、952、989 cm^{-1}处。ZrV_2O_7 具有 $Pa\bar{3}$空间群。每一个晶胞中含 4 个锆原子、8 个钒原子和 28 个氧原子，它们分别占据 4a 位、8c 位、4b 位和 24d 位。每个原子有 3 个自由度，该晶胞共有 120 个振动模，根据群的观点可以分为 8 个 A_g 模、12 个 A_u 模、16 个 E_g 模、24 个 E_u 模、24 个 T_g 模和 36 个 T_u 模。根据晶格振动光谱学规律，波数在 952 cm^{-1} 和 989 cm^{-1}以及 776 cm^{-1}处的振动模式指认为 VO_4 四面体的对称伸缩振动和反对称伸缩振动模式。波数位于 300～550 cm^{-1}之间振动模式可以指认为 VO_4 四面体的对称弯曲振动和反对称弯曲振动模式[27,30]。低于 300 cm^{-1}的低波数的拉曼振动是由于 Zr 原子的移动引起的晶格整体振动和 VO_4 四面体的平动引起。晶格中引入 Al^{3+} 和 Mo^{6+} 后拉曼光谱发生了明显变化。对于 $x=0.1\sim0.3$ 的拉曼光谱最明显的变化是波数在 700 cm^{-1}、834 cm^{-1} 和 1023 cm^{-1}左右处出现了新的拉曼峰，并且随着替代量的增加在 776 cm^{-1} 和 989 cm^{-1}处的拉曼峰逐渐展宽。当 $x\geqslant0.5$ 时，材料的拉曼光谱中又出现了明显的变化，原有拉曼峰明显减弱甚至消失，在波数为 143、205、232、312、345、380、414、459、496、762、848、912、1008、1037 cm^{-1}处出现了新的拉曼峰，这些拉曼峰随着 Al^{3+} 和 Mo^{6+} 在晶格当中的含量的增加而发生频移，这些拉曼峰是 MoO_4 和 VO_4 四面体共同作用的结果。$x=0.8$ 时，ZrV_2O_7 特征拉曼振动峰全部消失。

比较图 15.1 和图 15.3 并考虑到随着 Al^{3+} 和 Mo^{6+} 含量的增加 XRD 和拉曼光谱的变化，可以得出如下结论：①对于 $x=0.1\sim0.3$ 的 $Zr_{1-x}Al_xV_{2-x}Mo_xO_7$ 样品晶格结构保持了 ZrV_2O_7 在室温下的立方结构，晶格当中引入了电子空穴对，晶体立方结构发生畸变，晶格振动简并消失，在拉曼光谱的反映是出现了新的拉曼峰；②对于 $x=0.5\sim0.7$ 的样品而言，明显是混合相结构，从 XRD 结果和拉曼光谱中都明显看出样品中除了有立方结构外还有其他结构，$x=0.8$ 和 $x=0.9$ 的材料中没有任何立方相结构只存在新结构物质。

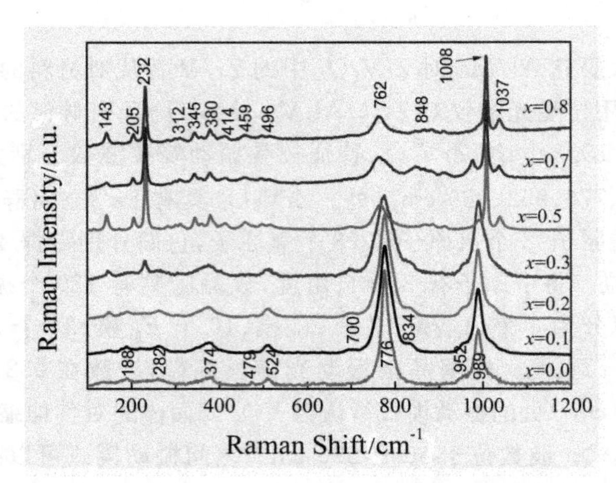

图 15.3 $Zr_{1-x}Al_xV_{2-x}Mo_xO_7$ 的室温拉曼光谱图

图 15.4 是采用热膨胀仪测量的 $Zr_{1-x}Al_xV_{2-x}Mo_xO_7$ 的相对长度随温度变化曲线。由图可以看出，对于 x＝0.0～0.3 的样品在 400 K 以下表现出正热膨胀的特点。当 x＝0.0 时材料在 300～400 K 温度范围内展现出巨大的热膨胀系数为 45.9×10^{-6} K^{-1}，425～750 K 的温度区间内平均线膨胀系数为 -4.77×10^{-6} K^{-1}。当 x＝0.1 和 x＝0.2 时材料在 300～400 K 温度范围内的平均膨胀系数分别为 23.8×10^{-6} K^{-1} 和 15.1×10^{-6} K^{-1}，425～750 K 的温度区间内平均线膨胀系数为 -3.63×10^{-6} K^{-1} 和 -2.68×10^{-6} K^{-1}。当 x＝0.3 时材料在 300～390 K 温度范围内的平均膨胀系数为 5.61×10^{-6} K^{-1}，425～750 K 的温度区间内平均线膨胀系数为 -1.75×10^{-6} K^{-1}。从以上结果可以看出，随着 Al^{3+}/Mo^{6+} 对 ZrV_2O_7 中的 Zr^{4+}/V^{5+} 替代量的增加，材料的相变温度没有发生明显的变化，但无论在正热膨胀阶段还是在负热膨胀阶段材料的膨胀系数都在减小。产生这一结果的原因可以归结为以下三个方面：① Al^{3+} 的离子半径远小于 Zr^{4+} 的离子半径，Al 进入晶格并不能有效降低晶格中原子占有率，这就不能使材料从超结构向一般结构转变，就无法改变材料的负热膨胀温度区间；② $(Mo/V)^+$ 和 $(Al/Zr)^-$ 之间的库仑作用抑制了晶格的振动，相当于在晶格当中多了一个附加势场，要同时克服原来的势场和附加势场的束缚来实现热膨胀，所以正膨胀阶段的膨胀系数随着掺杂量的增加明显减小；③ $(Mo/V)^+$ 和 $(Al/Zr)^-$ 之间的库仑作用使连接在 ZrO_6（或 AlO_6）八面体和 VO_4（或 MoO_4）四面体之间的桥氧原子受到更大束缚而难以带动多面体扭曲实现负热膨胀，所以负膨胀阶段的膨胀系数也随着掺杂量的增加明显减小。

从图中可以看出，当 x 的值达到 0.5 时，材料在高温阶段展示出近零膨胀性质，在 300～400 K 温度范围内的平均膨胀系数为 4.42×10^{-6} K^{-1}，

425～750 K的温度区间内平均线膨胀系数为-0.39×10^{-6} K^{-1}。在此之后，随着替代量的增加材料的膨胀系数逐渐增加，产生这一现象的原因是从$x=0.5$到$x=0.7$，材料是两相混合，并随着替代量的增加，新结构相含量不断增加而具有负热膨胀性质的立方结构相含量在减少。当$x=0.7$和0.8时材料在300～400 K温度范围内的平均膨胀系数分别为5.96×10^{-6} K^{-1}和5.90×10^{-6} K^{-1}，425～750 K的温度区间内平均线膨胀系数为1.73×10^{-6} K^{-1}和1.56×10^{-6} K^{-1}。

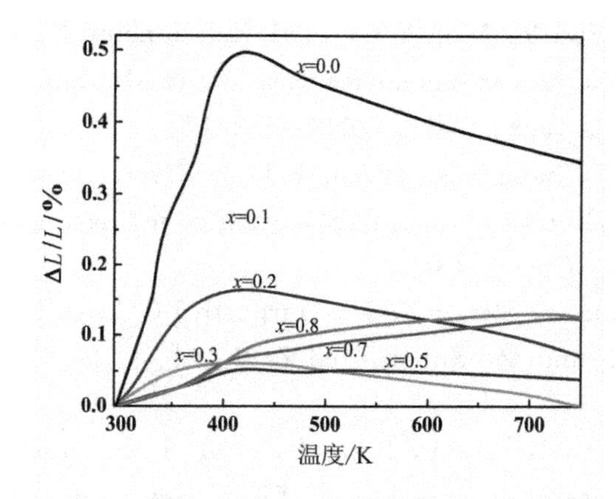

图15.4 $Zr_{1-x}Al_xV_{2-x}Mo_xO_7$的相对长度随温度变化曲线

15.4 本章小结

Al^{3+}/Mo^{6+}能够对ZrV_2O_7中Zr^{4+}/V^{5+}大量替代得到$Zr_{1-x}Al_xV_{2-x}Mo_xO_7$，调整替代量能够实现近零膨胀性能。当$x\leqslant0.3$时，室温下XRD分析结果表明材料保持了与$ZrV_2O_7$一样的立方相结构。随着$Al^{3+}$和$Mo^{6+}$替代量的增加，$(Al/Zr)^-$和$(Mo/V)^+$之间库仑相互作用逐渐加强，这种库仑相互作用导致立方晶体结构发生畸变，当$0.5\leqslant x\leqslant0.7$时材料是两种结构的混合相。样品$Zr_{0.5}Al_{0.5}V_{1.5}Mo_{0.5}O_7$在425～750 K温度区间内展示出低热膨胀性质，其热膨胀系数低至-0.39×10^{-6} K^{-1}。材料$Zr_{0.5}{}^-Al_{0.5}V_{1.5}Mo_{0.5}O_7$的低热膨胀性质产生的机制主要可以归结为$Al^{3+}/Mo^{6+}$对$ZrV_2O_7$中的$Zr^{4+}/V^{5+}$大量替代导致发生畸变晶体结构与未发生畸变的晶格结构持平。

参考文献

［1］ Chen J，Wang F F，Huang Q Z，et al. Effectively control negative thermal expansion of single-phase ferroelectrics of $PbTiO_3$-(Bi，La)FeO_3 over a giant range[J]. Sci. Rep，2013：32458.

［2］ Yan J，Sun Y，Wen Y C，et al. Relationship between spin ordering，entropy，and anomalous lattice variation in Mn3Sn(1－ε)Si(ε)C(1－δ) compounds[J]. Inorg. Chem，2014：532317.

［3］ Yao W J，Jiang X X，Huang R J，et al. Area negative thermal expansion in a beryllium borate $LiBeBO_3$ with edge sharing tetrahedral[J]. Chem. Commun，2014：5013499.

［4］ Closmann C，Sleight A W，Hargarth J C. Low-Temperature Synthesis of ZrW_2O_8 and Mo-Substituted ZrW_2O_8［J］. J. Solid State Chem，1998:139424.

［5］ Bridges F，Keiber T，Juhas P，et al. Local vibrations and negative thermal expansion in ZrW_2O_8［J］. Phys. Rev. Lett，2014:112045505.

［6］ Q Q Liu，Z Q Yu，G F Che，et al. Synthesis and tunable thermal expansion properties of $Sc_{2-x}Y_xW_3O_{12}$ solid solutions［J］. Ceram. Int，2014，40：8195-8199.

［7］ X S Liu，F X Cheng，J Q Wang，et al. The control of thermal expansion and impedance of Al-$Zr_2(WO_4)(PO_4)_2$ nano-cermets for near-zero-strain Al alloy and fine electrical components[J]. J. Alloys Compd，2013，553：1-7.

［8］ Khosrovani N，Sleight A W. Structure of ZrV_2O_7 from －263 to 470℃［J］. J. Solid State Chem，1997：132355.

［9］ Khosrovani N，Korthuis V，Sleight A W. Unusual 180° P-O—P bond angles in ZrP_2O_7［J］. Inorg. Chem，1996:35485.

［10］ Withers R L，Evans J S O，Hanson J，et al. An in situ temperature-dependent electron and X-ray diffraction study of structural phase transitions in ZrV_2O_7［J］. J. Solid State Chem，1998：137161.

［11］ Withers R L，Tabira Y，Evans J S O，et al. A new three-dimensional incommensurately modulated cubic phase (in ZrP_2O_7) and its symmetry characterization via temperature-dependent electron diffraction

[J]. J. Solid State Chem,2001: 1571815.

[12] Carlson S, Andersen A M K. High-pressure properties of TiP_2O_7, ZrP_2O_7 and ZrV_2O_7[J]. J. Appl. Crystallogr,2001: 347.

[13] Hemamala U L C, El-Ghussein F, Muthu D V S, et al. High-pressure Raman and infrared study of ZrV_2O_7[J]. Solid State Commun, 2007: 141680.

[14] Ge X H, Mao Y C, Li L, et al. Phase transition and negative thermal expansion property of $ZrMnMo_3O_{12}$[J]. Chin. Phys. Lett, 2016, 33: 046503.

[15] Song W B, Wang J Q, Li Z Y, et al. A negative thermal expansion material of $ZrMgMo_3O_{12}$[J]. Chin. Phys,2014,23: 66501.

[16] Li Q J, Yuan B H, Song W B, et al. Phase transition, hygroscopicity and thermal expansion properties of $Yb_{2-x}Al_xMo_3O_{12}$[J]. Chin. Phys, 2012,21: 46501.

[17] Chu L H, Wang C, Sun Y, et al. Doping effect of Co at Ag sites in antiperovskite Mn_3AgN compounds[J] Chin. Phys. Lett, 2015, 32: 047501.

[18] Guo X G, Lin J C, Tong P, et al. Magnetically driven negative thermal expansion in antiperovskite $Ga_{1-x}Mn_xN_{0.8}Mn_3$ $(0.1 \leqslant x \leqslant 0.3)$[J]. Appl. Phys. Lett, 2015,107: 2024015.

[19] Wang F F, Xie Y, Chen J, et al. First-principles study on negative thermal expansion of $PbTiO_3$ [J]. Appl. Phys. Lett, 2013, 103: 221901.

[20] Hu P H, Chen J, Sun C, et al. B-site dopant effect on the thermal expansion in the $(1-x)PbTiO_{3-x}BiMeO_3$ solid solution (Me = Fe, In, Sc)[J]. J. Am. Ceram. Soc, 2011,94: 3600 .

[21] Korthuis V, Khosrovani N, Sleight A W. Negative thermal expansion and phase transitions in the $ZrV_{2-x}P_xO_7$ series[J] J. Series Chem. Mater,1995,7:412.

[22]袁焕丽，袁保合，李芳，等. $ZrV_{2-x}P_xO_7$ 固溶体的相变与热膨胀性质的研究[J]. 物理学报，2012,61(22):51-54.

[23] Sahoo P P, Sumithra S, Madras G, et al. Synthesis, structure, negative thermal expansion, and photocatalytic property of Mo doped ZrV_2O_7[J]. Inorg. Chem, 2011,50: 8774.

[24] Liu Q Q, Yang J, Sun X J, et al. Influence of W doped ZrV_2O_7

on structure, negative thermal expansion property and photocatalytic performance[J]. Appl. Surf. Sci, 2014, 313: 41.

[25] Hisashige T, Yamaguchi T, Tsuji T, et al. Phase transition of $Zr_{1-x}Hf_xV_2O_7$ solid solutions having negative thermal expansion[J]. J. Ceram. Soc. Jpn, 2006, 114: 607.

[26] Yanase I, Kojima T, Kobayashi H. Effects of Nb and Y substitution on negative thermal expansion of $ZrV_{2-x}P_xO_7$ ($0 \leqslant x \leqslant 0.8$)[J]. Solid State Commun, 2011, 151: 595.

[27] Yuan B H, Yuan H L, Song W B, et al. High solubility of hetero-valence ion (Cu^{2+}) for reducing phase transition and thermal expansion of $ZrV_{1.6}P_{0.4}O_7$[J]. Chin. Phys. Lett, 2014, 31: 076501.

[28] Yuan B H, Liu X S, Song W B, et al. High substitution of Fe^{3+} for Zr^{4+} in $ZrV_{1.6}P_{0.4}O_7$ with small amount of $FeV_{0.8}P_{0.2}O_4$ for low thermal expansion[J]. Phys. Lett. A, 2014, 378: 3397.

[29] Yuan B H, Liu X S, Mao Y C, et al. Low thermal expansion over a wide temperature range of $Zr_{1-x}Fe_xV_{2-x}Mo_xO_7$ ($0 \leqslant x \leqslant 0.9$)[J]. Mater. Chem. Phys, 2015, 170: 162.

[30] Petruska E A, Muthu D V S, Carlson S, et al. High-pressure Raman and infrared spectroscopic studies of ZrP_2O_7[J]. Solid State Commun, 2010, 150: 235.

第16章　C_3N_4包裹$Y_2Mo_3O_{12}$对吸水性的影响

16.1　引　言

自然界多数材料由于非谐晶格振动导致原子离开其平衡位置的位移，从而出现受热膨胀。一些材料受热收缩，这些材料称为负热膨胀材料。这些负热膨胀材料热收缩机理受到广泛地研究，是由于它们反常热膨胀性能和在调整热膨胀系数的同时实现零膨胀方面潜在的应用[1-4]。越来越多的负热膨胀材料被发现[5-8]。由于它们不同对称晶体结构，发现它们的负热膨胀性能与不同的机理有关。一些有价值的机理(非谐晶格振动效应[9]、磁致伸缩效应[10]、铁电极化效应[1]和电荷转移效应[11])已经通过许多实验手段进行研究，包括中子/X射线衍射、红外吸收光谱和拉曼散射光谱、中子/X射线对分布函数分析、延展的X射线吸收精细结构等。这些研究渐渐地促进负热膨胀材料的实际应用。

然而，负热膨胀材料的一些缺点，比如远高于室温的相转变温度、严重吸水性、亚稳结构、窄的负热膨胀温度区、较小的负热膨胀系数等，限制着负热膨胀材料的实际应用[9,10,12]。比如$A_2M_3O_{12}$系列负热膨胀材料中，具有A^{3+}离子半径小的材料在室温下结晶为单斜结构，只有在远高于室温(比如，$Fe_2Mo_3O_{12}$，785 K)时才从单斜相转变为正交相并表现负热膨胀性能。$A_2M_3O_{12}$系列负热膨胀材料中，具有A^{3+}离子半径大的材料在室温下结晶为正交结构(比如Y^{3+}离子半径为90 pm，$Y_2Mo_3O_{12}\cdot 3H_2O$)，结晶水中羟基OH和A—O—M链中的O/A^{3+}形成的键O┉H—O┉A限制了A—O—M链中桥氧的横向振动，该振动与负热膨胀有关[16]。$Y_2Mo_3O_{12}$的吸水性广泛研究并通过离子替代(Ce^{3+}[13]，Fe^{3+}[14]，La^{3+}[15]和$(LiMg)^{3+}$[16])得到减少，然而结晶水的减少后得到的是正热膨胀而不是期望得到的负热膨胀。用较小或较大离子取代法减少吸水性的原因应该与晶格结构改变相关，晶格从能弯曲到不能弯曲的转变，这与取代离子后限制了Y—O—Mo链中桥氧的横向振动以及多面体的畸变。所以，对于减小吸水性同时对晶格结构改变不太大来获得负热膨胀性能仍具有挑战性。

对于减少结晶水，除了离子替代法外，还可以将吸水的晶体加热来释放结晶水。据报道，$Y_2Mo_3O_{12}$ 在室温对应彻底含水的形式 $Y_2Mo_3O_{12}\cdot 3H_2O$，表现出无定型结构，当加热后，失去结晶水转化为 Pba2 和 Pbcn[17]。然而，当温度降低到 443～453 K，结晶水会很快通过微通道侵入晶格，H_2O 中的 O 与 $Y_2Mo_3O_{12}$ 中 Y^{3+} 键合在一起，其每一个 H 原子以氢键的形式与次最近的桥氧结合[14,18]。结晶水的形成充当一个弹簧牵拉 YO_6 和 MoO_4 多面体更近，导致键角 Y—O—Mo 减小，Y—Mo 距离减小。因此，应该采用一种能够在降温过程中阻止 H_2O 侵入的更有效的方法。H_2O 是一种小分子，所以，应该用小分子，比如 C_3N_4、H_2S、CS_2、C 等来堵塞微通道，阻止结晶水的侵入。

在这项研究中，$CO(NH_2)_2$ 用来与 $Y_2Mo_3O_{12}$ 共同加热，阻碍 H_2O 小分子侵入。共同加热的样品的 X 射线衍射峰对应于 $Y_2Mo_3O_{12}$（1～7 mol%）和 $Y_2Mo_3O_{12}/C_3N_4$（9～11 mol%）。共同加热后的样品的负热膨胀温度区域延展开来，从 453 K 到室温。根据红外吸收光谱和 X 射线衍射图谱，C_3N_4 被认为是其中一种小分子。样品的能量色散谱表明，C 和 N 的含量远高于 Y、Mo 和 O，被认为是源自 $CO(NH_2)_2$ 的小分子的包覆。这些疏水小分子阻塞 $Y_2Mo_3O_{12}$ 的微通道，避免了水分子的侵入。

16.2 实验过程

分析纯试剂 Y_2O_3、MoO_3 和 $CO(NH_2)_2$ 用作原料，Y_2O_3 和 MoO_3 按摩尔比 1∶3 称量，然后将 Y_2O_3 和 MoO_3 放在研钵中研磨 2 h 后冷压成片，在 1073 K 的炉子中烧结 5 h，并自然冷却到室温，得到纯相 $Y_2Mo_3O_{12}$。将纯相的 $Y_2Mo_3O_{12}$ 研磨成细粉，与 1、3、5、7、9、11 mol% 的 $CO(NH_2)_2$ 混合研磨放在 823 K 的炉子中烧结 0.5 h 得到改善的 $Y_2Mo_3O_{12}$。

纯相和改善的 $Y_2Mo_3O_{12}$ 样品的热膨胀系数采用热膨胀仪（LINSEIS DIL L76）测试。粉末样品的热重使用热分析仪 Ulvac Sinku-Riko DSC（Model 1500 M/L）测试，升降温速率是 10 K/min，温度范围是 298～873 K。X 射线衍射测试使用 X-ray diffractometer（Model X'Pert PRO），用来检测晶体结构。红外吸收光谱用样品与 KBr 混合制作，在傅里叶转红外光谱仪（FT-IR，Nicolet 6700）上范围 400～4000 cm^{-1} 记录。纯相样品和改善的样品的微结构是用扫描电子显微镜（SEM，FEI Quanta 250）表征，附带一个能量色谱仪（EDS）。样品的成分分析使用了 X 射线光电子谱仪 AXIS SUPRA（Kratos）。

16.3　结果与讨论

图 16.1 显示纯相 $Y_2Mo_3O_{12}$ 样品和与 $CO(NH_2)_2$ 共同加热改善后样品的线性长度随温度的变化曲线。纯相样品表现出几个热膨胀行为：首先表现出弱热膨胀（293～333 K）；在释放表面吸附水的过程中的热收缩（333～408 K）；进而释放结晶水过程的巨热膨胀（408～453 K）；在结晶水释放完后的负热膨胀（453～873 K）。然而，对于与 $CO(NH_2)_2$ 共同加热改善后的样品，对应于释放表面吸附水和结晶水过程的热收缩和热膨胀都明显减弱（1～5 mol%），特别是对于 7 mol%和 9 mol%的样品，从室温到 873 K就呈现出负热膨胀性能。

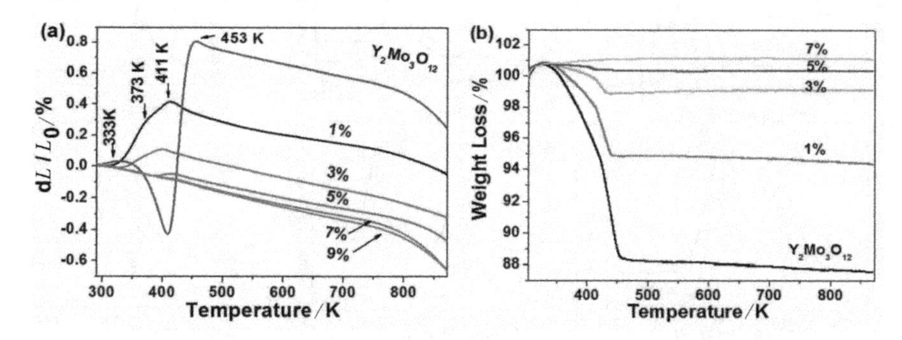

图 16.1　纯相 $Y_2Mo_3O_{12}$ 样品和与 $CO(NH_2)_2$（1～7 mol%）共同加热改善后样品的线性长度随温度的变化曲线（a）和热重曲线（b）

为了证明因来自 $CO(NH_2)_2$ 形成的物质减少了 $Y_2Mo_3O_{12}$ 的结晶水，我们做了样品的热重实验[图 16.1(b)]。除了 7 mol%的样品，纯相和改善的样品 $Y_2Mo_3O_{12}$，摩尔数≤5 mol%，都有对应于吸附水和结晶水释放过程的重量损失。

摩尔数是 0、1、3、5 mol%的样品的结晶水的数目计算值是 2.57、1.2、0.40 和 0.08。为了弄清楚 $CO(NH_2)_2$ 形成的物质，我们做了纯相和改善样品的 X 射线衍射和红外吸收光谱。图 16.2(a)和(b)给出 C_3N_4(a)、纯相和改善的 $Y_2Mo_3O_{12}$(b)的 X 射线衍射图谱。$CO(NH_2)_2$ 形成的物质呈现出宽衍射峰，对应于 C_3N_4(PDF no. 50-1250)。位于 13.51°衍射峰对应于 C_3N_4 的（002）晶面，216.41°峰对应于叠层的 g-C_3N_4[19]。对于纯相

$Y_2Mo_3O_{12}$，只有四个宽衍射峰对应于彻底吸水的形式 $Y_2Mo_3O_{12} \cdot 3H_2O$[9,11]。改善后样品 $Y_2Mo_3O_{12}$（1～7 mol%）对应于不同的空间群 Pba2 和 Pbcn[17]，但是没有 C_3N_4 的衍射峰，其原因可能是薄层 C_3N_4 结晶较弱导致的。直到摩尔数达到 9 mol%和 11 mol%，较弱的衍射峰 216.41°，对应于(110) C_3N_4(a)，才能够明显地观察到，也说明是 C_3N_4 的择优取向。

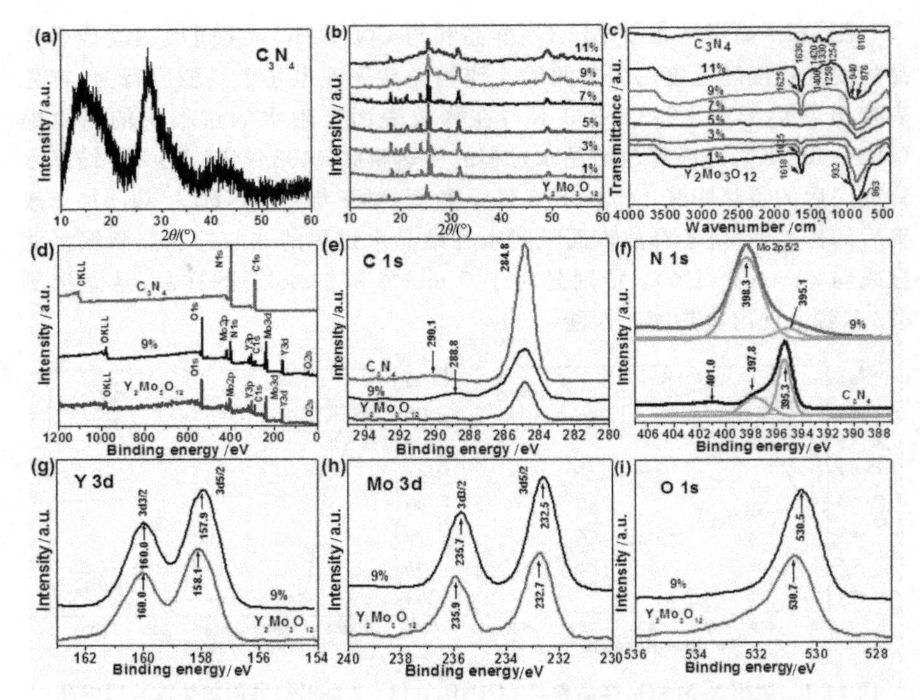

图 16.2　C_3N_4、纯相和改善后的 $Y_2Mo_3O_{12}$（1～11 mol%）室温 X 射线衍射图谱(a)、(b)和红外吸收光谱(c)；纯相与改善后 $Y_2Mo_3O_{12}$、C_3N_4 样品的 X 光电子能谱全谱(d)；C 1s、N 1s、Y 3d、Mo 3d 和 O 1s (e)～(i)的中心能级光谱

同时，对应于 $Y_2Mo_3O_{12}$ 的衍射峰变弱并宽化，与通过改善后 $Y_2Mo_3O_{12}$ 变得无定型和 C_3N_4 的包覆效应有关。图 16.2(c)显示 C_3N_4、纯相和改善后的 $Y_2Mo_3O_{12}$（1～11 mol%）红外吸收光谱。对于纯相的 $Y_2Mo_3O_{12}$，在 450～1060 cm^{-1} 范围内的宽带，根据 $Y_2Mo_3O_{12}$ 的拉曼光谱和 $KAl(MoO_4)_2$ 与 $NaAl(MoO_4)_2$ 的红外吸收光谱[13,14,16,20]，归因于多面体 MoO_4 和 YO_6 的振动。863 cm^{-1} 和 932 cm^{-1} 位置的吸收带对应于 MoO_4 四面体的对称和非对称伸缩振动[12-14]，呈现出明显的变化：蓝移和相对强度不同程度上减少。这种现象说明结晶水对 MoO_4 四面体伸缩振动的影响在消失[13]，MoO_4 四面体伸缩振动与桥氧原子的横向振动共同导致

$Y_2Mo_3O_{12}$负热膨胀[13,14]。1618 cm^{-1}的峰和3200～3600 cm^{-1}的宽带归因于O—H键的弯曲和伸缩振动[21-23]。当增加原材料中$CO(NH_2)_2$的含量时(<5 mol%)，1618 cm^{-1}位置的峰和3200～3600 cm^{-1}的宽带逐渐变弱。450～1060 cm^{-1}范围内宽带的相对强度明显变弱。然而，当进一步增加原材料中$CO(NH_2)_2$的含量（>7 mol%)，1618 cm^{-1}位置的峰和3200～3600 cm^{-1}的宽带强度增强，这与N—H、C—N或C=N的振动有关，由于$CO(NH_2)_2$的不完全分解[24]。450～1060 cm^{-1}范围内吸收带的相对强度首先因为结晶水的减少减弱，然后随着增加原材料中$CO(NH_2)_2$的含量，由于N—H的形成而变宽。比如，9 mol%和11 mol%的样品，1258 cm^{-1}和1400 cm^{-1}位置的弱峰与C_3N_4的形成有关。

为了进一步证明C_3N_4的形成，我们也做了纯相与改善后$Y_2Mo_3O_{12}$、C_3N_4样品的X光电子能谱全谱（d)；C 1s、N 1s、Y 3d、Mo 3d和O 1s (e)～(i)的中心能级光谱［图16.2(d)～(i)］。在N1s谱中，对于C_3N_4样品，可能将395.3 eV的峰归于似吡啶的N和—C≡N键，说明C_3N_4的形成[25,26]。3916.8 eV和401.0 eV的峰可能是对应于吸附N_2，这与以前的报道一致[27]。对于改善的样品$Y_2Mo_3O_{12}$(9 mol%)，小于395.3 eV的395.1 eV峰仍然对应于β-N态，398.3 eV的峰对应于Mo 2p5/2。在C 1s谱中，有位于284.8 eV和290.1 eV（C_3N_4）或288.8 eV（改善的$Y_2Mo_3O_{12}$，9 mol%)。284.8 eV的峰归于无定型碳，由于表面碳污染。其他两个290.1/288.8 eV峰对应于sp2 C，包括在C_3N_3环[28]，说明样品是C_3N_4和改善的$Y_2Mo_3O_{12}$(9 mol%)包含C_3N_4，而不是$Y_2Mo_3O_{12}$。峰位从290.1 eV到288.8 eV移动与$Y_2Mo_3O_{12}$的影响有关。N 1s和C 1s结合能的减小在Y 3d、Mo 3d和O 1s［图16.2(g)～(i)］也能够观测到。

为了检查小分子如C_3N_4对$Y_2Mo_3O_{12}$微结构的影响，我们做了扫描电镜和能量色散谱［图16.3(a)～(d)和(a′～d′)］。纯相的$Y_2Mo_3O_{12}$扫描电镜照片显示出一些孔隔离的团聚的颗粒［图16.3(a)］。对应原材料中$CO(NH_2)_2$低含量的样品［图16.3(b)］，较大的颗粒包覆较小的颗粒，孔尺寸较小。当增加$CO(NH_2)_2$含量［(3 mol%、5 mol%，图16.3(c)和(d)］，颗粒尺寸变大，表面光滑。纯相$Y_2Mo_3O_{12}$［图16.3(a′)］的(能量色散谱呈现Y、Mo和O原子比是16.74∶24.39∶58.87≈2.1∶3.0∶16.3，其中氧原子的比值16.3小于名义上的12，说明能量色散谱只能给出定性结果，这些结果对于较轻的元素如$Y_2Mo_3O_{12}$中的O是不合理的。我们又采用X射线光电子谱来估测$Y_2Mo_3O_{12}$中的Y∶Mo∶O原子比［图16.2(d)］，其结果是2.0∶3.2∶13.6，接近名义上的2∶3∶12。改善的样品的Y、Mo、O的量［(b′)～(d′)对应1～5 mol%含量的样品］比名义上的含量低很多，说明

是由于小分子如 C_3N_4 的包裹导致的。这些结果说明对于角度含量时，形成的小分子如 C_3N_4 组成的物质减少了孔隙，并形成一个覆盖层。

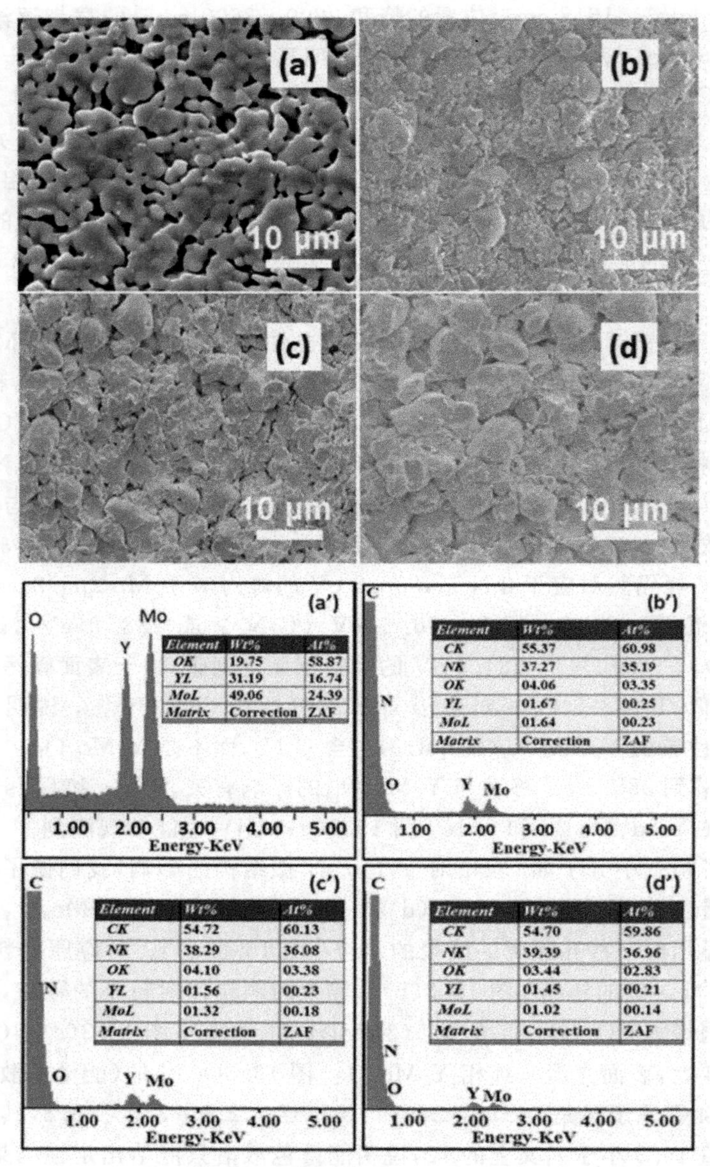

图 16.3　纯相和改善后 $Y_2Mo_3O_{12}$ 样品的扫描电镜照片(a)～(d)和能量色散谱(a')～(d')

可以推测，用小分子彻底覆盖 $Y_2Mo_3O_{12}$ 来排除结晶水的侵入是很困难的。我们知道，$Y_2Mo_3O_{12}$ 的框架结构中的微通道形成了水分子的通道[13,14]，$Y_2Mo_3O_{12}$ 表面的小分子 C_3N_4 很容易堵塞这些水分子侵入的微通道，当 C_3N_4 的量达到一定值后，这些微通道会被彻底堵塞。图16.4(a)和(b)给出了纯相 $Y_2Mo_3O_{12}$ 和 C_3N_4 包裹的 $Y_2Mo_3O_{12}$ 的示意图，在掺入小分子 C_3N_4 前，$Y_2Mo_3O_{12}$ 分子暴露在具有水汽的空气中［图16.4(a)］，水分子能够通过框架结构的微通道侵入晶格，其中 H_2O 分子的O与 Y^{3+} 键结合，每一个H原子与Y—O—Mo中最近邻的O以氢键的形式结合[9,12]。桥氧原子的横向振动和 MoO_4、YO_6 多面体的伸缩振动被 H_2O 抑制。包裹 C_3N_4 后，H_2O 分子被彻底阻止进入 $Y_2Mo_3O_{12}$ 晶格。桥氧原子的横向振动和 MoO_4、YO_6 多面体的伸缩振动加强，导致 $Y_2Mo_3O_{12}$ 负热膨胀［图16.4(b)］，这个结论与上文中红外吸收光谱的讨论相一致［图16.2(c)］。

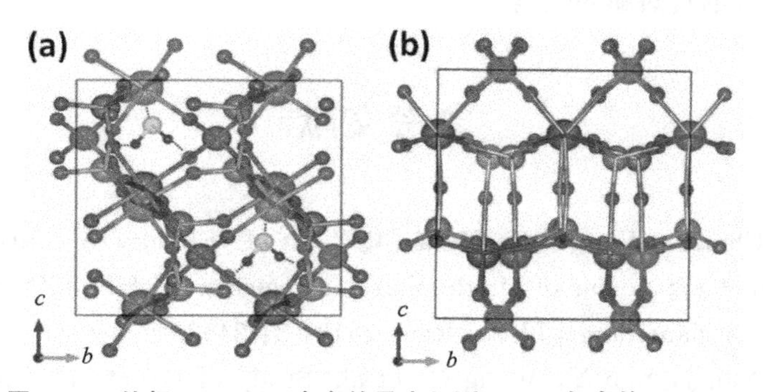

图16.4 纯相 $Y_2Mo_3O_{12}$ 含有结晶水(a)和 C_3N_4 包裹的 $Y_2Mo_3O_{12}$ (b)的示意图：暗绿球表示Y原子，浅紫色球表示Mo原子，$Y_2Mo_3O_{12}$ 中O原子用红色球表示，H_2O 中O原子用黄色球表示，H原子用蓝色球表示

另一方面，C—N（C和N电负性分别是2.55和3.04）的极性远远低于Y—O(Y和N电负性分别是1.22和3.04)的极性。对于极性分子 H_2O，将其O与Y结合比与C或N结合容易。也就是说，C_3N_4 是疏水性而 $Y_2Mo_3O_{12}$ 是亲水性，所以，包裹疏水性的 C_3N_4 后，$Y_2Mo_3O_{12}$ 与 H_2O 隔离开来后，$Y_2Mo_3O_{12}$ 内在的负热膨胀性能被包裹的小分子明显地改变了。

小分子是从 $Y_2Mo_3O_{12}$ 包裹在外表而不是进入框架结构中，这一点可以用纯相和改善后的样品几乎相等的负热膨胀系数进行证明。Y—O—Mo中桥氧原子的横向振动导致的 $Y_2Mo_3O_{12}$ 负热膨胀性能[16]，纯相和改善后的样品负热膨胀曲线的斜率相互接近，说明它们的负热膨胀系数几乎相等，也就是说，小分子没有很大地影响Y—O—Mo中桥氧原子的横向振动。如果小分子进入 $Y_2Mo_3O_{12}$ 框架结构中，Y—O—Mo中桥氧原子的横向振动应该被明显地影响，导致 $Y_2Mo_3O_{12}$ 负热膨胀系数显著变化。

16.4 本章小结

我们发现了一种简易消除 $Y_2Mo_3O_{12}$ 吸水性和延展其负热膨胀性能到室温的方法，对其机理进行了讨论。热膨胀、热重、红外吸收光谱、电子扫描电镜/能量色散谱、X 射线光电子谱等测试结果说明，$CO(NH_2)_2$ 转化为疏水性的小分子如 C_3N_4，包裹在 $Y_2Mo_3O_{12}$ 表面堵塞了 $Y_2Mo_3O_{12}$ 微通道，阻碍了水分子的侵入。这种方法能够应用在其他吸水性的负热膨胀材料中，来获得室温的负热膨胀性能。

参考文献

[1] Chen J, Wang F F, Huang Q Z, et al. Effectively control negative thermal expansion of single-phase ferroelectrics of $PbTiO_3$-(Bi, La) FeO_3 over a giant range[J]. Sci Rep, 2013, 3: 2458.

[2] Yan J, Sun Y, Wang C, et al. Study of structure of $Mn_3Cu_{0.5}Ge_{0.5}N$/Cu composite with nearly zero thermal expansion behavior around RT[J]. Scripta Mater, 2014, 84-85: 19-22.

[3] Hu L, Chen J, Fan L L, et al. Zero thermal expansion and ferromagnetism in cubic $Sc_{1-x}M_xF_3$ (M= Ga, Fe) over a wide temperature range[J]. J Am Chem Soc, 2014, 136: 13566-13569.

[4] Wu M M, Hu Z B, Liu Y T, et al. Thermal expansion properties of $Ln_{2-x}Cr_xMo_3O_{12}$ (Ln = Er and Y). Mater Res Bull, 2009, 44: 1943-1946.

[5] E J Liang. Negative thermal expansion materials and their applications: a survey of recent patents[J]. Rec Pat Mater Sci, 2010, 3: 106-128.

[6] T Suzuki, A Omote. Negative thermal expansion in (HfMg) $(WO_4)_3$[J]. J Am Ceram Soc, 2004, 87: 1365-1369.

[7] Fu L J, Chao M J, Chen H, et al. Negative thermal expansion property of $Er_{0.7}Sr_{0.3}NiO_{3-\delta}$[J]. Phys Lett A, 2014, 378: 1909-1912.

[8] Yuan B H, Liu X S, Mao Y C, et al. Low thermal expansion o-

ver a wide temperature range of $Zr_{1-x}Fe_xV_{2-x}Mo_xO_7$ ($0 \leqslant x \leqslant 0.9$)[J]. Mater Chem Phys, 2016, 170: 162-1616.

[9] F Bridges, T Keiber, P Juhas, et al. Local vibrations and negative thermal expansion in ZrW_2O_8[J]. Phys Rev Lett, 2014, 112: 045505.

[10] Song X Y, Sun Z H, Huang Q Z, et al. Adjustable zero thermal expansion in antiperovskite manganese nitride[J]. Adv Mater, 2011, 23: 4690-4694.

[11] Long Y W, Hayashi N, Saito T, et al. Temperature-induced A-B intersite charge transfer in an A-site-ordered $LaCu_3Fe_4O_{12}$ perovskite [J]. Nature, 2009, 458: 60-64.

[12] Liang E J, Huo H L, Wang J P, et al. Effect of water species on the phonon modes in orthorhombic $Y_2(MoO_4)_3$ revealed by Raman spectroscopy[J]. J Phys Chem C, 2008, 112: 6577-6581.

[13] Liu X S, Cheng Y G, Liang E J, et al. Interaction of crystal water with the building block in $Y_2Mo_3O_{12}$ and the effect of Ce^{3+} doping [J]. Phys Chem Chem Phys, 2014, 16, 12848-128516.

[14] Li Z Y, Song W B, Liang E J. Structures, phase transition, and crystal water of $Fe_{2-x}Y_xMo_3O_{12}$[J]. J Phys Chem C, 2011, 115: 17806-17811.

[15] Liu H F, Wang X C, Zhang Z P, et al. Synthesis and thermal expansion properties of $Y_{2-x}La_xMo_3O_{12}$ ($x=0$, 0.5, 2)[J]. Ceram Int, 2012, 38: 6349-6352.

[16] Cheng Y G, Liu X S, Song W B, et al. Liang E J, Relationship between hygroscopicity reduction and morphology evolution of $Y_2Mo_3O_{12}$ doped with $(LiMg)^{3+}$[J]. Mater Res Bull, 2015, 65: 273-278.

[17] Gates S D, Lind C. Polymorphism in yttrium molybdate $Y_2Mo_3O_{12}$[J]. J Solid. State Chem, 2007, 180: 3510-3514.

[18] Wu M Y, Wang L, Jia Y, et al. Theoretical study of hydration in $Y_2Mo_3O_{12}$: Effects on structure and negative thermal expansion[J]. AIP Adv, 2015, 5: 027126.

[19] Lei J Y, Chen Y, Shen F, et al. Surface modification of TiO_2 with g-C_3N_4 for enhanced UV and visible photocatalytic activity[J]. J Alloys Compd, 2015, 631: 328-334.

[20] Maczka M, Hanuza J, Lutz E T G, et al. Infrared Activity of $KAI(MoO_4)_2$ and $NaAl(MoO_4)_2$[J]. J Solid State Chem, 1999, 145: 751-

756.

[21] Cheng Y G, Liu X S, Chen H J, et al. In situ investigation of the surface morphology evolution of the bulk ceramic $Y_2Mo_3O_{12}$ during crystal water release[J]. Phys Chem Chem Phys, 2015, 17: 10363-10368.

[22] Çalşkan N, Sö güt E, Saka C, et al. The natural diatomite from caldiran-van (Turkey): electroanalytical application to antimigraine compound naratriptan at modified carbon paste electrode[J]. Comb Chem High Throughput Screen, 2010, 13: 703-711.

[23] Kim M J, Lim B, Jeong Y K, et al. Surface modification of magnetite nanoparticles for immobilization with lysozyme[J]. J Ceram Proc Res, 2007, 8: 293-295.

[24] Mitoraj D, Kisch H. On the mechanism of urea-induced titania modification[J]. Chemistry, 2010, 16: 261-269.

[25] Matsuoka M, Isotani S, Mansano R D, et al. X-Ray photoelectron spectroscopy and Raman spectroscopy studies on thin carbon nitride films deposited by reactive RF magnetron sputtering[J]. World J Nano Sci Eng, 2012, 2: 92-102.

[26] Casanovas J, Ricart J M, Rubio J, et al. Origin of the large N 1s binding energy in X-ray photoelectron spectra of calcined carbonaceous materials[J]. J Am Chem Soc,1996,118: 8071-8076.

[27] Saha N C, Tompkins H G. Titanium nitride oxidation chemistry: AnX-ray photoelectron spectroscopy study[J]. J Appl Phys, 1992, 72: 3072-3079.

[28] Li C, Cao C, Zhu H. Graphitic carbon nitride thin films deposited by electrodeposition[J]. Mater Lett, 2004, 58: 1903-1906.

第 17 章　$Al_{2-2x}(ZrMg)_xW_3O_{12}$相变、吸水性及热膨胀性能

17.1　引　言

自然界多数材料受热后以不同的速率进行热膨胀，从而产生热应力引起不同的现实问题：器件分层、裂片、暂时性或永久性失效。ZrW_2O_8 在很大温度范围内呈现负热膨胀的发现，引发了人们对负热膨胀材料广泛地研究[1-4]，越来越多的负热膨胀材料被逐渐发现[5-11]，在这些负热膨胀材料中，一个通式为 $A_2M_3O_{12}$（A^{3+} 为过渡金属或稀土金属，M^{6+} 是 W^{6+} 或 Mo^{6+}）的化合物是一种很重要的系列，它们具有很大范围离子取代不同晶格位而保持化学稳定的性能和可调整的热膨胀系数[12-16]。占据八面体位的阳离子 A^{3+} 不仅能被一个过渡金属或稀土离子取代，而且能够被四价和二价的离子混合价态取代，或者被一个四价离子和五价离子部分取代 M^{6+} 的取代。这些材料的另外一种特征是其不寻常的很高的三价离子导电性。所有这些特性，对于设计新型负热膨胀材料和可控热膨胀材料很有用处[17-20]，也对控制其他性能有很大用处，如控制介电常数和折射率，来实现各种实际应用，如电子器件和催化剂的支持材料[21]、激光材料[22]、燃料电池电解质和气敏器件[23]等。

$A_2M_3O_{12}$系列化合物可能结晶为单斜结构（C_{2h}^5，$P2_1/a$）或正交结构（C_{2h}^{14}，Pnca），主要取决于 A^{3+} 阳离子半径大小，呈现温度导致的单斜相与正交相的铁弹相变。只有共顶点的多面体网格结构的正交相才可能呈现出很重要的负热膨胀性能[24-29]。正交相的 $A_2W_3O_{12}$具有共顶点的 AO_6 八面体和 WO_4 四面体，每一个 AO_6 八面体的顶点与 6 个 WO_4 四面体共享，同时，每一个四面体的顶点与 4 个 AO_6 八面体的顶点共享。

$Al_2W_3O_{12}$在室温结晶为正交相，大约在 253 K 转变为单斜相[30]，这是一种稀有的化合物，能够呈现三价离子（Al^{3+}）电导[16]。据报道，用热膨胀

仪测试的平均线热膨胀系数(α_l)是-1.5×10^{-6} K^{-1}[15]和-3×10^{-6} K^{-1}[31]。然而,根据X射线衍射法研究,$Al_2W_3O_{12}$呈现各向异性正热膨胀,其体膨胀系数是$\alpha_v=+2.2\times10^{-6}$ K^{-1}[31]和$+4.5\times10^{-6}$ K^{-1}[32]。尽管这些差别,$Al_2W_3O_{12}$仍然可以认为是一种低热膨胀材料,具有压力(~0.28 GPa)诱导的正交到单斜相的相变,更大的压力(14~18 GPa)下,出现单斜相到无定型的相变[23,33,34]。

几乎所有的应用基本上都需要在整个应用条件下保持其结构不变。$Al_2W_3O_{12}$的相变温度对于实际应用来说并不足够低,因为正交晶系和单斜晶系之间的热膨胀系数的大的差异可能导致器件在温度循环过程中的严重失效。设备所需的适用温度范围分别为:民用应用的是233~358 K,军事应用的是208~398 K。材料许多较宽的温度范围在极端条件下是强制性的,比如,燃料电池和航天飞机等。

Suzuki和Omote报道了一种材料,$Al_{2x}(HfMg)_{1-x}(WO_4)_3$[18],该材料使用$(HfMg)^{6+}$取代$Al^{3+}$具有较低的热膨胀系数。然而,详细的性质,如相变和吸湿性没有报道。本书以$Al_{2-2x}(ZrMg)_xW_3O_{12}$为通式合成了一系列材料,研究了$(ZrMg)^{6+}$取代$Al^{3+}$对$Al_2W_3O_{12}$相变和热膨胀的影响,以及对吸湿性的影响。此外,Baiz等人报道了$ZrMgW_3O_{12}$的合成[35]。但其性质至今未见报道。本书还报道了$ZrMgW_3O_{12}\cdot2H_2O$的热膨胀性能和吸水性,通过$(ZrMg)^{6+}$对Al^{3+}的共取代,发现可以有效地降低$Al_2W_3O_{12}$的相变温度,并且热膨胀系数能够进行调控。$(ZrMg)^{6+}$的共掺不仅降低了相变温度,而且提高了材料的软化点,大大扩展了适用的温度范围。当$(ZrMg)^{6+}$含量较高时,样品开始具有吸湿性。结晶水对样品的拉曼光谱和热膨胀性能的影响也进行了详细研究。据我们所知,关于$Al_{2-2x}(ZrMg)_xW_3O_{12}\cdot n(H_2O)$的性质及其性质的研究还未见报道。

17.2 实验过程

$Al_{2-2x}(ZrMg)_xW_3O_{12}\cdot n(H_2O)$ ($x=0$, 0.1, 0.3, 0.5, 0.7, 0.8, 0.9和1.0)是采用固相反应法合成,利用分析纯试剂ZrO_2、Al_2O_3、MgO和WO_3作为原料。根据目标产物的化学计量比称量并混合原料、研磨2 h。获得的混合物在单轴方向压片机上压制成圆柱体,直径是6 mm,长度是16 mm,压强是200 MPa,然后放入马弗炉中在1373 K烧结4 h。

X射线衍射(XRD)实验是使用X射线衍射仪(Model X'Pert PRO)进

行，来鉴定晶体的相。变温拉曼光谱（Temperature-dependent Raman Spectra）是使用一个拉曼光谱仪（Model MR-2000，Renishaw）来进行表征，使用激光波长是 532 nm，升降温台（heating/freezing stage）（Model TMS 94，Linkam Scientific Instruments，Ltd）的准确度是±0.1 K。线性热膨胀系数法使用林赛斯高温热膨胀仪（dilatometer）（LINSEIS DIL L76）测试。热分析（Differential Scanning Calorimetry，DSC）研究是使用 Ulvac Sinku-Riko DSC，型号 1500M/L，进行测试，测试温度范围是 303～873 K，升降温速率是 10 K/min。

17.3　结果与讨论

17.3.1　晶体结构和相变

图 17.1 显示了 $Al_{2-2x}(ZrMg)_xW_3O_{12}\cdot n(H_2O)$（$x$=0，0.1，0.3，0.5，0.7，0.8，0.9 和 1）在室温下的 XRD 图谱。$Al_2W_3O_{12}$（x=0）的 XRD 图谱与 JCPDS-PDF No. 01-024110 一致，表明 $Al_2W_3O_{12}$ 在室温下为正交晶系。$Al_{2-2x}(ZrMg)_xW_3O_{12}\cdot n(H_2O)$ 的 XRD 图谱保持不变，除了衍射峰向较小角度的连续移动，表明随着 $(ZrMg)^{6+}$ 的含量增加，正交结构保持不变。结果表明，合成了单相正交晶系固溶体 $Al_{2-2x}(ZrMg)_xW_3O_{12}\cdot n(H_2O)$。随着 $(ZrMg)^{6+}$ 含量的增加，衍射峰向较小角度的移动表明，由于 $(ZrMg)^{6+}$（72×10^{-12} m）的平均阳离子半径大于 Al^{3+}（53.5×10^{-12} m）的阳离子半径，晶格常数增加。固溶体沿 a、b 和 c 轴的晶格常数和相应的细胞体积（V）计算出来，显示在表 17.1 中。

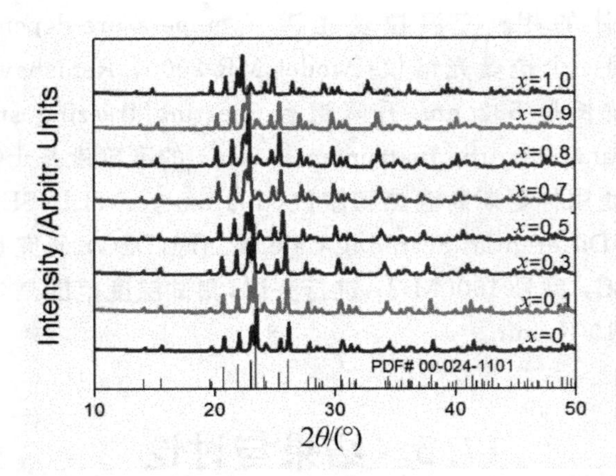

图 17.1　$Al_{2-2x}(ZrMg)_xW_3O_{12}\cdot n(H_2O)$室温下的 XRD 图谱

$x\geqslant0.5$ 的样品显示吸水性（对应于 $x=0.5$，0.7，0.8，0.9 和 1.0 的结晶水分别是 $n=0.17$，0.4，0.6，0.8 和 2.0）

表 17.1　室温下对应不同 x 的 $Al_{2-2x}(ZrMg)_xW_3O_{12}\cdot n(H_2O)$晶格常数

x	a/Å	b/Å	c/Å	V/Å^3
0.0	9.0947	12.5319	9.0078	1026.6538
0.1	9.1336	12.5909	9.0430	1039.9472
0.3	9.1835	12.6424	9.0629	1052.2161
0.5	9.2654	12.7423	9.1402	1079.1149
0.7	9.3219	12.8026	9.1558	1094.2311
0.8	9.3597	12.8385	9.2001	1105.5255
0.9	9.3658	12.8760	9.2047	1110.0320
1.0	9.5437	13.1274	9.4400	1182.6806

图 17.2(a)和(b)显示了 $Al_2W_3O_{12}$ 随温度降低的变温拉曼光谱。$Al_2W_3O_{12}$结晶为正交晶系，配位数是 $Z=4$，每单位晶胞具有 68 个原子。A^{3+}离子占据 C_1 对称位置，MO_4^{2-} 四面体占据晶体不同的部位。8 个 MO_4^{2-} 四面体占据了 C_1 对称的位置，4 个四面体占据了 C_2 对称的位置。因子群分析可以得到振动模式分布，在布里渊区中心总共分布振动的有 204 个用不可约表示振动模式，$\Gamma_{tot}=25A_g+26B_{1g}+25B_{2g}+26B_{3g}+25A_u+26B_{1u}+25B_{2u}+26B_{3u}$[36]。但是只有 A_g、B_{1g}、B_{2g}和 B_{3g}模式具有拉曼活性。它们可分为 24 种伸缩模式（$6A_g$、$6B_{1g}$、$6B_{2g}$和 $6B_{3g}$）、30 种弯曲模式（$8A_g$、$7B_{1g}$、$8B_{2g}$和 $7B_{3g}$）、18 种天平动模式（$4A_g$、$5B_{1g}$、$4B_{2g}$和 $5B_{3g}$）、18 种 MO_4^{2+} 四面体的平动模式（$4A_g$、$5B_{1g}$、$4B_{2g}$和 $5B_{3g}$）和 A^{3+}离子的 12 种

平动模式（$3A_g$、$3B_{1g}$、$3B_{2g}$和 $3B_{3g}$）。

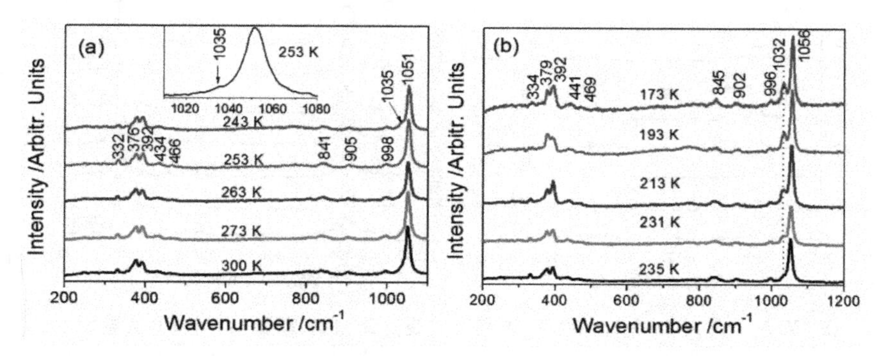

图 17.2　$Al_2W_3O_{12}$的变温拉曼光谱：(a) 300～243 K；(b) 235～173 K

根据 $Al_2W_3O_{12}$[36]、$Y_2Mo_3O_{12}$[20,24,37]、$Sc_2Mo_3O_{12}$[28,38]、$In_2W_3O_{12}$[29,38]和类似的框架结构的化合物[39-42]的振动分析和拉曼光谱研究，可将 WO_4 四面体位于 1060～1030 cm^{-1}、1000～770 cm^{-1}、470～300 cm^{-1} 拉曼模式识别为对称伸缩振动(ν_1)、不对称拉伸振动(ν_3)和弯曲振动($\nu_4+\nu_2$)。Al^{3+} 离子的平动模式应出现在与弯曲模式相同的波数区域。更低波数拉曼模式(低于 300 cm^{-1})可以被指认为桥氧离子的横向运动和 Al^{3+}、W^{6+} 阳离子在多面体中心的平动或天平动。

室温拉曼光谱是正交晶系 $Al_2W_3O_{12}$ 的特征拉曼。随温度降低，拉曼光谱最显著的变化是在约 1032 cm^{-1} 处出现一个拉曼光谱带。该拉曼光谱带开始出现在约 253 K，并随着温度的进一步降低而变强，表明 $Al_2W_3O_{12}$ 的正交向单斜相变开始发生在约 253 K，这与所报道的相变温度很好地吻合[30]。因此，在 253 K 以下的拉曼光谱带可以被认为是 $Al_2W_3O_{12}$ 单斜相的特征。这将用于分析$(ZrMg)^{6+}$替代对 $Al_2W_3O_{12}$ 相变温度的影响。

图 17.3(a)显示出了 $x=0.1$ 的 $Al_{2-2x}(ZrMg)_xW_3O_{12}$ 的拉曼光谱的温度依赖性。结果表明，单斜相特征拉曼峰 1032 cm^{-1} 开始出现在约 230 K 处，并随着温度的进一步降低而逐渐增强，这表明 $Al_{1.8}(ZrMg)_{0.1}W_3O_{12}$ 的正交向单斜相变发生在 230 K，比 $Al_2W_3O_{12}$ 开始发生相变的温度低约 23 K。图 17.3(b)示出了 $Al_{1.8}(ZrMg)_{0.1}W_3O_{12}$ 在室温以上的变温拉曼光谱。除了随着温度的升高拉曼光谱带的连续红移外，拉曼光谱保持不变。结果表明，$Al_{1.8}(ZrMg)_{0.1}W_3O_{12}$ 从 230 K 到至少 873 K 保持正交结构。

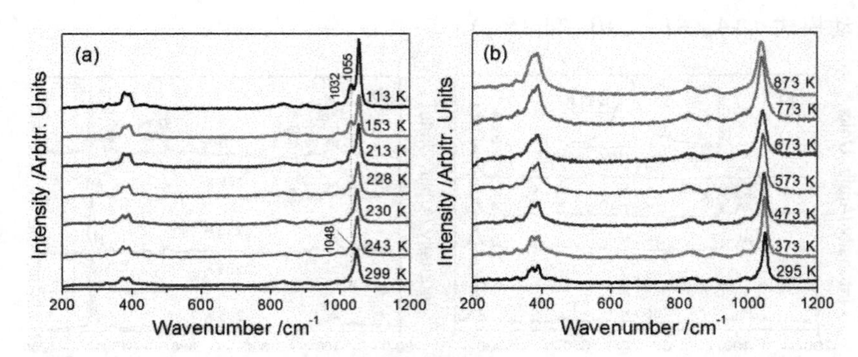

图 17.3　$Al_{1.8}(ZrMg)_{0.1}W_3O_{12}$ 的变温拉曼光谱：(a) 室温以下；(b) 室温以上

图 17.4 给出了 $x=0.2$ 的 $Al_{2-2x}(ZrMg)_xW_3O_{12}$ 的变温拉曼光谱。单斜相在约 1032 cm^{-1} 处的特征拉曼带开始出现在约 203 K，并且随着温度的降低而增强。图 17.3 和 17.4 的结果表明，$Al_2W_3O_{12}$ 的相变温度可以通过 $(ZrMg)^{6+}$ 取代 Al^{3+} 而有效地降低。这使我们有希望进一步降低相变温度，从而通过增加 $(ZrMg)^{6+}$ 的含量来拓宽 $Al_2W_3O_{12}$ 的适用温度范围。图 17.5(a) 和图 17.5(b) 分别显示了 $x=0.3$ 和 $x=0.5$ 的 $Al_{2-2x}(ZrMg)_xW_3O_{12}$ 的变温拉曼光谱。在这两种情况，没有观察到在约 1032 cm^{-1} 的单斜相的特征拉曼谱带。结果表明，对于 $x=0.3$ 和 $x=0.5$，正交结构至少维持在 113 K。

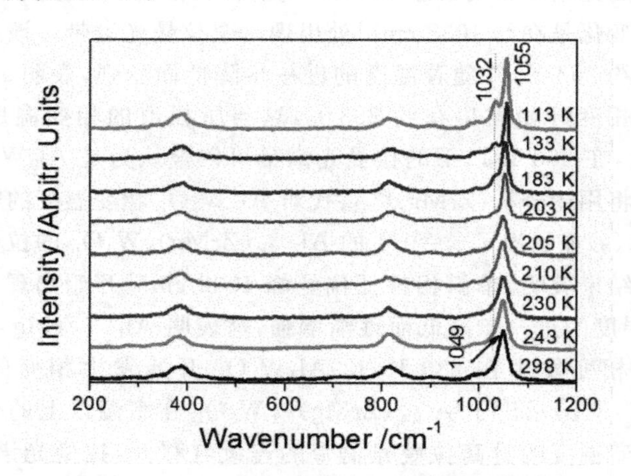

图 17.4　$Al_{1.6}(ZrMg)_{0.2}W_3O_{12}$ 的变温拉曼光谱

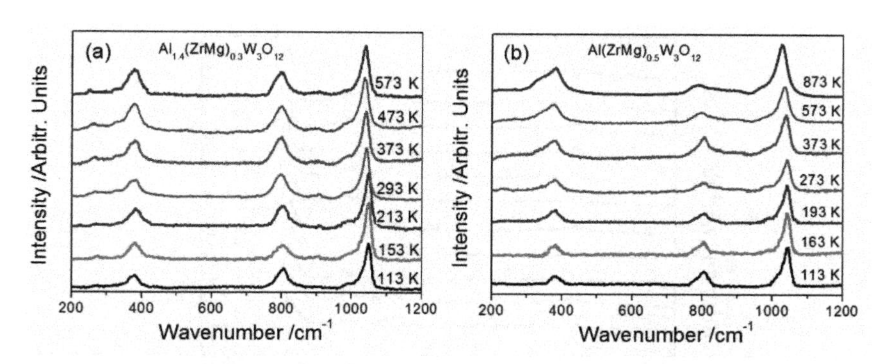

图 17.5 变温拉曼光谱：(a) $Al_{1.4}(ZrMg)_{0.3}W_3O_{12}$；(b) $Al(ZrMg)_{0.5}W_3O_{12}$

17.3.2 结晶水对拉曼光谱的影响

对 $Al_{2-2x}(ZrMg)_xW_3O_{12}\cdot n(H_2O)$ ($x\geqslant0.7$) 的变温拉曼光谱进行了研究。这些变温拉曼光谱随温度变化的行为很相似，但是与那些 $x\leqslant0.5$ 对应的样品的行为有很大区别。图 17.6(a) 和图 17.7 分别给出了 $Al_{0.4}(ZrMg)_{0.8}W_3O_{12}\cdot n(H_2O)$ 和 $(ZrMg)W_3O_{12}\cdot m(H_2O)$ 的变温拉曼光谱。从室温到 373 K，这些拉曼光谱几乎保持不变，然而，从 393～473 K，这些拉曼光谱带明显变得尖锐、红移和强度增加，特别是，在位于 1025 cm^{-1} 的拉曼光谱带。在这个不寻常的温度范围之上，拉曼光谱带向低波数移动，强度逐渐变弱，与普通材料表现的类似。我们也观察到，较低波数的拉曼模式随着温度的升高变得更突出，特别是在 350 K 以上，在 274 cm^{-1} 附近出现一个宽的拉曼光谱带。

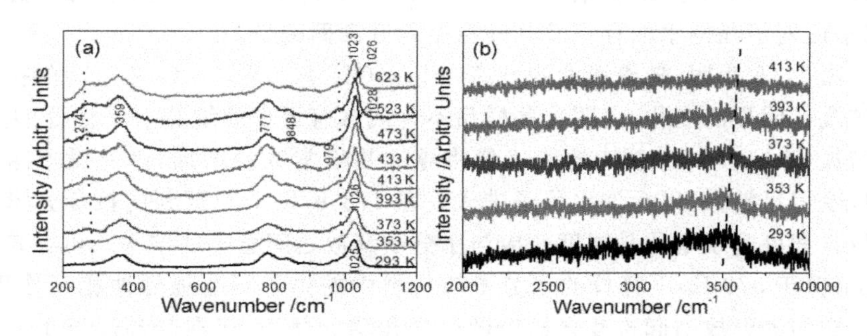

图 17.6 $Al_{0.4}(ZrMg)_{0.8}W_3O_{12}\cdot0.6(H_2O)$ 的变温拉曼光谱：
(a) 293～623 K，200～1200 cm^{-1}；(b) 293～413 K，2000～4000 cm^{-1}

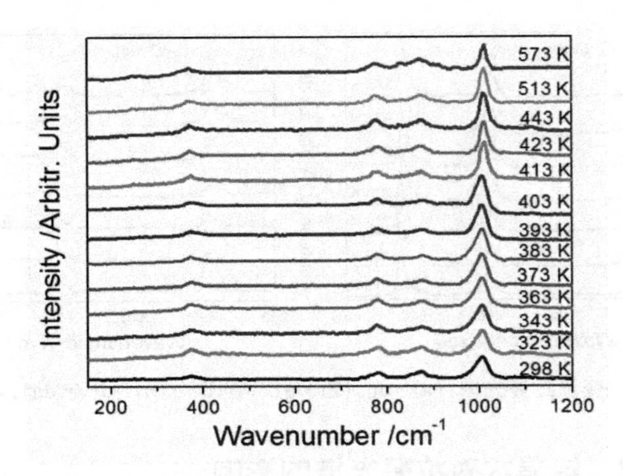

图 17.7 $(ZrMg)W_3O_{12}\cdot 2(H_2O)$的变温拉曼光谱

为了探究拉曼模不寻常的行为，我们在图 17.8 中画出大约位于 1025 cm^{-1} 的拉曼光谱带随温度变化的位置和半高宽(Full Width at Half Maximum，FWHM)。图 17.8 很清晰地显示出，从室温到 473 K，拉曼光谱带持续出现蓝移，然后在这个温度之上，又出现红移，同时半高宽从室温到373 K 缓慢增加，然后从 373～473 K 急剧减小，在 473 K 以上，半高宽又增加了。一般说来，一个拉曼模式出现红移则变软，由于化学键势阱的非谐特性，随着温度的升高拉曼模式变得宽化。一个拉曼光谱带出现蓝移和尖锐化，表明化学键变硬。我们将拉曼带的异常行为归因于随着温度的升高在晶格结构中的微通道中结晶水的释放[20,24,43]。为了证实这一点，我们在图 17.6(b)中给出了 H_2O 中的 H—O 伸缩区域(3000～4000 cm^{-1})内的拉曼带[44,45]。结果表明，随着温度的升高，H—O 伸缩模式呈现出蓝移并逐渐消失，证实了晶体水的存在及其随温度的升高而减少。

图 17.5 表明，随着温度的升高，$Al_{2-2x}(ZrMg)_xW_3O_{12}$($x\leqslant 0.5$)的拉曼光谱没有明显的变化，表明这些样品不含或含有更少的结晶水。然而，进一步增加$(ZrMg)^{6+}$对 Al^{3+} 的取代量将导致晶格常数的增加，因此微通道的开口变得足够大，以允许水分子进入。在 473 K 以下观察到的拉曼光谱带的位移和展宽或窄化是温度效应与水分子释放之间竞争的结果。可在较低温度(低于 373 K)下释放的水分子与材料中的离子不会强烈地相互作用，并且它们的释放引起拉曼光谱带的轻微蓝移。然而，仅在较高温度下释放的水分子与材料强烈地相互作用，并且结晶水释放影响决定了在 393～473 K 温度范围内的拉曼光谱带的行为，导致拉曼光谱带变窄并明显出现蓝移。该结果与低波数区拉曼模式的变化表明，在 $x=0.7$ 的 $Al_{2-2x}(ZrMg)_xW_3O_{12}\cdot n(H_2O)$ 的微通道中存在的结晶水不仅阻碍多面体的天

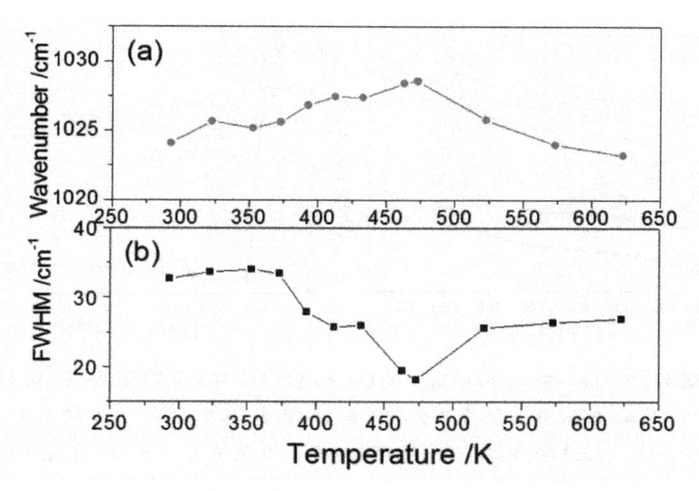

图 17.8 拉曼模式的位置和大约位于 1025 cm^{-1} 的拉曼光谱带的半高宽（图 17.6）随温度的变化

平动和平动，而且减弱 W—O 键的强度，这一点通过 WO_4 四面体的对称伸缩振动模式的红移得到。

为了证明以上的分析和量化 $Al_{2-2x}(ZrMg)_xW_3O_{12}\cdot n(H_2O)$（$x\geqslant 0.7$）的结晶水，我们对材料的热分析和热重进行了测试。图 17.9(a) 给出了 $Al_{2-2x}(ZrMg)_xW_3O_{12}\cdot n(H_2O)$（其中 $x=0$，0.3，0.5，0.7，0.8，0.9 和 1.0）的热分析曲线。$x\geqslant 0.7$ 对应的样品出现明显的吸热峰，然而 $x=0.5$ 时变得非常弱，$x<0.5$ 时完全消失。图 17.9(b)显示出了 $x\geqslant 0.5$ 的样品的相应的热重损失，其热重损失可以归因于结晶水的释放。这些结果证明上文中拉曼光谱的分析。$Al_{2-2x}(ZrMg)_xW_3O_{12}\cdot n(H_2O)$（$x\geqslant 0.7$）结晶水的进入和释放性能与 $Y_2Mo_3O_{12}\cdot 3H_2O$[24,26,46] 和 $Fe_{2-x}Y_xMo_3O_{12}$[20] 很像。从热重测试曲线可以计算出 $Al_{2-2x}(ZrMg)_xW_3O_{12}\cdot n(H_2O)$ 每个分子的结晶水的个数：2.0，0.8，0.6，0.4 和 0.17，分别对应于 $x=1.0$，0.9，0.8，0.7 和 0.5。所以，在室温相应的分子式可以写成：$(ZrMg)W_3O_{12}\cdot 2H_2O$，$Al_{0.2}(ZrMg)_{0.9}W_3O_{12}\cdot 0.8H_2O$，$Al_{0.4}(ZrMg)_{0.8}W_3O_{12}\cdot 0.6H_2O$，$Al_{0.6}(ZrMg)_{0.7}W_3O_{12}\cdot 0.4H_2O$，和 $Al(ZrMg)_{0.5}W_3O_{12}\cdot 0.17H_2O$。图 17.9 也表明，$(ZrMg)^{6+}$ 的替代量越低，结晶水释放的温度越高，主要是晶体结构中的微通道变小，通过虚线表示在图上。

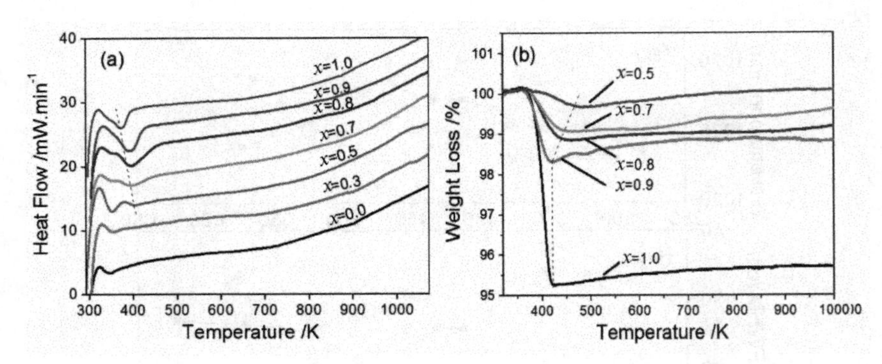

图 17.9　(a) $Al_{2-2x}(ZrMg)_xW_3O_{12}\cdot n(H_2O)$ ($n=0$ 对应 $x=0$, 0.3; $n=$ 0.17, 0.4, 0.6, 0.8 和 2.0 分别对应 $x=0.5$, 0.7, 0.8, 0.9 和 1.0) 的 DSC 曲线;(b) $Al_{2-2x}(ZrMg)_xW_3O_{12}\cdot n(H_2O)$($x=0.5$, 0.7, 0.8, 0.9 和 1.0) 的热重曲线

17.3.3　结晶水对晶轴和线性热膨胀的影响

图 17.10 给出了 $Al_{2-2x}(ZrMg)_xW_3O_{12}\cdot n(H_2O)$ ($x=0$, 0.1, 0.3, 0.5, 0.7, 0.8, 0.9 和 1.0) 随温度变化的线性长度变化趋势。很明显, $Al_{2-2x}(ZrMg)_xW_3O_{12}\cdot n(H_2O)$ ($x=0$, 0.1, 0.3 和 0.5) 从室温到软化点都呈现出低热膨胀。$Al_2W_3O_{12}$、$Al_{1.8}(ZrMg)_{0.1}W_3O_{12}$、$Al_{1.4}(ZrMg)_{0.3}W_3O_{12}$和 $Al(ZrMg)_{0.5}W_3O_{12}\cdot 0.17H_2O$ 的热膨胀系数分别为 $1.58\times10^{-6}\ K^{-1}$ (440～990 K)、$1.61\times10^{-6}\ K^{-1}$(294～1047 K)、$2.34\times10^{-6}\ K^{-1}$(294～1120 K)和 $1.28\times10^{-6}\ K^{-1}$(294～1130 K)。对于多数样品都出现在高温段的相对长度急剧减小,这与样品的软化有关。我们观察到, $(ZrMg)^{6+}$替代 Al^{3+}不仅降低从正交到单斜相的相转变温度,而且提高了 $Al_2W_3O_{12}$的软化温度点,这一点可以通过相对长度变化曲线在高温的拐点观察到:$Al_2W_3O_{12}$对应于 980 K、$x=0.1$ 对应于 1040 K、$x=0.3$ 和 0.5 对应于 1120 K,$x=$ 0.7 和 0.8 对应于 1170 K。所有固溶体的软化点都比纯相的 $Al_2W_3O_{12}$和$(ZrMg)W_3O_{12}\cdot 2H_2O$ 还要高。

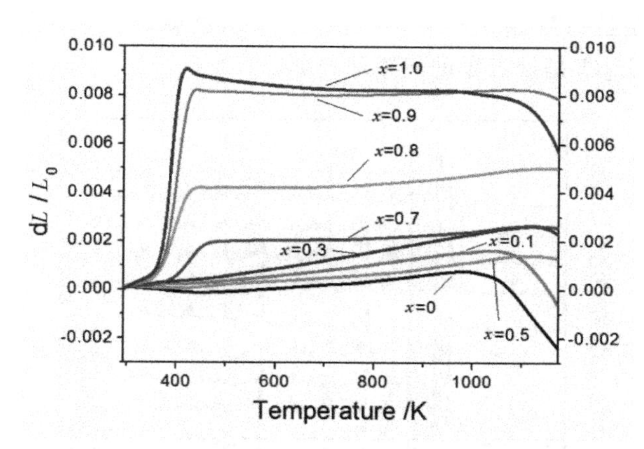

图 17.10 $Al_{2-2x}(ZrMg)_xW_3O_{12}\cdot n(H_2O)$ ($n=0$ 对应 $x=0$, 0.1 和 0.3; $n=0.17$, 0.4, 0.6, 0.8 和 2.0 分别对应 $x=0.5$, 0.7, 0.8, 0.9 和 1.0) 的相对长度随温度的变化

对于固溶体 $Al_{2-2x}(ZrMg)_xW_3O_{12}\cdot n(H_2O)$ ($x\geqslant0.7$),在 350 K 以上($x=0.7$ 的样品对应 380 K) 直到 430 K ($x=1.0$ 的样品对应 418 K,$x=0.7$ 的样品对应 460 K),相对长度变化曲线呈现出陡峭上升,这种情况暗示了这种材料在这个温度范围内具有急剧热膨胀。综合考虑变温拉曼光谱、热分析和热重测试结果,我们推测在这个温度范围内这种材料的急剧热膨胀与结晶水的释放相关。结晶水彻底释放完后,通过相对长度变化曲线计算得到 $Al_{0.6}(ZrMg)_{0.7}W_3O_{12}\cdot 0.4H_2O$、$Al_{0.4}(ZrMg)_{0.8}W_3O_{12}\cdot 0.6H_2O$、$Al_{0.2}(ZrMg)_{0.9}W_3O_{12}\cdot 0.8H_2O$ 和 $(ZrMg)W_3O_{12}\cdot 2H_2O$ 的热膨胀系数分别为 $1.07\times10^{-6}\ K^{-1}$(470~1135 K)、$1.17\times10^{-6}\ K^{-1}$(440~1173 K)、$-0.515\times10^{-7}\ K^{-1}$(440~1120 K)和$-1.15\times10^{-6}\ K^{-1}$(440~975 K)。这个结果意味着,$Al_{2-2x}(ZrMg)_xW_3O_{12}\cdot n(H_2O)$ ($x\geqslant0.7$) 具有很低的热膨胀系数,$Al_{0.2}(ZrMg)_{0.9}W_3O_{12}\cdot 0.8H_2O$ 实际上在彻底释放完结晶水后已经成为近零热膨胀材料。

为了确认结晶水对 $Al_{2-2x}(ZrMg)_xW_3O_{12}\cdot n(H_2O)$ ($x\geqslant0.7$)的热膨胀性能的影响,我们进行了从室温到 1073 K 的 $Al_{0.2}(ZrMg)_{0.9}W_3O_{12}\cdot 0.8H_2O$ 的变温 X 射线衍射测量(图 17.11)。图 17.12 中示出晶格常数和体积(V)随温度的变化。发现晶格常数 a、b、c 的值从约 350 K 急剧增加到约 413 K,导致在相同温度范围内体积急剧膨胀。从 413~923 K,a 轴和 c 轴收缩,而 b 轴膨胀,导致体积 V 随温度的升高而显现出非常小的变化。轴向和体积热膨胀系数计算为 $\alpha_a=-3.58\times10^{-6}\ K^{-1}$,$\alpha_b=4.42\times10^{-6}\ K^{-1}$,$\alpha_c=-1.05\times10^{-6}\ K^{-1}$,$\alpha_V=-1.75\times10^{-7}\ K^{-1}$(403~923 K)。这样就得

出了线性热膨胀系数 $\alpha_l = -0.58\times10^{-7}\ K^{-1}$，这就确认了 $Al_{0.2}(ZrMg)_{0.9}W_3O_{12}\cdot0.8H_2O$ 是接近零的热膨胀材料。

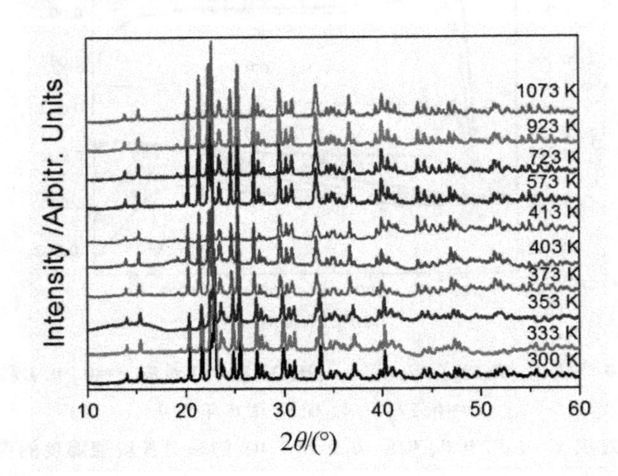

图 17.11　$Al_{0.2}(ZrMg)_{0.9}W_3O_{12}\cdot0.8H_2O$ 的变温 XRD 图谱

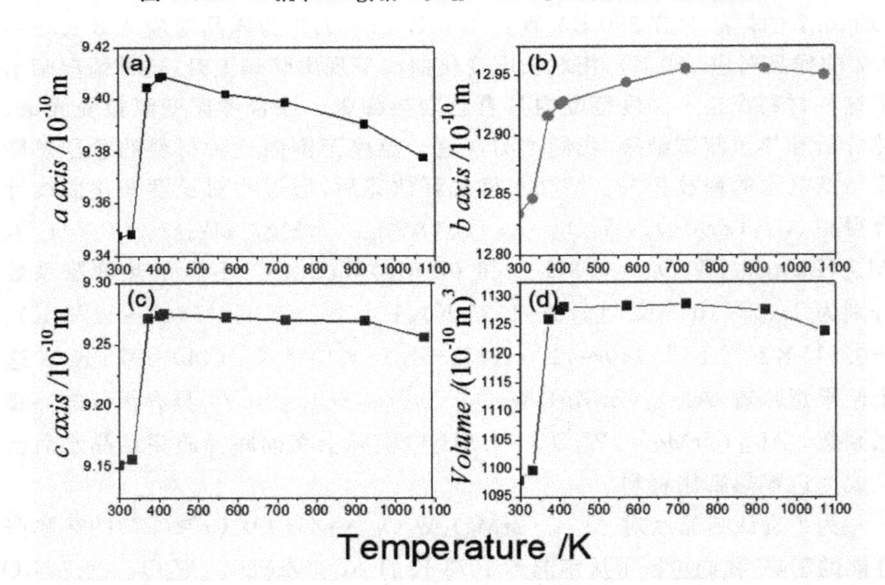

图 17.12　$Al_{0.2}(ZrMg)_{0.9}W_3O_{12}\cdot0.8H_2O$ 的晶格常数(a)～(c)和晶胞体积(d)随着温度的变化

如上所述，结晶水的进入将导致收缩，并且释放它们会导致三个晶轴上的膨胀不同。在 33～413 K 的温度范围内加热(或冷却)过程中，在三个晶轴上的相对膨胀(或收缩)约比为 $c : b : a = 1.97 : 1.47 : 1$，这意味着当结晶水吸附时，结晶水导致 c、b 和 a 轴造成最大、较小和最小的收缩。或者换句话说，结晶水的释放分别导致 c、b 和 a 轴上产生最大的、较小的和最小的热膨胀。

图 17.13 给出了 $Al_2W_3O_{12}$ 族正交晶系结构的示意图。晶体水相互作用的最可能的位置是在微通道中突出的氧离子，而由于多面体的空间位阻效应，水分子似乎不可能达到剩余的氧位置。因为 H—O 和 A—O 以及 W—O 键都是极化的，水分子与 Al(Zr,Mg)—O—W 键中的 O 通过偶极-偶极相互作用的电子吸引形成氢键。这种相互作用将吸引围绕 O 原子的部分电子朝向氢键，导致 W—O 键的弱化，这一点在吸收结晶水的 W—O 伸缩模式的红移得到证实。结晶水形成的氢键牵拉 O 离子进一步趋向微通道的内部，导致 Al(Zr,Mg)—O—W 的键角减小，并促使多面体的转动［图 17.13(a) 和(b)］。由于 Al(Zr,Mg)—O—W 键几乎沿着 c 轴或 bc 晶面倾斜，沿着 b 轴少许倾斜，结晶水的进入将导致 c 和 b 轴的收缩强于 a 轴。

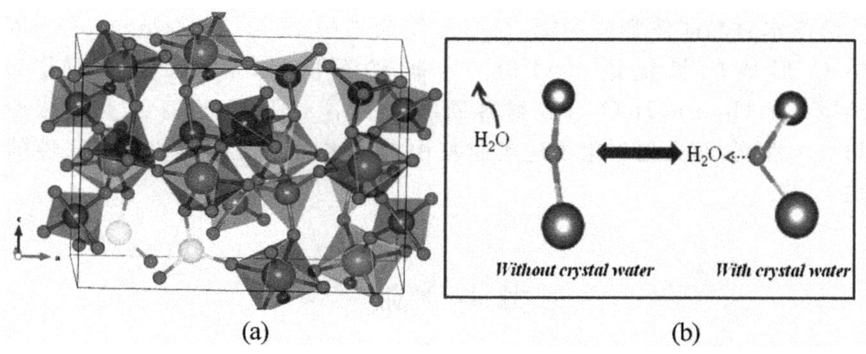

图 17.13　(a)正交结构的 $Al_{2-x}(ZrMg)_xW_3O_{12} \cdot n(H_2O)$ 由共顶点的八面体 $AlO_6/Zr(Mg)O_6$ 和四面体 WO_4 组成的框架结构图，其中大球、中球和小球分别是 Al(Zr, Mg)，W 和 O；(b) 结晶水对 Al(Zr, Mg)—O—W 链的影响示意图

在结晶水释放过程中，结晶水使细胞体积收缩，因此多面体受到更紧密的挤压，这限制了多面体的天平动和平动以及桥接氧离子的横向运动。这解释了为什么这类材料在含有结晶水的形式时开始释放结晶水时显示出大的正热膨胀和在晶体水完全释放后才观察到负热膨胀。结晶水释放后，细胞体积增大，更多自由空间释放出来，促进多面体的天平动和平动以及桥接氧离子的横向运动。多面体的扭曲和变形也会在升温过程中发生[42,47]。所有这些效应有助于 a 轴和 c 轴显示负热膨胀。最近对 $Y_2Mo_3O_{12}$ 的第一性原理计算表明，所有这些振动模式引起负的 Grüneisen 参数，从而有助于这种材料的负热膨胀[42]。

17.4 本章小结

$Al_{2-2x}(ZrMg)_xW_3O_{12}\cdot n(H_2O)$系列材料为了减少$Al_2W_3O_{12}$的相变温度进行了设计和合成。$(ZrMg)^{6+}$的引入对$Al_{2-2x}(ZrMg)_xW_3O_{12}\cdot n(H_2O)$相变、热膨胀性能和吸水性影响通过拉曼光谱、X射线衍射和热膨胀仪进行了研究。结果发现，$(ZrMg)^{6+}$进入$Al_2W_3O_{12}$晶格，不仅降低其正交到单斜相的转变温度的温度，而且也提高了其软化温度，扩展其适用的温度范围。$x<0.5$的样品表现出低热膨胀和非吸水性，$x\geqslant 0.7$的样品表现出明显吸水，并且随着$(ZrMg)^{6+}$含量的增加，热膨胀系数逐渐减小，以至于$Al_{0.2}(ZrMg)_{0.9}W_3O_{12}\cdot 0.8H_2O$和$ZrMgW_3O_{12}\cdot 2H_2O$表现出负热膨胀。变温拉曼光谱的研究说明，在373 K以上，由于结晶水的释放，Mo—O键变硬。结晶水对晶体热膨胀影响，是基于结晶书中H与Al(ZrMg)—O—W键中O形成的氢键进行讨论。本研究不仅呈现了固溶体$Al_{2-2x}(ZrMg)_xW_3O_{12}\cdot n(H_2O)$和新材料$ZrMgW_3O_{12}\cdot 2H_2O$的相变、热膨胀性能和吸水性能，而且也讨论了这类材料中结晶水对晶格振动和热膨胀性的影响。

参考文献

[1] Mary T A, Evans J S O, Vogt T, et al. Negative thermal expansion from 0.3 to 1050 Kelvin in ZrW_2O_8[J]. Science, 1996, 272: 90-92.

[2] Evans JSO, Hu Z, Jorgensen JD, et al. Compressibility, phase tansitions, and oxygen migration in zirconium tungstate, ZrW_2O_8 [J]. Science, 1997, 275: 61-65.

[3] Hu Z, Jorgensen J D, Teslic S, et al. Pressure-induced phase transformation in ZrW_2O_8-compressibility and thermal expansion of the orthorhombic phase[J]. Physica B, 1998, 241-243: 370-372.

[4] Perottoni C A, Jornada J A H. Pressure-induced amorphization and negative thermal expansion in ZrW_2O_8 [J]. Science, 1998, 280: 886-889.

[5] Liang EJ. Negative thermal expansion materials and their appli-

cations: a survey of recent patents[J]. Rec Pat Mater Sci, 2010, 3: 106-1217.

[6] Li C W, Tang X L, Muñoz J A, et al. Structural relationship between negative thermal expansion and quartic anharmonicity of cubic ScF_3 [J]. Phys Rev Lett, 2011, 107: 195504.

[7] Yang X B, Cheng X N, Yan X H, et al. Synthesis of ZrO_2/ZrW_2O_8 composites with low thermal expansion[J]. Compos Sci Technol, 2007, 67: 1167-1171.

[8] Lommens P, De Meyer C, Bruneel E, et al. Synthesis and thermal expansion of ZrO_2/ZrW_2O_8 composites[J]. J Eur Ceram Soc, 2005, 25: 3605-3610.

[9] Verdon C, Dunand D C. High-temperature reactivity in the ZrW_2O_8-Cu system[J]. Scripta Mater, 1997, 36: 1075-1080.

[10] Holzer H, Dunand D C. Phase transformation and thermal expansion of Cu/ZrW_2O_8 metal matrix composites[J]. J Mater Res, 1999, 14: 780-789.

[11] Yilmaz S, Dunand D C. Finite-element analysis of thermal expansion and thermal mismatch stresses in a Cu-60 vol% ZrW_2O_8 composite [J]. Compos Sci Technol, 2004, 64: 1895-1897.

[12] Mary T A, Sleight A W. Bulk thermal expansion for tungstate and molybdates of the type $A_2M_3O_{12}$ [J]. J Mater Res, 1999, 14: 912-915.

[13] Tao J Z, Sleight A W. The role of rigid unit modes in negative thermal expansion[J]. J Solid State Chem, 2003, 173: 442-4417.

[14] Sleight A W, Brixner L H. A new ferroelastic transition in some $A_2(MO_4)_3$ molybdates and tungstates[J]. J Solid State Chem, 1973, 7: 172-174.

[15] Achary S N, Mukherjee G D, Tyagi A K, et al. Preparation, thermal expansion, high pressure and high temperature behavior of $Al_2(WO_4)_3$[J]. J Mater Sci, 2002, 37: 2501-2509.

[16] Imanaka N, Tamura S, Hiraiwa M, et al. Trivalent aluminum on conducting characteristics in $Al_2(WO_4)_3$ single crystals[J]. Chem Mater, 1998, 10: 2542-2545.

[17] Suzuki T, Omote A. Negative thermal expansion in (HfMg)$(WO_4)_3$[J]. J Am Ceram Soc, 2004, 87: 1365-1369.

[18] Suzuki T, Omote A. Zero thermal expansion in ($Al_{2x}(HfMg)_{1-x}$)$(WO_4)_3$[J]. J Am Ceram Soc, 2006, 89: 691-693.

[19] Marinkovic B A, Jardim P M, Ari M, et al. Low positive thermal expansion in $HfMgMo_3O_{12}$ [J]. Phys Stat Sol B, 2008, 245: 2514-2519.

[20] Li Z Y, Song W B, Liang E J. Structures, phase transition, and crystal water of $Fe_{2-x}Y_xMo_3O_{12}$[J]. J. Phys. Chem. C 2011, 115: 17806-17811.

[21] Evans J S O, Mary T A, Sleight A W. Negative thermal expansion materials[J]. Physica B, 1998, 241-243: 311-316.

[22] Hanuza J, Maczka M, Hermanowicz K, et al. The structure and spectroscopic properties of $Al_{2-x}Cr_x(WO_4)_3$ crystals in orthorhombic and monoclinic phases[J]. J Solid State Chem, 1993, 105: 49-69.

[23] Arora A K, Yagi T, Miyajima N, et al. Amorphization and decomposition of scandium molybdate at high pressure[J]. J Appl Phys, 2005, 97: 0135017.

[24] Liang E J, Huo H L, Wang J P, et al. Effect of water species on the phonon modes in orthorhombic $Y_2(MoO_4)_3$ revealed by Raman spectroscopy[J]. J Phys Chem C, 2008, 112: 6577-6581.

[25] Tyagi A K, Achary S N, Mathews M D. Phase transition and negative thermal expansion in $A_2(Mo_4)_3$ system ($A=Fe^{3+}$, Cr^{3+} and Al^{3+})[J]. J Alloys Compd, 2002, 339: 207-210.

[26] Marinkovic B A, Jardim P M, de Avillez R R, et al. Negative thermal expansion in $Y_2Mo_3O_{12}$[J]. Solid State Sci, 2005, 7: 1377-1383.

[27] Varga T, Moats J L, Ushakov S V, et al. Thermochemistry of $A_2M_3O_{12}$ negative thermal expansion materials[J]. J Mater Res, 2007, 22: 2512-2521.

[28] Ravindran T R, Sivasubramanian V, Arora A K. Low temperature Raman spectroscopic study of scandium molybdate[J]. J Phys: Condens Matter, 2005, 17: 277-286.

[29] Sivasubramanian V, Ravindran T R, et al. Structural phase transition in indium tungstate[J]. J Appl Phys, 2004, 96: 387-392.

[30] Hashimoto T, Sugimoto T, Omoto K, et al. Analysis of phase transition and expansion behaviour of $Al_2(WO_4)_3$ by temperature-regulated X-ray diffraction[J]. Phys Stat Sol (b), 2008, 245: 2504-2507.

[31] Evans J S O, Mary T A, Sleight A W. Negative thermal expansion in a large molybdate and tungstate family[J]. J Solid State Chem, 1997, 133: 580-583.

[32] Woodcock D A, Lightfoot P, Ritter C. Negative thermal expansion in $Y_2(WO_4)_3$[J]. J Solid State Chem, 2000, 149: 92-97.

[33] Paraguassu W, Maczka M, Souza A G, et al. Pressure-induced structural transformations in the molybdate $Sc_2(MoO_4)_3$[J]. Phys Rev B, 2004, 69: 94111.

[34] Garg N, Panchal V, Yagi A K, et al. Pressure-induced phase transitions in $Al_2(WO_4)_3$[J]. J Solid State Chem, 2005, 178: 998-1002.

[35] Baiz T I, Gindhart A M, Kraemer S K, et al. Synthesis of $MgHf(WO_4)_3$ and $MgZr(WO_4)_3$ using a non-hydrolytic sol-gel method [J]. J Sol-Gel Sci Technol, 2008, 47: 128-130.

[36] Paraguassu W, Maczka M, Souza Filho A G. Hanuza J, A comparative study of negative thermal expansion materials $Sc_2(MoO_4)_3$ and $Al_2(WO_4)_3$ crystals[J]. Vibr Spectrosc, 2007, 44: 69-77.

[37] Wang L, Wang F, et al. Negative thermal expansion correlated with polyhedral movements and distortions in orthorhombic $Y_2Mo_3O_{12}$ [J]. Mater Res Bull, 2013, 48: 2724-2729.

[38] Maczka M, Hermanowicz K, Hanuzs J. Phase transition and vibrational properties of $A_2(BO_4)_3$ compounds (A=Sc, ln; B=Mo, W)[J]. J Mol Struct, 2005, 744-747: 283-287.

[39] Ravindran T R, Arora A K, Mary T A. High-pressure Raman spectroscopic study of zirconium tungstate[J]. J Phys: Condens Matter, 2001, 13: 11573-11587.

[40] Liang E J, Wang S H, Wu T A, et al. Raman spectroscopic study on the structure, phase transition and restoration of zirconium tungstate blocks synthesized with a CO_2 laser[J]. J Raman Spectrosc, 2007, 38: 1186-1192.

[41] Liang E J, Liang Y, Zhao Y, et al. Low-frequency phonon modes and negative thermal expansion in $A(MO_4)_2$ (A = Zr, Hf and M = W, Mo) by Raman and terahertz time-domain spectroscopy[J]. J Phys Chem A, 2008, 112: 12582-12587.

[42] Evans J S O, Mary T A, Vogt T, et al. Negative thermal expansion in ZrW_2O_8 and HfW_2O_8[J]. Chem Mater, 1996, 8: 2809-2823.

[43] Li Q J, Yuan B H, Song W B, et al. Phase transition, hygroscopicity and thermal expansion properties of $Yb_{2-x}Al_xMo_3O_{12}$ [J]. Chin Phys B, 2012, 21: 046501.

[44] Jia W Y, Strauss E, Yen W M, et al. Characterization of the water of crystallization in $CsMnCl_3$-$2H_2O$ ($2D_2O$) by Raman scattering [J]. Phys Rev B, 1989, 39: 12853-12860.

[45] Ravindran T R, Arora A K, Parthasarathy G. Raman spectroscopic study of pressure induced amorphization in cavansite[J]. J Phys: Conf Ser, 2012, 377: 012004.

[46] Sumithra S, Umarji A M. Negative thermal expansion in rare earth molybdates[J]. Solid State Sci, 2006, 8: 1453-1457.

[47] Marinkovic B A, Ari M, de Avillez R R, et al. Correlation between AO_6 polyhedral distortion and negative thermal expansion in orthorhombic $Y_2Mo_3O_{12}$ and related materials [J]. Chem Mater, 2009, 21: 2886-2894.

第18章 $HfMnMo_3O_{12}$相变及负热膨胀性能

18.1 引 言

众所周知,在材料热性能研究的过程中,绝大多数材料在加热的时候体积膨胀。但是,一些具有相反热特性(加热时体积收缩)的材料被发现,这种反常热膨胀材料称为负热膨胀材料。这类材料由于其特殊的热膨胀性质,使其在机械、电子和光学材料中具有潜在的应用价值,使其得到广泛研究。在对负热膨胀材料研究过程中,很多性能良好的材料相继被发现。sleight小组研究发现 ZrW_2O_8 在宽温度区间内(0.3~1050 K)展示出负热膨胀性质[1],这对于调制材料的热膨胀性质甚至达到零热膨胀成为可能。基于此负热膨胀材料的研究得到了长足发展。

$A_2M_3O_{12}$系列化合物,其中 A 是稀土金属或者过渡金属元素,M 是 W 或者 Mo,负热膨胀材料的研究由于其较宽的温度区间内具有负热膨胀性质和可调整化学组成并且具有其他性能而引起研究者的关注[7,8,16,17]。$A_2M_3O_{12}$材料可以由 AO_6 八面体和 MO_4 四面体之间共边的单斜结构或者是共顶点的正交结构。而负热膨胀性质只存在于共顶点的正交结构中,在此结构中非线性 A—O—M 连接的桥氧原子的横向移动或者是平动使金属原子之间的距离变短引起负热膨胀。有研究表明,在 $A_2M_3O_{12}$ 中用二价和四价原子替代三价原子可以调节材料的热膨胀性质,比如 $HfMgW_3O_{12}$、$HfMgMo_3O_{12}$、$ZrMgW_3O_{12}$、$ZrMgMo_3O_{12}$ 等[18-26]。在这些材料中采用 Sc 和 P/V 来替代 Mg 和 M 可以成功制备出涵盖室温的具有优异的负热膨胀性能的材料,这类材料还展现出非常好的光致发光性能[27-30]。

$HfMgW_3O_{12}$在室温下具有单斜结构,当温度高于 400 K 时,其晶格结构开始由单斜结构转变为正交结构,展现出负热膨胀性能。$HfMgMo_3O_{12}$室温下具有正交结构,它表现出低热膨胀性能,在 175 K 下会出现单斜结构向正交结构转变的现象，但在整个温度区间内都没有展现负热膨胀性质[21,22]。本章介绍一种新的负热膨胀材料 $HfMnMo_3O_{12}$，并研究了它的晶格结构、相变、热膨胀和电学特性。研究发现 $HfMnMo_3O_{12}$ 在室温下为单斜结构，当温度高于 373 K 时，其晶格结构开始由单斜结构转变为正交结构，并且在其高温结构下展现出负热膨胀性质。

18.2 $HfMnMo_3O_{12}$ 负热膨胀材料的制备与表征

$HfMnMo_3O_{12}$ 负热膨胀材料利用原位生长法制备初始粉末，接着用固相烧结法制备得到。首先以分析纯的 HfO_2、MoO_3 和 MnO_2 粉末为原料，以摩尔比为 $HfO_2 : MoO_3 : MnO_2 = 1:3:1$ 的方案称量得到，将混合物放入已经清洗过后玛瑙研钵中(用水清洗过后的研钵烘干之后，一定要再用酒精擦拭烘干，以防水中其他离子的存在影响样品本身的纯度)。在研磨的过程中研磨的方向始终朝着一个方向，首先研磨 0.5 h，之后加入适量酒精研磨 1.5 h(提高材料的活性)，最终得到混合均匀的粉末。将研磨的粉末放入直径为 10 mm 的圆柱形磨具中，再将磨具放在压片机上，在压力为 10 MPa的压力下保持 3 min 左右，得到圆柱形块体。根据每种原料的熔点选择合适的温度点和时间，最后确定室温放入样品在1073 K 的温度下烧结 5 h，自然降温到室温可以得到比较好的目标样品。得到的样品需要用以下几种仪器进行表征：用 Bruker D8 ADVANCE X 射线衍射仪进行物相表征，利用变温 XRD 获得不同温度下物相结构分析晶格常数的变化以及衍射峰的变化，同步热分析仪测得的数据用于判断是否有结晶水的析出和吸热状况，电镜用于观察样品表面形貌、大小，有时也可以简单分析是否有其他物质的出现。常温拉曼用于分析多面体的振动和样品成分。变温拉曼用于分析拉曼峰的变化、蓝红移的产生。膨胀仪用来测定样品相对长度的变化。

使用 D8 型 X 射线衍射仪(荷兰帕纳科公司，Cu Kα，$\lambda = 0.15405$ nm，扫描范围 10°～80°)对样品进行室温和变温 XRD 测试；使用 X'Pert High-Score Plus 软件分析样品在常温下的 XRD 衍射谱；使用 QUANTA 250 FEI 型电子扫描显微镜观察样品的微观组织。使用 LINSEIS DIL L76 热膨胀仪(德国林塞斯公司，升温速率：5 K/min；测试温度：RT ～ 923 K)测试样品的热膨胀性能。使用 LabRAM HR Evolution 型高分辨显微共焦拉曼光谱仪(法国 HORIBA Jobin Yvon S. A. S.，激发波长 $\lambda = 532$ nm)测试样品的变温拉曼谱。使用由法国的塞塔拉姆公司生产制造的 LABSYS TM 型号的热分析仪对样品的热重和热流量进行测试,来判断样品在升温过程中是否发生相变或者吸水、失水行为。使用 F-4500 型荧光光谱仪测试样品发光性能,F-4500 型荧光光谱仪由日本的日立公司生产制造,采用的光源为氙灯,对样品进行波长为 290 nm 光的照射。

18.3 实验结果与分析

18.3.1 $HfMnMo_3O_{12}$的相对长度随温度的变化

图 18.1 给出了 $HfMnMo_3O_{12}$ 负热膨胀材料的扫描电子显微镜图片和相对长度随温度的变化曲线。从扫描电子显微镜图可以看出样品颗粒表面光滑,密堆积,结晶良好,颗粒尺寸为 0.5~1 μm。从相对长度随温度的变化曲线可以看出室温到 323 K 温度区间样品展示出和其他材料一样的正热膨胀性质,然后随着温度进一步升高,从 330~383 K 材料的热膨胀突然增加很快。随着温度进一步升高会展示出负热膨胀性质。这个过程中,可以计算出所对应的膨胀系数分别为 $12.3\times10^{-6}\ K^{-1}$、$10.6\times10^{-6}\ K^{-1}$和$-3.8\times10^{-6}\ K^{-1}$,所对应的温度范围分别为 300~325 K、330~380 K 和420~700 K。在 330~380 K 不正常的巨大热膨胀有可能来源于加热过程中结晶水释放[15,25,26]和单斜结构向正交结构转变[30,31]。这些结果表明:①材料中存在结晶水或者相变;②材料在高温阶段展示出负热膨胀材料。为了使得到的实验数据具有更高的准确性,多次测量样品发现实验结果大致相同,由此也表明 $HfMnMo_3O_{12}$ 负热膨胀材料具有很高的重复性和可逆性。

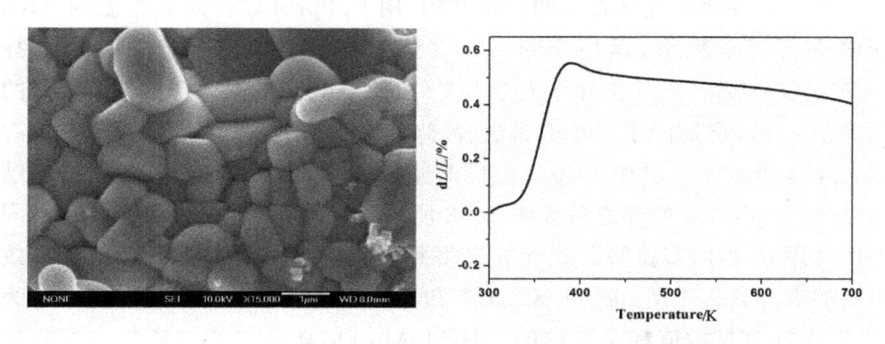

图 18.1 $HfMnMo_3O_{12}$ 的扫描电子显微镜图片和相对长度随温度的变化曲线

18.3.2 常温 XRD 物相分析

为了分析所得样品的组成成分和晶格结构，测量得到其 XRD 衍射图谱。图 18.2 显示的是 $HfMnMo_3O_{12}$ 负热膨胀材料常温的 XRD 衍射图谱，与正交结构 $Sc_2Mo_3O_{12}$ 样品的衍射峰作为对比。根据研究报道可知，在 $A_2MoO_3O_{12}$ 系列中大多数材料的单斜结构和正交结构的 X 射线衍射的差别不大，所以可以选择正交结构 $Sc_2Mo_3O_{12}$ 的 PDF 卡片。可以得到两者衍射峰的总体趋势大致相同，但是最强峰的位置与衍射峰的相对强度不相同。在分析工具中选择 $HfMnMo_3O_{12}$ 负热膨胀材料的基本组成元素，分别进行简单分析。原料 HfO_2、MoO_3 和 MnO_2 的衍射主峰和样品的峰相比较，可以发现，并没有其衍射峰的出现。

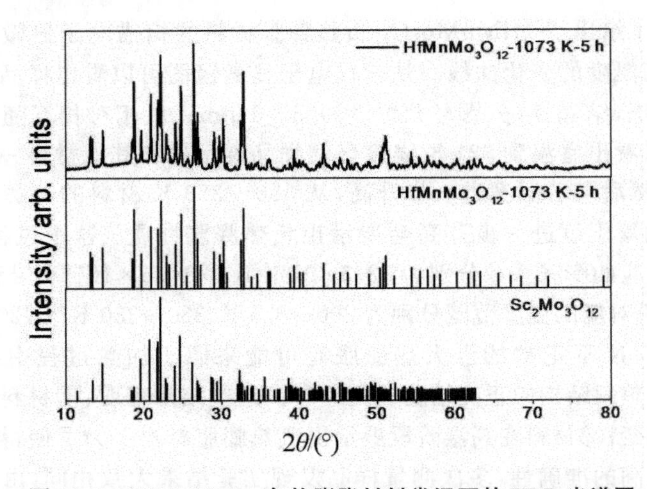

图 18.2 $HfMnMo_3O_{12}$ 负热膨胀材料常温下的 XRD 光谱图

为了更好地研究其常温的晶格结构，用 Fullprof 软件对其常温的 XRD 图谱进行简单精修，运用 Rietveld 方法对样品做简单拟合。首先选择 $Al_2Mo_3O_{12}$ 样品的 Cif 文件作为参考文件，按照操作步骤运行软件。精修的顺序是 scale(定标因子)、本底参数、晶胞参数(a、b、c)原子坐标，occu(占有率)、B(温度因子)，其中 w、v 不能同时修正，u、v 可以同时修正。精修的结果经过 Origin8.0 处理之后如图 18.3 所示，红色的点是软件根据晶格不同的面间距 d，再由布拉格公式计算出得到的不同角度对应的峰值。其有效可信的 R_p、R_{wp} 和 R_{exp} 是 14.8、15.7 和 11.4，这个 R_{wp}/R_{exp} 的比值大约为 1.38，由此可见数值都是可信的。$HfMnMo_3O_{12}$ 样品在 298 K 的时候晶格结构上单斜相，属于 P21/a 空间群，晶格常数 a、b、c 分别是 16.277615、18.

601108、18.969666。

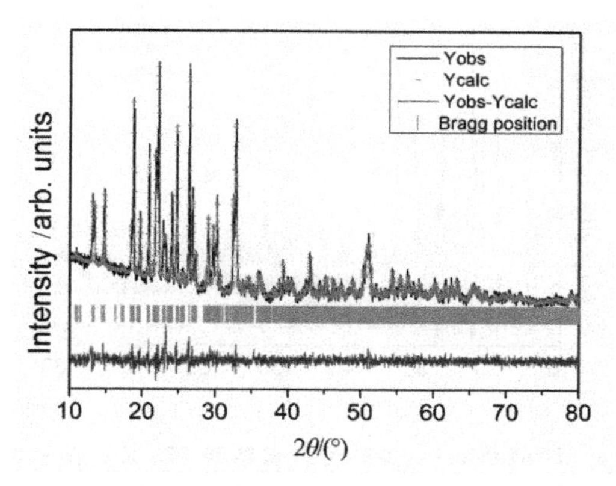

图 18.3　$HfMnMo_3O_{12}$ 负热膨胀材料在 273 K 时的拟合结果

18.3.3　变温 XRD 物相分析

用 Le Bail 精修的方法计算的结果与 Rietveld 方法计算的结果有些不同:Le Bail 精修没有选择相应的 Cif 文件做参考,只需要知道 XRD 谱线、晶格常数和空间群就可以给出相应的拟合结果。但是该精修方法不能给出原子的位置,不能直观观察晶格结构。$HfMnMo_3O_{12}$ 负热膨胀材料在 473 K 的温度下是正交结构,空间群属于(No. 62)。其晶格常数 a、b 和 c 分别为 18.67495(29)、13.29062(41) 和 18.57658(29),并且 R_p、R_{wp}和 R_{exp}都比较小,分别为 2.94、8.01 和 5.95。从图 18.4 相关的数据都可以看出拟合的结果比较理想,也进一步验证了 $HfMnMo_3O_{12}$ 负热膨胀材料属于正交结构的推论。

为了更好地分析其相变过程和发生负膨胀现象的原因,我们做了变温 XRD 图谱,如图 18.5 所示。选用 D8 型 X 射线衍射仪(荷兰帕纳科公司),以铜为激发靶材,激发波长为 0.15405 Å。在图 18.5(b)中可以看到 $HfMnMo_3O_{12}$ 负热膨胀材料 X 射线衍射峰随着温度的偏移,当温度为 273～373 K的范围内,18.8°、20.9°、22.19°、24.01°、24.72°、26.4°、18.8°和 26.4°处的衍射峰随着温度的升高向小角度方向移动,当温度高于 373 K 的时候,这些衍射峰随着温度的升高向大角度方向移动。根据布拉格公式可以简单推断出其晶格面间距 d 值变大、其体积变小,后经过对其晶胞参数的计算可以得到:当温度高于 373 K 时,其晶胞体积随着温度的升高而变小。当温度为 273～373 K 时,20.7°、26.2°和 32.5°处存在多个衍射峰,随着温度的升高,这些衍射峰逐渐向中心靠拢。当温度达到 373 K,这些衍射峰由多个

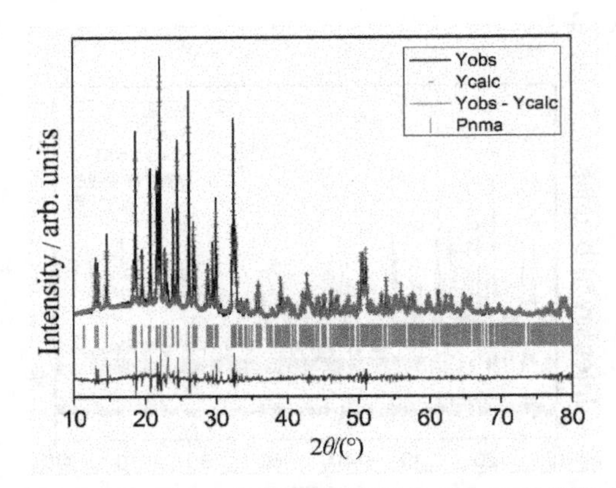

图 18.4 $HfMnMo_3O_{12}$负热膨胀材料在 473 K 时的拟合结果

峰变为一个峰，随着温度的继续升高，20.7°、26.2°和 32.5°处的衍射峰峰强逐渐增强，变得更加尖锐。可以认为这些衍射峰的消失和增强有利于负膨胀行为的产生。在 273～373 K 的温度范围内，25.6°位置存在一个衍射峰，并且随着温度升高逐渐变小，当温度达到 373 K 时，这个衍射峰完全消失。在 $A_2M_3O_{12}$系列的材料，很多材料在由单斜相转变为正交相的过程中，25.6°位置的衍射峰都会出现同样情况，可以推断出 $HfMnMo_3O_{12}$ 负热膨胀材料在 373 K 左右发生了相变。$HfMnMo_3O_{12}$负热膨胀材料有两个晶格结构，但只有当其晶格结构为正交相时，材料才会发生负热膨胀行为。该材料在 273 K 时表现为单斜结构，其晶胞体积是 2415.764 $Å^3$，温度为 473 K 时，材料表现为正交结构，晶胞体积为 1235.345 $Å^3$，可以得到材料由单斜相转变为正交结构时，其晶胞体积发生剧烈收缩，体积减小一半左右。

图 18.6 为不同温度下正交相的 $HfMnMo_3O_{12}$的晶格常数和体积，首先从图中可以看到 a、c 轴和体积的大小随着温度的升高而降低，晶胞参数 b 的大小在 373～473 K 的数值随着温度的升高而降低，在 473 K 之后的温度范围内数值随着温度的增大而增大。由此可见，a、c 轴方向的晶格振动有利于负热膨胀行为的产生，b 轴方向的晶格振动不利于负热膨胀行为的产生，对其做负贡献。晶胞参数 a 和 c 数值的大小随着温度的增加而降低可以归因于多面体的转动或天平动以及平移振动。当温度为 373～573 K 的范围时经过计算得到：其在 a 轴方向的膨胀系数 α_a 为-4.01×10^{-6} K^{-1}；在 c 轴方向的膨胀系数α_c 为-4.42×10^{-6} K^{-1}。体膨胀系数 a_v 为-11.2×10^{-6} K^1。将体膨胀系数与线膨胀系数（$a_L=-3.8\times10^{-6}$ K^{-1}）相比，可以发现 $a_V/a_L\approx3$。

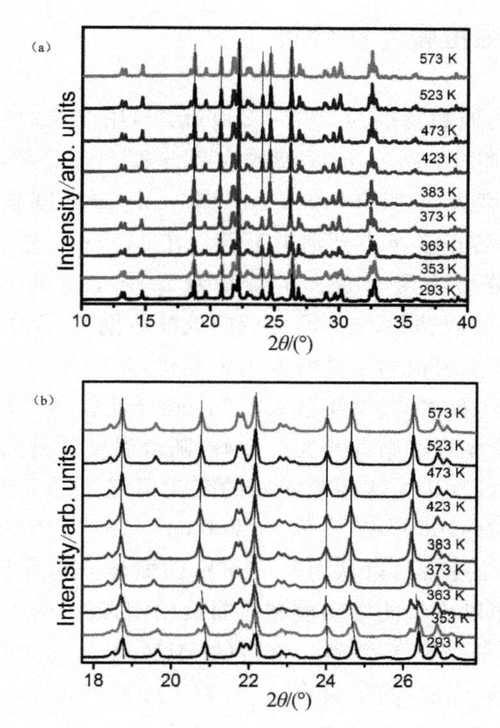

图 18.5　$HfMnMo_3O_{12}$ 负热膨胀材料变温 X 射线衍射图谱

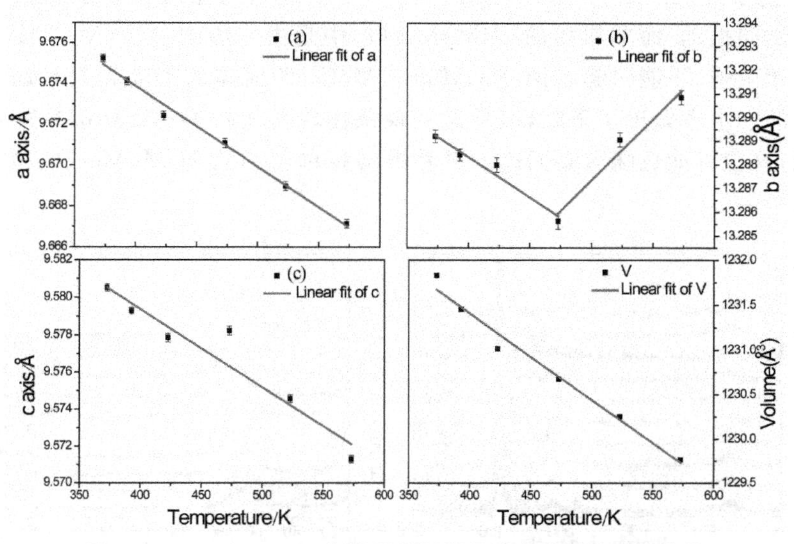

图 18.6　$HfMnMo_3O_{12}$ 负热膨胀材料晶胞参数随温度的变化

18.3.4 变温拉曼光谱分析

图 18.7(a)是在波数范围为 200～1200 cm^{-1}，用波长为 633 nm 的激光激发得到的拉曼光谱；图 18.7(b)是波数为 20～200 cm^{-1} 时，$HfMnMo_3O_{12}$ 的拉曼光谱。当温度为 293 K 时，976 cm^{-1} 有一个小峰，随着温度的升高直至 353 K，这个小峰逐渐变小直到消失不见。在 337 cm^{-1} 处有一个峰，当温度达到 353 K 时，分裂为两个峰。在温度为 293～353 K 的范围内，963 cm^{-1} 的拉曼峰向高波数偏移，353 K 之后向低波数偏移、发生红移。在低波数的拉曼光谱，可以发现很多拉曼峰发生了变化，其中 39 cm^{-1} 和 167 cm^{-1} 位置的拉曼峰向低波数移动、发生红移。71 cm^{-1} 处有多个拉曼峰，当温度到 353 K 时，这些拉曼峰逐渐合并为一个峰，随着温度的升高而增强并且向低波数移动。我们可以认为这些拉曼峰的变化引起了晶格振动，从而发生负膨胀的现象。900～1050 cm^{-1}、750～900 cm^{-1}、320～400 cm^{-1} 和 280～320 cm^{-1} 这个四个拉曼带可以认为是 MoO_4 四面体的对称伸缩振动模、非对称伸缩振动模、非对称弯曲振动模和弯曲振动模，280 cm^{-1} 以下的拉曼带是 MoO_4 四面体的平动和天平动。单斜的 $HfMnMo_3O_{12}$ 负热膨胀材料也是由八面体和四面体构成，但是只有正交相的 $HfMnMo_3O_{12}$ 才具有负膨胀的现象。这是因为四面体和八面体的连接方式不同，正交相的 $HfMnMo_3O_{12}$ 中开放的结构和 Hf/Mn—O—Mo 桥氧键的振动相联系从而引起晶格横向振动，而单斜相的 $HfMnMo_3O_{12}$ 中是由共边的[Hf (Mn) O_6]$_n$ 多面体相束缚，不能引起多面体的转动。MoO_4 四面体的平动和天平动对负膨胀的产生也做出了贡献，但是这一现象在单斜相的 $HfMnMo_3O_{12}$ 中没有发现，这很可能意味着多面体的平移振动在单斜相的 $HfMnMo_3O_{12}$ 是被禁止的。

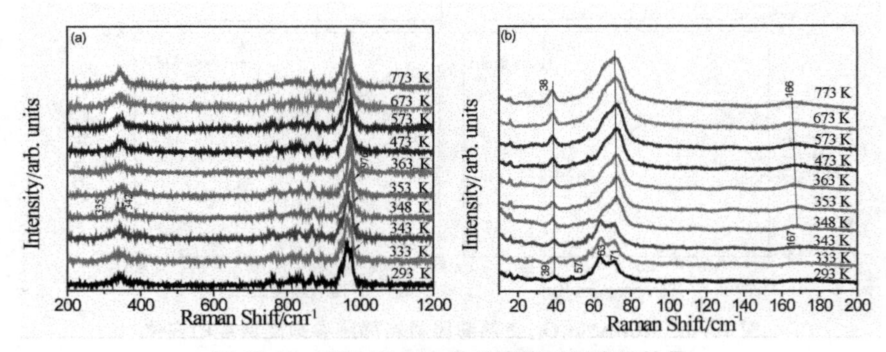

图 18.7 $HfMnMo_3O_{12}$ 负热膨胀材料变温拉曼

18.3.5　扫描电镜分析

图 18.8 是 $HfMnMo_3O_{12}$ 的扫描电镜的图片，从这个图中可以得到以下信息：①样品表现为棒状结构，其颗粒尺寸大小约为 1～2 μm。②样品的表面显示有空隙，由此可见样品致密度不是特别好，变温 XRD 计算得到的体膨胀系数和膨胀仪测定的线膨胀系数有所不同，可能是有空洞的原因。

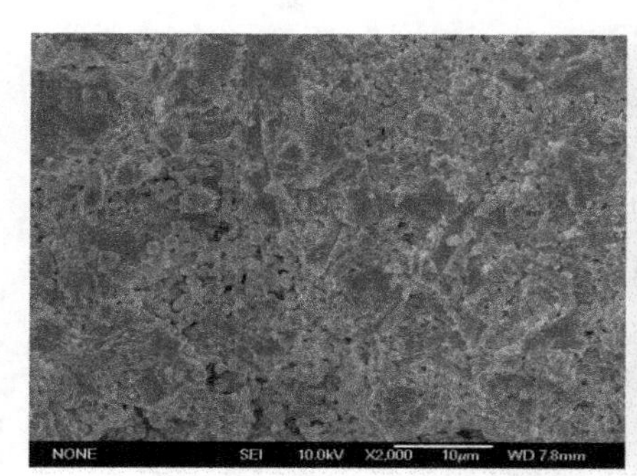

图 18.8　$HfMnMo_3O_{12}$ 负热膨胀材料扫描电镜

18.3.6　利用同步热分析确定相变温度

图 18.9 是 $HfMnMo_3O_{12}$ 热重和热流量随温度变化的曲线图。首先可以看到在 373～773 K 的温度范围内，没有出现明显的失重台阶，样品质量有轻微变化，百分比大小变化控制在 0.6%之内。在 373 K 附近没有失重现象意味着没有结晶水的析出，样品没有吸水性。在图 18.9 中，还可以看到当温度为 355 K 时，有一个小的放热峰出现，样品能量发生改变，晶格结构可能发生改变。与此同时，热重曲线中没有失重台阶的出现，表明放热峰的出现与水的析出无关。当温度高于 355 K 时，DSC 基线随着温度的升高而升高。结合样品的热膨胀曲线、变 XRD 和变温拉曼数据，可以得到以下结论：①样品没有吸水性；②样品在 335 K 的温度附近发生一个相变，晶格结构由单斜相转变为正交相。

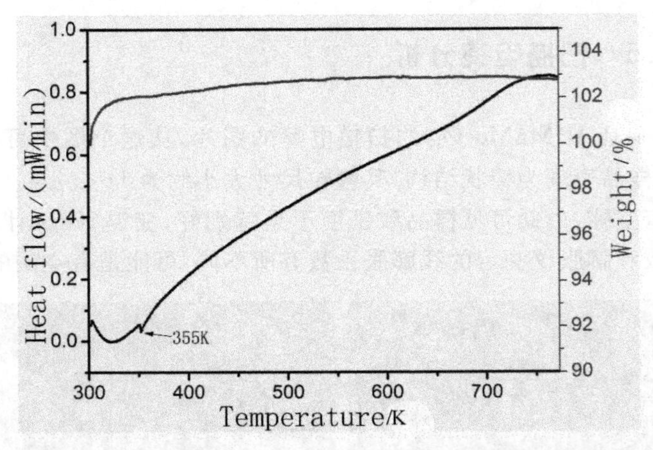

图 18.9 $HfMnMo_3O_{12}$ 负热膨胀材料同步热分析曲线

18.3.7 荧光光谱

图 18.10 是 $HfMnMo_3O_{12}$ 负热膨胀材料光致发光谱与光谱色坐标。荧光光谱选择的激发波长为 290 nm，最强的发射峰位置在 550 nm，其荧光波长范围为 520～580 nm。图 18.10(b)给出了 $HfMnMo_3O_{12}$ 荧光的色坐标位置，其色坐标(0.361112，0.444747)属于黄光区域.

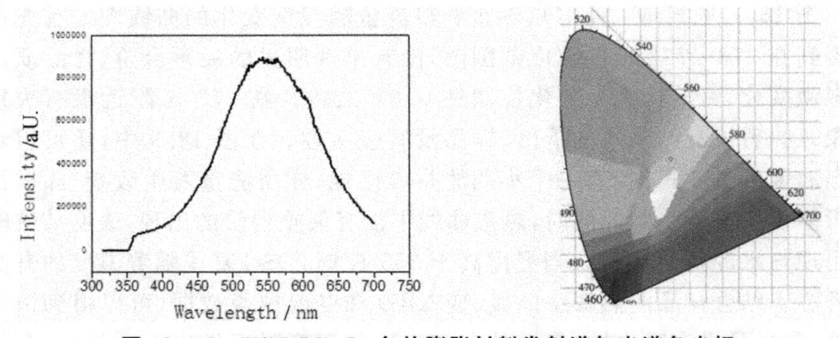

图 18.10 $HfMnMo_3O_{12}$ 负热膨胀材料发射谱与光谱色坐标

18.4 本章小结

采用固相烧结法的制备方法，炉腔选择的是低温管式炉，在 1073 K 的温度下烧结 5 h，最终制备得到负热膨胀材料 $HfMnMo_3O_{12}$。在 373 K 的温度以下，$HfMnMo_3O_{12}$的 XRD 图谱经过精修计算，结果显示其为单斜结构，同样 373 K 的温度之上，$HfMnMo_3O_{12}$表现为正交结构。在这两种结构中，只有处于正交结构的状态时，$HfMnMo_3O_{12}$才表现出负膨胀现象。这与正交相 $HfMnMo_3O_{12}$具有一个柔性开放结构有关，[Hf(Mn)O_6]$_n$ 和 MoO_4 四面体的连接方式及其振动模式有关。通过对同步热分析采集得到的数据分析，可以知道 $HfMnMo_3O_{12}$之所以在 273～373 K 的温度范围内表现为正膨胀，不是因为该材料具有吸水性，而是因为其结构是单斜相。

参考文献

[1]T. A. Mary, J. S. O. Evans, T. Vogt. Negative thermal expansion from 0.3 to 1050 Kelvin in ZrW_2O_8[J]. Science, 1996, 272: 90-92.

[2]C. Wang, T. M. Wang, R. Shen, et al. A new type of negative thermal expansion oxides[J]. Physics, 2001, 30: 772-777.

[3]H. L. Yuan, B. H. Yuan, F. Li, et al. Phase transition and thermal expansion properties of $ZrV_{(2-x)}P_xO_7$ [J]. Acta Phys. Sin, 2012, 22: 226502.

[4]B. H. Yuan, H. L. Yuan, W. B. Song, et al. High solubility of hetero-valence ion (Cu^{2+}) for reducing phase transition and thermal expansion of $ZrV_{1.6}P_{0.4}O_7$[J]. Chin. Phys. Lett, 2014, 31: 076501.

[5]J. Wang, J. Deng, R. Yu, J. Chen, et al. Coprecipitation synthesis and negative thermal expansion of $NbVO_5$[J]. Dalton Trans, 2011, 40: 3394.

[6]S. Sumithra, A. K. Tyagi, A. M. Umarji. Negative thermal expansion in $Er_2W_3O_{12}$ and $Yb_2W_3O_{12}$ by high temperature X-ray diffraction [J]. Mate. Sci. Eng, B, 2005, 116: 14-18.

[7]M. M. Wu, J. Peng, Y. Zu, R. D. Liu, et al. Thermal expansion properties of $Lu_{2-x}Fe_xMo_3O_{12}$ [J]. Chin Phys. B., 2012, 21: 116102-116102.

[8]S. Sumithra, A. M. Umarji. Role of crystal structure on the thermal expansion of $Ln_2W_3O_{12}$ (Ln=La, Nd, Dy, Y, Er and Yb)[J]. Solid State Sci, 2004, 6: 1313-1318.

[9]P. Ding, E. J. Liang, Y. Jia, et al. Electronic structure, bonding

and phonon modes in the negative thermal expansion materials of $Cd(CN)_2$ and $Zn(CN)_2$[J]. J. Phys. Condens. Matter An Institute of Physics Journal,2008,20:275224.

[10]A. B. Cairns, J. Catafesta, C. Levelut, et al. Goodwin, giant negative linear compressibility in zinc dicyanoaurate[J]. Nat. Mater, 2013,12:212.

[11]C. W. Li, X. Tang, J. A. Muñoz, et al. Structural relationship between negative thermal expansion and quartic anharmonicity of cubic ScF_3[J]. Phys. Rev. Lett,2011,107:195504.

[12]Azuma M. Colossal negative thermal expansion in $BiNiO_3$ induced by intermetallic charge transfer[J]. Nat. Commun,2011,2. 1: 347.

[13]J. Chen, F. Wang, Q. Huang, et al. Effectively control negative thermal expansion of single-phase ferroelectrics of $PbTiO_3$ (Bi, La) FeO_3 over a giant range[J]. Sci. Rep,2013,3:2458.

[14]P. Tong, D. Louca, G. King, et al. Magnetic transition broadening and local lattice distortion in the negative thermal expansion antiperovskite$Cu_{1-x}Sn_xNMn_3$[J]. Appl. Phys. Lett,2013,102: 041908.

[15]Z. Y. Li, W. B. Song, E. J. Liang. Structures, phase transition, and crystal water of $Fe_{2-x}Y_xMo_3O_{12}$[J]. J. Phys. Chem. C,2011,115: 17806-17811.

[16]E. J. Liang, H. L. Huo, A. J. P. Wang, et al. Effect of water species on the phonon modes in orthorhombic $Y_2(MoO_4)_3$ revealed by Raman spectroscopy[J], J. Phys. Chem. C,2008,112:6577-6581.

[17]L. Wang, F. Wang, P. F. Yuan, et al. Negative thermal expansion correlated with polyhedral movements and distortions in orthorhombic $Y_2Mo_3O_{12}$[J]. Mater. Res. Bull,2013,48:2724-2728.

[18]T. Suzuki, A. Omote. Negative Thermal Expansion in (HfMg)$(WO_4)_3$[J]. J. Am. Ceram. Soc,2004,87:1365-1367.

[19]A. M. Gindhart, C. Lind, M. Green. Polymorphism in the negative thermal expansion material magnesium hafnium tungstate[J]. J. Mater. Res,2008,23:210-213.

[20]A. Omote, S. Yotsuhashi, Y. Zenitani, et al. High ion conductivity in $MgHf(WO_4)_3$ solids with ordered structure: 1-D alignments of Mg^{2+} and Hf^{4+} ions[J]. J. Am. Ceram. Soc,2011,94:2285-2288.

[21]B. A. Marinkovic, P. M. Jardim, M. Ari, et al. Low positive

thermal expansion in $HfMgMo_3O_{12}$ Phys[J]. Status Solidi B,2008,245:2514-25118.

[22]K. J. Miller, M. B. Johnson, M. A. White, et al. Low-temperature investigations of the open-framework material $HfMgMo_3O_{12}$[J]. Solid State Commun. ,2012,152:1748-1752.

[23]T. I. Baiz, A. M. Gindhart. Synthesis of $MgHf(WO_4)_3$ and $MgZr(WO_4)_3$ using a non-hydrolytic sol-gel method[J]. J. Sol-Gel Sci. Technol,2008,47:128-130.

[24]W. B. Song, E. J. Liang, X. S. Liu, et al. A negative thermal expansion material of $ZrMgMo_3O_{12}$ [J]. Chin. Phys. Lett, 2013, 30:126502.

[25]F. Li, X. S. Liu, W. B. Song, et al. Phase transition, crystal water and low thermal expansion behavior of $Al_{2-2-x}(ZrMg)_xW_3O_{12}$ $n\cdot(H_2O)$[J]. J. Solid State Chem,2014,218:15-22.

[26]X. H. Ge, Y. C. Mao, L. Li, et al. Phase transition and negative thermal expansion property of $ZrMnMo_3O_{12}$[J], Chin. Phys. Lett, 2016,4:104-107.

[27]X. H. Ge, Y. C. Mao, X. S. Liu, et al. Negative thermal expansion and broad band photoluminescence in a novel material of $ZrScMo_2VO_{12}$[J]. Sci. Rep,2016,6:24832.

[28]Y. G. Cheng, Y. Liang, X. H. Ge, et al. A novel material of $HfScMo_2VO_{12}$ with negative thermal expansion and intense white-light emission[J]. RSC. Adv,2016,6:53657-53661.

[29]Y. G. Cheng, Y. Liang, X. H. Ge, et al. A novel material of $HfScW_2PO_{12}$ with negative thermal expansion from 140 K to 1469 K and intense blue photoluminescence[J]. Mater. Res. Bull,2017,85:176-180.

[30]X. H. Ge, X. S. LiU, Y. G. Cheng, et al. Negative thermal expansion and photoluminescence properties in a novel material $ZrScW_2PO_{12}$[J]. J. Appl. Phys,2016,120(20):3901-1.

[31]W. B. Song, J. Q. Wang, Z. Y. Li, et al. Phase transition and thermal expansion property of $Cr_{2-x}Zr_{0.5x}Mg_{0.5x}Mo_3O_{12}$ solid solution[J]. Chin. Phys. Lett,2014,23(6):433-438.

[32]A. G. Kochur, A. T. Kozakov, A. V. Nikol'skii, et al. Valence state of manganese ions in the $La_{1-\alpha}BiLa_{\beta}MnLa_{1-\delta}OLa_{3\pm\gamma}$, ceramics[J]. Phys. Solid State,2013,55(4):743-747.

第19章 ZrV_2O_7 的光致发光及相变

19.1 引 言

负热膨胀材料的潜在应用价值使其得到了广泛研究[1-8]。ZrV_2O_7 的晶体结构与 NaCl 的晶体结构进行对比发现：ZrO_6 八面体中心位于 Na 的位置，连接两个 VO_4 四面体的桥氧原子占据 Cl 位。ZrV_2O_7 由于其具有稳定的相结构和各向同性的负热膨胀性质而备受关注[9-12]。ZrV_2O_7 在不同温度下具有不同的晶体结构，350 K 以下是 3×3×3 超结构立方相，表现出热膨胀性质；375 K 以上为 1×1×1 结构的一般结构立方相，表现为负热膨胀特性；但 ZrV_2O_7 在 350～375 K 的温度区间存在一个到现在为止还没有搞清楚的相变过程，在 350～375 K 的相变温度区间呈现出更大的正热膨胀性质[12,13]。立方相 ZrV_2O_7 结构是由 ZrO_6 八面体与 VO_4 四面体通过多面体顶点上的桥氧原子连接而成。每个 ZrO_6 八面体周围有六个 VO_4 四面体，通过氧原子连接在一起；然而每个 VO_4 四面体周围只有三个 ZrO_6 八面体，留下氧原子与另外一个 VO_4 四面体连接形成 V_2O_7 结构群。立方相 ZrV_2O_7 具有 $Pa\bar{3}$空间群，配位数 $Z=4$ 的框架结构。在超结构相中有 89% 的 V—O—V 键角为 160°，另外 11%的 V—O—V 键角为 180°，一般结构相中所有的 V—O—V 键角均为 180°。如果能够将 ZrV_2O_7 的相变温度降低至室温以下，该材料将具有广阔的应用前景。X 射线衍射结果表明，ZrV_2O_7 具有有趣的高压相变性能，在 19.38～19.72 GPa 压力下会从 α-相（立方相）转变为 β-相（类四方相）[14-16]。利用变温拉曼研究$ZrV_{2-x}P_xO_7$的相变，研究结果表明，当 P 替代 V 达到 40%时，材料的相变温度降至 273 K，50%时降至 213 K；当 $x=0.4$ 时，相变温度是 340 K[17]。

ZrV_2O_7 的其他性质比如电学和光致发光的研究对其应用具有较为深刻的意义[18-21]。Cs 掺杂 ZrV_2O_7 的离子电导率随着掺杂量的增加而降低，但是热处理后的样品的离子电导率随着替代量的增加而增加。ZrV_2O_7 和

V_2O_5 摩尔比为 10:4 的混合物具有液态通道的晶界结构，具有很高的选择性[19,20]。热压制备的 ZrV_2O_7 具有良好的电导率说明其具有 n 型半导体行为[21]。W^{6+} 掺杂的 ZrV_2O_7 比纯的 ZrV_2O_7 具有更好的光催化性能[22]。本章将着重介绍 ZrV_2O_7 陶瓷的变温光致发光和超低温到室温拉曼特性。

19.2 实验过程

19.2.1 样品制备过程

ZrV_2O_7 陶瓷是以分析纯 ZrO_2（纯度为 99.0%）和 V_2O_5（纯度为 99.0%）氧化物粉末为原料采用固相烧结法烧结。然后目标产物 ZrV_2O_7 化学计量比称取 ZrO_2 和 V_2O_5，称量的原材料充分混合后再在玛瑙研钵内研磨大约 2 h，研磨好的原料混合物放入干燥箱，冷压成直径 10 mm，高度为 8 mm 和 2 mm 圆柱体。最后将冷压成的圆柱体放入马弗炉中，以 300 K/h 的速率升温，并在 973 K 处保温 2～5 h，最后随炉降温至室温。

19.2.2 样品表征

采用 Bruker D8 转靶 X 射线粉末衍射仪对所制备的样品进行物相分析，变温 XRD 测量控制精度为±0.1 K。采用 Renishaw 公司的 MR-2000 拉曼光谱仪（激发波长为 532 nm）对样品进行拉曼光谱分析。变温拉曼温控设备采用的是可以在一个温度点保温时间 60 min 温度误差±0.1 精密温度控制器。利用 Linseis L76/75 热膨胀仪测定产物 290～873 K 的热膨胀曲线，升降温速率为 5 K/min。采用 Fluoromax-4 荧光分光光度计（HORIBA Jobin Yvon）对材料的光致发光谱测量，温度范围是从 295 K 到 10 K，采用 LakeShore 325 温度控制器控制温度。

19.3 结果与讨论

19.3.1 光致发光性质

图 19.1(a)和图 19.1(b)是 370 nm 激发光下 ZrV_2O_7 的光致发光谱随温度变化图。由图可以清楚看出，在合适的激发光作用下，ZrV_2O_7 可以发射很强的白光。随温度变化的光致发光谱可以看成是由四个波峰组合而成的，图 19.1(c)拟合出了这四个峰的位置分别在 407、426、456、648 nm 处。在发光带边最高能量处(407 nm)的波峰随温度基本不变化。然而，其他较高波长光致发光峰(426、456、648 nm)随温度升高发生明显移动并且移动方向会发生改变。从室温到 130 K 温度范围最低能量处波峰发生明显的红移(室温下 602 nm 到 130 K 下 654 nm)，随后温度在 80 K 以下，随着温度的降低会有蓝移[如图 19.1(d)]。第二长波长的峰随温度升高发生红移(292 K 下 476 nm 到 130 K 下 452 nm)，但在 130 K 以下基本没有变化，第二能量的波峰展现出相同的性质。这些结果表明，ZrV_2O_7 陶瓷有可能在 80～130 K 温度范围内存在一个相变。

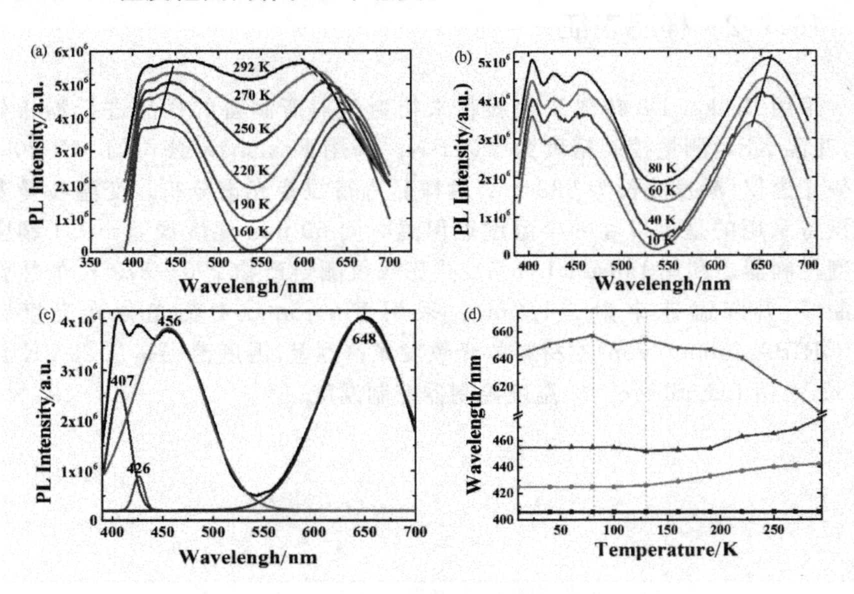

图 19.1 (a)、(b) ZrV_2O_7 的变温光致发光谱；(c) 光致发光谱拟合为四个峰；(d) 光致发光峰随温度变化图

钒基化合物的光致发光激发谱主要来源于一个电子从 HOMO(最高占据分子轨道)能级,氧离子的 2p 轨道,到 LUMO(最低未占据分子轨道)能级,VO_4 四面体中空的 3d 轨道的电荷转移[23-25]。有报道指出,VO_4 四面体被破坏并形成 VO_5 三角双锥体会导致电子在导带(CB)到价带(VB)的转移[26]。最低能量波在温度为 130 K 处具有最长波长的原因是:①s 从室温到 130 K 温度范围内,Zr—O1—V 和 V—O2—V 键受温度影响较大,VO_4 四面体对称结构遭到破坏,由 $^3T_1$ 到 $^1A_1$ 的带隙变窄,这会导致电子由氧离子的 2p 轨道到空的 3d 轨道转移更加容易。②在 80 K 以下,$^3T_1$ 到 $^1A_1$ 的带隙受到温度控制,ZrV_2O_7 的光致发光激发谱随着温度的降低发生蓝移。

19.3.2　热膨胀和光致发光峰移动之间的关系

图 19.2(a)是 ZrV_2O_7 的 XRD 随温度变化图,测量范围是室温到 773 K。由图可知,随着温度的升高,ZrV_2O_7 的 XRD 衍射峰先向小角度移动(室温到 423 K),而在 423～773 K 温度范围内又转变为向大角度移动。这些结果表明,ZrV_2O_7 在室温到 423 K 温度范围内发生热膨胀,而在 423～773 K 温度范围内发生负热膨胀现象。图 19.2(b)由图 19.2(a)变温 XRD 结果采用基于最小二乘法的 PowderX 软件计算得出的 ZrV_2O_7 的晶格常数随温度变化关系[27,28]。由图可以看出,在由室温加热到 423 K 过程中,ZrV_2O_7 的晶格常数有一个明显的增大过程;随着温度继续升高会发生晶格收缩。两段温度所对应的热膨胀系数为 39.1×10^{-6} K^{-1}和 -6.81×10^{-6} K^{-1}。

图 19.2(c)和图 19.2(d)是 ZrV_2O_7 化合物宏观伸长率随温度的变化曲线。由图可以看出,在 358 K 和 419 K 相对长度随温度升高存在两个明显改变,说明该处存在相变。在第一个相变处材料的膨胀系数没有明显改变,但在第二个相变处其变化非常明显。在 295～419 K 温度范围,ZrV_2O_7 的平均线膨胀系数为 40.05×10^{-6} K^{-1};在 295～419 K 温度范围,ZrV_2O_7 的平均线膨胀系数为 -4.38×10^{-6} K^{-1}。低温热膨胀测量[图 19.2(d)]结果表明,在 140～170 K 温度范围,ZrV_2O_7 的平均线膨胀系数为 6.32×10^{-6} K^{-1};在 295～419 K 温度范围,ZrV_2O_7 的平均线膨胀系数为 40.05×10^{-6} K^{-1};在 170～340 K 为 15.89×10^{-6} K^{-1},在 360～420 K 为 29.5×10^{-6} K^{-1},在 450～650 K 为 -3.91×10^{-6} K^{-1}。分析这些结果,发现 ZrV_2O_7 在第一相变和第二相变之间存在一个最大的热膨胀系数,这表明在第一相变温度(340 K)之下材料具有超结构相。在 340 K 以上,随着温度升高材料的晶格常数急剧增大,Zr—Zr 之间的距离增加速度要大于 V—V 之间的距

离增加的速度,为了保持在晶格增大过程中的原子站位 V—O—V 键角将会伸展。这些结果会导致一系列的后果:①V—O—V 键角的伸展会导致晶格增加;②会迫使 V—V 之间的距离增加,相变会在 375 K 完成;③V—O 之间的排斥力增加,材料的晶格常数随温度升高明显增大。当晶格常数增大到一定程度(430 K),V—O—V 中桥氧原子的横向振动对材料的热膨胀起主要作用,此时第二相变完成。在此温度之上,随着温度的升高材料将会展现出负热膨胀性质。随着温度的降低,Zr—O1—V 和 V—O2—V 键会变得更短,它们对 VO_4 四面体的对称性影响更大,更进一步讲,$^3T_1$ 到 $^1A_1$ 的带隙变窄,会使得电子从氧原子的 2p 轨道转移到空的 3d 轨道更加容易。所有这些会使材料的光致发光谱峰在室温到 130 K 温度范围内随着温度降低发生红移,这和上文中光致发光结论一致。

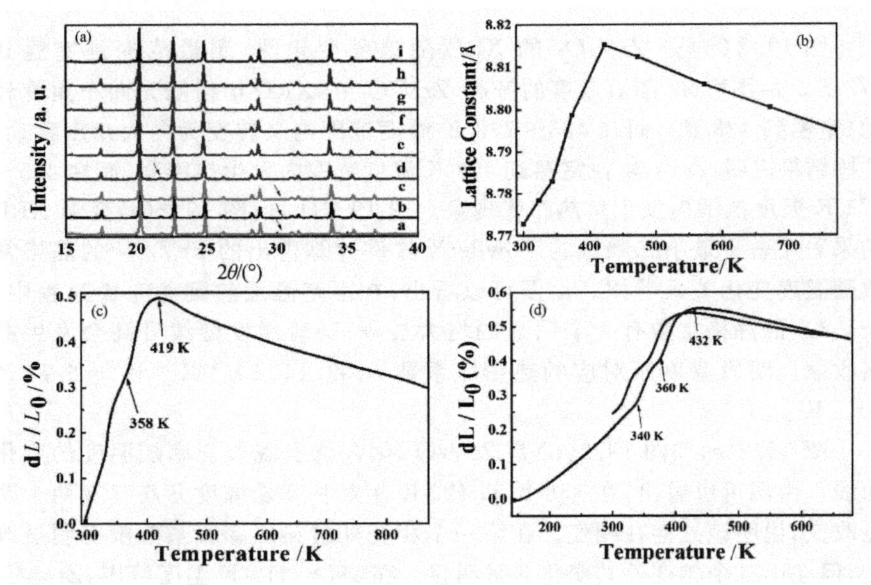

图 19.2 (a) ZrV_2O_7 在室温(a),323 K(b),343 K(c),373 K(d),423 K(e),473 K(f),573 K(g),673 K(h),773 K(e)下的 XRD 图;(b) ZrV_2O_7 晶格常数随温度变化图;室温到 873 K (c)和从 137 K 到 673 K (d)ZrV_2O_7 相对长度随温度变化图

为了采用 Fullprof 软件进行 Rietveld 分析,进行了精细 XRD 扫描。XRD 数据精修采用 Pa-3 的立方结构作为参考模型。图 19.3 是在 473 K 下 ZrV_2O_7 的精修结果,精修可靠性系数为 R_{wp}= 119.18,是可信的。点阵位置见表 19.1,晶格常数、密度和晶格体积见表 19.2。

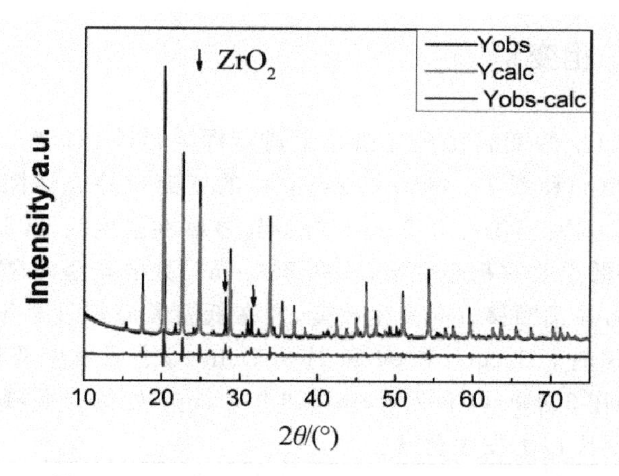

图 19.3　473 K 下 ZrV_2O_7 的 XRD 数据精修结果

表 19.1　The Wyckoff positions of ZrV_2O_7

Sites	*x*	*y*	*z*
Zr	−0.00152	−0.00124	0.00031
V	0.38485	0.38485	0.38485
O1	0.44163	0.21679	0.40377
O2	0.50028	0.50028	0.50028

表 19.2　ZrV_2O_7 的结构参数

Temperature	Lattice constant	Volume of unit cell	Density/(g/cm)
300	8.77275	675.16086	3.02229
323	8.77832	676.4477	3.01654
343	8.78294	677.5163	3.01178
373	8.79869	6819.16771	2.99564
423	8.81517	685.00237	2.97887
473	8.81241	684.35916	2.98167
573	8.80587	682.83663	2.98832
673	8.80037	6819.55796	2.99392
773	8.79487	680.28089	2.99954

19.3.3 相变

对于 ZrV_2O_7 的变温拉曼光谱结果进行深入讨论，有利于了解其相变过程。图 19.4(a)和图 19.4(b)是 ZrV_2O_7 的变温拉曼光谱图。其变温拉曼光谱图有以下特征：①在 350 cm^{-1} 处的拉曼峰在温度为 94 K 时最宽，无论升高还是降低温度它都会变窄；②在 361 cm^{-1} 处的拉曼峰随着温度变化发生明显频移，并且频移方向发生改变，它在低温段随着温度升高发生红移直到 94 K(4 K 时 361 cm^{-1} 和 94 K 时 365 cm^{-1})之后发生蓝移(364 K 时 352 cm^{-1})；③在 364 K 以下 776 cm^{-1} 和 975 cm^{-1} 处的拉曼峰没有任何变化，但是在 364 K 以上发生蓝移。

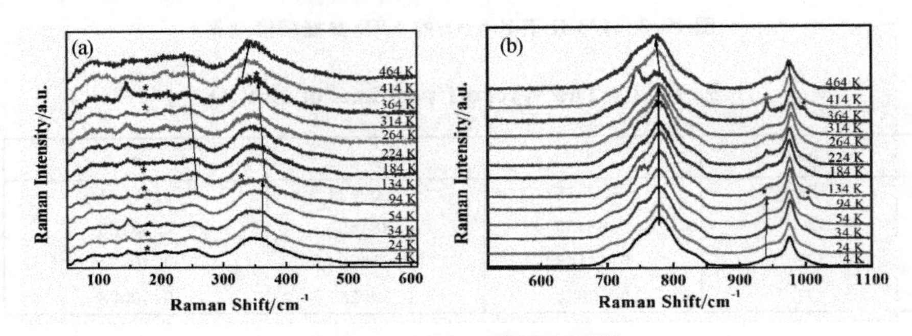

图 19.4　ZrV_2O_7 变温拉曼谱

这些结果表明：①当温度高于 364 K 时，所有的 V—O—V 键角都伸展到 180°，VO_4 四面体的对称伸缩振动和反对称伸缩振动发生困难，VO_4 四面体的扭转振动补偿了其对称伸缩振动和反对称伸缩振动，VO_4 四面体的扭转振动使 V 离子之间的距离变短，从而导致负热膨胀。②当温度低于 364 K 时，VO_4 四面体的对称伸缩振动和反对称伸缩振动会导致 V—O—V 键角的改变，导致热膨胀。③在 100 K 和 364 K 左右材料存在两个温度相变。在 100 K 处的相变与变温光致发光谱结果一致。

图 19.5 是室温下 ZrV_2O_7 的紫外可见吸收谱。由图可知，ZrV_2O_7 展现出吸收带边为 567 nm 的可见光吸收特性，其光学带隙大约是 2.05 eV。

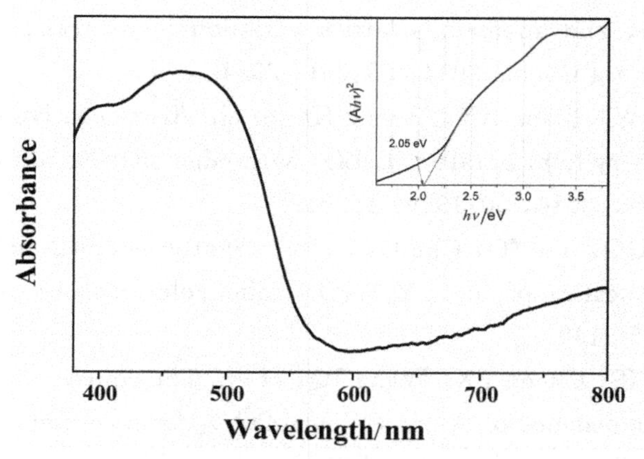

图 19.5　ZrV_2O_7 的紫外可见吸收谱

19.4　本章小结

ZrV_2O_7 陶瓷的光致发光具有宽带发射特点，并能覆盖整个可见光波段。变温拉曼和光致发光结果表明，材料在 80～100 K 温度范围内存在一个相变。ZrV_2O_7 展现处负热膨胀性质的起始温度点大约在 420 K 左右而不是 375 K。材料的热膨胀性质主要来源于 VO_4 四面体的对称伸缩振动和反对称伸缩振动以及多面体的扭转振动。低温拉曼研究结果表明，材料具有两个温度相变，分别发生在 100 K 和 364 K 附近。

参考文献

[1] Mary T A, Evans J S O, Vogt T, et al. Negative thermal expansion from 0.3 to 1050 Kelvin in ZrW_2O_8[J]. Science. 1996, 272:90-92.

[2] Chen J, Wang F F, Huang Q Z, et al. Effectively control negative thermal expansion of single-phase ferroelecrics of $PbTiO_3$-(Bi, La)FeO_3 over a giant range[J]. Sci Rep. 2013, 3:2458.

[3] Zhang N, Li L, Wu M Y, et al. Negative thermal expansion and electrical properties of α-$Cu_2V_2O_7$ [J]. J Eur Ceram Soc. 2016, 36: 2761-2766.

[4] Yan J, Sun Y, Wen YC, et al. Relationship between spin ordering, entropy, and anomalous lattice variation in $Mn_3Sn_{1-\varepsilon}Si_{\varepsilon}C_{1-\delta}$ compounds[J]. Inorg Chem. 2014, 53:2317-2324.

[5] Yao WJ, Jiang XX, Huang RJ, et al. Area negative thermal expansion in a beryllium borate $LiBeBO_3$ with edge sharing tetrahedral[J]. Chem Commun. 2014, 50:13499-135019.

[6] Liu QQ, Yu ZQ, Che GF, et al. Synthesis and tunable thermal expansion properties of $Sc_{2-x}Y_xW_3O_{12}$ solid solutions[J]. Ceram Int. 2014, 40:8195-8199.

[7] Liu XS, Cheng FX, Wang JQ, et al. The control of thermal expansion and impedance of Al-$Zr_2(WO_4)(PO_4)_2$ nano-cermets for near-zero-strain Al alloy and fine electrical components[J]. J Alloy Compd. 2013, 553:1-7.

[8] Bridges F, Keiber T, Juhas P, et al. Local vibrations and negative thermal expansion in ZrW_2O_8[J]. Phys Rev Lett. 2014, 112:045505.

[9] Yuan B H, Liu X S, Song W B, et al. High substitution of Fe^{3+} for Zr^{4+} in $ZrV_{19.6}P_{0.4}O_7$ with small amount of $FeV_{0.8}P_{0.2}O_4$ for low thermal expansion[J]. Phys Lett A. 2014, 378:3397-3409.

[10] Khosrovani N, Sleight A W, Vogt T. Structure of ZrV_2O_7 from −263 to 470℃[J]. J. Solid State Chem. 1997, 132:355-360.

[11] Korthuis V, Khosrovani N, et al. Negative thermal expansion and phase transitions in the $ZrV_{2-x}P_xO_7$ series[J]. J Series Chem Mater. 1995, 7:412-417.

[12] ithers RL, Evans JSO, Hanson J, et al. An in situ temperature-dependent electron and X-ray diffraction study of structural phase transitions in ZrV_2O_7[J]. Solid State Chem. 1998, 137:161-167.

[13] Withers R L, Tabira Y, Evans J S O, et al. A new three-dimensional incommensurately modulated cubic phase (in ZrP_2O_7) and its symmetry characterization via temperature-dependent electron diffraction [J]. Solid State Chem. 2001, 157:186-192.

[14] Hemamala U L C, El-Ghussein F, Muthu D V S. High-pressure Raman and infrared study of ZrV_2O_7[J]. Solid State Commun. 2007, 141:680-684.

[15] Carlson S, Andersen A M K. High-pressure properties of TiP_2O_7, ZrP_2O_7 and ZrV_2O_7[J]. J Appl Crystallogr. 2001, 34:7-12.

[16] Leighanne C G, Brett R H, Benjamin S K, et al. Pressure-dependence of the phase transitions and thermal expansion in zirconium and hafnium pyrovanadate[J]. Solid State Chem. 2017, 249:46-50.

[17] Yuan H L, Yuan B H, Li F, et al. Phase transitions and thermal expansion properties of $ZrV_{2-x}P_xO_7$ [J]. Acta Phys Sin. 2012, 22:226502.

[18] Elkady M F, Alrafaa M A, El-Essawy N A. Morphological and electrical properties of zirconium vanadate doped with cesium[J]. Basic & Appl. Sciences. 2014, 3:229-237.

[19] Kul'bakin I V, Fedorov S V, Vorob'ev A V, et al. Transport properties of ZrV_2O_7-V_2O_5 composites with liquid-channel grain boundary structure[J]. Russian J Electrochem. 2013, 49:878-882.

[20] Klimashin A A, Belousov V V. Mechanism of Oxygen ion transfer in oxide melts based on V_2O_5 [J]. Russian J. Phys Chem A. 2016, 90:54-59.

[21] Sahoo P P, Sumithra S, Madras G, et al. Synthesis, structure, negative thermal expansion, and photocatalytic property of Mo doped ZrV_2O_7[J]. Inorg Chem. 2011, 50:8774-87819.

[22] Liu Q Q, Yang J, Sun X J, et al. Influence of W doped ZrV_2O_7 on structure, negative thermal expansion property and photocatalytic performance[J]. Appl Surf Sci. 2014, 313:41-47.

[23] Nakajima T, Isobe M, Tsuchiya T, et al. Correlation between luminescence quantum efficiency and structural properties of vanadate phosphors with chained, dimerized, and isolated VO_4 tetrahedra[J]. J Phys Chem C. 2010;114:5160-5167.

[24] Nakajima T, Isobe M, Tsuchiya T, et al. A revisit of photoluminescence property for vanadate oxides AVO_3 (A: K, Rb and Cs) and $M_3V_2O_8$ (M: Mg and Zn)[J]. J. Lumin. 2009;129(12):1598-1601.

[25] Song D, Guo C F, Li T. Luminescence of the self-activated vanadate phosphors $Na_2LnMg_2V_3O_{12}$ (Ln=Y, Gd)[J]. Ceram Int. 2015, 45: 6518-6524.

[26] Oliveira R C, Gracia L, Assis M, et al. Disclosing the electronic structure and optical properties of $Ag_4V_2O_7$ crystals: experimental and theoretical insights[J]. Cryst Eng Comm. 2016, 18:6483-6491

[27] Yuan B H, Liu X S, Mao Y C, et al. Low thermal expansion o-

ver a wide temperature range of $Zr_{1-x}Fe_xV_{2-x}Mo_xO_7$（$0 \leqslant x \leqslant 0.9$）[J]. Mater Chem Phys. 2016，170:162-167.

[28] Dong C. PowderX：windows-95-based program for power X-ray diffraction data processing[J]. J Appl Cryst. 1999，32:838-838.

[29] Yuan B H，Yuan H L，Song W B，et al. High solubility of hetero-valence ion（Cu^{2+}）for reducing phase transition and thermal expansion of $ZrV_{19.6}P_{0.4}O_7$[J]. Chin Phys Lett. 2014，31:0765019.

[30] Petruska E A，Muthu D V S，Carlson S，et al. High-pressure Raman and infrared spectroscopic studies of ZrP_2O_7[J]. Solid State Commun. 2010，150:235-239.

第 20 章　ZrV_2O_7 的阻抗和介电性能

20.1 引　言

锆钒酸盐（ZrV_2O_7）由于各向同性负热膨胀的性质，成为最具吸引力的材料之一。ZrV_2O_7 有一个空间群对称的框架结构 Pa3（$Z=4$），这是理想的母结构（高温），其在 350～375 K 温度区间存在相变过程[1,2]。ZrV_2O_7 在室温时属于超结构，在 1.38～1.72 GPa 的压力下会发生可逆相变[3-5]。作者的研究小组在以前的工作中研究了 $ZrV_{2-x}P_xO_7$（$0\leqslant x\leqslant 1$）系列材料，并表明 $ZrV_{2-x}P_xO_7$ 的相变温度减少到 273 K（$x=0.8$）和 213 K（$x=1$），正、负热膨胀系数的转变温度在 $x=0.4$ 时降低至 340 K[6]。然而，除了负热膨胀性质以外 ZrV_2O_7 的其他性质还没有得到系统的研究。Elkady 等人的报道表明，Cs 掺杂 ZrV_2O_7 材料的离子电导率随掺杂比例的增加而减小，而热处理样品的离子电导率随掺杂比例的增加而增加[7]。ZrV_2O_7 展示出具有良好电导率的 n 型半导体行为[8]，掺杂 W^{6+} 的 ZrV_2O_7 与不掺杂的相比展示出更加优异的光催化性能[9]，VO_4 中的电荷传输可能提供了高离子电导率[10]，流体通道晶界结构的 ZrV_2O_7-40 mol% V_2O_5 复合材料有更高的选择性氧渗透率，有望用于离子输送膜分离空气中的氧气[11,12]。

V_2O_5 层状结构属于过渡金属氧化物家族，通常用于二次锂电池来改善比容量[13-15]，并且也可用作锂离子电池的阳极[16]。然而，以前很少有研究涉及负热膨胀材料的电子性质[17-20]，尽管 $Sc_2W_3O_{12}$ 表现出离子电导率[17-19]，$MgHfW_3O_{12}$ 的离子电导率在 873 K 时是 20.5×10^{-4} S/cm，几乎比具有相似结构的离子导体大一个数量级[20]。

因为 ZrV_2O_7 是过渡金属氧化物的一个成员，它能否作为锂电池的电极，研究其电学性能是很有意义的。本章中我们用固态反应法合成了 ZrV_2O_7，并研究了 ZrV_2O_7 陶瓷阻抗和介电弛豫行为随温度变化关系。

20.2 实验材料和方法

分析纯化学物质 ZrO_2 和 V_2O_5 作为原材料，根据摩尔比 Zr：V＝1：2 进行混合并在玛瑙研钵中研磨 2 h，将混合均匀的原材料压成直径是10 mm ×20.5 mm（直径×高度）的圆柱状颗粒。将圆柱状颗粒放入以5 K/min升温的管式炉中，在 973 K 的温度下保温 2～5 h，然后慢慢冷却至室温。

采用 X 射线分析仪（X'Pert PRO）对制备好的样品进行物像分析；采用扫描电子显微镜（SEM，JSM-6700F）观察烧结样品的微观形貌，将烧结过的 ZrV_2O_7 块体两表面进行抛光并涂覆银浆后测量其电导率；将频率响应分析仪的频率设置为 10 HZ～1 MHZ，测量从室温到 673 K 的阻抗；使用精密阻抗分析仪（Agilent E4990A）测量介电性能。

20.3 结果和讨论

图 20.1(a)显示了制备样品的典型 XRD 图谱。分析结果表明，ZrV_2O_7 在室温时采用了 Pa-3(225 号)空间组的立方结构，晶格参数 a＝0.87516 nm。图 20.1(b)和图 20.1(c)显示了典型的 ZrV_2O_7 扫描电镜图像。样品显微结构包括具有一定孔隙的常规形状颗粒，平均晶粒的大小为 3～7 μm。

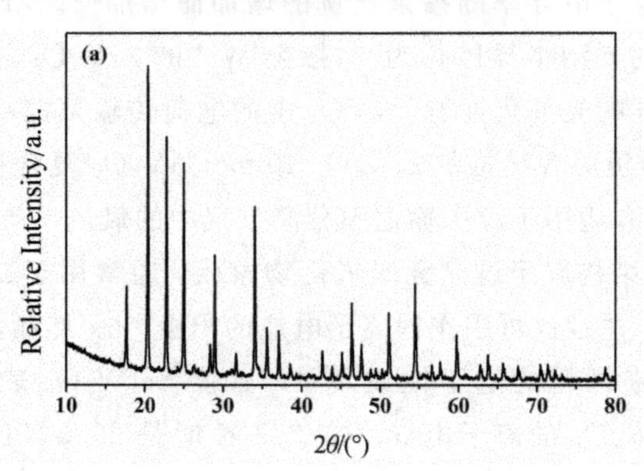

图 20.1 ZrV_2O_7 典型的 XRD 图谱(a)及电镜图(b)、(c)

我们测量了不同温度下的阻抗，在这种情况下，孔隙效应对电导率的影响可以忽略不计。图 20.2(a)显示了从室温到 473 K 的一组圆弧，图 20.2(b)显示了在高频下得到的单半圆，其中实数轴（Z）对应于由于晶粒和晶界效应叠加而导致的大体积电导率。在较高频率下，晶粒特性与半圆弧有关。奈奎斯特图也表明，在材料受热时，总电阻减小。这可能是由于加热时新兴的电子空穴对增加了载流子浓度。在高温时（573～673 K），奈奎斯特图仅显示微小的形状变化，因此加热对 ZrV_2O_7 电导率的影响相对轻微，因为 573 K 之上，缺陷状态中几乎所有的电子和空穴在 573 K 以上都处于激发态，因此进一步的升高温度对载流子浓度影响不大。

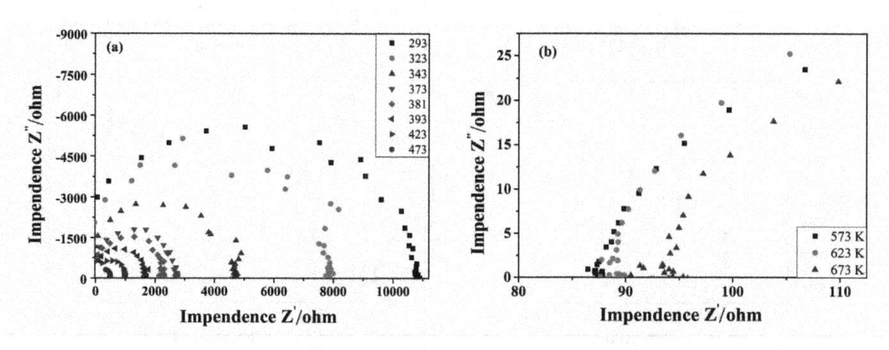

图 20.2 ZrV_2O_7 代表性的交流阻抗谱(a)室温到 473 K；(b)523～673 K

ZrV_2O_7 的阻抗(RT-523 K)可通过拟合电阻 R_i 和电容 C_j 串并联的等效电路的实验数据来计算，如图 20.3 所示。可使用 Zview2 软件拟合阻抗谱计算出电极界面电阻 R_1 和材料电阻 R_2[21,22]。总电阻是

$$Z=R_1+R_2//C=Z'+jZ'' \tag{20.1}$$

其中阻抗的实部

$$Z'=R_1-\frac{R_2^2\omega C}{\omega^2C^2R_2^2+1} \tag{20.2}$$

阻抗的虚部

$$Z''=\frac{R^2}{\omega^2 C^2 R_2^2+1} \tag{20.3}$$

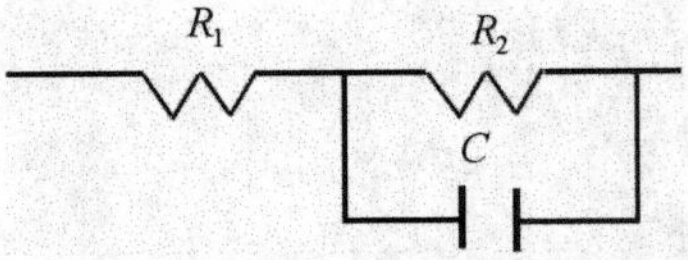

R_1 R_2 C

图 20.3　ZrV_2O_7 的等效电路，R_1 和 R_2 分别代表电极界面电阻和材料电阻

我们测量了 ZrV_2O_7 在不同的温度下的直流伏安特性曲线，如图 20.4 所示。然后利用最小二乘法拟合计算出电导。总电阻是

$$Z'=R_1+R_2 \tag{20.4}$$

结果与阻抗谱相一致。

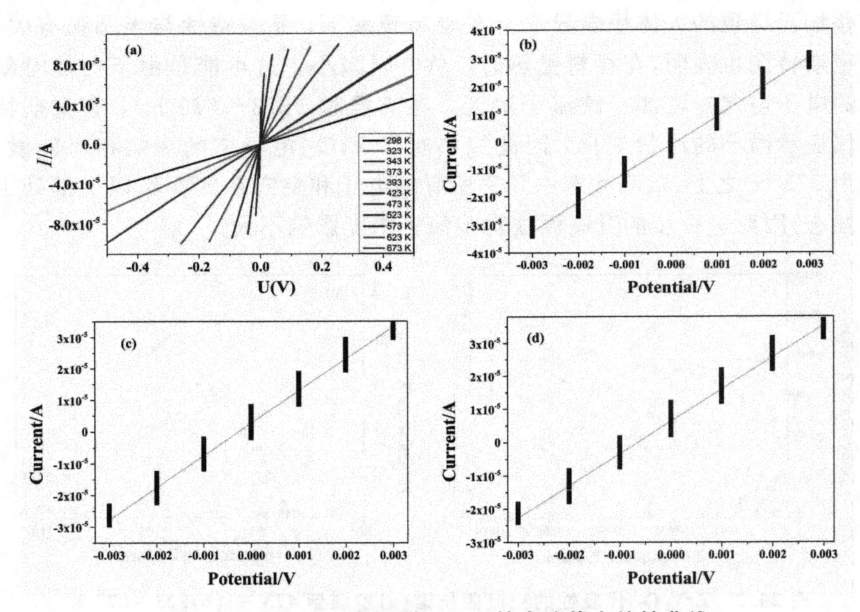

图 20.4　ZrV_2O_7 室温到 673 K 的直流伏安特性曲线

电导率 σ 可表示为

$$\sigma=\frac{d}{RA} \tag{20.5}$$

这里 d 和 A 分别表示颗粒厚度和电极面积，R 表示电阻。图 20.5 显示了 ZrV_2O_7 在正常大气中依赖于温度的电阻、电导率和阿伦尼乌斯关系图。电导率在 298 K 时为 3.00×10^{-5} S/cm，393 K 时为 1.88×10^{-4} S/cm，473 K 时为 6.59×10^{-4} S/cm，573 K 时为 3.56×10^{-3} S/cm。从图 20.5(c)中

可以看出，电导率与温度呈线性关系，表明在室温到 573 K 这个温度范围中没有电子结构相变点，转折点出现在 573 K 以上。

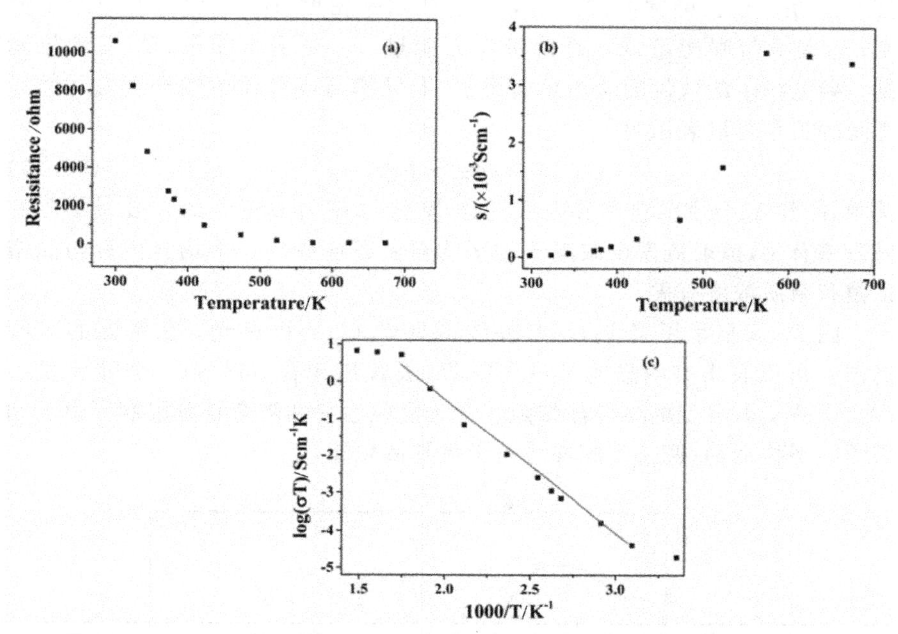

图 20.5　ZrV_2O_7 的总电阻(a)和电导率(b)及总电导率的阿伦尼乌斯图(c)

为了挑选 ZrV_2O_7 随温度变化的电阻，我们测量了在不同温度下的伏安特性(图 20.4)，电导率可以根据最小二乘法计算，结果和阻抗谱是相一致的。总阻抗由 $Z=R_1+R_2$ 计算。弛豫过程的活化能 E_a 可以通过阿伦尼乌斯表达式计算：

$$\sigma=\sigma_0\exp(-E_a/kT) \tag{20.6}$$

式中：σ_0 是指前因子；k 是玻尔兹曼常数；T 是绝对温度。因此 ZrV_2O_7 陶瓷在升温过程中的活化能 $E_a=0.319$ eV。

半导体带隙可以通过温度控制[24-27]。用 Dmol3 代码计算出异常结构 ZrV_2O_7 的带隙能量为 20.43 eV，这是典型的间接半导体[28]。利用半核赝势基集的 Perdew-wang 函数，用广义梯度逼近描述了电子交换和相关能量。然而，ZrV_2O_7 电导率随温度的升高而增加[图 20.5 (b)]，因此在较高的温度下，带隙会降低，因为电子空穴对的数目随着加热而增加，从而提高了电导率。热激发电子、空穴和电子空穴对的数目可以表示为

$$n=N_C\exp=\left(-\frac{E_C-E_F}{kT}\right) \tag{20.7}$$

$$p=N_V\exp\left(-\frac{E_F-E_V}{kT}\right) \tag{20.8}$$

$$np=N_V N_C \exp\left(\frac{E_g}{kT}\right) \tag{20.9}$$

其中：k 是玻尔兹曼常数；N_C 是导带有效水平密度；N_V 是价带有效水平密度；E_C 是导带底能量；E_V 是价带最大能量；E_F 是费米能量；E_g 是带隙能量。导电粒子的数量随着加热而增加，电导率与半导体中电子空穴对数目之间的关系可以表示为

$$\sigma=nq\mu_n+pq\mu_p \tag{20.10}$$

其中，ν_{as} 和 δ_{as} 分别为电子和空穴迁移率，迁移率与载流子的有效质量和散射概率有关，散射概率由载流子的平均自由程所决定。平均自由程与晶格常数和杂质浓度有关。

图 20.6 显示了 ZrV_2O_7 紫外线可见光（UV-可见光）在室温的吸收光谱。可以看出有明显的可见光吸收，吸收边缘在 567 nm，带隙能量＝20.05 eV，即典型的半导体带隙。由于晶粒边界和陶瓷缺陷限制了电子和离子的平移运动，使得带隙能量高于传导活化能。

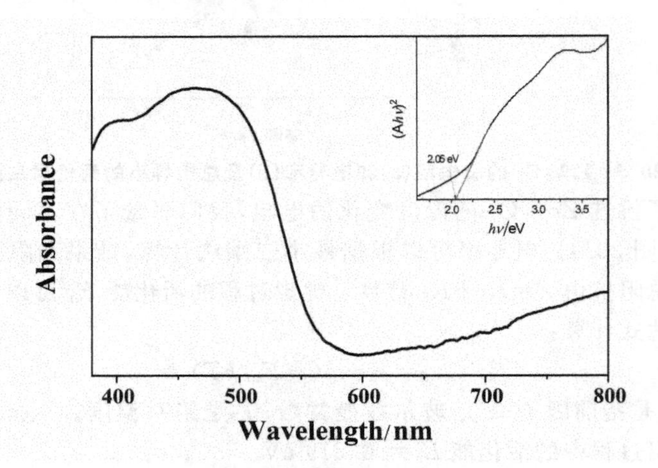

图 20.6　ZrV_2O_7 典型的紫外可见光（UV-可见光）吸收光谱，插图表示带隙估计

图 20.7 显示了室温下 ZrV_2O_7 陶瓷随频率变化的介电常数和损耗角正切。随着频率增加介电常数慢慢地减少，直到频率增加到 10 kHz，介电常数 $\varepsilon_s=61.6$，表明此时离子松弛极化和晶界极化可以跟上外电场的变化。然而，当频率在 10～1000 kHz 的范围内继续增大时，介电常数迅速下降，这时离子松弛极化和晶界极化不能跟上外电场的变化。当频率大于 10 MHz时，介电常数几乎没有进一步的变化（$\varepsilon_\infty=15.8$），因此极化只来自于电子和离子位移，很少或根本没有离子松弛的贡献。

在频率低于 10 kHz 时，随着频率的增大介电损耗迅速下降，因此该区

域主要是电导损耗。然后介电损耗在 10～190 kHz 的频率范围内迅速增加，接着在 190～1000 kHz 的频率范围内迅速减小，从而形成一个单一的峰值。因此，介质损耗是由离子松弛和晶界极化损耗引起的。介电弛豫时间常数是 1.646×10^{-6} s，可以从下式计算得到：

$$\tilde{\omega}_m = \frac{1}{\tau}\sqrt{\frac{\varepsilon_s}{\varepsilon_\infty}} \tag{20.11}$$

式中：ε_s 是静态介电常数（$f<1000$ Hz）；ε_∞ 是光频介电常数；$\tilde{\omega}_m$ 是最大极化损失处的角频率；τ 是弛豫时间。因为 $\sigma=\tilde{\omega}_m\varepsilon_0(\varepsilon_s-\varepsilon_\infty)\frac{\sqrt{\varepsilon_s\varepsilon_\infty}}{\varepsilon_\infty+\varepsilon_s}$，室温时，$\sigma=7.88\times10^{-4}$ S/cm，这与直流伏安特性和交流阻抗谱的结果相一致。

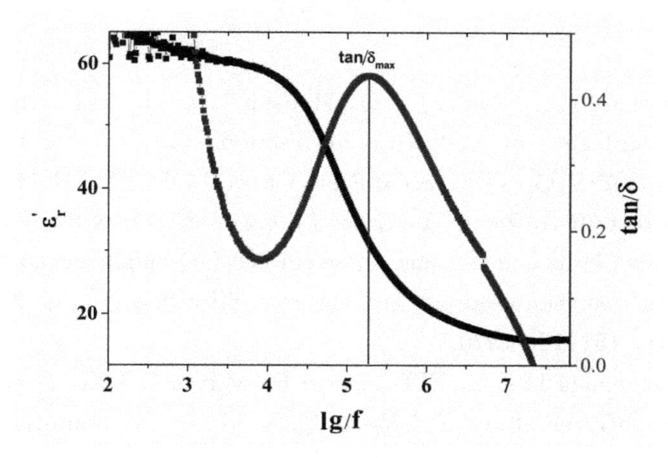

图 20.7　ZrV_2O_7 的室温介电性能

当温度从室温升高到 400 K 时，载流子浓度和晶格常数（图 20.1）逐渐增大，导致电阻快速降低[图 20.5(a)]。随着温度进一步升高，载流子浓度增加，电导率在 423～573 K 随温度的升高迅速地增大[图 20.5(b)]。然而散射概率在较高的温度下也迅速增大，因此电导率在 573～673 K 随温度的升高缓慢地增大[图 20.5(b)]。

20.4　本章小结

我们利用固相反应法合成了负热膨胀材料 ZrV_2O_7，它在一些半导体器件方面有着潜在的应用前景。ZrV_2O_7 在不同温度下的电导率分别为，298 K 时为 3.00×10^{-5} S/cm，393 K 时为 1.88×10^{-4} S/cm，473 K 时为$6.59\times$

10^{-4} S/cm，573 K 时为 3.56×10^{-3} S/cm。电导率在 393～573 K 与温度呈线性关系，活化能是 20.69 eV，表明 ZrV_2O_7 是一种经典的半导体。

载流子浓度和晶格常数导致电阻在温度从室温增大到 400 K 快速地减小，电导率在 423～573 K 随温度的升高快速地增加，但高散射概率减慢了电导率在 573～673 K 这个温度区间增大的速度。ZrV_2O_7 在低频（<10 kHz）时介电常数为 $\varepsilon_s=61.6$，且室温时电导率很低。然而在高频（>10 MHz）时 $\varepsilon_\infty=15.8$，超过了 SiO_2，因此 ZrV_2O_7 将适用于高频电子器件或波导耦合器。

参考文献

[1]Withers R L，Evans J S O，Hanson J，et al. An in situ temperature-dependent electron and X-ray diffraction study of structural phase transitions in ZrV_2O_7[J]. J. Solid State Chem，1998，37：161-167.

[2]Withers R L，Tabira Y，Evans J S O，et al. A new three-dimensional incommensurately modulated cubic phase (in ZrP_2O_7) and its symmetry characterization via temperature-dependent electron diffraction[J]. J. Solid State Chem，2001，157：186-1920.

[3]Hemamala U L C，El-Ghussein F，Muthu D V S. High-pressure Raman and infrared study of ZrV_2O_7[J]. Solid State Commun，2007，141：680-684.

[4]S. Carlson，A. M. K. Andersen，High-pressure properties of TiP_2O_7，ZrP_2O_7 and ZrV_2O_7[J]. J. Appl. Crystallogr，2001，34：7-120.

[5]H. L. Yuan，B. H. Yuan，F. Li，et al. Phase transitions and thermal expansion properties of $ZrV_{2-x}P_xO_7$[J]. Acta Phys. Sin，2012，22：2265020.

[6]B. H. Yuan，H. L. Yuan，W. B. Song，et al. High solubility of hetero-valence Ion (Cu^{2+}) for reducing phase transition and thermal expansion of $ZrV_{1.6}P_{0.4}O_7$[J]. Chin. Phys. Lett，2014，31：076501.

[7]M. F. Elkady，M. A. Alrafaa，N. A. El Essawy，Morphological and electrical properties of zirconium vanadate doped with cesium，Beniseuf Univ[J]. J. Appl. Sci，2014，3：229-237.

[8]P. P. Sahoo，S. Sumithra，G. Madras，et al. Synthesis，structure，Negative thermal expansion，and photocatalytic property of Mo

doped ZrV_2O_7[J]. Inorg. Chem,2011,50:8774-8781.

[9]Q. Q. Liu, J. Yang, X. J. Sun, et al. Influence of W doped ZrV_2O_7 on structure, negative thermal expansion property and photocatalytic performance[J]. Appl. Surf. Sci,2014,313:41-47.

[10]T. Nakajima, M. Isobe, T. Tsuchiya, et al. Correlation between luminescence quantum efficiency and structural properties of vanadate phosphors with chained, dimerized, and isolated VO_4 tetrahedra[J]. J. Phys. Chem. C,2010,114 :5160-5167.

[11]I. V. Kul'bakin, S. V. Fedorov, A. V. Vorob'ev, et al. Transport properties of ZrV_2O_7-V_2O_5 composites with liquid-channel grain boundary structure[J]. Russian J. Electrochem,2013,49:878-8820.

[12]A. A. Klimashin, V. V. Belousov. Mechanism of oxygen ion transfer in oxide melts based on V_2O_5, Russian J[J]. Phys. Chem,2016, A 90:54-59.

[13]M. H. Chen, X. H. Xia, J. F. Yuan, et al. Free-standing three-dimensional continuous multilayer V_2O_5 hollow sphere arrays as high-performance cathode for lithium batteries[J]. J. Power Sources,2015,288: 145-149.

[14]V. M. Mohan, B. Hu, W. Qiu, et al. Synthesis, structural, and electrochemical performance of V_2O_5 nanotubes as cathode material for lithium battery[J]. J. Appl. Electrochem,2009,39:2001-2006.

[15]X. Liang, G. H. Gao, G. M. Wu. Synthesis and characterization of hollow and core-shell structured V_2O_5 microspheres and their electrochemical properties[J]. J. Alloys Compd,2017,725:923-934.

[16]X. Wang, W. Jia, L. Wang, et al. Simple in situ synthesis of carbon-supported and nanosheet-assembled vanadium oxide for ultra-high rate anode and cathode materials of lithium ion batteries[J]. J. Mater. Chem,2016,A 4:13907-13915.

[17]Y. K. Zhou, S. Adams, R. P. Rao, et al. A. Neiman, N. Pestereva, Charge transport by polyatomic anion diffusion in $Sc_2(WO_4)_3$[J]. Chem. Mater,2008,20:6335-6345.

[18]R. A. Secco, H. Liu, N. Imanaka, et al. Electrical conductivity and amorphization of $Sc_2(WO_4)_3$ at high pressures and temperatures[J]. J. Phys. Chem. Solids,2002,63:425-431.

[19]N. Imanaka, Y. Kobayashi, T. Egawa, et al. Trivalent ion

conduction in the $Sc_2(WO_4)_3$ type structure, Mater. Sci. Frum, 1999, 315:331-338.

[20]A. Omote, S. Yotsuhashi, Y. Zenitani, Y. Yamada, High ion conductivity in $MgHf(WO_4)_3$ solids with ordered structure: 1-D alignments of Mg^{2+} and Hf^{4+} ions[J]. J. Am. Ceram. Soc, 2011, 94: 2285-2288.

[21]A. Tripathy, S. N. Das, S. K. Pradan, et al. Temperature and frequency dependent dielectric and impedance characteristics of double perovskite Bi_2MnCoO_6 electronic material[J]. J. Mater. Sci. -Mater. Electron, 2018, 29:4770-4776.

[22]K. Y. Hsu, C. Y. Wang, C. P. Liu. The growth of GaN nanorods with different temperature by molecular beam epitaxy[J]. J. Electron. Soc, 2010, 157:109-1120.

[23]W. Shan, T. J. Schmidt, X. H. Yang, et al. Temperature dependence of interband transitions in GaN grown by metalorganic chemical vapor deposition[J]. Appl. Phys. Lett, 1995, 66:985-987.

[24]C. Ye, X. Fang, M. Wang, et al. Temperature-dependent photoluminescence from elemental sulfur species on ZnS nanobelts[J]. J. Appl. Phys, 2006, 99: 063504-063507.

[25]B. Pejova, B. Abay, I. Bineva. Temperature dependence of the band gap energy and sub-band-gap absorption tails in strongly quantized ZnSe nanocrystals deposited as thin films[J]. J. Phys. Chem, 2010, C114: 15280-15291.

第21章 α-$Cu_2V_2O_7$/Al的可控热膨胀及导电性能

21.1 引 言

在金属材料中，Al因为价格便宜、导电性能和延展性能好等优点被广泛应用于导电材料领域，其合金也被广泛应用于航空航天等领域，但因为其热膨胀系数大($221.6\times10^{-6}\ K^{-1}$)、硬度低(20～30 HV)等缺点，限制了其在更广阔领域的应用。为此，不少研究者使用各种低膨胀、高硬度材料与Al复合以期获得低膨胀、高硬度的Al基复合材料，取得一些预期效果，但仍在一些诸如相变、导电性降低等问题，限制了其推广应用[1-7]。因此开发Al基复合材料，具有可控热膨胀系数，很好的热稳定性和极好的导电性能具有很有意义。寻找合适的材料与金属Al复合制备出性能优良的Al基复合材料仍然是其推广应用的关键。近些年来，新型负热膨胀材料获得极大的关注，主要是利用负热膨胀材料可能制备近零热膨胀材料。

新型负热膨胀材料的大量发现，为制备近零膨胀复合材料提供了一种可能。在已发现的负热膨胀材料中，ZrV_2O_7是$A^{4+}M_2O_7$(A=Zr或Hf，M=V或P)系列负热膨胀材料的典型代表，因其负热膨胀系数大，制备工艺简单，元素储量丰富且价格低廉曾一度受到广泛关注[8,9]。已有不少研究者将ZrV_2O_7与金属Al进行复合，研究材料的热膨胀系数调控和导电性[5-7]。报道ZrV_2O_7在室温具有3×3×3超立方结构，呈现正热膨胀，当温度高于375 K后，ZrV_2O_7才表现出负热膨胀性能，这时3×3×3超立方结构转化为普通立方结构[8-11]。ZrV_2O_7的高温相才具有负热膨胀性能，也就是很高的相变温度严重地限制了它的推广应用。Sleight等人通过掺杂P^{5+}来降低其相变温度[12]。我们也报道了Cu^{2+}的掺杂效应，发现Zr^{4+}被Cu^{2+}部分替代后，其相变温度能够很好地调控[13,14]。进一步，用两个Cu^{2+}彻底替代Zr^{4+}后，发现获得的材料α-$Cu_2V_2O_7$在室温具有很明显的负热膨胀性能[15-17]。

陶瓷材料具有先天的硬度优势，报道的 α-$Cu_2V_2O_7$ 在室温的良好负热膨胀性能和一定的半导体性质，决定了将 α-$Cu_2V_2O_7$ 和 Al 复合有望获得热膨胀系数可调，导电性能好且兼具较高硬度和相对密度的复合材料，在结构和光电子材料领域将具有潜在应用前景。

本章采用固相合成法制备 α-$Cu_2V_2O_7$/Al 复合材料（Al 含量 5～80 wt. %），并对其物相、热稳定性、热膨胀性、硬度及电学性能进行研究。

21.2 实验过程

21.2.1 样品制备

实验所用材料均为市售商品级 CuO（纯度≥99%）、V_2O_5（纯度≥99%）和 Al（纯度≥99%，200 目）粉末，获取渠道广泛。样品的制备分两步，首先将 CuO、V_2O_5 按照摩尔比 2∶1 称量后，加入适当无水乙醇在研钵中研磨约 2 h，干燥压片后放入低温管式炉在 953 K 保温 10 h 后得到 α-$Cu_2V_2O_7$ 备用。

将 Al 粉按照一定的质量百分比（5%、10%、20%、30%、40%、60%、80%）和第一步得到 α-$Cu_2V_2O_7$ 一起在研钵中研磨 1 h，混合均匀后使用单轴压片机（769YP-15A）在 200 MPa 压力下压成 $\Phi10\times5$ mm 的圆片，放入上述低温管式炉中在 923 K 烧结 5 h 后得到 α-$Cu_2V_2O_7$/Al 复合材料样品。

21.2.2 样品表征

使用 X 射线衍射仪（PANalytial X'Pert PRO，Cu Kα 辐射，λ=1.5406Å）进行物相结构分析。使用 SETRAM LabsysTM 型热分析仪（空气气氛，升温速率 10 K/min）进行差热分析（DSC）。使用场发射电子扫描显微镜（SEM，JSM-6700F）进行微观形貌分析。使用 LINSEIS L76 PT 型热膨胀仪进行线性膨胀系数测试。使用 HXD-2000TMS/LCD 型图像分析自动转塔显微硬度计进行硬度分析（载荷 0.5 kgf，保荷时间 15 s）。使用 AGILENT 4294 A 型电化学工作站进行交流阻抗分析。

21.3　结果与讨论

21.3.1　物相与稳定性分析

图 21.1 是制备 α-$Cu_2V_2O_7$/Al 复合材料所使用的钒酸铜在室温时的 XRD 结构精修的结果(以 α-$Cu_2V_2O_7$，ICSD-001831 为参比模型[18]，使用 Fullprof 软件 Rietveld 方法)，图中"·"表示测量值，实线表示计算值，短竖线表示布拉格峰位，最下面的曲线是测量值和计算值之间的差值(残差)，结果参数 R_p、R_{wp}和 R_{exp}的值分别为 38.4、29.6 和 21.29，全谱拟合度 R_{wp}/R_{exp}约为 1.39。表明制备 α-$Cu_2V_2O_7$/Al 复合材料所用钒酸铜是由纯相的 α-$Cu_2V_2O_7$ 组成。

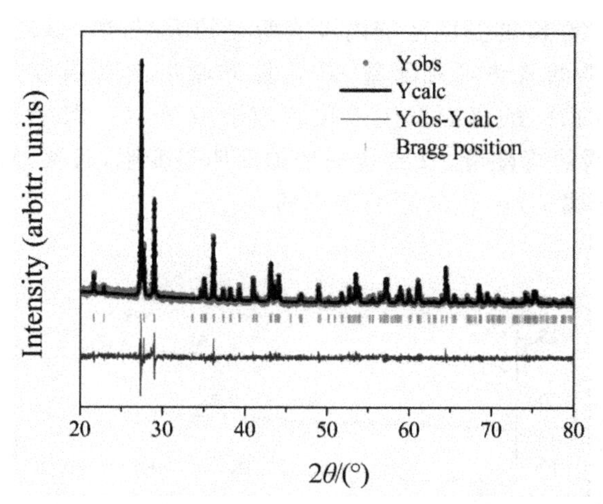

图 21.1　制备的 α-$Cu_2V_2O_7$/Al 复合材料所使用的钒酸铜在室温时的 XRD 结构精修的结果

图 21.2 是 α-$Cu_2V_2O_7$ 和 α-$Cu_2V_2O_7$/Al 复合材料(Al 的质量百分比分别为 20、40、60、80%)以及 Al 的 XRD 图谱。可以看出，α-$Cu_2V_2O_7$/Al 复合材料的 XRD 图谱中除了 Al 和 α-$Cu_2V_2O_7$ 没有其他衍射峰出现。另外还可以看出随着 Al 含量的增加，α-$Cu_2V_2O_7$/Al 复合材料的 XRD 图谱中 Al 的衍射峰强度逐渐变强，α-$Cu_2V_2O_7$ 的衍射峰强度逐渐变弱。以上结果表明，α-$Cu_2V_2O_7$/Al复合材料中 Al 和 α-$Cu_2V_2O_7$ 没有发生明显的化学反应。

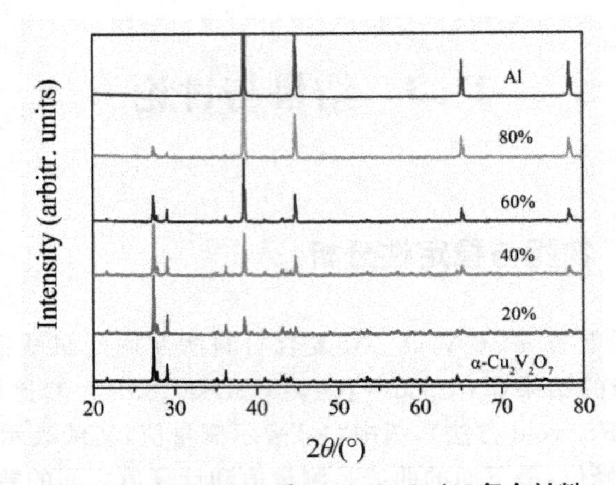

图 21.2　α-$Cu_2V_2O_7$ 和 α-$Cu_2V_2O_7$/Al 复合材料

(Al 的质量百分比分别为 20、40、60、80%)以及 Al 的 XRD 图谱

图 21.3 是 α-$Cu_2V_2O_7$、α-$Cu_2V_2O_7$/Al 复合材料(Al 的质量百分比分别为 20、40、60、80%)和 Al 的差热分析结果。可以看出，α-$Cu_2V_2O_7$/Al 复合材料在 RT-800 K 的温度范围内没有明显的吸/放热峰；在约 820～840 K 之间有一个微弱的放热峰且随着 Al 含量的增加向高温方向漂移，这是因为样品中少量的 Al 的表面发生钝化反应形成 Al_2O_3 保护膜的原因；在约 930 K 附近的吸热峰随着 Al 含量的增加而明显变强，且逐渐向高温方向漂移，这应该是金属 Al 融化的原因造成的。

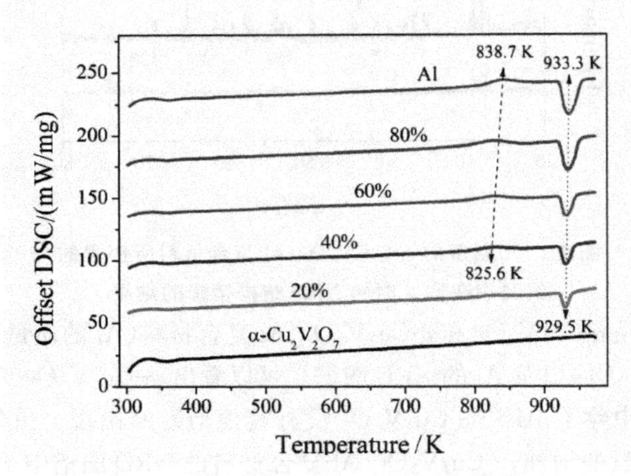

图 21.3　α-$Cu_2V_2O_7$、α-$Cu_2V_2O_7$/Al 复合材料

(Al 的质量百分比分别为 20、40、60、80%)和 Al 的差热分析结果

21.3.2 微观形貌与结构分析

图 21.4 是 α-$Cu_2V_2O_7$/Al 复合材料（Al 的质量百分比分别为 20、40、60、80%）的电子扫描显微镜照片。从图 21.4(a)与图 21.4(b)可以明显看出，导电性较好的 Al 镶嵌在 α-$Cu_2V_2O_7$ 中间，且随着含量的增加金属 Al 相互连接在一起形成网状结构。从图 21.4(c)与图 21.4(d)可以看出，随着 α-$Cu_2V_2O_7$/Al 复合材料中 Al 含量的增加，样品断面中的微孔明显减少。从图 21.4(e)与图 21.4(f)可以看出，在 Al 含量较高时 Al 和 α-$Cu_2V_2O_7$ 混为一体，形成固溶体。

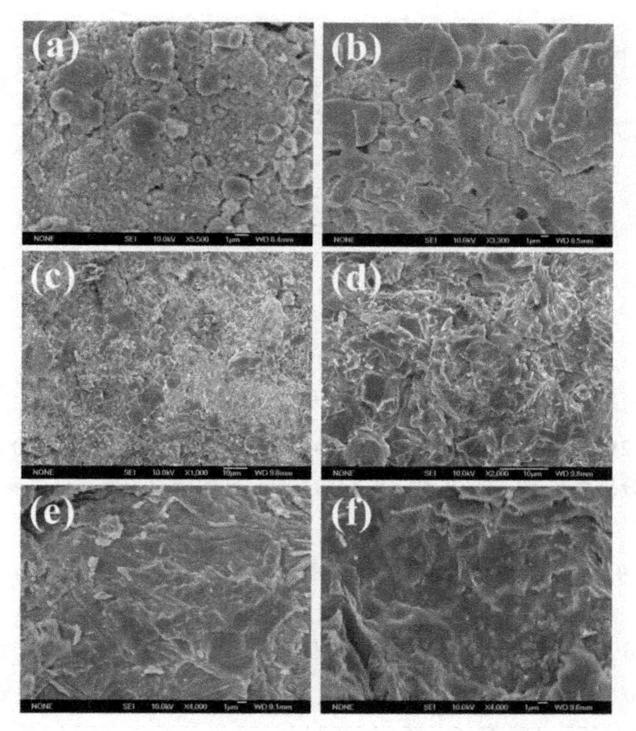

图 21.4 α-$Cu_2V_2O_7$/Al 复合材料（Al 的质量百分比分别为 20、40、60、80%）的电子扫描显微镜照片

21.3.3 热膨胀性能分析

图 21.5 是 α-$Cu_2V_2O_7$ 和 α-$Cu_2V_2O_7$/Al 复合材料（Al 的质量百分比分别为 5、10、20、30、40、60、80%）以及 Al 的相对长度变化曲线。可以看

出，金属 Al 的膨胀系数很大，在掺入负热膨胀材料 α-$Cu_2V_2O_7$ 后，α-$Cu_2V_2O_7$/Al 复合材料的膨胀系数迅速减小。当 α-$Cu_2V_2O_7$/Al 复合材料中 Al 的质量百分比为 20% 和 30% 时，α-$Cu_2V_2O_7$/Al 复合材料的热膨胀系数分别为 $2.02\times10^{-6}\ K^{-1}$（RT-820 K）和 $4.93\times10^{-6}\ K^{-1}$（RT-860 K），仅约为 Al 的 1/11 和 1/5；当 Al 的质量百分比为 10% 时，α-$Cu_2V_2O_7$/Al 复合材料的热膨胀系数为 $0.49\times10^{-6}\ K^{-1}$（RT-740 K），表现为近零膨胀。另外，随着 Al 含量的增加 α-$Cu_2V_2O_7$/Al 复合材料的软化温度也得到了显著提高。

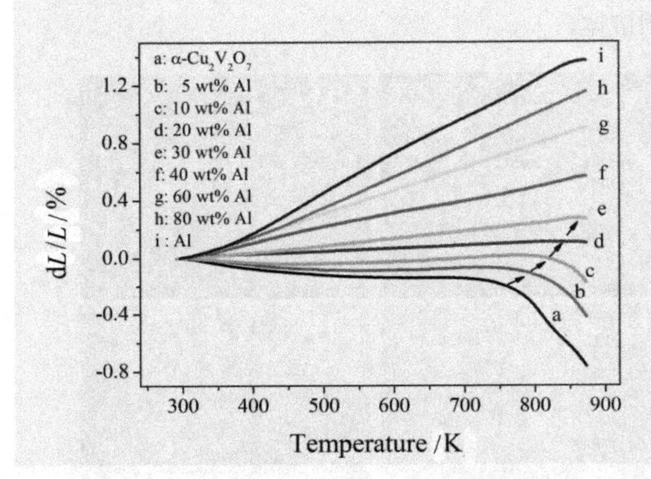

图 21.5 α-$Cu_2V_2O_7$ 和 α-$Cu_2V_2O_7$/Al 复合材料（Al 的质量百分比分别为 5、10、20、30、40、60、80%）以及 Al 的相对长度变化曲线

21.3.4 导电性能分析

图 21.6 是 α-$Cu_2V_2O_7$ 和 α-$Cu_2V_2O_7$/Al 复合材料（Al 的质量百分比分别为 5、10、20、30、40、60、80%）以及 Al 的交流阻抗谱。可以看出，在 Al 含量很少的时候 α-$Cu_2V_2O_7$/Al 复合材料（5 wt.% Al）的电学性能没有明显变化，在低频区表现为电容性，在中高频区表现为电阻性。随着 Al 含量的逐渐增大，Al 在固溶体中的渗流效应使得复合物 α-$Cu_2V_2O_7$/Al 的导电性显著增加[19,20]。例如，Al 的质量百分比≥30% 时，α-$Cu_2V_2O_7$/Al 复合材料样品表现为纯阻性，其电阻降为几十欧姆甚至几个欧姆（见图 21.6 插图）。

图 21.7 是 α-$Cu_2V_2O_7$ 和 α-$Cu_2V_2O_7$/Al 复合材料（Al 的质量百分比

分别为 5、10、20、30、40、60、80%)以及 Al 在 56.26 Hz 的导纳。可以看出，随着 Al 含量的增加 α-$Cu_2V_2O_7$/Al 复合材料的导纳先是变化不明显(≤20 wt.% Al)，然后逐渐增大(20～40 wt.% Al)。当 Al 含量大于 40 wt.% 时，导纳迅速增大。可以预测，在 Al 的含量约为 70 wt.%时，其导电性能会接近甚至超过纯铝的水平。这是因为在金属中参与导电的自由电子具有趋肤效应，而在 α-$Cu_2V_2O_7$/Al 复合材料中，由于渗流作用不仅表层自由电子参与导电，表层附近一定深度 Al 的自由电子对导电也有贡献，这个结果与上述扫面电子显微镜微观结构分析的结果相一致。

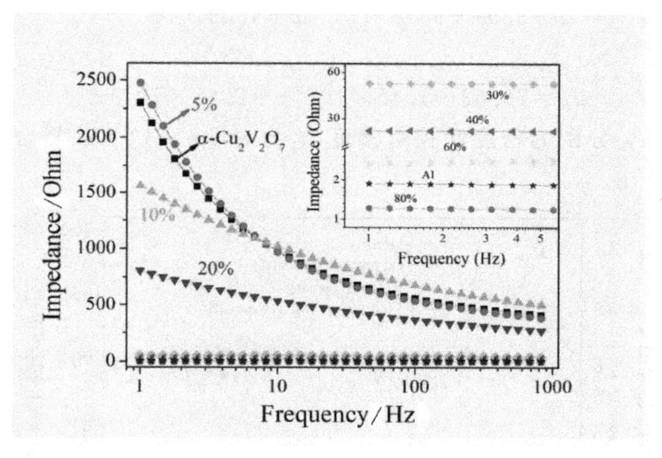

图 21.6 α-$Cu_2V_2O_7$ 和 α-$Cu_2V_2O_7$/Al 复合材料(Al 的质量百分比分别为 5、10、20、30、40、60、80%)以及 Al 的交流阻抗谱

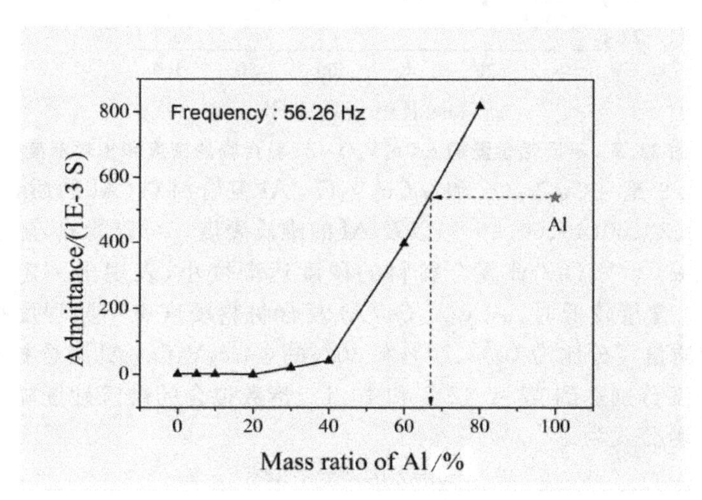

图 21.7 α-$Cu_2V_2O_7$ 和 α-$Cu_2V_2O_7$/Al 复合材料(Al 的质量百分比分别为 5、10、20、30、40、60、80%)以及 Al 在 56.26 Hz 的导纳

21.3.5 密度和维氏硬度分析

图 21.8 是使用阿基米德法测量的 α-$Cu_2V_2O_7$ 和 α-$Cu_2V_2O_7$/Al 复合材料（Al 的质量百分比分别为 5、10、20、30、40、60、80%）以及 Al 的密度及计算的相对密度。可以看出，随着 Al 含量的增加，α-$Cu_2V_2O_7$/Al 复合材料的密度逐渐变小，而相对密度却逐渐变大，与微观形貌分析的结果一致。二阶多项式拟合的密度和相对密度经验公式分别为

$$d=3.09-9.15\times10^{-3}x+4.39\times10^{-5}x^2 \quad (21.1)$$

和

$$d_R=76.63-1.45\times10^{-2}x+2.18\times10^{-3}x^2 \quad (21.2)$$

其中，d 和 d_R 分别为密度和相对密度，x 为 α-$Cu_2V_2O_7$/Al 复合材料中 Al 的质量百分比。

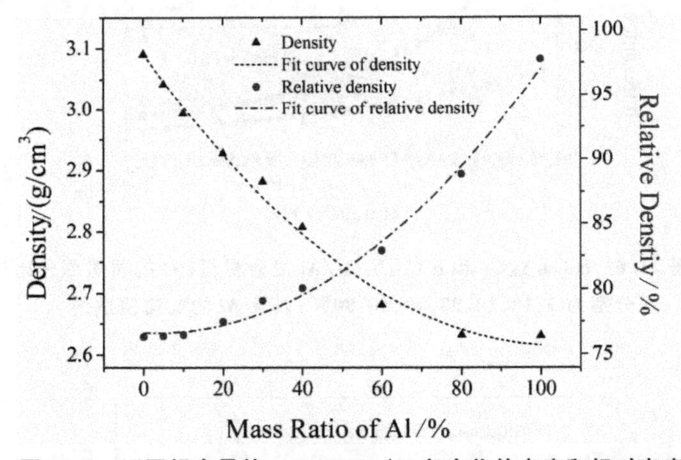

图 21.8 不同铝含量的 α-$Cu_2V_2O_7$/Al 复合物的密度和相对密度

图 21.9 是 α-$Cu_2V_2O_7$ 和 α-$Cu_2V_2O_7$/Al 复合材料（Al 的质量百分比分别为 10、20、30、40、60、80%）以及 Al 的维氏硬度。可以看出，随着 Al 含量的增加 α-$Cu_2V_2O_7$/Al 复合材料的硬度逐渐变小，表现出一定的塑性。但是在 Al 含量较低时，α-$Cu_2V_2O_7$/Al 复合材料硬度有不同程度提高，例如，Al 的质量百分比为 10%、20%和 30%的 α-$Cu_2V_2O_7$/Al 复合材料样品，其维氏硬度分别达到 47.4、42.7 和 40.1。指数拟合的维氏硬度随 Al 含量变化的经验公式为

$$y=20e^{-435x}+34 \quad (21.3)$$

其中，x 为 α-$Cu_2V_2O_7$/Al 复合材料中 Al 的质量百分比。

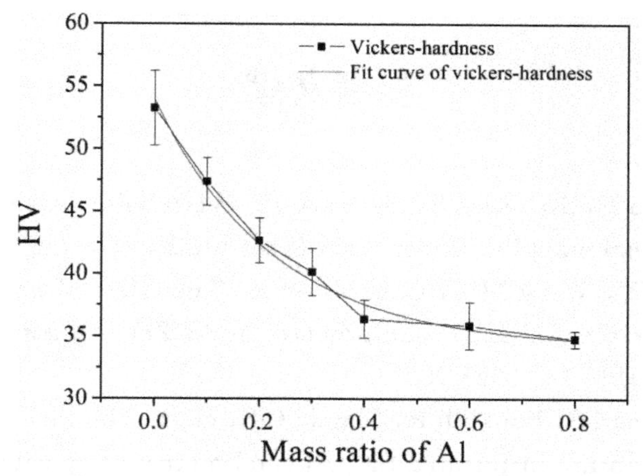

图 21.9 α-$Cu_2V_2O_7$ 和 α-$Cu_2V_2O_7$/Al 复合材料（Al 的质量百分比分别为 10、20、30、40、60、80%）以及 Al 的维氏硬度

21.4 本章小结

采用固相法制备 α-$Cu_2V_2O_7$/Al 复合材料（Al 含量在 5～80 wt.%之间），并对其热稳定性、热膨胀性、硬度及电学性能进行研究。结果表明，样品从室温到（至少）723 K 的温度范围内保持结构稳定，为 α-$Cu_2V_2O_7$ 和 Al 的混合物，没有发生明显的化学变化。其热膨胀系数及硬度可以由 Al 含量进行调制，当 Al 含量为 10 wt.%时，线性热膨胀系数为 $0.49\times10^{-6}\ K^{-1}$（RT-780 K），接近零膨胀；当 Al 含量为 30 wt.%时，线性热膨胀系数为 $4.93\times10^{-6}\ K^{-1}$（RT-860 K），仅约为 Al 的 1/5，同时硬度和相对密度均有不同程度提高。当 Al 含量大于 30 wt.%时，α-$Cu_2V_2O_7$/Al 复合材料具有良好的导电性。α-$Cu_2V_2O_7$/Al 复合材料的导电性随 Al 含量增加而增加，当 Al 含量接近 70 wt.%时，其导纳值接近甚至超过纯铝，这是因为在金属中参与导电的自由电子具有趋肤效应，而在 α-$Cu_2V_2O_7$/Al 复合材料中，由于渗流作用不仅表层自由电子参与导电，且表层附近一定深度 Al 的自由电子对导电也有贡献。

参考文献

[1] Sebo P, Kavecky S, Stefanik P. Wettability of zirconia-coated carbon by aluminium[J]. Theor Appl Fract Mech, 1994, 13: 592-5921.

[2] Wu Y, Wang M L, Chen Z, et al. The effect of phase transformation on the thermal expansion property in Al/ZrW_2O_8 composites[J]. J Mater Sci, 2013, 48: 2928-29321.

[3] Elomari S, Boukhili R, Marchi C S, et al. Thermal expansion responses of pressure in filtrated SiC/Almetal-matrix composites[J]. J Mater Sci, 1997, 32: 2131-2140.

[4] Kim B G, Dong S L, Park S D. Effects of thermal processing on thermal expansion coefficient of a 50 vol% SiCp/Al composite[J]. Mater Chem Phys, 2001, 72: 42-47.

[5] Yun D Q, Gu Q C, Wang X F. Synthesis and properties of NTE ZrV_2O_7 and Al/ZrV_2O_7 composites[J]. Acta Mater Compos Sin, 2005, 22: 25-30.

[6] Liu X S, Cheng F X, Wang J Q, et al. The control of thermal expansion and impedance of Al-$Zr_2(WO_4)(PO_4)_2$ nanocermets for near-zero-strain Al alloy and fine electrical components[J]. J Alloys Compd, 2013, 553: 1-7.

[7] Xiao X, Zhou W J, Liu X S, et al. Electrical properties of Al-$ZrMgMo_3O_{12}$ with controllable thermal expansion[J]. Ceram. Int, 2015, 41: 2361-2366.

[8] Yamamura Y, Horikoshi A, Yasuzuka S, et al. Negative thermal expansion emerging upon structural phase transition in ZrV_2O_7 and HfV_2O_7[J]. Dalton Trans, 2011, 40: 2242-2248.

[9] Sakuntala T, Arora A K, Rao R. Thermal expansion and anharmonicity in ZrV_2O_7[J]. J Chin Ceram Soc, 2009, 37: 696-702.

[10] Buchanan R C, Wolter G W. Properties of hot-pressed zirconium pyrovanadate ceramics[J]. J Electrochem Soc, 1983, 130: 1905-1910.

[11] Evans J S O, Hanson J C, Sleight A W. Room-temperature superstructure of ZrV_2O_7[J]. Acta Cryst B, 1998, 54: 705-7121.

[12] Korthuis V, Khosrovani N, Sleight A W, et al. Negative ther-

mal expansion and phase transitions in the $ZrV_{2-x}P_xO_7$ series[J]. Chem. Mater, 1995, 7: 412-417.

[13] Yuan H L, Yuan B H, Li F, et al. Phase transition and thermal expansion properties of $ZrV_{2-x}P_xO_7$ [J]. Acta Phys Sin, 2012, 61: 226502.

[14] Yuan B H, Yuan H L, Song W B, et al. High solubility of hetero-valenceion (Cu2p) for reducing phase transition and thermal expansion of $ZrV_{1.6}P_{1.4}O_7$[J]. Chin Phys Lett, 2014, 31: 076501.

[15] Krasnenko T, Medvedeva N, Bamburov V. Atomic and electronic structure of zinc and copper pyrovanadates with negative thermal expansion[J]. Adv Sci Technol, 2010, 63: 358-3621.

[16] Zhang N, Li L, Wu M Y, et al. Negative thermal expansion and electrical properties of α-$Cu_2V_2O_7$[J]. J Eur Ceram Soc, 2016, 36: 2761-2766.

[17] Benko F A, Koffyberg F P. Semiconductivity and optical interband transitions of CuV_2O_6 and $Cu_2V_2O_7$ [J]. Can J Phys, 1992, 70: 99-1021.

[18]Calvo C, Faggiani R. α Cupric divanadate, Acta Crystallogr[J]. Sect B: Struct Sci, 1975, 31(2): 603-605.

[19] Zhang C, Chen M Q, Ma C A. Research progress of reducing the percolation threshold for conductive composites[J]. Eng Plast Appl, 2009, 37: 76-79.

[20] Wang Y C, Fu Z Y. The percolation phenomenon in conduction and isolator composite ceramics[J]. J Wuhan Univ Technol, 2001, 23: 29-32.

第 22 章 Al-$Zr_2W_2P_2O_{15}$低热膨胀及电学性能

22.1 引 言

普通的金属陶瓷是陶瓷与金属结合在一起来获得一些新奇的性能，其典型的性能既囊括了陶瓷的高硬度、耐高温，也拥有了金属材料的高韧度、强导电性。金属陶瓷在多功能的领域内应用广泛，比如，电子元件、器械工具[1,2]。然而，不同的材料呈现不同的热膨胀系数。由于金属陶瓷与周围的材料具有不同的热膨胀系数，金属陶瓷与其周围的材料之间出现分层或裂纹，导致电子或光电器件的暂时性或永久性失效。为了解决不同的热膨胀系数材料之间存在的热应力，人们开始探索使用具有较大负热膨胀特性的陶瓷 ZrW_2O_8 与金属 Al、Cu 复合：Al-ZrW_2O_8[3]、Cu-ZrW_2O_8[4-8]，实现低热膨胀金属陶瓷。但是，ZrW_2O_8 在室温是一个亚稳相，在 440 K 出现可逆的有序-无序相转变，在 0.21 GPa 的压强下出现不可逆的立方→正交相转变[9-12]。在与其他物质复合时，ZrW_2O_8 容易出现分解和压力相变[4,5,8]。除此之外，在发生这些相变后，ZrW_2O_8 的热膨胀系数变化较大。这就是说，ZrW_2O_8 在制备金属陶瓷方面优势不明显。另外，也有其他负热膨胀材料与金属进行复合的报道，如 Cu-$Sc_2W_3O_{12}$ 和 Al-ZrV_2O_7[13,14]。在 Cu-$Sc_2W_3O_{12}$核壳结构中，$Sc_2W_3O_{12}$用固相法制备，具有不规则的颗粒形貌，说明 Cu 与 $Sc_2W_3O_{12}$的均匀性不能保证。同时，Sc 是一个昂贵的金属，不适合于大规模使用。Al-ZrV_2O_7 复合物中呈现出 $AlVO_3$、$AlVO_4$，以及因 Al 与 ZrV_2O_7 反应生成的立方相 $Zr_{1-x}Al_xV_2O_7$，说明 ZrV_2O_7 与 Al 复合也存在一些不易解决的问题。因此，利用廉价的负热膨化材料与金属复合，并且在它们之间不发生化学反应，是亟待进一步探索研究的课题。

$Zr_2(WO_4)(PO_4)_2$（也可以写作 $Zr_2P_2WO_{12}$）在室温到很低的温度都能保持正交结构[15]，并且从室温到 1073 K 范围内表现出负热膨胀现象[15,16]。

$Zr_2(WO_4)(PO_4)_2$（ZWP）由共用对顶角的八面体 ZrO_6 和四面体 WO_4、PO_4 组成[17]。这个材料的负热膨胀行为主要来自于桥氧原子的横向非谐热运动或八面体与四面体的耦合转动[8,18]。由于在较大温度范围内具有热稳定性能和制备原料的低成本，ZWP 应该是一个合适的负热膨胀材料，用来与正、负热膨胀材料合成可控热膨胀材料[19]。

铝在工业上有广泛的应用。使用铝作为结构零器件，在航天工业、交通运输业中至关重要，主要是因为其质量轻、耐磨损和韧度高。在这项研究中，金属陶瓷 Al-ZWP 使用商业化的铝粉（200 目的筛子筛过）和共沉淀法制备的超细 ZWP 粉末复合制备得到，其可控热膨胀系数和电阻抗性能得到研究。Al 与 ZWP 之间没有发生化学反应，估计与 Al 在空气中少量氧化为 Al_2O_3 起到钝化作用有关，从而保护内部的 Al，避免使其进一步受到氧化。

22.2　实验过程

22.2.1　样品制备

首先 ZWP 粉末使用共沉淀法制备。$ZrOCl_2 \cdot 8H_2O$、$5(NH_4)_2O \cdot 12WO_3 \cdot 5H_2O$ 和 $NH_4H_2PO_4$ 作为原料，其摩尔比 Zr ∶ W ∶ P ＝ 2 ∶ 1 ∶ 2。伴随着磁力搅拌，$NH_4H_2PO_4$ 水溶液倒入 $5(NH_4)_2O \cdot 12WO_3 \cdot 5H_2O$ 溶液中并形成透明的溶液，然后 $ZrOCl_2 \cdot 8H_2O$ 逐滴缓慢加入上面的透明溶液中，并很快出现细小沉淀而形成浑浊液，随着滴入的 $ZrOCl_2 \cdot 8H_2O$ 的量的增加，逐渐提高磁力搅拌器的转速，防止沉淀物增多后导致磁力搅拌器的磁子停止转动。使用滴加 $NH_3 \cdot H_2O$（30%）调整浑浊液的 pH 值达到 8～9，继续搅拌 2 h，然后将浑浊液在室温下陈化 12 h。陈化后得到上部透明的清液和下部的沉淀物，倒去上部清液，并将下部沉淀物过滤、干燥，最后在 1173 K 烧结 4 h 得到 ZWP 白色粉末。第二步是制备金属陶瓷 Al-ZWP。将商业化的金属铝粉用 200 目的筛子筛选得到颗粒细小的铝粉，然后将筛出的铝粉与制备的 ZWP 粉末以不同的质量比进行混合，并倒入适量的酒精作为研磨介质研磨 2 h。将包含有 Al 和 ZWP 的混合物干燥、冷压成圆柱状（直径 6 mm，长 15 mm，以备测试线性热膨胀系数）或圆片状（直径 10 mm，厚度 3 mm，以备测试电学性能）。然后，将压成圆柱状或圆片状的样品在 953 K 烧结 1 h,得到金属陶瓷 Al-ZWP。

22.2.2 样品表征

样品的晶相是用 X 射线衍射仪(X-ray diffractometer, XRD, Model X'Pert PRO)来检测,陶瓷的微观结构和化学组分是利用场发射扫描电子显微镜(Field Emission Scanning Electron Microscope, FE-SEM, Model JSM-6700F)和附带的能量色散谱(Energy Dispersive Spectrometry, EDS, ISIS400)来观察并记录。金属陶瓷样品的相对密度是使用阿基米德原理(Archimedes' technique)进行测试,线性热膨胀系数是利用林赛斯热膨胀仪(Dilatometer, LINSEIS DIL L76)进行表征。样品的阻抗谱是由精密阻抗分析仪(Precision impedance analyzer, Agilent 4294A)完成。

22.3 结果与讨论

22.3.1 纯相 ZWP 和金属陶瓷 Al-ZWP 的表征

图 22.1(a)给出了制备的金属陶瓷 Al-ZWP 对应不同质量比 Al∶ZWP 的 XRD 图谱。图中的每一个衍射峰能够归属于 Al(ICDD-PDF No. 01-085-1327)或 ZWP(ICDD-PDF No. 01-085-2239)。随着 Al∶ZWP 质量比的增加,Al 的衍射峰增强,同时,ZWP 的衍射峰减弱。这些结果暗示了,ZWP 没有分解,ZWP 与 Al 之间没有发生化学反应。然而,仔细检查发现,随着 Al∶ZWP 质量比的增加,主衍射峰向大角度轻微移动。由于 XRD 图谱的测试都是采用粉末样品进行,因此,样品的高度、有效 X 射线透明度和应变失配等对衍射峰的位置的影响可以排除。这就是说,这里衍射峰的移动来源于少量 Al^{3+} 异价取代 ZWP 中 Zr^{4+} 导致的。由于它们离子半径的差别(Al^{3+}:53.5 pm;Zr^{4+}:72 pm)和化合价的差别(Al^{3+}、Zr^{4+}),因此,只有少量的取代是可能的。我们使用了 Rietveld 方法对 XRD 数据精修,如图 22.1(b)和表 22.1 所示,其结果证实了上面的结论。表 22.1 表明,金属陶瓷 Al-ZWP(b、c、d、e)的晶格常数小于 ZWP 的晶格常数,也就是说,Al 进入 ZWP 晶格后导致晶格常数无规则的减小。由于 Al^{3+} 的半径小于 Zr^{4+} 的半径 Al-ZWP(b、c)的晶胞体积呈现一致减小,然而,继续增加 Al 的含量,Al-ZWP(d、e)的晶胞体积不但不减小反而相对于 Al-ZWP(c)增

加一些，并趋近于稳定。我们认为，少量的 Al^{3+}（53.5 pm）取代 Zr^{4+}（72 pm）容易实现并很快达到饱和。Al-ZWP（d、e）晶胞体积和晶格常数的变化应该与进一步增加 Al 的含量导致的表面应力有关[20,21]。这一结果暗示了，Al 与 ZWP 的紧密接触奠定它们相互作用构成可控热膨胀系数和阻抗。作为比较，我们也尝试了使用金属 Cu 与 ZWP 的复合，然而，在复合过程中，Cu 氧化形成了 CuO（其 XRD 图谱没有给出），其进一步在惰性气体保护的环境中制备 Cu-ZWP 的研究有待开展。Cu 与 ZWP 复合的复杂性凸显出 Al 与 ZWP 复合的优越性，这也是研究 Al-ZWP 金属陶瓷的原因之一。

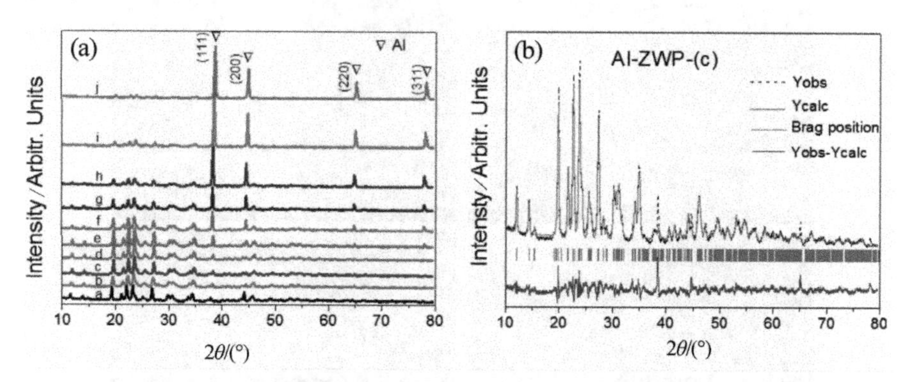

图 22.1 (a) 不同质量比 Al∶ZWP(a 0、b 0.1186、c 0.1286、d 0.2186、e 0.5622、f 0.6622、g 0.8622、h 2.0、i 22.0 和 j 8.0)的金属陶瓷的 XRD 图谱；(b) 对应于 Al-ZWP (c) 的室温下 XRD 结构精修

表 22.1 ZWP (a) 和 Al-ZWP (a、c、d、e) 样品在室温时晶格结构参数

Sample	Mass ratio	*a*	*b*	*c*	*V*
ZWP(a)	0	9.3498	12.3273	9.1716	1057.0936
Al-ZWP(b)	0.1186	9.3445	12.3283	9.1671	1056.6641
Al-ZWP(c)	0.1286	9.3365	12.3333	9.1068	1048.6393
Al-ZWP(d)	0.2186	9.3154	12.3390	9.1361	1050.1292
Al-ZWP(e)	0.5622	9.3150	12.3385	9.1358	1050.0028

图 22.2 给出了不同质量比 Al∶ZWP 的金属陶瓷 Al-ZWP 扫描电子显微镜照片。很明显，纯相的 ZWP 陶瓷[图 22.2 (a)] 由均匀分散的纳米颗粒（100 nm 左右）组成。随着 Al∶ZWP 质量比的增加，复合物 Al-ZWP 变得更加密集堆积并且颗粒增大。特别是对于图 22.2(e)和图 22.2(f)，ZWP 颗粒浸没在熔化的金属 Al 之中，这说明了，均匀形貌的 Al 合金具有很好的应用前景。这里的扫描电子显微镜照片显示的 Al 与 ZWP 的紧密

接触与 XRD 的推论是一致的。

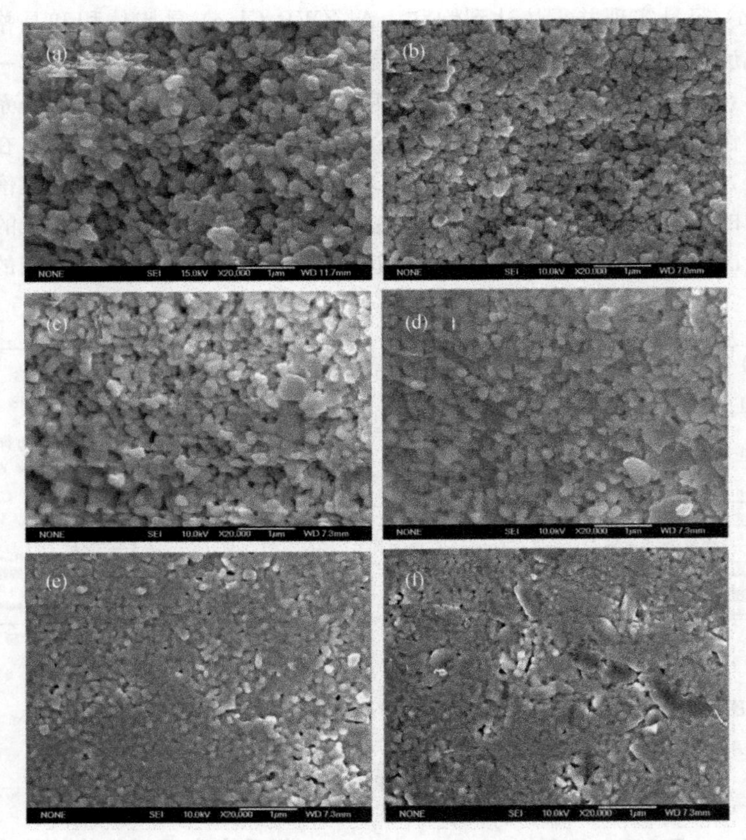

图 22.2 (a)纯相 ZWP;(b)质量比 Al∶ZWP=0.2186;(c)质量比 Al∶ZWP=0.5622;(d)质量比 Al∶ZWP=0.6622;(e)质量比 Al∶ZWP=0.8622;(f)质量比 Al∶ZWP=2.0

为了观察金属 Al 在陶瓷中的分散性,我们对金属陶瓷 Al-ZWP 做了元素扫描。图 22.3 显示出了质量比 Al∶ZWP = 0.5622 金属陶瓷的元素分布图。很明显,Al 在金属陶瓷 Al-ZWP 中均匀分散,这成为金属陶瓷的多功能的基础。

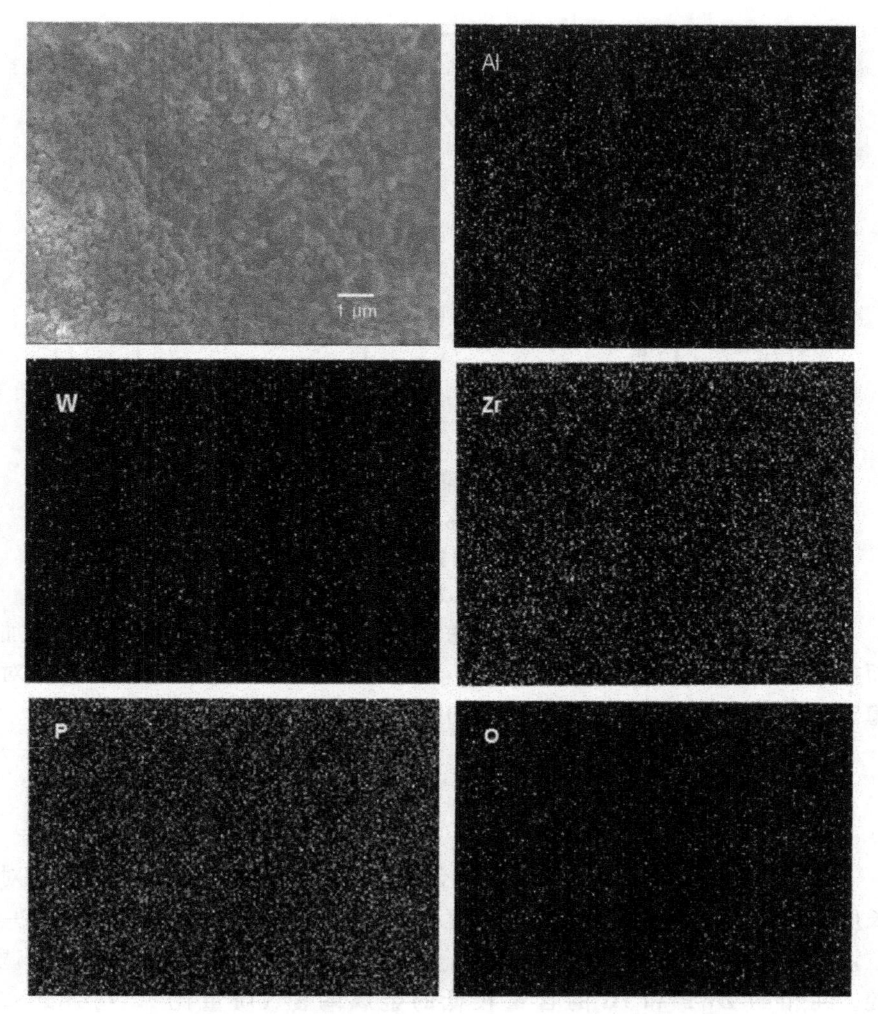

图 22.3 质量比 Al∶ZWP = 0.5622 的金属陶瓷 Al-ZWP 的扫描电镜照片和元素面扫描照片

制备的金属陶瓷 Al-ZWP 的相对密度（66.5%、67.9%、69.2%、70.5%、71.2%、72.4%、722.2%、76.3%、86.3%和 86.0%）对应于不同的质量比（0、0.1186、0.1286、0.2186、0.5622、0.6622、0.8622、2.0 和 22.0），如图 22.4 所示。

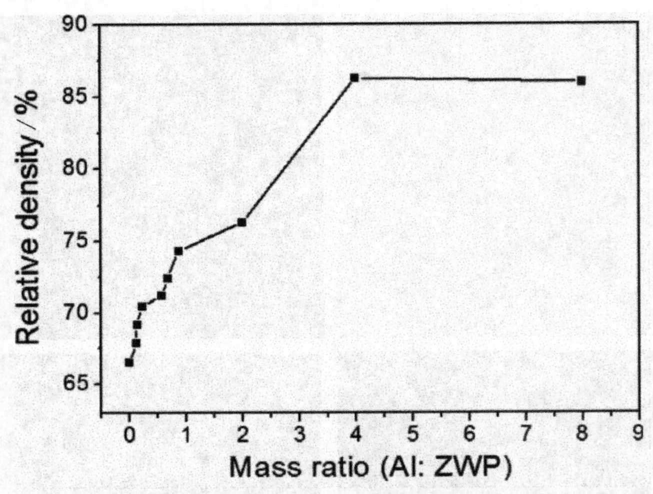

图 22.4　质量比是 0、0.1186、0.1286、0.2186、0.5622、0.6622、0.8622、2.0 和 22.0 的金属陶瓷 Al-ZWP 的相对密度分别是 66.5%、67.9%、69.2%、70.5%、71.2%、72.4%、722.2%、76.3%、86.3%和 86.0%

从图 22.4 可以看到，金属陶瓷的相对密度首先随着 Al 的含量的增加而提高，然而，当质量比到达 22.0 时，相对密度达到一个最大值，然后相对稳定。这一现象估计与金属陶瓷中的间隙被熔化的 Al 逐渐填充有关。

22.3.2　热膨胀特点

图 22.5(a)是关于不同质量比的金属陶瓷随着温度的升高，其线性相对长度的变化曲线。从图中的相对长度变化趋势可以得到，和期望的结果一致，通过不同比例的复合 Al 和 ZWP，金属陶瓷的热膨胀性能得到很好的调控。纯相的 ZWP 和 Al 的含量较低的金属陶瓷（质量比 Al∶ZWP ＜ 0.2186）表现出热收缩，然而 Al 的含量较高的金属陶瓷表现出热膨胀。对于质量比是 0.1186、0.1286、0.2186、0.5622、0.6622、0.8622 和 2.0 的金属陶瓷 Al-ZWP 的热膨胀系数分别是-2.74×10^{-6}、-1.91×10^{-6}、-0.21×10^{-8}、1.52×10^{-6}、5.18×10^{-6}、7.76×10^{-6}、11.48×10^{-6}(293～873 K)和 $122.43\times10^{-6}\ K^{-1}$(293～723 K)。对于质量比为 0.1286 的金属陶瓷 Al—ZWP，其热膨胀系数接近零。质量比介于 0.6622 和 2.0 的金属陶瓷 Al-ZWP 的热膨胀系数接近钢的热膨胀系数（8.3×10^{-6} ～ $122.3\times10^{-6}\ K^{-1}$）。质量比为 22.0 和 8.0 的金属陶瓷 Al-ZWP 的热膨胀系数分别是 $23.03\times10^{-6}\ K^{-1}$ 和 $25.68\times10^{-6}\ K^{-1}$(293～673 K)。

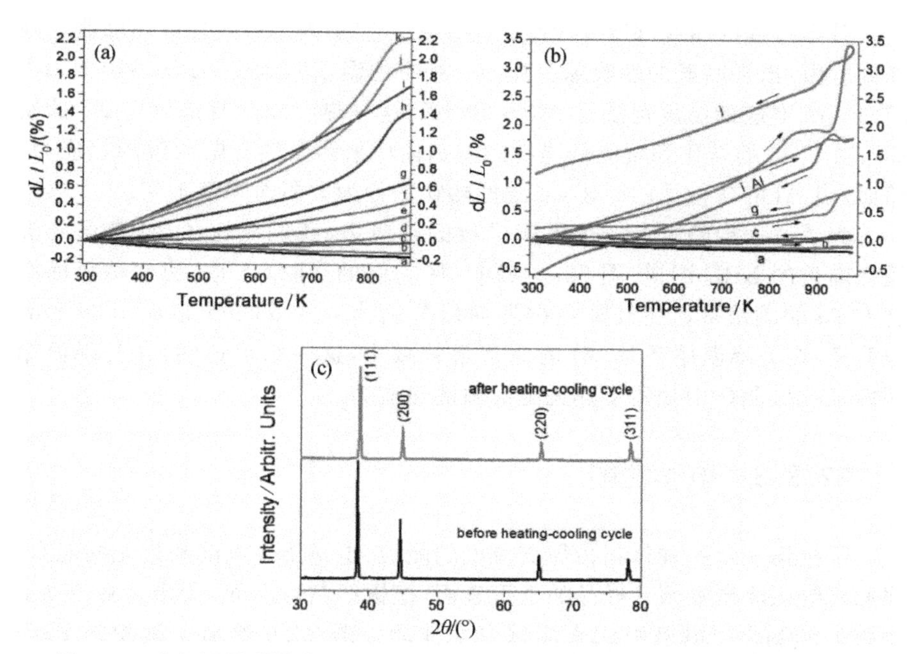

图 22.5 (a) 不同质量比 Al∶ZWP＝0.1186、0.1286、0.2186、0.5622、0.6622、0.8622、2.0、22.0 和 8.0 的金属陶瓷相对长度随温度的升高的变化；(b) Al (i)、ZWP (a)和金属陶瓷 Al-ZWP (b、c、g、j)的相对长度随温度升降温循环过程的变化；(c) Al 在升降温循环前后的 XRD 图谱

这些结果说明，金属陶瓷 Al-ZWP 的热膨胀系数可以利用改变质量比 Al∶ZWP 很好地控制，从负值到零再到正。其热膨胀系数可控可以归结于 ZWP 负热膨胀性能的稳定，没有出现 ZWP 的分解和 ZWP 与 Al 的化学反应，这一推论与上文中 XRD 的结果相对应。在复合过程中以及复合为金属陶瓷，Al 保持了正热膨胀特性，而 ZWP 保持了负热膨胀特性。这暗示了，尽管有少量的 Al^{3+} 进入 ZWP 晶格间隙或取代 ZWP 中的 Zr^{4+}（这个从上文中的 XRD 衍射峰向大角度移动可以得到），但是 ZWP 的负热膨胀性能却没有改变。精确控制质量比 Al∶ZWP 可以实现可控的热膨胀系数，这样，得到的可控热膨胀系数的金属陶瓷 Al-ZWP 可以在铝合金产品中找到广泛的用途，用来实现近零的热应力。

图 22.5(b)给出了纯相 Al (i)、ZWP (a) 和金属陶瓷 Al-ZWP (b、c、g、j) 的相对长度随温度升降温循环的变化。很明显，Al 和 Al-ZWP (j) 的曲线都具有一个非线性行为，其中 Al 的非线性行为对应的温度比 Al-ZWP (j) 的对应的温度高。这里的非线性变化的现象可能与 Al 的熔化有关，掺杂 ZWP 后，Al 的熔点降低。在第一个非线性变化后，Al 和 Al-ZWP (j) 两

个在升温过程的曲线都有一个线性热膨胀对应于固体或液体的热膨胀。在降温阶段，出现明显的热收缩过程，Al 对应的温度范围是 920～890 K，Al-ZWP (j) 对应的温度范围是 930～900 K，这一热收缩过程应该与 Al 的凝固有关。Al 的熔化和凝固的温度的差别估计来源于热失配导致的热应力。然而，当 Al 的含量低的时候，非线性热膨胀行为太弱而观察不到。

为了进一步确定存在热失配导致的热应力，我们对比了 Al 在升降温循环前后的 XRD 图谱[图 22.5(c)]。从它们的 XRD 图谱，我们估算面心立方 Al 的晶格常数在升降温循环前后分别为 0.4058 nm 和 0.4035 nm。很明显，在升降温循环后，Al 的晶格常数减小，这一结果证明，在升降温循环后，在 Al 晶格中残留了热失配导致的热应力。

22.3.3 电学性能

阻抗谱表示一种材料传导交流电的能力，也是传导电能和热能的能力。我们将银浆涂覆在圆片样品的上下表面，把银线粘在上面，干燥后在 873 K 烧结 1 h，制作出电极引线来测试电学性能。图 22.6 给出了纯相的 ZWP 和不同质量比 Al ∶ ZWP（0.1186、0.1286、0.2186、0.5622、0.6622、0.8622、22.0 和 8.0）金属陶瓷 Al-ZWP 的阻抗谱。从图上可以看出，金属陶瓷的阻抗随着质量比 Al ∶ ZWP 和频率的减小而减小。对于 Al 含量低的金属陶瓷 Al-ZWP（质量比 Al ∶ ZWP≪0.5），其阻抗随频率的减小明显减小，呈现出一个电容的特性。对于 Al 含量高的金属陶瓷 Al-ZWP（质量比 Al ∶ ZWP≫0.5），其阻抗几乎不随频率的减小而发生变化，表现出一个电阻的特性。对于 Al 含量在中间状态的金属陶瓷 Al-ZWP（质量比～0.5），其电学性能类似于电容和电阻串联的情况。

金属陶瓷 Al-ZWP 的等效电路如图 22.7 所示。一个电容的容抗可以表示为

$$Z_C = \frac{1}{\omega C} \tag{22.1}$$

其中：Z_C 表示容抗；ω 和 C 分别表示频率和电容。当 Al ∶ ZWP 质量比较小时，ZWP 颗粒作为电介质，Al 作为电极分散在电介质中，它们构成电容器。平行板电容器的电容表示为

$$\varepsilon_r(\omega) = \frac{\varepsilon(\omega)}{\varepsilon_0} \tag{22.2}$$

$$C = \frac{\varepsilon_r(\omega) S}{d} \tag{22.3}$$

其中：$\varepsilon_r(\omega)$ 是相对介电常数，其大小随着电介质和频率变化而变化；$\varepsilon(\omega)$

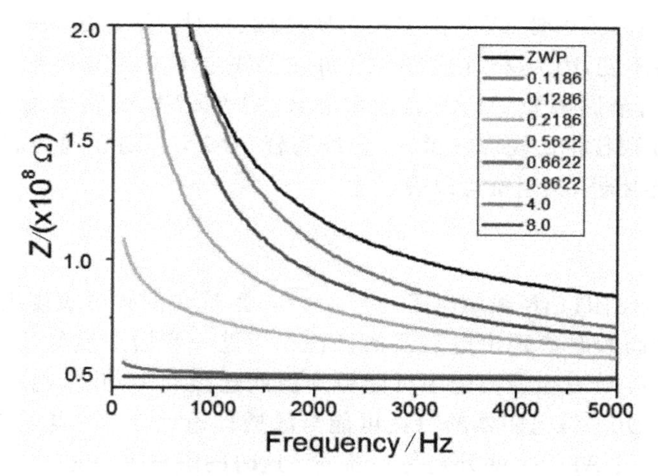

图 22.6 ZWP 和不同质量比 Al∶ZWP (0.1186、0.1286、0.2186、0.5622、0.6622、0.8622、22.0 和 8.0) 金属陶瓷 Al-ZWP 的阻抗谱

和 ε_0 分别是随频率变化的绝对介电常数和真空介电常数;S 是平行金属板的面积;d 是两个平行金属板之间的距离。

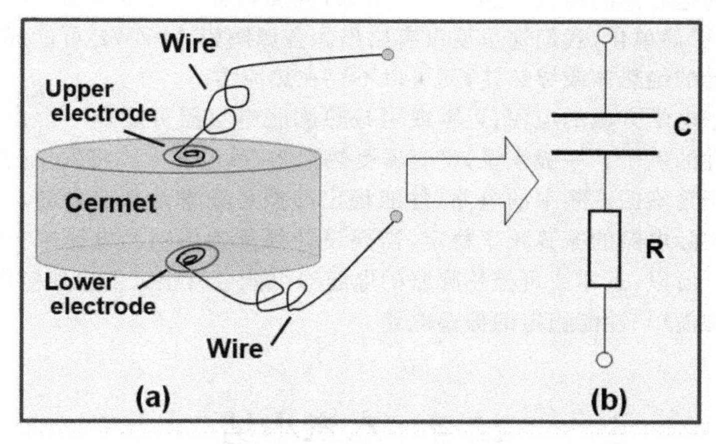

图 22.7 (a) 连接有上下电极及引线的金属陶瓷 Al-ZWP 圆片示意图;(b) 金属陶瓷 Al-ZWP 圆片的等效电路图

对于金属陶瓷 Al-ZWP,其 S 和 d 可以认为是作为电极的 Al 的接触面积和距离。相对介电常数 $\varepsilon_r(\omega)$ 是一个无量纲的复数,其虚部对应于极化强度 P 相对于电场强度 E 的相位移动,在电磁波透过介质时,它起到阻碍作用。随着质量比 Al∶ZWP 的增加,对于固定的频率,阻抗 (Z_C) 明显减小,估计是电容增加的缘由导致的。上边的推测主要有以下原因:①金属导体 Al 的量的增加导致其接触面积的增加和其间的距离减小,对应于 S 增

加和 d 减小。②尽管 ZWP 陶瓷相对质量减少，对于固定的频率，介电常数 $\varepsilon_r(\omega)$ 保持不变，因为 ZWP 是绝缘体并主要决定了金属陶瓷 Al-ZWP 的介电性能。当金属陶瓷 Al-ZWP 的质量比 Al：ZWP 继续增加，比如达到 0.5622，Al 颗粒将比较接触紧密，金属陶瓷 Al-ZWP 则表现为非理想的电容器和或电阻器，其阻抗可以表示为

$$Z_{RC}=R+\frac{1}{\mathrm{j}\omega C} \tag{22.4}$$

其中：Z_{RC} 表示阻抗；R 表示电阻，$\mathrm{j}=\sqrt{-1}$。阻抗在低频时表现出电容器的特性，而在高频时表现出电阻器的特性。当进一步增加质量比 Al：ZWP（$\gg 0.5622$），Al 在金属陶瓷中可能更加彼此连接起来，并且电容器的特性几乎消失。几乎纯电阻器的特性可能与渗透理论[22]有关，电子在 ZWP 陶瓷中渗透穿过 Al 的一部分到另一部分。这时的阻抗表示为

$$Z_R=R \tag{22.5}$$

这些结果暗示，制备的金属陶瓷 Al-ZWP 具有可控的阻抗特性，可以用于电脑中没有热应力的优质的电容器和电阻器，也可以用作其他的高质量的电子元件。另外，对于金属和合金来说，依靠电子转移而不是液体或气体流动而传导的电导体同样也是热导体。所以，金属陶瓷的热导率也可以很好地调控，为了简单化，我们这里就没有给出。金属陶瓷 Al-ZWP 可能成为很有应用前景的绝热体或导热体，而可以不存在热应力。

对于电学方面的应用，近零或可控热膨胀电容器可能是一个作为基本电子元件的例子。一般来说，电容器受热膨胀，其电容大小将发生变化。特别是对于精确振荡频率的电路，性能稳定的振荡频率是很重要的。为了确保一个实际电路的振荡频率稳定，需要设计很复杂的辅助电路来补偿频率的变化。所以，近零或可控热膨胀的电容器可能会有很大的应用空间，从而实现结构简单、性能稳定的振荡电路。

22.4 本章小结

金属陶瓷 Al-$Zr_2(WO_4)(PO_4)_2$ 合成过程中没有出现 $Zr_2(WO_4)(PO_4)_2$（ZWP）的分解和 Al 与 ZWP 之间的化学反应，Al-ZWP 具有可控的热膨胀系数和阻抗。Al-ZWP 的微观结构与元素面扫描显示，其中相对均匀的纳米颗粒尺寸接近 100 nm，元素分散均匀。该金属陶瓷的热膨胀系数能够很好地控制从负值（$-2.74\times10^{-6}\ \mathrm{K}^{-1}$）到正值（$\sim25.68\times10^{-6}\ \mathrm{K}^{-1}$），其阻抗也能够依靠调整其质量比进行较好地调控：呈现出电容

到电阻特性的响应。由于金属 Al 在很多领域内有重要的应用，我们得到的结果会扩大负热膨胀材料 ZWP 的应用范围；同时，金属陶瓷 Al-ZWP 作为结构材料和高质量的电子元件在近零应力的应用中更广泛。

参考文献

[1] Dang Z M, Shen Y, Nan C W. Dielectric behavior of three-phase percolative Ni-$BaTiO_3$/polyvinylidene fluoride composites[J]. Appl Phys Lett, 2001, 81: 4814-4816.

[2] Aslantas K, Ucun I. The performance of ceramic and cermet cutting tools for the machining of austempered ductile iron[J]. Int J Adv Manuf Technol, 2009, 41: 642-650.

[3] Matsumoto A, Kobayashi K, Nishio T, et al. Fabrication and thermal expansion of Al-ZrW_2O_8 composites by pulse current sintering process[J]. Mater Sci Forum, 2003, 426-432: 2279-2282.

[4] Verdon C, Dunand D C. High-temperature reactivity in the ZrW_2O_8-Cu system[J]. Scripta Mater, 1997, 36: 1075-1080.

[5] Holzer H, Dunand D C. Phase transformation and thermal expansion of Cu/ZrW_2O_8 metal matrix composites[J]. J Mater Res, 1999, 14: 780-789.

[6] Yilmaz S. Thermal mismatch stress development in Cu-ZrW_2O_8 composite investigated by synchrotron X-ray diffraction[J]. Compos Sci Technol,2002, 62: 1835-1839.

[7] Yilmaz S, Dunand D C. Finite-element analysis of thermal expansion and thermal mismatch stresses in a Cu-60 vol% ZrW_2O_8 composite [J]. Compos Sci Technol, 2004, 64: 1895-1898.

[8] Liang E J. Negative thermal expansion materials and their applications: a survey of recent patents[J]. Rec Pat Mater Sci, 2010, 3: 106-128.

[9] Mary T A, Evans J S O, Vogt T, et al. Negative thermal expansion from 0.3 to 1050 Kelvin in ZrW_2O_8[J]. Science, 1996, 272: 90-92.

[10] Evans J S O, Hu Z, Jorgensen J D, et al. Compressibility, phase transitions, and oxygen migration in zirconium tungstate[J]. Science, 1997, 275: 61-65.

[11] Hu Z, Jorgensen J D, Teslic S, et al. Pressure-induced phase

transformation in ZrW_2O_8- compressibility and thermal expansion of the orthorhombic phase[J]. Physica B, 1998, 241-243: 370-372.

[12] Liang E J, Wang S H, Wu T A, et al. Raman spectroscopic study on structure, phase transition and restoration of zirconium tungstate blocks synthesized with a CO_2 laser[J]. J Raman Spectrosc, 2007, 38: 1186-1192.

[13] Liu Q Q, Yang J, Cheng X N, et al. Preparation and characterization of negative thermal expansion $Sc_2W_3O_{12}$/Cu core-shell composite [J]. Ceram Inter, 2012, 38: 541-545.

[14] Yun D Q, Gu Q C, Wang X F. Synthesis and properties of NTE ZrV_2O_7 and Al/ZrV_2O_7 composites[J]. Acta Mater Compos Sci, 2005, 22: 25-30.

[15] Cetinkol M, Wilkinson A P. Pressure dependence of negative thermal expansion in $Zr_2(WO_4)(PO_4)_2$[J]. Solid State Commun, 2009, 149: 421-422.

[16] Evans J S O, Mary T A, Sleight A W. Negative thermal expansion in a large molybdate and tungstate family[J]. J. Solid State Chem, 1997, 133: 580-583.

[17] Evans J S O, Mary T A, Sleight A W. Structure of $Zr_2(WO_4)(PO_4)_2$ from powder X-ray data-cation ordering with no superstructure [J]. J Solid State Chem, 1995, 120: 101-102.

[18] Tao J Z, Sleight A W. The role of rigid unit modes in negative thermal expansion[J]. J Solid State Chem, 2003, 173: 442-448.

[19] Watanabe H, Tani J, Kido H, et al. Thermal expansion and mechanical properties of pure magnesium containing zirconium tungsten phosphate particles with negative thermal expansion[J]. Mater Sci Eng A, 2008, 494: 291-298.

[20] Zou H, Lin Y S, Rane N, et al. Synthesis and properties of nanosized ceria powders and high concentration ceria sols[J]. Ind Eng Chem Res, 2004, 43: 3019.

[21] Deshpande S, Patil S, Kuchibhatla S, et al. Size dependency variation in lattice parameter and valency states in nanocrystalline cerium oxide[J]. Appl Phys Lett, 2005, 87: 133113.

[22] Nan C W. Physics of inhomogeneous inorganic materials[J]. Prog Mater Sci, 1993, 37: 1-116.

第23章　MgO-doped $Zr_2P_2WO_{12}$ 热膨胀及致密化

23.1　引　言

大多数晶体或晶态固体在加热时膨胀，冷却时收缩。然而，已经发现越来越多的具有负热膨胀(NTE)的材料。近年来，由于对科学的好奇心和技术的兴趣，NTE材料引起了人们的广泛关注[1-13]。在这些NTE材料中，$Zr_2(WO_4)(PO_4)_2$(也称为$Zr_2P_2WO_{12}$，ZWP)在很低的温度下保持正交结构，并从室温到800℃表现出宽温度的NTE[3,14]。ZWP的范围可以看作是由ZrO_6八面体与WO_4和PO_4四面体共用顶点组成的框架结构[15]。就像其他骨架结构一样，这种材料的NTE行为主要来自桥氧的横向运动，或八面体与四面体之间的耦合旋转[16,17]。

ZWP通常是通过烧结水合碳酸锆、钨酸和磷酸氢铵/磷酸二氢铵的混合物合成的[18]。Martinek和Hummel首次报道(1970)ZWP在1125℃存在于ZrO_2-WO_3-P_2O_5体系中[18]。以ZrO_2、WO_3和$NH_4H_2PO_4$为原料，反应制备ZWP。Cetinkol和Wilkinson利用同步辐射X射线粉末衍射技术在金刚石对顶砧腔室压缩达到16 GPa研究了ZWP行为，并用ZrO_2、WO_3和ZrP_2O_7制备了ZWP[20]。混合物放在铂金坩埚中在900℃加热5 h，然后在1250℃在空气中加热8 h。其中ZrP_2O_7的制备是在Pt坩埚中，将化学计量的脱水$ZrO(NO_3)_2 \cdot xH_2O$和$(NH_4)_2HPO_4$在700℃加热20 h。Nishino研究了醚醚酮(PEEK)填充ZWP颗粒之间形成的复合材料的热膨胀行为[21]。

根据上述方法合成的ZWP陶瓷体具有大于25%的孔隙率，典型的大于30%[17]。孔隙率对陶瓷的性能如弹性模量和弯曲强度具有负面影响。机械强度是结构应用中最重要的性能之一，随孔隙率的增加而急剧降低[22]。最近，ZrO_2、WO_3和$NH_4H_2PO_4$粉末用0.5 wt.%～1.0 wt.%的

MgO 添加剂合成了 ZWP 陶瓷(理论密度的 97%),在 30～600℃测量的热膨胀系数(CTE)为 $-3.4\times10^{-6}℃^{-1}$[19]。

传统的 ZWP 合成方法需要在不同的温度、中间研磨和长时间烧结条件下进行烧结。在能量和时间浪费的同时,在加热过程中有大量的 NH_3 释放到环境空气中,形成环境污染。本研究以 ZrO_2、WO_3 和 P_2O_5 为原料,通过快速固相反应,快速合成了 ZWP 陶瓷。结果表明,在 60 min 内可通过一步烧结制备高纯度 ZWP 陶瓷,添加 MgO 和 2 wt.%聚乙烯醇(PVA)可获得高密度的 ZWP 陶瓷。本项研究讨论了 MgO 和 PVA 对 ZWP 的合成和性能的影响。与传统方法相比,本书提出的方法简化了烧结过程,大大降低了能量和时间消耗,也比较了未掺杂和掺杂 MgO 的 ZWP 的负热膨胀 NTE 性能。

23.2 实验过程

分析试剂 ZrO_2、WO_3 和 P_2O_5 按照目标产物 ZWP 的化学计量比称量并在研钵中研磨混合 2 h。在研磨过程中,混合物转化为由于 P_2O_5 的吸水引起的浑浊液体。在高于 150℃的温度下在烘箱中干燥研磨过的混合物,然后在 300 MPa 的单轴冷压下压制成直径为 10 mm、长度为 15 mm 的圆柱体。为了探索最佳烧结条件,在陶瓷坩埚中在不同温度(1200℃和 1300℃)烧结不同时间。为了提高陶瓷体的相对密度,将 MgO 的各种含量(0.5、0.75、1、1.5、2、2.5 wt.%)和 2 wt.% PVA 加入到样品中。用阿基米德法(Archimedes' technique)测定烧结后样品的相对密度。

X 射线衍射(XRD)测量用 X 射线衍射仪(型号是 X'Purt Pro)进行,用来鉴定结晶相。用场发射扫描电子显微镜(FE-SEM,型号是 JSM-6000 F)观察样品的微观结构。用膨胀仪(LINSEIS DIL L76)测量了样品的线性热膨胀系数。在 0～1050℃的温度范围内,在 10℃/min 的加热和冷却速率下,用差示扫描量热仪 (DSC, ULVAC Sunku Riko DSC, 1500 m/L)进行了研究。

23.3 结果与讨论

23.3.1 不使用烧结添加剂合成 ZWP 陶瓷

图 23.1(a)和 23.1(b)显示了在 1200℃和 1300℃烧结的样品在不同时间的 XRD 图。结果表明，当试样在 1200℃烧结时，最小烧结时间约为 1.3 h，以避免 ZrP_2O_7 第二相的出现，如图 23.1(a)中插图所示；然而，在 1300℃烧结时，只有约 1 h 足以合成纯 ZWP，如图 23.1(b)所示。

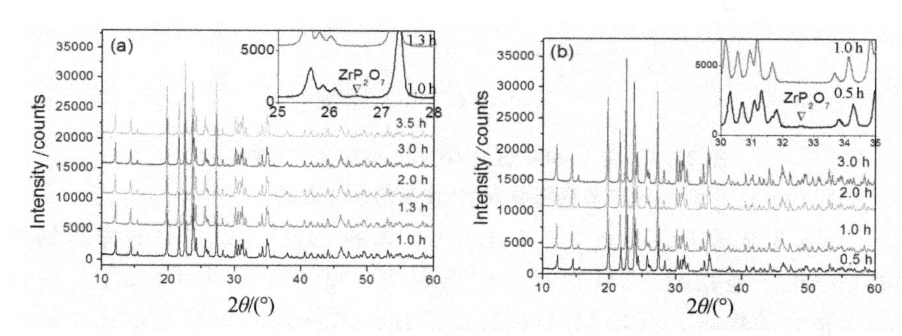

图 23.1 (a) 1200℃和 (b) 1300℃烧结的样品在不同时间的 XRD 图谱

插图是对应 XRD 图的放大，是为了显示第二相 ZrP_2O_7

ZWP 的快速合成机理可以归因于 ZrO_2、WO_3 和 P_2O_5 在较高温度下直接形成，从而有效地避免了 ZrP_2O_7 的形成。如果 ZrP_2O_7 在较低的温度下形成，则需要较长的烧结时间来消除。还发现，干燥温度是快速合成纯 ZWP 的关键。干燥后的 XRD 分析表明，当干燥温度高于 185℃时，原料中已形成一定量的 ZrP_2O_7。在这种情况下，需要更长的烧结时间来实现纯 ZWP。

23.3.2 ZWP 陶瓷密度的提高

没有添加剂的 ZWP 烧结陶瓷体通常具有低密度。在 1300℃烧结 60 min、120 min 和 180 min 的样品的密度为 2.84 g/cm^3、2.91 g/cm^3 和 2.97 g/cm^3，为理论密度的 73%～76%。一般来说，通过提高烧结温度和/或时间来提高陶瓷的密度是有限的。为了提高 ZWP 陶瓷的密度，我们尝试将不同量的 MgO 加入到起始原料的混合物中。图 23.2 给出了密度作为

MgO 含量的函数的变化趋势。结果表明，随着 MgO 含量的增加，样品的密度先增大后减小。用 1 wt.%的 MgO 制备的样品的密度达到 3.57 g/cm，约为理论密度的 92%。然而，当 MgO 含量超过 1 wt.%时，相对密度开始下降。

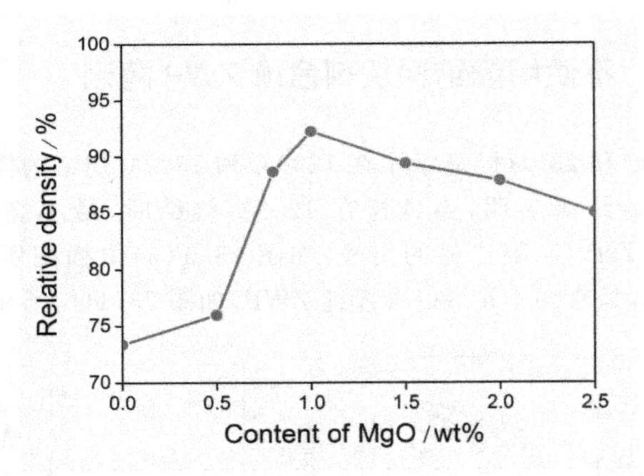

图 23.2　在 1300℃烧结 60 min 得到 ZWP 陶瓷的相对密度随着 MgO 含量的变化趋势

图 23.3 显示了含有 0、0.5、1、1.5 wt.%的 MgO(a)～(d)的样品的典型的扫描电子显微镜 SEM 照片。结果表明，MgO 添加剂对 MgO 的微观结构有很大的影响。没有 MgO 的陶瓷表现出不规则的生长和花瓣状的颗粒团聚，导致更多的孔隙。图 23.3(b)与图 23.3(c)表明，MgO 对微结构的二次枝晶生长具有明显的抑制作用。颗粒接触紧密，孔隙小得多。合适含量(～1.0 wt.%)的 MgO 添加剂对控制颗粒的形状和尺寸分布和样品的密度具有重要意义。具有 1.0 wt.%的 MgO，样品能够形成更小的球状晶粒并均匀分布。然而，较低或更高的 MgO 百分比导致较大的多面体或不规则的颗粒生长。

XRD 分析(图 23.4)表明，添加 MgO 后 ZWP 的 XRD 图谱没有明显变化。从 MgO 添加剂的作用主要是抑制晶体生长和防止颗粒团聚(图 23.3)，我们推断 MgO 主要分布在颗粒表面上。适量的 MgO 添加剂分布于或包覆 ZWP 颗粒，抑制了微晶的生长和颗粒的团聚，导致陶瓷的平均晶粒尺寸减小，孔隙率降低。然而，当 MgO 的含量较低(0.5 wt.%～0.75 wt.%)时，它不能确保所有的晶粒与添加剂接触，导致一些颗粒被添加剂隔离停止生长，而其他的颗粒则未收到添加剂的影响而自由生长，从而产生大量的孔[23]和相对较低的密度。在过量的添加剂(1.0 wt.%以上)的情况下，过多的 MgO 可以在晶界中提供厚的隔离层，甚至分离出来。MgO 层的重量

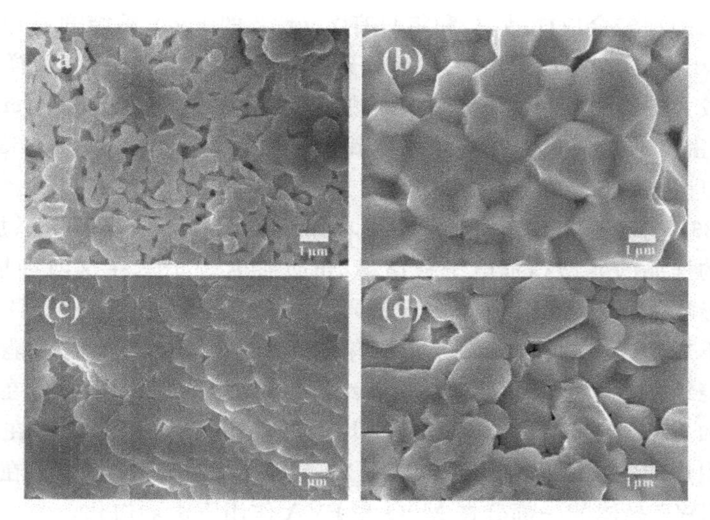

图 23.3　含有 0、0.5、1、1.5 wt.%的 MgO(a)～(d)的样品的典型的扫描电子显微镜 SEM 照片

轻导致样品的相对密度较低。样品的相对密度的增强机制可以归因于适量的 MgO 来减小颗粒尺寸、抑制颗粒的团聚或促进分散[24,25]。但是由于相同的离子半径(72 pm)，Mg^{2+} 也可能取代晶格中的 Zr^{4+}。取代可以产生阴离子空位，从而增强扩散。

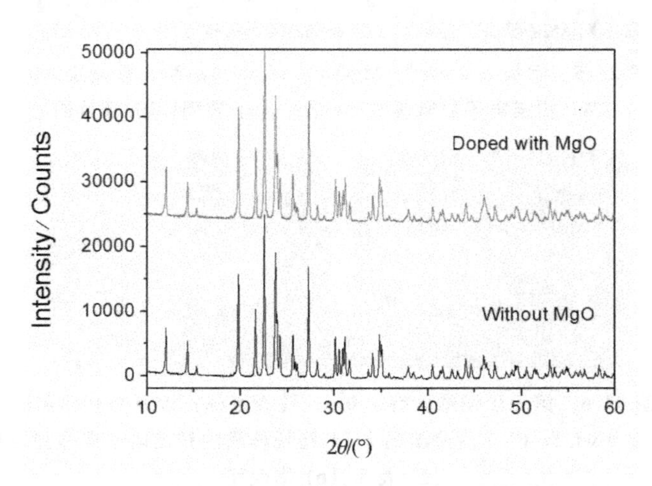

图 23.4　不含有和含有 1 wt.%的 MgO 的 ZWP 样品的 XRD 图谱

虽然随着 MgO 的加入可以增加密度，但密度仍然不够高。为了进一步提高 ZWP 陶瓷的密度，我们还尝试对未加 MgO 和加入 MgO 合成的样品进行再烧结。为了做到这些，预先合成的样品被研磨成粉末，在 1300℃下再烧结 60 min。1 wt.%的 MgO 和 2 wt.%的 PVA 黏结剂被添加到未

加添加剂的预先合成样品中，和将只有 2 wt. %的 PVA 黏结剂添加到已经含有 1 wt. %的 MgO 的样品中，然后分别烧结。结果表明，两种样品的密度均有较大提高。在第二步骤中添加的 MgO 陶瓷具有约 3.82 g/cm^3 的密度，理论密度的 98.59%，而在第一步骤中添加的 MgO 具有约 3.863 g/cm^3 的密度，理论密度的 99.8%。

图 23.5 和图 23.6 分别显示出了在第一步骤和第二步骤中添加 MgO 再烧结的样品的典型扫描电子显微镜 SEM 照片。虽然在这两种情况下，密度明显增加，但微观结构却大不相同。在第二步骤中添加 MgO 的陶瓷由非常不规则大小的颗粒组成，其中有许多非常大的颗粒。这可能归因于在初始烧结步骤中形成的晶粒的重新结合。然而，图 23.6 显示出在第一步骤中添加 MgO 的样品的颗粒尺寸更均匀和更小，这可以归因于在初始烧结步骤中形成的规则尺寸的晶粒。图 23.5 和图 23.6 还显示出了在再烧结过程中 ZWP 晶体的一部分在 MgO 和 PVA 作用下微弱熔化。

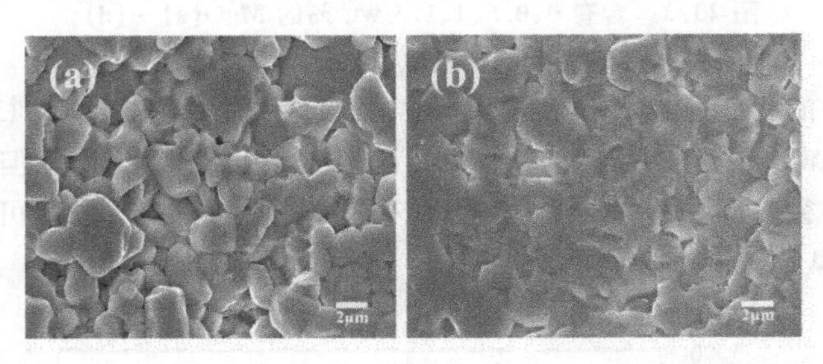

图 23.5　添加 1.0 wt. % MgO 和 2.0 wt. % PVA 重新烧结的 ZWP 扫描电子显微镜 SEM 照片：(a) 表面，(b) 横截面

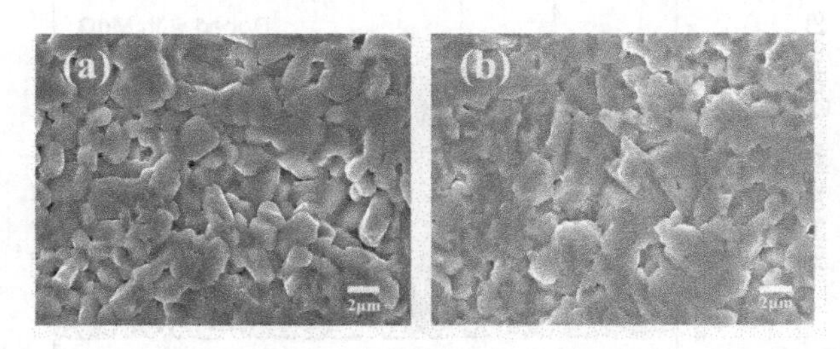

图 23.6　第一步烧结含有 1.0 wt. % MgO 的 ZWP 重新研磨碎加入 2.0 wt. % PVA 后烧结的 ZWP 陶瓷样品的扫描电子显微镜照片：(a) 表面，(b) 横截面

为了进一步简化合成工艺，将 1 wt. %的 MgO 和 2 wt. %的 PVA 添加到原料中，在 1300℃烧结 60 min，通过一步烧结可以达到 3.68 g/cm^3 的密度，理论值的 95%。图 23.7 示出了在原料中添加 1 wt. %MgO 和 2 wt. % PVA 的 ZWP 陶瓷的扫描电子显微镜 SEM 照片，孔隙率明显降低。

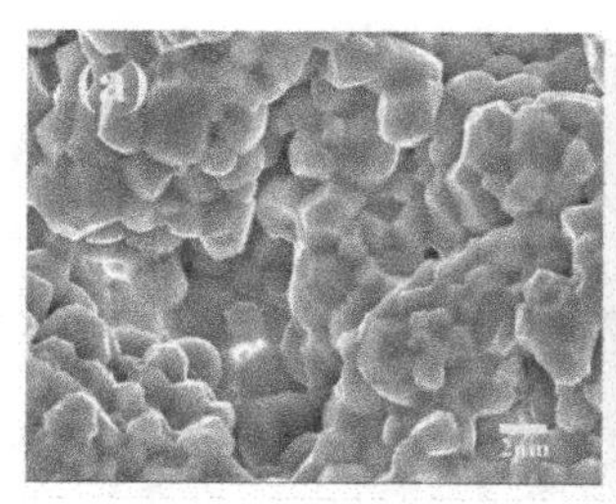

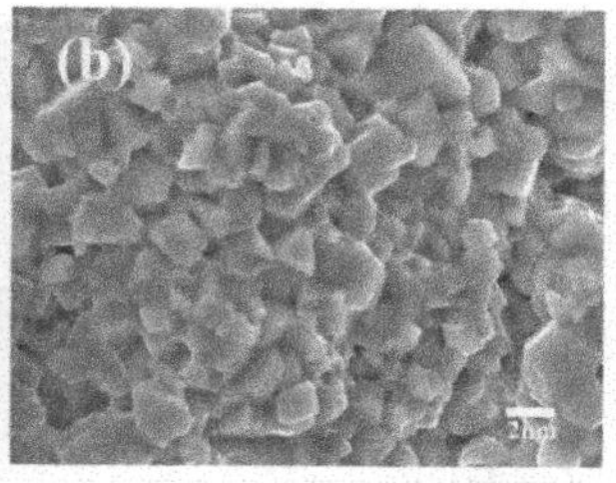

图 23.7 在原料里加入 1.0 wt.% MgO 和 2.0 wt.% PVA 烧结得到的 ZWP 陶瓷样品的扫描电子显微镜 SEM 照片：(a) 表面，(b) 横截面

我们还测试了在两个步骤中没有 MgO 的样品再烧结，但仅达到约 3.29 g/cm³的密度，理论密度的 823.1%，这比添加 MgO 的烧结或再烧结低得多。显然，MgO 具有分散和烧结助剂的双重作用，而 PVA 粘结剂有助于在挤压过程中颗粒的成型和滑动以排出孔隙。对于 MgO 在 ZWP 中的分散作用，可以认为 MgO 在 ZWP 颗粒之间分布或包覆，从而挤出 ZWP 颗粒间的孔隙。由于化学键的作用，主要的 ZWP 颗粒的硬团聚大大减少。然后可以得到均匀的 ZWP 颗粒和少量的孔隙率和高密度的 ZWP 陶瓷。

23.3.3 热学性能分析

图 23.8 显示出了 ZWP 陶瓷的相对长度随温度的变化：在原料中没有添加 MgO、添加 1 wt.%的 MgO，在 ZWP 粉末中添加 1 wt.%的 MgO，在原料中添加 1 wt.%的 MgO 和 2 wt.%的 PVA。很明显，所有这些样品都在较大的温度范围内随温度升高而收缩。它们的热膨胀系数分别是：-2.325×10^{-6}℃$^{-1}$（室温 RT-730℃），-1.406×10^{-6}℃$^{-1}$（RT-610℃），-1.509×10^{-6}℃$^{-1}$（RT-560℃）和 -1.384×10^{-6}℃$^{-1}$（RT-590℃）。与 MgO 添加剂相比，没有 MgO 的 ZWP 陶瓷随着温度的升高非常快地收缩。这可能是由于 MgO 的正热膨胀性能补偿了 ZWP 的负热膨胀。此外，所有陶瓷在高于上述温度范围 20～30℃的范围内表现出接近零的热膨胀，然后开始异常地改变其长度。总的来说，样品的负热膨胀系数小于报道值（-3.4×10^{-6}℃$^{-1}$）[19]。这个结果可能是由于不同的制备方法会产生不同的孔隙率和微观晶粒形貌。图 23.8 还显示出具有 MgO 添加剂的样品的被标记软化点移动到较高的温度。这可能是由于含有 MgO 添加剂的样品具有较高密度（较低孔隙率）。

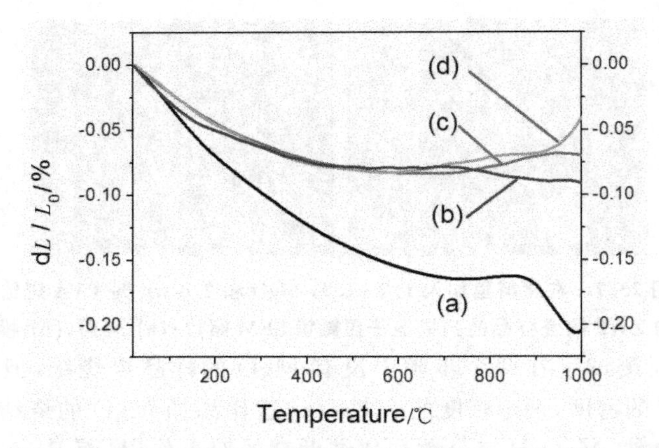

图 23.8　在原料中没有添加 MgO(a)、添加 1 wt. %的 MgO(b)、在 ZWP 粉末中添加 1 wt. %的 MgO(c)、在原料中添加 1 wt. %的 MgO 和 2 wt. %的 PVA(d)制备的 ZWP 陶瓷的热膨胀曲线

图 23.9 显示了 ZWP 样品的差示扫描量热 DSC 曲线。从室温到 1050℃,DSC 曲线上不存在放热和/或吸热峰,这表明在较高温度下没有发生相变。为了证实这一点,我们测量了 ZWP 陶瓷体在室温和 850℃、990℃和 1100℃下的 XRD 图谱,如图 23.10 所示。结果表明,ZWP 保持正交结构,至少达到 1100℃。因此,我们将长度变化的异常现象归因于陶瓷在临界温度以上的软化。

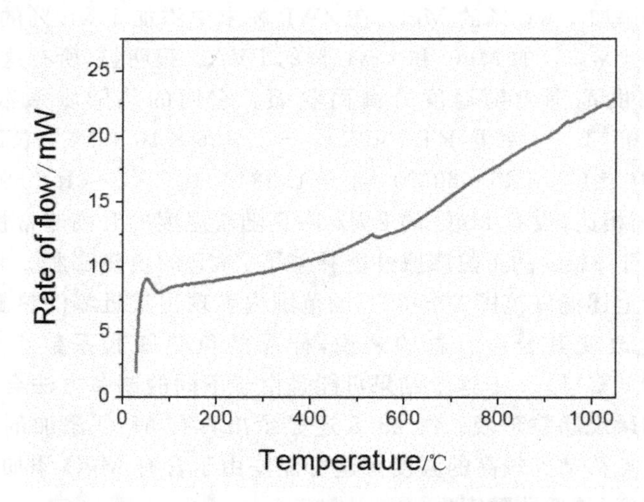

图 23.9　制备 ZWP 样品的差示扫描量热 DSC 曲线.

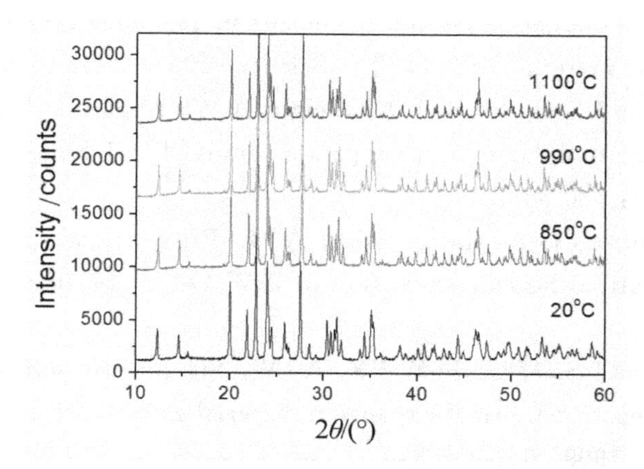

图 23.10　ZWP 陶瓷体在室温 20℃、850℃、990℃和 1100℃下 XRD 图谱

23.4　本章小结

提出了一种由 ZrO_2、WO_3 和 P_2O_5 合成 $Zr_2(WO_4)(PO_4)_2$ 陶瓷的新方法，以及 MgO 和 PVA 的添加剂的作用。结果表明，在 60 min 内可一步烧结制备出纯度高的 ZWP 陶瓷，但无添加剂合成的陶瓷具有低密度（理论密度的 75%）和高孔隙率。发现 ZWP 陶瓷的高密度（理论密度的 99%）可以用 1 wt.%的 MgO 和 2 wt.%的 PVA 来实现。在原料中添加 MgO 比 ZWP 粉末中添加 MgO 制备的陶瓷的晶粒尺寸更小、更均匀。在原料中没有添加 MgO、添加 1 wt.%的 MgO、在 ZWP 粉末中添加 1 wt.%的 MgO、在原料中添加 1 wt.%的 MgO 和 2 wt.%的 PVA 制备的 ZWP 陶瓷的热膨胀系数分别为：-2.325×10^{-6}℃$^{-1}$（室温 RT-730℃），-1.406×10^{-6}℃$^{-1}$（RT-610℃），-1.509×10^{-6}℃$^{-1}$（RT-560℃）和 -1.384×10^{-6}℃$^{-1}$（RT-590℃）。在此温度范围之上，陶瓷趋于零热膨胀、正热膨胀，然后表现出随温度升高的异常的长度变化，这可能是由于陶瓷的软化导致的。

参考文献

[1] Mary T A, Evans J S O, Vogt T, et al. Negative thermal expansion from 0.3 K to 1050 K in ZrW_2O_8[J]. Science, 1996, 272: 90-92.

[2] Evans J S O, Hu Z, Jorgensen J D, et al. Compressibility, phase

transitions and oxygen migration in the zirconium tungstate negative thermal expansion material ZrW_2O_8[J]. Science, 1997, 275: 61-623.

[3] Evans J S O, Mary T A, Sleight A W. Negative thermal expansion in a large molybdate and tungstate family[J]. J Solid State Chem, 1997, 133(2): 580-583.

[4] Perottoni C A, da Jornada J A H. Pressure-induced amorphization and negative thermal expansion in ZrW_2O_8[J]. Science, 1998, 280: 886-889.

[5] Evans J S O, David W I F, A. W. Sleight. Structural investigation of the negative-thermal-expansion material ZrW_2O_8[J]. Acta Crystallogr, Sect B, 1999, 55: 333-340.

[6] Yamamura Y, Nakajima N, Tsuji T, et al. Low temperature heat capacities and Raman spectra of negative thermal expansion compounds ZrW_2O_8 and HfW_2O_8[J]. Phys Rev B, 2002, 66(1): 014301.

[7] Karmakar S, Deb S K, Tyagi A K, et al. Pressure-induced amorphization in $Y_2(WO_4)_3$: in situ X-ray diffraction and Raman studies[J]. J Solid State Chem, 2004, 177 4087-4092.

[8] Suzuki T, Atsushi O. Negative thermal expansion in (HfMg)$(WO_4)_3$[J]. J Am Ceram Soc, 2004, 87: 1365-1367.

[9] Sumithra S, Umarji A M. Hygroscopicity and bulk thermal expansion in $Y_2W_3O_{12}$[J]. Mater Res Bull, 2005, 40: 167-176.

[10] Sumithra S, Waghmare U V, Umarji A M. Anomalous dynamical charges, phonons and the origin of negative thermal expansion in $Y_2W_3O_{12}$[J]. Phys Rev B, 2007, 76: 024307.

[11] Liang E J, Huo H L, Wang Z, et al. Rapid synthesis of $A_2(MoO_4)_3$ ($A=Y^{3+}$ and La^{3+}) with a CO_2 laser[J]. Solid State Sci, 2009, 11(1): 139-143.

[12] Cetinkol M, Wilkinson A P, Lee P L. Structural changes accompanying negative thermal expansion in $Zr_2(MoO_4)(PO_4)_2$[J]. J Solid State Chem, 2009, 182: 1304-1311.

[13] Liu H F, Zhang Z P. Thermal expansion of ZrO_2-ZrW_2O_8 composites prepared using co-precipitation route[J]. Int J Mod Phys B, 2009, 23(6-7): 1449-1454.

[14] Cetinkol M, Wilkinson A P. Pressure dependence of negative thermal expansion in $Zr_2(WO_4)(PO_4)_2$[J]. Solid State Commun, 2009,

149: 421-424.

[15] Evans J S O, Mary T A, Sleight A W. Structure of $Zr_2(WO_4)(PO_4)_2$ from powder X-ray data: Cation ordering with no superstructure [J]. J Solid State Chem, 1995, 120(1): 101-104 .

[16] Tao J Z, Sleight A W. The role of rigid unit modes in negative thermal expansion[J]. J Solid State Chem, 2003, 173: 442-448.

[17] Liang E J. Negative thermal expansion materials and their applications: A survey of recent patents[J]. Rec Pat Mater Sci, 2010, 3 106-128.

[18] Martinek C, Hummel F A. Subsolidus equilibria in the system ZrO_2-WO_3-P_2O_5[J]. J Am Ceram Soc, 1970, 53: 159-161.

[19] Isobe T, Umezome T, Kameshima Y, et al. Preparation and properties of negative thermal expansion $Zr_2WP_2O_{12}$ ceramics[J]. Mater Res Bull, 2009, 44: 2045-2049 .

[20] Cetinkol M, Wilkinson A P. In situ high-pressure synchrotron x-ray diffraction study of $Zr_2(WO_4)(PO_4)_2$ up to 16 GPa[J]. Phys Rev B, 2009, 79: 224118.

[21] Nishino T, Kotera M, Sugiura Y. Residual stress of particulate polymer composites with reduced thermal expansion[J]. J Phys Conf Ser, 2009, 184: 012026.

[22] Knudsen F P. Dependence of mechanical strength of brittle polycrystalline. specimens on porosity and grain Size[J]. J Am Ceram Soc, 1959, 42(8): 376-387 .

[23] Rezlescu E, Rezlescu N, Pasnicu C, et al. The influence of additives on the properties of Ni-Zn ferrite used in magnetic heads[J]. J Magn Magn Mater, 1992, 117 448-454.

[24] Ková cP, Hu sek I, Meli sek T, et al. The role of MgO content in ex situ MgB_2 wires[J]. Supercond Sci Technol, 2004, 17: L41-L46.

[25] Odatsu T, Sawase T, Kamada K, et al. The effect of magnesium oxide supplementation to aluminum oxide slip on the jointing of aluminum oxide bars[J]. Dent Mater J, 2008, 27(2): 251-257.

第 24 章　$Al\text{-}Y_2Mo_3O_{12}$ 低热膨胀及其电学性能

24.1 引　言

负热膨胀材料的机理和应用吸引了越来越多的研究，是由于其在减小复合物的热膨化系数的特殊作用[1-7]。然而负热膨胀材料的一些缺点，比如，亚稳结构、较小的负热膨胀系数、较差的力学性能、很低的导电性能、较高的相转变温度、吸水性，等等，广泛地应用仍具有很大的挑战[4-10]。选取金属材料，比如，铝、铜，与负热膨胀材料复合可以提高负热膨胀材料的导电性能和力学性能。所以，已经有一些这方面的报道，比如：$Al\text{-}ZrW_2O_8$[11]，$Cu\text{-}ZrW_2O_8$[12-16]，$Cu\text{-}Sc_2W_3O_{12}$[17]，$Al\text{-}ZrV_2O_7$[18]，$Al\text{-}Zr_2(WO_4)(PO_4)_2$[19]，$Al\text{-}ZrMgMo_3O_{12}$[20]。然而，由于其亚稳结构，与金属铝或铜复合时，ZrW_2O_8 很容易分解。ZrV_2O_7 在从 3×3×3 立方结构转变为标准母体立方结构(375 K)前，呈现剧烈热膨胀，并且只有后者才表现负热膨胀现象[21,22]。特别地，铝和 ZrV_2O_7 复合时生成的 $AlVO_3$、$AlVO_4$ 和 $Zr_{1-x}Al_xV_2O_7$ 影响了其负热膨胀性能[18]。$Sc_2W_3O_{12}$ 包含稀有金属 Sc，这样很大程度上限制了 $Cu\text{-}Sc_2W_3O_{12}$ 的复合应用。用负热膨胀材料 $Zr_2(WO_4)(PO_4)_2$、$ZrMgMo_3O_{12}$ 与铝复合，然而其负热膨胀系数绝对值远远小于铝的正热膨胀系数，这样，很难得到低热膨胀系数的复合物[17,19,20]。因此，选用一些负热膨胀材料，其具有结构稳定、较大的负热膨胀系数、不具有稀有元素，用它们来与金属复合，将具有很大的实际意义。

对于 $A_2M_3O_{12}$(A-三价阳离子，M-W 或 Mo) 系列负热膨胀材料，具有稳定结构，只有一些具有较大三价阳离子半径，如 Y^{3+}、Yb^{3+}、Er^{3+} 等才具有较大的负热膨胀系数。对于其他具有较小三价阳离子半径，如：Fe^{3+}、Al^{3+}、Cr^{3+}、In^{3+} 等，具有较小的负热膨胀系数。所以，具有稳定结构和较大负热膨胀系数的 $A_2M_3O_{12}$ 可能适合与金属铝复合来获得低热膨胀复合物。

然而，到目前为止，选用具有较大阳离子如 Y^{3+}、Yb^{3+}、Er^{3+}等的 $A_2M_3O_{12}$直接与金属材料复合的报道很少，其可能的原因估计与他们严重的吸水性有关[17]。这个严重的吸水性对 Al-$A_2M_3O_{12}$的性能影响是否能够因铝的引入被减小呢？这些影响结果只能通过实验才能证明。所以，尝试铝与具有较大负热膨胀系数的 $Y_2Mo_3O_{12}$复合很有意义。

在这项研究中，$Y_2Mo_3O_{12}$首先用固相法制备，然后将其与铝粉复合来获得低热膨胀 Al-$Y_2Mo_3O_{12}$金属陶瓷，其吸水性、热膨胀性能和导电性能也进行了研究。当复合比例 Al∶$Y_2Mo_3O_{12}$为 0.3118 时，铝的热膨胀被较小了 19%，并且 $Y_2Mo_3O_{12}$的吸水性也明显地减弱了。随着质量比 Al∶$Y_2Mo_3O_{12}$增加到 2.000，其电学性能从电容转变为纯电阻，说明其导电性能显著增强。对于高含量铝的样品，在单轴向压力作用下，铝被挤压出陶瓷并覆盖陶瓷表面。

24.2 实验过程

$Y_2Mo_3O_{12}$用固相法制备，使用原料是分析纯的 Y_2O_3 和 MoO_3（摩尔比 Y∶Mo ＝ 2∶3）。原料称重后，研磨 2h 左右，然后在高温炉中 1073 K 烧结 5 h，获得白色粉末状的 $Y_2Mo_3O_{12}$。对于制备 Al-$Y_2Mo_3O_{12}$复合样品，将制备的 $Y_2Mo_3O_{12}$粉末和商业化的铝粉（过 200 筛子）以不同质量比混合并研磨 2 h，用 300 MPa 的压力获得的干粉冷压成柱状（直径 10 mm，长 15 mm，用来测试热膨胀系数）或薄片（直径 10 mm，厚度 2 mm，用来测试电学性能）。压成的样品在高温炉中 953 K 烧结 1 h 来获得 Al-$Y_2Mo_3O_{12}$金属陶瓷。

X 射线衍射(X-ray diffraction, XRD)测试实验使用 X 射线衍射仪 X-ray Diffractometer (Model X'Pert PRO) 来确定晶体结构。样品的微结构和化学成分分析使用场发射扫描电镜 Field Emission Scanning Electron Microscope (FE-SEM, Model JSM-6700F) 和附带的能量色散谱仪 Energy Dispersive Spectrometry (EDS, ISIS400)。线性热膨胀系数的测试是使用德国林塞斯的热膨胀仪 Dilatometer (LINSEIS DIL L76)。样品的阻抗谱使用精密阻抗分析仪 Precision Impedance Analyzer (Agilent 4294A)测试。

24.3 结果与讨论

24.3.1 晶体结构分析

图 24.1 给出 Al-$Y_2Mo_3O_{12}$ 金属陶瓷的 XRD 图谱。通过观察发现，$Y_2Mo_3O_{12}$ 的衍射峰较弱，与其吸水性有关[8,23]。由于 H_2O 与 $Y_2Mo_3O_{12}$ 的 Y—O—Mo 相互作用，$Y_2Mo_3O_{12}$ 对称性和结晶度降低。随着 Al-$Y_2Mo_3O_{12}$ 中铝含量的增加，对应于 Al（ICDD-PDF No. 01-085-1327）衍射峰变强，属于 $Y_2Mo_3O_{12}$ 的衍射峰明显变弱。除了对应于铝和 $Y_2Mo_3O_{12}$ 的衍射峰，样品中并未发现未知的衍射峰，说明没有来源于 $Y_2Mo_3O_{12}$ 的分解物和铝与 $Y_2Mo_3O_{12}$ 发生反应物的生成。

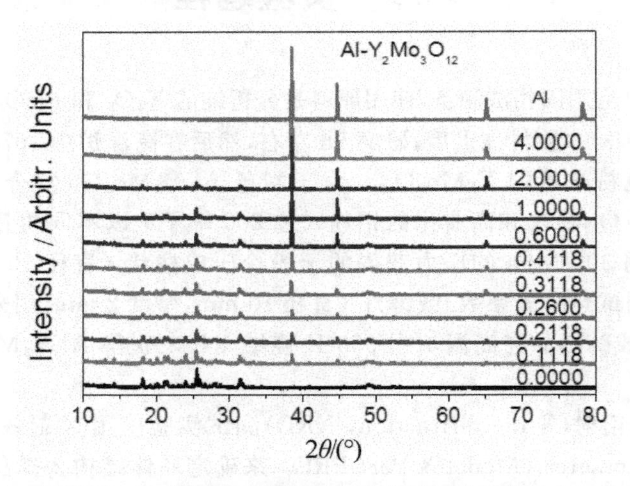

图 24.1 Al-$Y_2Mo_3O_{12}$ 的 XRD 图谱，其中具有不同的质量比 Al : $Y_2Mo_3O_{12}$

24.3.2 低热膨胀性能

图 24.2 给出 Al-$Y_2Mo_3O_{12}$ 金属陶瓷随温度增长发生的线性长度变化。对于纯相的 $Y_2Mo_3O_{12}$ 在 353～408 K 温度范围内，表现出明显的收缩，这对应于吸附水的失去过程，其与 $Y_2Mo_3O_{12}$ 晶格弱的相互作用[8]。然而，在 408～453 K 温度范围内，样品出现剧烈热膨胀，这个现象归因于结晶水的释放过程，其与 $Y_2Mo_3O_{12}$ 晶格具有很强的相互作用[8]。在 $Y_2Mo_3O_{12}$ 表面

吸附的水与晶格作用很弱，存在于 $Y_2Mo_3O_{12}$ 分子之间。由于表面吸附水的存在，$Y_2Mo_3O_{12}$ 分子间的距离增加，在这些分子之间的水释放过程中，$Y_2Mo_3O_{12}$ 分子间距离减小。对于存在与 $Y_2Mo_3O_{12}$ 之中的结晶水，与 $Y_2Mo_3O_{12}$ 有很强的相互作用，结晶水羟基 OH^- 和 A—O—M 链中的 O/A^{3+} 形成了氢键，限制了 A—O—M 链中的桥氧的横向振动，其横向振动是负热膨胀的来源。这样在 $Y_2Mo_3O_{12}$ 分子中的结晶水以很强的作用力牵拉不同的分子相互靠近，导致整个晶体收缩。当这些结晶水释放时，就会导致 $Y_2Mo_3O_{12}$ 剧烈的热膨胀现象。

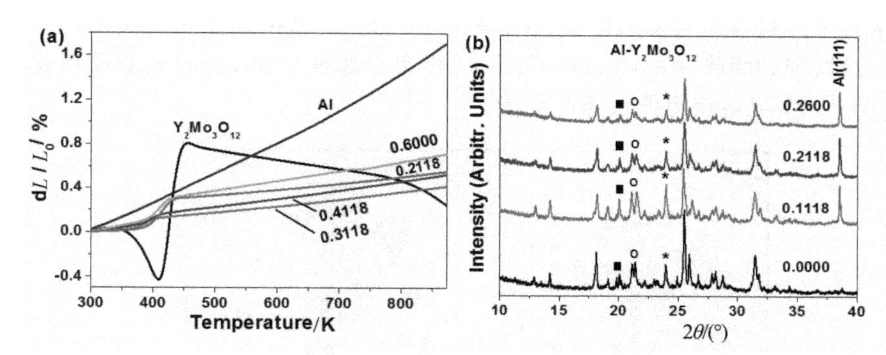

图 24.2　(a) $Al-Y_2Mo_3O_{12}$ 随温度变化的相对长度变化；(b) $Al-Y_2Mo_3O_{12}$ 放大的 XRD 图谱，对应的质量比是 0.0000、0.1118、0.2118、0.2600

在结晶水释放完成后，$Y_2Mo_3O_{12}$ 呈现明显的负热膨胀现象。随着质量比 Al：$Y_2Mo_3O_{12}$ 的增加，原来对应的热收缩（353～408 K）和剧烈热膨胀（408～453 K）明显减弱，并且对应的温度向低温方向移动。特别是，对于质量比是 0.3118 和 0.4118 的样品，温度范围是 410～873 K，其热膨胀系数分别是 $5.69\times10^{-6}\ K^{-1}$ 和 $8.13\times10^{-6}\ K^{-1}$。铝的热膨胀系数在 300～873 K 温度范围内是 $29.84\times10^{-6}\ K^{-1}$，是质量比为 0.3118 和 0.4118 的样品的热膨胀系数的 5.2 和 3.7 倍。这些结果说明了铝的热膨胀性能被 $Y_2Mo_3O_{12}$ 显著减弱了。

为了探索 $Al-Y_2Mo_3O_{12}$ 金属陶瓷减弱的机理，我们重新研究了 XRD 图谱，将 10°～40°区域放大。图 24.2(b) 是图 24.1 的放大图，对应的质量比是 0.0000、0.1118、0.2118、0.2600。结果发现，衍射峰位于 20°、21°、24°，对应符号■，○和 * 在强度上发生明显变化，并且也发现峰的合并和劈裂：在 20°左右的两个衍射峰转化合并一个峰，在 21°的衍射峰彻底劈裂开来，在 24°的衍射峰强度显著增强。这些衍射峰显著变化的结果暗示了掺杂了铝的 $Y_2Mo_3O_{12}$ 晶体结构呈现 Pba2 和 Pbcn 多晶态[23]。$Y_2Mo_3O_{12}$ 晶体结构的改变可能来源于少量铝进入 $Y_2Mo_3O_{12}$ 晶格，排斥了结晶水分子，释放了桥氧原子的横向振动，促进负热膨胀性能。另外，结晶水对 $Y_2Mo_3O_{12}$ 的 XRD 图谱的影响也显示出来，比如，在 13.5°附加的衍射峰和 20°的衍射峰的劈裂。

图 24.3 显示为引入铝对 $Y_2Mo_3O_{12}$ 中结晶水的影响机理分析示意图。在铝引入前，结晶水分子与 $Y_2Mo_3O_{12}$ 中 Y—O—Mo 作用，影响了桥氧原子的横向振动以及热膨胀性能[7,8]。引入铝后，来源于铝的电子贡献给桥氧，也就是减少了来源于结晶水分子中氢原子贡献的电子，实际上是减少了结晶水分子的量与其带来的影响。结果与 $Y_2Mo_3O_{12}$ 晶格强烈相互作用的结晶水被增加的铝排斥掉，$Y_2Mo_3O_{12}$ 又获得负热膨胀性能，在较大的质量比时，Al-$Y_2Mo_3O_{12}$ 获得低热膨胀性能。

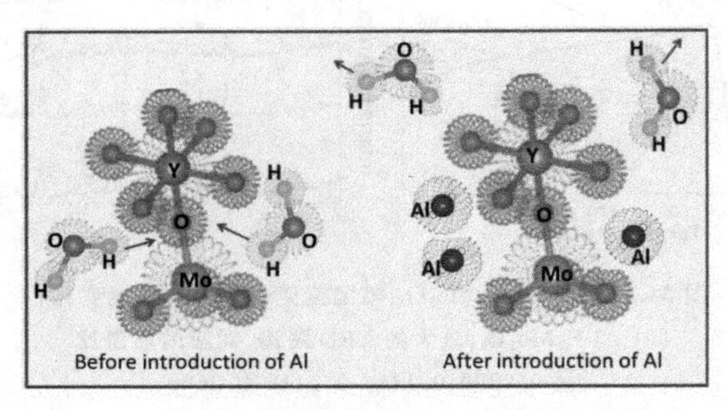

图 24.3 引入铝对 $Y_2Mo_3O_{12}$ 中结晶水的影响示意图

24.3.3 增强的导电性能

为了弄清楚铝对 $Y_2Mo_3O_{12}$ 的影响，我们研究了 $Y_2Mo_3O_{12}$ 和 Al-$Y_2Mo_3O_{12}$ 的阻抗性能，如图 24.4 所示。结果发现，纯相的 $Y_2Mo_3O_{12}$ 呈现纯电容的阻抗性能，其阻抗随着频率的增加而减小。随着 Al∶$Y_2Mo_3O_{12}$ 质量比的增加，阻抗曲线首先表现升高趋势（0.1118 → 0.3118），然后下降趋势（0.4118 → 1.0000）。特别是，质量比从 2.0000 到 4.0000，阻抗谱转换为直线，显示纯电阻特性，即使增加频率，其阻抗仍保持不变。这些阻抗谱的变化可以简要分析如下：

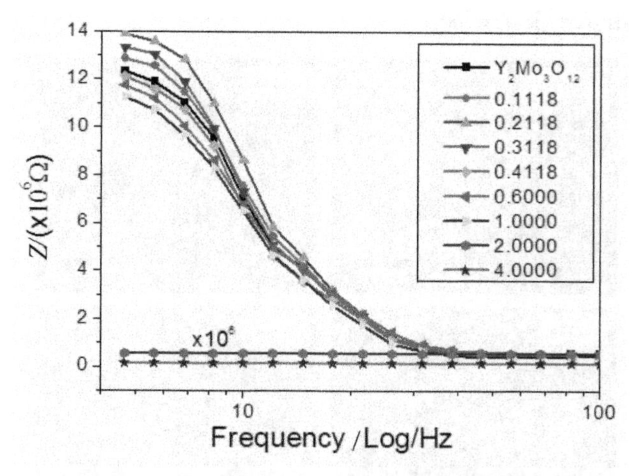

图 24.4 $Y_2Mo_3O_{12}$和 Al-$Y_2Mo_3O_{12}$阻抗谱变化趋势

对于较低的质量比(≤0.3118),结晶水随着引入铝的量的增加而减小。可以推理,来源于引入的铝的电子贡献给了复合体导电性。然而,在陶瓷体中,由于铝的含量的,其电子很难移动到很长距离。对于质量比较大,铝颗粒是被隔离(>0.3118 但是 ≤1.0000),Al-$Y_2Mo_3O_{12}$较多的铝相互接触,形成金属片,组成连接的电容器,增加了电子的传输,减小了阻抗。特别是,对于质量比非常大(≥2.0000),铝含量增加足够大而相互接触形成了电子传输通道。所以,阻抗显著减小,Al-$Y_2Mo_3O_{12}$呈现纯电阻特性。这些结果说明,负热膨胀材料的严重吸水性可以依靠与金属铝的复合来减弱;同时,提高导电性能,并获得低热膨胀性能,从而得到在电子器件中的应用。Al-$Y_2Mo_3O_{12}$的微观结构可以提供一些很好的信息。

图 24.5 给出 Al-$Y_2Mo_3O_{12}$的扫描电子显微镜照片。对于纯相$Y_2Mo_3O_{12}$陶瓷,其微观结构具有很多气孔,颗粒没有固定的形状,这应该与其严重的吸水性有关。随着 Al:$Y_2Mo_3O_{12}$质量比的增加,颗粒中间的气孔显著减少,近球形颗粒增加很多。这些颗粒间气孔减小,应该与熔化的铝填充在$Y_2Mo_3O_{12}$颗粒之间的空隙有关[19,20]。对于质量比为 0.2118 的样品,颗粒间的气孔明显减小但是仍然存在。当质量比达到 0.6000,只有很少的气孔能观察到。与 Al-$Zr_2(WO_4)(PO_4)_2$ 和 Al-$ZrMgMo_3O_{12}$的扫描电镜照片进行对比,对于同含量铝的样品,Al-$Y_2Mo_3O_{12}$具有更少的气孔[19,20],估计跟$Y_2Mo_3O_{12}$陶瓷更低的烧结温度有关。增加的近球形颗粒应该与$Y_2Mo_3O_{12}$的结晶水减少有关:结晶水减少了,对晶体结构的影响减少,结晶度增加,颗粒形状也更规则化。对于质量比为 4.000 的样品,金属的特征明显化,是由于铝薄层覆盖在 Al-$Y_2Mo_3O_{12}$表面导致的,从而产生了

增加频率而阻抗不变的结果。

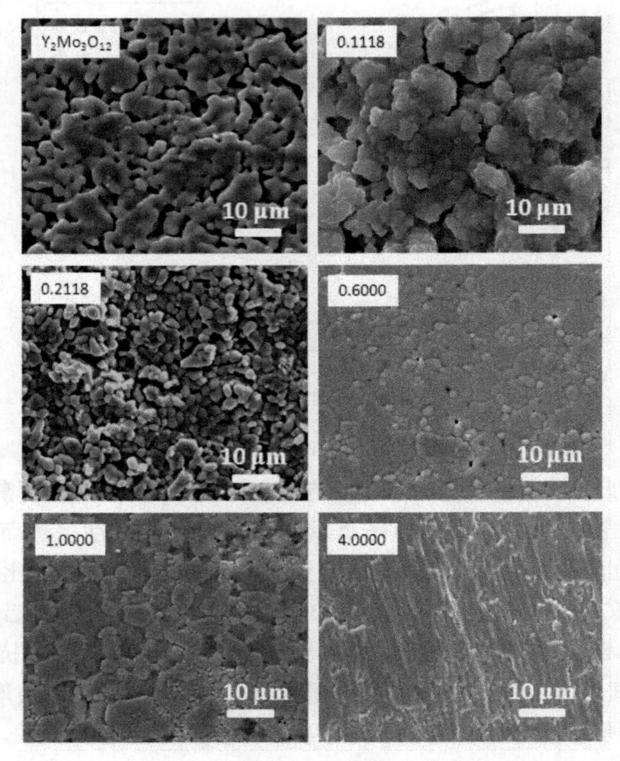

图 24.5 Al-$Y_2Mo_3O_{12}$的扫描电子显微镜照片,对应于质量比分别是 0、0.1118、0.2118、0.3118、0.4118、0.6000、1.0000 和 4.0000

24.4 本章小结

Al-$Y_2Mo_3O_{12}$金属陶瓷依靠固相法制备,其低热膨胀性能和增强的导电性能也进行了研究。$Y_2Mo_3O_{12}$较大的负热膨胀系数导致了 Al-$Y_2Mo_3O_{12}$的低热膨胀。$Y_2Mo_3O_{12}$的吸水性依靠铝的引入得到明显的减弱。$Y_2Mo_3O_{12}$颗粒间填充的熔化的铝增强了陶瓷的导电性能。在单轴方向压制样品时挤压出陶瓷并覆盖在陶瓷表面的铝在热膨胀和导电性能方面起到了重要的作用。这项研究说明,利用较大负热膨胀系数的$A_2M_3O_{12}$与铝复合在调整热膨胀系数方面具有一定的挑战性。

参考文献

[1] Mary T A, Evans J S O, Vogt T, et al. Negative thermal expansion from 0.3 to 1050 Kelvin in ZrW_2O_8[J]. Science, 1996, 272: 90-92.

[2] Gava V, Martinotto A L, Perottoni C A. First-principles mode Gruneisen parameters and negative thermal expansion in α-ZrW_2O_8[J]. Phys Rev Lett, 2012, 109: 195503.

[3] Takenaka K, Okamoto Y, Shinoda T, et al. Colossal negative thermal expansion in reduced layered ruthenate[J]. Nature Commun, 2017, 8: 14102.

[4] Wang L, Wang C, Luo H B, et al. The correlation between uniaxial negative thermal expansion and negative linear compressibility in $Ag_3[Co(CN)_6]$[J]. J Phys Chem C, 2017, 121: 333-341.

[5] Marinkovic B A, Ari M, Avillez R R, et al. Correlation between AO_6 polyhedral distortion and negative thermal expansion in orthorhombic $Y_2Mo_3O_{12}$ and related materials[J]. Chem Mater, 2009, 21: 2886-2894.

[6] Liang E J, Huo H L, Wang J P, et al. Effect of water species on the phonon modes in orthorhombic $Y_2(MoO_4)_3$ revealed by Raman spectroscopy[J]. J Phys Chem C, 2008, 112: 6577-6581.

[7] Li Z Y, Song W B, Liang E J. Structures, phase transition, and crystal water of $Fe_{2-x}Y_xMo_3O_{12}$[J]. J Phys Chem C, 2011, 115: 17806-17811.

[8] Liu X S, Cheng Y G, Liang E J, et al. Interaction of crystal water with the building block in $Y_2Mo_3O_{12}$ and the effect of Ce^{3+} doping[J]. Phys. Chem. Chem. Phys. 2014, 16: 12848-12857.

[9] Mittal R, Chaplot S L. Lattice dynamical calculation of negative thermal expansion in ZrV_2O_7 and HfV_2O[J]. Phys Rev B, 2008, 78: 174303.

[10] Suzukiw T, Omote A. Zero thermal expansion in ($Al_{2x}(HfMg)_{1-x})(WO_4)_3$ J[J]. Am. Ceram. Soc. 2006, 89: 691-693.

[11] Matsumoto A, Kobayashi K, Nishio T, et al. Fabrication and thermal expansion of Al-ZrW_2O_8 composites by pulse current sintering process[J]. Mater. Sci. Forum 2003, 426-432: 2279-2284.

[12] Verdon C, Dunand D C. High-temperature reactivity in the ZrW_2O_8-Cu system[J]. Scripta Mater, 1997, 36: 1075-1080.

[13] Holzer H, Dunand D C. Phase transformation and thermal expansion of Cu/ZrW_2O_8 metal matrix composites[J]. J Mater Res, 1999, 14: 780-789.

[14] Yilmaz S. Thermal mismatch stress development in Cu-ZrW_2O_8 composite investigated by synchrotron X-ray diffraction[J]. Compos Sci Technol, 2002, 62: 1835-1839.

[15] Yilmaz S, Dunand D C. Finite-element analysis of thermal expansion and thermal mismatch stresses in a Cu-60 vol% ZrW_2O_8 composite [J]. Compos Sci Technol, 2004, 64: 1895-1898.

[16] Liang E J. Negative thermal expansion materials and their applications: a survey of recent patents[J]. Rec Pat Mater Sci, 2010, 3: 106-128.

[17] Liu Q Q, Yang J, Cheng X N, et al. Preparation and characterization of negative thermal expansion $Sc_2W_3O_{12}$/Cu core-shell composite [J]. Ceram Int, 2012, 38: 541-545.

[18] Yun D Q, Gu Q C, Wang X F. Synthesis and properties of NTE ZrV_2O_7 and Al/ZrV_2O_7 composites[J]. Acta Mater Comp Sci, 2005, 22: 25-30.

[19] Liu X S, Cheng F X, Wang J Q, et al. The control of thermal expansion and impedance of Al-$Zr_2(WO_4)(PO_4)_2$ nano-cermets for near-zero-strain Al alloy and fine electrical components[J]. J Alloys Compd, 2013, 553: 1-7.

[20] Xiao X, Zhou W J, Liu X S, et al. Electrical properties of Al-$ZrMgMo_3O_{12}$ with controllable thermal expansion[J]. Ceram Int, 2015, 41: 2361-2362.

[21] Yuan B H, Liu X S, Mao Y C, et al. Low thermal expansion over a wide temperature range of $Zr_{1-x}Fe_xV_{2-x}Mo_xO_7$ ($0 \leqslant x \leqslant 0.9$)[J]. Mater Chem Phys, 2016, 170: 162-167.

[22] Yamamura Y, Horikoshi A, Yasuzuka S, et al. Negative thermal expansion emerging upon structural phase transition in ZrV_2O_7 and HfV_2O_7[J]. Dalton Trans. 2011, 40: 2242-2248.

[23] Gates S D, Lind C. Polymorphism in yttrium molybdate $Y_2Mo_3O_{12}$[J]. J Solid State Chem, 2007, 180: 3510-3514.

第 25 章 $Ce\text{-}Y_2Mo_3O_{12}$低热膨胀及其光学性能

25.1 引 言

自从 Sleight 等人在 1996 年发现 ZrW_2O_8 在很宽的温度范围内（0.3～1050 K)具有负热膨胀现象以来,负热膨胀化合物受到了广泛的关注[1-12]。然而,负热膨胀材料的大量应用到目前为止仍未实现,是因为负热膨胀材料存在一些关键性缺点,比如,不适合的相变温度[1,2,4]、很强的吸水性[3,13,15]、不稳定的力学性能[16]、太高/低或太窄的负热膨胀温度范围[8,17,18]、携带有有毒离子[9,12]等等。

$Y_2M_3O_{12}$(M＝W, Mo)属于 $A_2M_3O_{12}$系列中正交结构的具有较强负热膨胀特性的材料,但是它像该系列其他有较大 A^{3+} 离子半径的成员一样具有较强的吸水性,其负热膨胀现象只有在释放结晶水后才能够观察到。$Y_2Mo_3O_{12}$具有 YO_6 八面体和 MO_4 四面体共顶角的积木结构。在积木结构的微通道中的结晶水不仅阻碍外部的天平动和平动,而且阻碍内部多面体的伸缩振动和弯曲振动,所以影响到其负热膨胀性能[3,15,16]。微通道中的结晶水导致不同晶轴很大的不同程度的收缩,当释放结晶水时导致晶格沿不同方向急剧膨胀[5,19,20],这应该是产生其结构的无定型态和力学性能低的原因[14,16]。因此,从科学和实际应用的观点来说,探索减少 $Y_2M_3O_{12}$及其有关材料的吸水性的方法具有重要意义。在另一方面,结晶水对$Y_2M_3O_{12}$及其类似的材料的热膨胀性能的宏观影响几乎弄清楚了,但是,结晶水与积木结构的相互作用的微观机理还是未知的。比如,水的氢键与积木结构中可能的氧的位置是假定的[17],然而,水的氢键的一端与积木结构中“O”结合似乎不可能导致晶格那么大的收缩和扭曲。为什么结晶水导致$Y_2Mo_2O_{12}$及其相关的材料的积木结构那么大的收缩仍然没有得到解决?

尽管在减少 $Y_2M_3O_{12}$和 YbM_3O_{12}(M＝W, Mo) 吸水性方面做了很大

努力，上边提到的问题仍然没有解决。当较大半径的 A^{3+} 部分被较小半径的离子取代，比如 Y^{3+}（90 pm）部分被 Fe^{3+}（64.5 pm）取代[17]，如果要保持正交相结构，其吸水性只能够在一定程度上减小。大量的取代会导致单斜相的出现，其热膨胀系数变成正值。在一些情况，比如，$Yb_{2-x}Al_xMo_3O_{12}$ 和 $Yb_{2-x}Cr_xMo_3O_{12}$[20,21]，纯的正交相只能在较少的取代时存在（$0.0 \leqslant x \leqslant 0.4$），以至于材料仍然具有较强的吸水性，否则，单斜或单斜与正交相复合相将出现。La^{3+} 取代 Y^{3+} 的量达到 25 mol. %时已经导致单斜相的形成，并且在低于 373 K 时出现大的热膨胀，这一结果暗示它仍然具有吸水性能[22]。要消除正交相 $Y_2Mo_3O_{12}$ 及其类似的材料的吸水性仍然具有挑战性。

在这项研究中，采用溶胶凝胶法在 $Y_2Mo_3O_{12}$ 晶格中引入 Ce^{3+}，来减小 $Y_2Mo_3O_{12}$ 的吸水性、探索结晶水与其积木结构的相互作用和调整热膨胀系数。为了达到以上目的，使用了变温 X 射线衍射（XRD）、高分辨透射电镜（HRTEM）、变温拉曼光谱（Raman）、X 射线光电子能谱（XPS）、示差扫描量热法（DSC）与热重（TG）和膨胀仪进行研究。结果发现，引进的 Ce^{3+} 可能占据了晶格中 Y^{3+} 的位置，并且其引入的 Ce^{3+} 具有排挤 $Y_2Mo_3O_{12}$ 微通道中结晶水的作用。随着 Ce^{3+} 含量的增加，结晶水数目明显地减小，以至于当含量高于 8 mol. %时结晶水被彻底排除，并且能够得到无吸水性能的低热膨胀材料。结晶水在 Raman 光谱的变化上具有巨大的影响，结晶水的进入导致 Raman 峰的显著宽化和结晶水的失去导致 Raman 峰的特别尖锐化，同时 Raman 峰的强度也发生了明显的变化。每个分子的结晶水的数目可以根据 Raman 带半高宽或相对强度进行量化。根据晶格中掺杂 Ce^{3+} 前后的 Mo 3d 和 Y 3d 的结合能的变化，勾画出 $Y_2Mo_3O_{12}$ 积木结构中结晶水的位置。根据这个位置结构图，结晶水对热膨胀行为的影响能够很好地理解。随着掺入 Ce^{3+} 的增多，由原来 $Y_2Mo_3O_{12}$ 仅对紫外光敏感增加了对可见光的吸收能力，同时，由于 Ce^{3+} 形成复合中心，对应于 $Y_2Mo_3O_{12}$ 的发光强度增大，特别是，出现了对应于 $5d \rightarrow 4f$ 的跃迁的较强的发光带。

25.2 实验过程

25.2.1 样品制备

分析纯的化学试剂 $Y(NO_3)_3 \cdot 9H_2O$、$(NH_4)_6Mo_7O_{24} \cdot 4H_2O$ 和

$Ce(NO_3)_3 \cdot 6H_2O$ 用作原材料，$C_6H_8O_7$ 作为络合剂。30 mL、0.01 mol 使用去离子水配制的 $Y(NO_3)_3 \cdot 9H_2O$ 水溶液包含有 0、1、2、3、4、5、6、8、9 和 10 mol. %的来自 $Ce(NO_3)_3 \cdot 6H_2O$ 中的 Ce^{3+}，其水溶液在 323 K 磁力搅拌 1 h。再加入 0.1 mol 的 $C_6H_8O_7$ 后继续搅拌得到透明的胶体。$(NH_4)_6Mo_7O_{24} \cdot 4H_2O$ 加入到以上每一个溶胶中，保持每一个溶胶中摩尔比是（Y+Ce）：Mo ＝2：3。每一个溶胶分为 4 份放入不同的蒸发皿中，使用 $NH_3 \cdot H_2O$（30%）和 HNO_3（30%）调整 pH 分别为 1、3、5 和 7。它们在 353 K 磁力搅拌 6 h，然后放入鼓风干燥箱在 408 K 烘干 12 h，这时原来的溶胶已经转化为凝胶。将得到凝胶在马弗炉中分别在 623 K 加热 3 h 和在 1023 K 烧结 3 h，得到样品在空气中自然降至室温。一些粉末直接测试，另一些粉末压制成圆片（直径是 12 mm，厚度是 2 mm）或圆柱（直径是 6 mm，高度是 10 mm）以供测试使用。

25.2.2 样品表征

XRD 测试是在 X 射线衍射仪（型号是 X'Pert PRO）完成，用来鉴定晶体的相结构。Raman 光谱是在一个激光拉曼光谱仪（Renishaw MR-2000）上记录的，使用的激发波长是 532 nm，变温 Raman 光谱是使用 Linkam 科学仪器有限公司的 TMS 94 升降温平台进行测试，温度精确度是 ±0.1K。高分辨透射电镜（HRTEM JEM-2010，JEOL）用来观察晶格衍射条纹。示差扫描量热法（DSC）和热重（TG）是在热分析仪 Ulvac Sinku-Riko DSC（Model 1500M/L）上测试，温度范围是 293～873 K，升降温速率是 10 K/min。XPS（Axis Ultra，Kratos，U.K.）用来分析样品的组成和元素的化合态。线性热膨胀系数是在德国林赛斯公司生产的膨胀仪（LINSEIS DIL L76）完成的。

25.3 结果与讨论

25.3.1 Ce^{3+}-doped $Y_2Mo_3O_{12}$的 XRD 和 HRTEM 表征

我们利用 XRD 图谱研究了 pH 值和 Ce^{3+} 的含量对最终样品的影响。图 25.1(a) 和图 25.1(b)给出了分别调整最初溶胶的 pH 在 1 和 5 而制备

的不同 Ce^{3+} 含量的 $Y_2Mo_3O_{12}$ 的 XRD 图谱。对比两个 XRD 图谱发现，最初溶胶的 pH 值和 Ce^{3+} 的含量都对最终样品的结构有很大的影响：对于 pH＝1 的样品，Ce^{3+} 含量在 2 和 3 mol. %之间，其 XRD 图谱发生显著的变化；对于 pH＝5 的样品，Ce^{3+} 含量在 4 和 5 mol. %之间，其 XRD 图谱发生显著的变化。对于 Ce^{3+} 含量 ≤ 2 mol. %（pH＝1）或 ≤ 4 mol. %（pH ＝ 5）的样品，其 XRD 图谱类似于高吸水性的 $Y_2Mo_3O_{12}$ · $3H_2O$[14,15,19,23]，表明这些样品保持了 $Y_2Mo_3O_{12}$ · $3H_2O$ 的结构并仍然高度吸水。而对于 Ce^{3+} 含量 ≥ 3 mol. %（pH＝1）或 ≥ 5 mol. %（pH＝5）的样品的 XRD 图谱则类似于释放水的 $Y_2Mo_3O_{12}$ 的 XRD 图谱[14]。

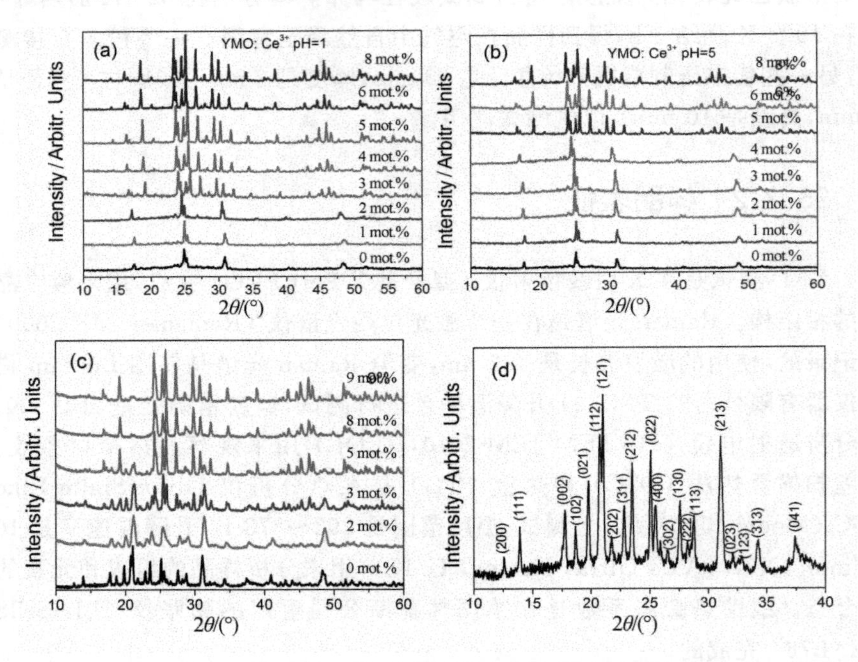

图 25.1 Ce^{3+}-doped $Y_2Mo_3O_{12}$ 的 XRD 图谱，制备的溶胶具有不同的 pH 值：(a) pH＝1 和 (b) pH＝5. (c) 掺杂 0、2、3、5、8、9 mol. % Ce^{3+} 的样品在 413 K (pH＝1) 的 XRD 图谱；(d) $Y_2Mo_3O_{12}$ 样品在 413 K (pH＝1)的 XRD 图谱的指标化

从图上还可以发现，随着 Ce^{3+} 含量的增加，XRD 图谱的衍射峰逐渐向低角度移动，该结果暗示了较大离子半径的 Ce^{3+}（103. 4 pm）取代 Y^{3+}（90 pm）导致晶格常数的变大（其实结晶水的较小效应也存在）。为了进一步弄清单独掺杂的 Ce^{3+} 的影响，我们做了掺杂 0、2、3、5、8、9 mol. % Ce^{3+} 的样品在 413 K（pH＝1)的 XRD 图谱，如图 25. 1(c)所示。

表 25. 1 列出了使用 Rietveld 法对掺杂 0、2、5、9 mol. % Ce^{3+} 的样品在 413 K（pH＝1）的 XRD 数据进行结构精修得到的晶格常数和晶胞体

积。对比发现,对于具有相同的空间群的晶体,其晶格常数和晶胞体积显示出随着 Ce^{3+} 含量的增加而变大（0→2 mol. %,5→9 mol. %)。然而,对于不同空间群的晶体,其晶格常数不适合对比。

表 25.1　掺杂 0、2、5、9 mol. % Ce^{3+} 的 $Y_2Mo_3O_{12}$ 样品在 413 K 的晶格常数（*a*、*b*、*c*、*d* 和 *v*

Ce^{3+} 含量/mot. %	空间群	*a*/Å	*b*/Å	*c*/Å	*v*/Å³	*d*(111)/nm
0	Pbcn	13.8725516	9.9248670	10.0032580	13725.28087	0.628177
2	Pbcn	13.9027861	9.9409869	10.0135691	1383.94950	0.629122
5	Pba2	10.3541896	10.3704153	10.6015587	1138.36618	0.602768
9	Pba2	10.3789812	10.3796891	10.6026028	1142.22474	0. 603457

我们也利用了精修的结果画出了其对应的晶体的积木结构示意图,如图 25.2 所示。很明显,对于相同空间群的晶体,随着 Ce^{3+} 掺杂量的增加,其结构变化较小,然而,不同的空间群的晶体,其结构差别较大,其键长和键角发生明显的变化。

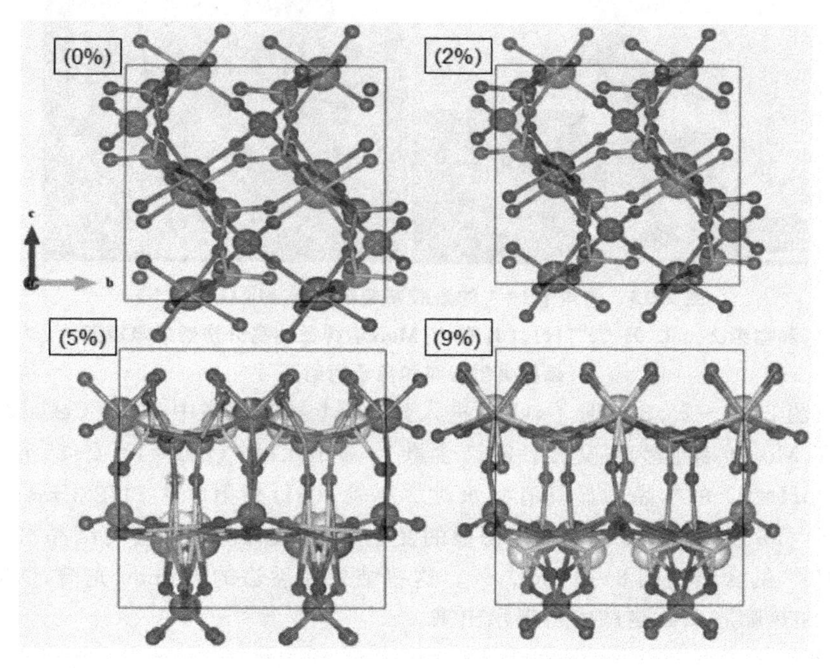

图 25.2　掺杂 0、2、5、9 mol. % Ce^{3+} 的 $Y_2Mo_3O_{12}$ 的积木结构图:对于掺杂 0 和 2 mol. % Ce^{3+} 的显示 Pbcn 空间群;而掺杂 5 和 9 mol. % Ce^{3+} 显示 Pba2 空间群

图 25.3 给出了纯相 $Y_2Mo_3O_{12}$ 和掺杂 2 mol. % Ce^{3+} 的 $Y_2Mo_3O_{12}$ 样品的高分辨透射电镜照片，其制备的溶胶的 pH＝1。我们会发现，随着 Ce^{3+} 含量的增加（0→2 mol. %），沿着 $Y_2Mo_3O_{12}$ 晶体的（111）方向的晶面间距增加，其晶面间距分别是：0. 6035 nm（$Y_2Mo_3O_{12}$）→ 0. 6045 nm（2 mol. % Ce^{3+} 掺杂的 $Y_2Mo_3O_{12}$），然而其晶面间距明显比表 25.1 中列出的 0 和 2 mol. %样品的晶面间距小，说明了在室温下这两个样品吸水导致晶面间距明显减小。

图 25.3　使用 pH＝1 的溶胶制备纯相 $Y_2Mo_3O_{12}$ (a, b) 和掺杂 2 mol. % Ce^{3+} (c)，(d) 的 $Y_2Mo_3O_{12}$ 样品的高分辨透射电镜照片、晶格衍射条纹和电子衍射环

图 25.1～25.3 说明了，Ce^{3+} 进入到 $Y_2Mo_3O_{12}$ 晶格中，并且 Ce^{3+} 掺杂的 $Y_2Mo_3O_{12}$ 结晶为正交相。Ce^{3+} 含量 ＜ 3 mol. %（pH＝1）或＜5 mol. %（pH＝5）的样品明显具有吸水性。尽管 XRD 衍射峰大约在 3 mol. %（pH＝1）或 ＜ 5 mol. %发生明显的变化，但是其样品仍然含有结晶水，直到 Ce^{3+} 的含量达到 8～9 mol. %。这些结果在后边的 Raman 光谱、DSC/TG 和热膨胀系数测试中将揭示出来。

25.3.2 Ce^{3+}的含量和结晶水对 $Y_2Mo_3O_{12}$的 Raman 光谱的影响

图 25.4(a)和图 25.4(b)给出了最初溶胶的 pH＝1 和 pH＝5 时制备的掺杂不同量 Ce^{3+} 的 $Y_2Mo_3O_{12}$ 样品的 Raman 光谱。出现在 970～900 cm^{-1}和 900～740 cm^{-1}区域内的 Raman 模式可以归属于 MoO_4 四面体的对称和反对称伸缩振动[15,19]；同时，从 400～300 cm^{-1}的 Raman 模式归属于 YO_6八面体和 MoO_4 四面体的对称和反对称弯曲振动；低于 300 cm^{-1}的 Raman 模式归属于平动和天平动[15,19,24]。

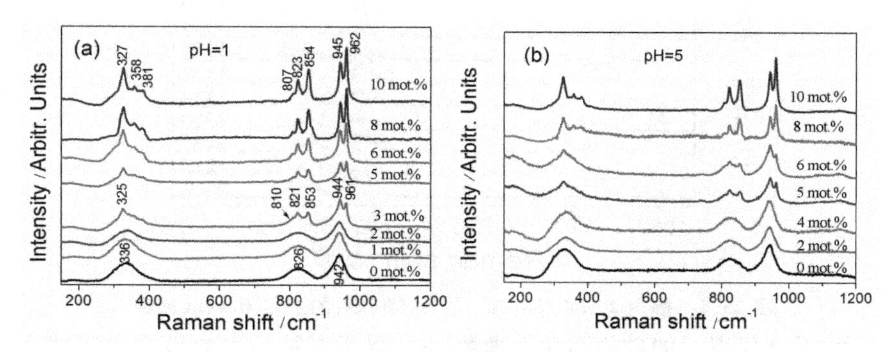

图 25.4 pH＝1 和 pH＝5 时制备的掺杂不同摩尔比 Ce^{3+} 的 $Y_2Mo_3O_{12}$ 样品的 Raman 光谱

图 25.4(a)和图 25.4(b)的 Raman 光谱共同的特征是，在 Ce^{3+} 含量低时，只出现三个宽的 Raman 带，分别位于 940 cm^{-1}、824 cm^{-1}和 333 cm^{-1}左右；进一步提高 Ce^{3+} 的含量后，其 Raman 带劈裂成尖锐的模式并且强度增强。然而，其 Raman 光谱出现明显的变化却发生在不同的 Ce^{3+} 含量和不同的 pH 值：3 mol. % 对应于 pH＝1 [图 25.4(a)] 和 5 mol. %对应于 pH＝5 [图 25.4(b)]，其结果与 XRD 的分析一致。这一结果说明，pH 值对 Ce^{3+} 在最终样品的真实的含量有明显的影响，并且对于较低的 pH 值似乎更有利于 Ce^{3+} 进入 $Y_2Mo_3O_{12}$ 晶格中。

$Y_2Mo_3O_{12}$的 Raman 光谱随着 Ce^{3+} 的含量增加的变化很类似于随着温度的升高而变的行为是很有趣味的，对于温度变化行为是室温仅仅有三个宽的 Raman 峰，并且在 403 K 以上 Raman 峰开始劈裂，其强度也增大[15,19]。由于 $Y_2Mo_3O_{12}$是高度吸水的，所以其 Raman 峰的巨大变化归因于结晶水的释放。积木结构中微通道里的结晶水不仅阻碍其平动和天平动，而且阻碍了多面体的伸缩振动和弯曲振动[15]。因此，可以推理，Raman 峰随着 Ce^{3+} 含量的增加而出现的明显变化应该与结晶水的减少有关。换句话说，Ce^{3+}进入$Y_2Mo_3O_{12}$晶格有阻碍水分子进入积木结构的微通道的作用。随着Ce^{3+}含量的增多（> 3 mol. %，pH＝1；和 > 5 mol. %，pH＝5），$Y_2Mo_3O_{12}$的Raman峰的持续增强并尖锐化，这一结果暗示了结晶水的持续减少。

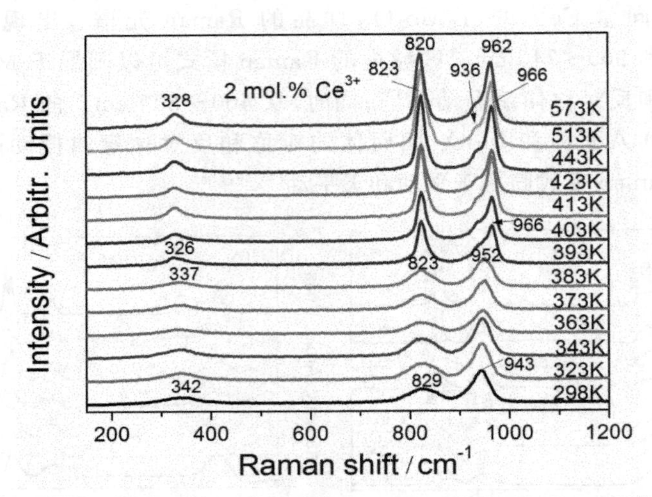

图 25.5　掺杂2 mol. % Ce^{3+}的$Y_2Mo_3O_{12}$的变温Raman光谱

为了证实以上的推测和深入理解Ce^{3+}含量对结晶水的影响，我们做了一系列变温Raman光谱的研究（以下测试的样品都是使用pH＝1的溶胶制备的样品）。图25.5给出了掺杂2 mol. % Ce^{3+}的$Y_2Mo_3O_{12}$在不同温度的Raman光谱。当温度从293 K升高到383 K，除了在Raman带943、829、342 cm^{-1}分别逐渐移到952、823、337 cm^{-1}外，Raman光谱没有其他重大的变化。其Raman光谱开始发生巨大变化大约是在393 K，强的Raman带大约出现在966 cm^{-1}，伴随出现一个肩峰，大约在936 cm^{-1}。位于大约在823 cm^{-1}的反对称伸缩振动Raman光谱带变得尖锐和强度更大。弯曲振动模从337 cm^{-1}移动到326 cm^{-1}。在393 K以上，对称和反对称的Raman模随着温度的升高强度增大并轻微地出现蓝移。

一般说来，Raman光谱带随着温度的升高会变弱并且变宽。这里的Raman光谱大约在393 K的突然变化以及在此温度以上不寻常的行为归因于结晶水的释放，其中的结晶水与Y—O—Mo桥中的O^{2-}形成氢键[19]。该氢键从桥氧原子吸引部分电子，从而减弱O—Mo键。这样就证实了对应伸缩振动的Raman光谱带随着温度的降低出现的红移（温度越低，结晶水越多）或随着温度升高出现的蓝移（温度越高，结晶水越少）。文献报道Raman带频率公式

$$\omega(t) = \omega_0 + \Delta(T)$$

其中，

$$\Delta(T)=C\left[1+\frac{2}{e^{\hbar\omega/2k_BT}-1}\right]+D\left[1+\frac{3}{e^{\hbar\omega/3k_BT}-1}+\frac{3}{(e^{\hbar\omega/3k_BT}-1)^2}\right] \tag{25.1}$$

是温度变化导致的 Raman 模式移动，对于一般 Raman 模，C 和 D 是负的非谐常数[25]。对于目前这种情况，结晶水导致的 Raman 模式的移动应该包括进来。所以我们将 Raman 光谱带频率写成 $\omega(T)=\omega_0+\Delta(T)+\Delta(m)$，其中依赖于结晶水的数目 m，其变化导致 Raman 光谱带频率的移动。随着温度的升高，$\Delta(T)$ 导致 Raman 光谱带的红移，然而由于结晶水的释放，$\Delta(m)$ 导致其 Raman 光谱带的蓝移。从室温到 393 K 和从 393 K 到 443 K，结晶水的释放和温度的升高的效应同时存在，伸缩模对应的 Raman 光谱带的蓝移是两种效应竞争的结果。从室温到 393 K，只有相互作用弱的结晶水才能够释放，而与桥氧相互作用强的结晶水只有大约在 393 K 或以上温度才能够释放，这一点通过大约在 393 K 的 Raman 光谱的突然变化说明。从 443 K 到 573 K，Raman 光谱带 966 cm^{-1} 和 962 cm^{-1} 分别移动到 823 cm^{-1} 和 820 cm^{-1}，这些 Raman 光谱带的红移可以认为是单纯温度效应。

尽管 Raman 光谱带在当 Ce^{3+} 含量达到 3 mol. %已经劈裂，我们这里要说明的是在 Ce^{3+} 这个含量甚至更高的含量时，其样品仍然具有吸水性。图 25.6 给出了 $Y_2Mo_3O_{12}$ 的变温 Raman 光谱，其中的 Ce^{3+} 含量是 5 mol. %。

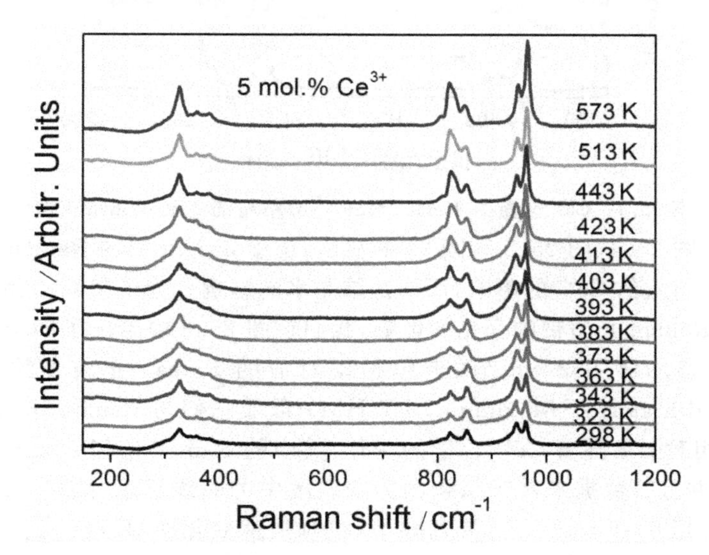

图 25.6 掺杂 Ce^{3+} 的量为 5 mol. %的 $Y_2Mo_3O_{12}$ 的变温 Raman 光谱

通过图 25.6 我们很清楚地看出其 Raman 光谱的变化：在大约 393～403 K，823 cm^{-1} 和 962 cm^{-1} 的 Raman 光谱带的关于 853 cm^{-1} 和 944 cm^{-1}

的 Raman 光谱带出现强度倒转；随着温度升高超过 403 K，其 Raman 光谱带强度增大。这些结果显示，该样品仍然含有一定的结晶水，并在 403 K 开始释放。详细分析其他的样品表明，Ce^{3+} 含量≤ 8 mol. %的样品随着温度升高具有类似的行为（这里没有给出）。然而，对于 Ce^{3+} 的含量＞8 mol. %的样品的 Raman 光谱没有观察到明显的变化。

作为证明，我们给出了 Ce^{3+} 含量为 9 mol. %的 $Y_2Mo_3O_{12}$ 的变温 Raman 光谱，如图 25.7 所示。很明显，没有观察到关于上边说的 Raman 光谱带出现的强度倒转。这些结果显示出，对于 Ce^{3+} 含量高于 8 mol. %的样品，结晶水被彻底地消除了。这是一个令人兴奋的结果，因为，对于 $Y_3Mo_3O_{12}$ 及其类似的材料彻底消除结晶水在实际应用中是很重要的，尽管在减少结晶水方面做了很多的努力，但是还没真正实现[19,21,26]。

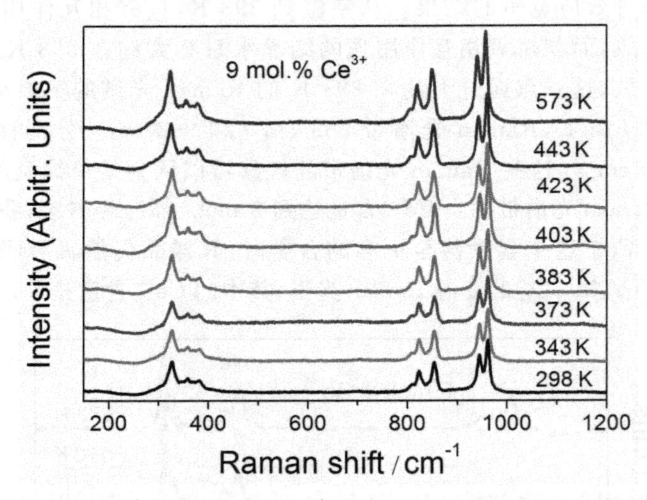

图 25.7　Ce^{3+} 含量为 9 mol. %的 $Y_2Mo_3O_{12}$ 的变温 Raman 光谱

对比图 25.4、图 25.5 和图 25.6 显示，位于 853 cm^{-1} 的 Raman 光谱带主要受到引入的 Ce^{3+} 的影响，而不是结晶水的影响。为了联系结晶水对图 25.4 中 Raman 光谱带的变化的影响，我们在图 25.8 中给出了四个强的位于 823、853、944、962 cm^{-1} 的伸缩振动对应的 Raman 光谱带的半高宽（Full Width at Half Maximum，FWHM）以及它们与 Raman 光谱带 853 cm^{-1} 的相对强度随着 Ce^{3+} 含量的变化，其中的 Raman 谱用 Lorentzian 峰型拟合，并且其数据来自于拟合的曲线。图中的曲线显示，随着 Ce^{3+} 的含量增加直到 8～9 mol. %，带宽减小，相对强度变化明显。我们将 Raman 光谱带的半高宽的减小归因于结晶水的含量减少，因为一般来说，一个 Raman 光谱带的线宽在掺杂后因晶格畸变会变宽。对于我们研究的情况，室温下 $Y_2Mo_3O_{12}$ 的一个 Raman 光谱带的线宽可以表示为自然线宽、Ce^{3+} 掺杂导致的线宽的宽化和结晶水导致的线宽的宽化之和。增加 Ce^{3+} 含量导致线宽的增加，也减少结晶水的数目，从而又导致线宽的减小。图 25.8 暗示了，当 Ce^{3+} 的含量小于 8 mol. %时，结晶水的减少对带宽和相对强度的影响是巨大的。在 Ce^{3+} 含量大于 8 mol. %时，Raman 光谱带的半高宽及其相对强度可以认为 Ce^{3+} 掺杂的效应。

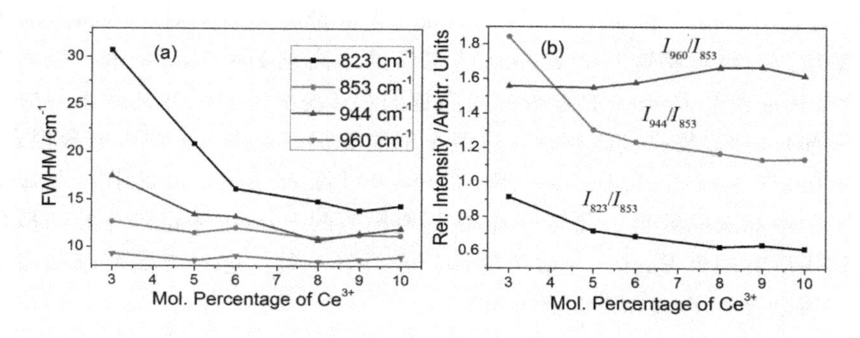

图 25.8　选择的 Raman 带的半高宽（a）和相对强度（b）与 Ce^{3+} 含量的关系

25.3.3　结晶水的数目和 Raman 光谱的特征的关系

为了证实上边利用 Raman 光谱进行的分析，我们测试了 DSC 和 TG，如图 25.9 所示。对于 Ce^{3+} 含量 ≤8 mol. %的样品，它们的 DSC 曲线［图 25.9(a)］及其相应的热失重曲线［图 25.9(b)］在 423 K 的吸热峰证实了结晶水的存在。然而，对于 Ce^{3+} 含量为 9 mol. %的样品的 DSC 和 TG 曲线既没有吸热峰也没有失重，这一结果说明，Ce^{3+} 含量为 9 mol. %的样品不含有结晶水，也就证明了我们上述关于 Raman 的分析。

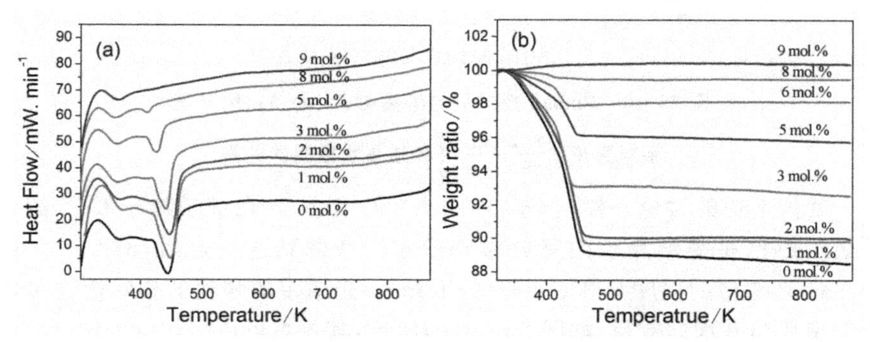

图 25.9　Ce^{3+} 含量分别为 0、1、2、3、5、6、8、9 mol. %的 $Y_2Mo_3O_{12}$ 的 DSC（a）和 TG（b）曲线

对于 Ce^{3+} 含量分别为 0、1、2、3、5、6、8、9 mol. %的样品，其每个分子

携带的结晶水的数目可以计算为 2.48、2.46、2.12、1.46、0.74、0.43、0.12 和 0.0。随着 Ce^{3+} 含量的增大，结晶水的数目显著减小，甚至当 Ce^{3+} 含量增加到 9 mol. %时，结晶水被彻底消除了。

得到这些结果后，就可以将 Raman 光谱带的半高宽 FWHMs 和相对强度与结晶水的数目关联起来，如图 25.10 所示。观察图 25.8 后，我们知道，位于 832 cm^{-1} 和 944 cm^{-1} 的 Raman 光谱带的半高宽对于结晶水的数目最敏感，所以，将这两个 Raman 光谱带的半高宽 FWHMs 的和（表示为 Γ_1）与其他四个 Raman 光谱带的半高宽的和（表示为 Γ_2）和结晶水的数目关联起来，用以提高其敏感性。这两个都能够很好地用以下线性方程拟合：$R^2=0.987\ 92$ [图 25.10(a)]；$R^2=0.985\ 69$ [图 25.10(b)]，其中 m 是每个分子的结晶水的数目。我们看出，使用最敏感的 Raman 光谱带宽的和拟合比使用所有四个 Raman 光谱带的和拟合要好一些。这一结果可以归因于 Ce^{3+} 掺杂导致 Raman 带宽的变化。

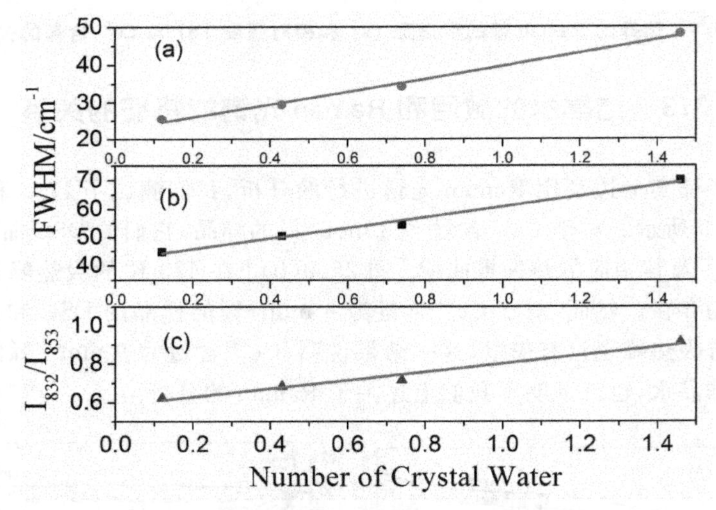

图 25.10　Raman 光谱带的半高宽 Γ_1(a)、Γ_2(b)与其相对强度 $\frac{I(832\ cm^{-1})}{I(853\ cm^{-1})}$ 和结晶水数目的关系

就像上边的讨论一样，位于 853 cm^{-1} 的 Raman 光谱带对于 Ce^{3+} 的含量最敏感但是受结晶水的释放影响最小。考虑到这一点后，832 cm^{-1} 的 Raman 光谱带的强度与 853 cm^{-1} 的 Raman 光谱带的强度的相对值也可以用来表征结晶水的数目，如图 25.10(c)所示，其关系可以表示为

$$\frac{I(832\ cm^{-1})}{I(853\ cm^{-1})}=0.58669+0.21605m, R^2=0.96183 \qquad (25.2)$$

所以，图 25.8 和图 25.10 表明，Raman 光谱能够作为一个强有力的工具，用来量

化在室温的结晶水的数目和用来研究结晶水对材料振动性能的影响。

25.3.4　Ce^{3+} 掺杂和结晶水的减少对 $Y_2Mo_3O_{12}$ 热膨胀性能的影响

图 25.11 给出了掺杂 Ce^{3+} 的 $Y_2Mo_3O_{12}$ 的相对长度随着温度变化，其中 Ce^{3+} 的百分含量分别为 0、1、3、5、8、9、10 mol. %。Ce^{3+} 含量低于 3 mol. %的样品，从 350 K 到 408 K 表现出明显的收缩，然后突然膨胀，直到大约 460 K。然而，对于 Ce^{3+} 含量为 3～8 mol. %的样品，从 350 K 到 430 K 表现出不突然的膨胀。在这个温度范围中，热膨胀的行为主要是由结晶水的释放导致的。很明确地，结晶水与 $Y_2Mo_3O_{12}$ 的积木结构的相互作用很强，以至于其积木结构收缩很大，并且在释放结晶水时导致其积木结构突然膨胀。

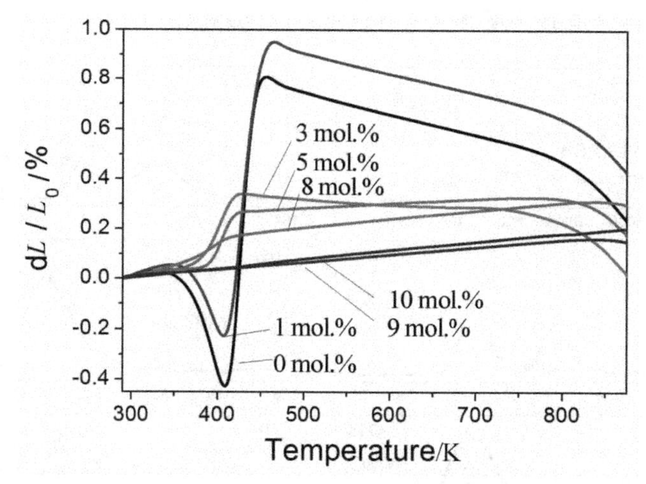

图 25.11　掺杂不同比例的 Ce^{3+} (0、1、3、5、8、9、10 mol. %，pH=1) 的 $Y_2Mo_3O_{12}$ 的相对长度 (dL/L_0/%) 随温度的变化

在彻底释放完结晶水后，该材料转变为负热膨胀，对应于 Ce^{3+} 含量为 0、1、3 mol. %的样品，其负热膨胀系数分别为 $-8.94\times10^{-6}\ K^{-1}$、$-9.22\times10^{-6}\ K^{-1}$ 和 $-2.25\times10^{-6}\ K^{-1}$；或转变为低正热膨胀，对于 Ce^{3+} 含量为 5、8 mol. %的样品，其膨胀系数分别为 $1.67\times10^{-6}\ K^{-1}$ 和 $2.27\times10^{-6}\ K^{-1}$。$Ce^{3+}$ 含量高于 8 mol. %的样品呈现出低热膨胀，在整个温度范围内没有出现异样的变化（对于 Ce^{3+} 含量为 9 mol. %和 10 mol. %的样品，其热膨胀系数分别为 $2.743\times10^{-6}\ K^{-1}$ 和 $3.53\times10^{-6}\ K^{-1}$），这说明，它们根本不含有结晶水。这里的热膨胀性能的结果与上面分析的 Raman 光谱和 DSC 结果吻合的很好。在文献[19]中，我们说明了，$Fe_{2-x}Y_xMo_3O_{12}$ 晶体的 c 轴和 b 轴受到结晶水的影响比 a 轴受到的影响大一些。

25.3.5 掺杂 $Y_2Mo_3O_{12}$ 的结晶水减少机理

为了探索 Ce^{3+} 掺杂对结晶水减少的影响，我们利用 XPS 能谱仪测试了纯相 $Y_2Mo_3O_{12}$ 和 Ce^{3+} 含量为 5 mol. %的 $Y_2Mo_3O_{12}$ 样品的结合能。图 25.12 给出了纯相和掺杂 Ce^{3+}（5 mol. %）的 $Y_2Mo_3O_{12}$ 的 XPS 能谱的全谱 (a)；Y 3d (b)、Mo 3d (c) 和 O 1s (d～f) 中心能级谱。在 $Y_2Mo_3O_{12}$ 晶格中引入 Ce^{3+} 后，尽管 Y 3d 和 Mo 3d 的自旋一轨道劈裂分别是 1.9 eV 和 3.2 eV 都没有改变，然而，Y $3d_{5/2}$ 的结合能从 158.1 eV 减小到 156.0 eV，也就是减小了 2.1 eV；Mo $3d_{5/2}$ 的结合能从 323.7 eV 减小到 323.6 eV，也就是减小了 0.1 eV。对比其结合能减小的值发现，Y $3d_{5/2}$ 结合能的减小比 Mo $3d_{5/2}$ 的结合能减小明显得多［图 25.12(b)和(c)］。

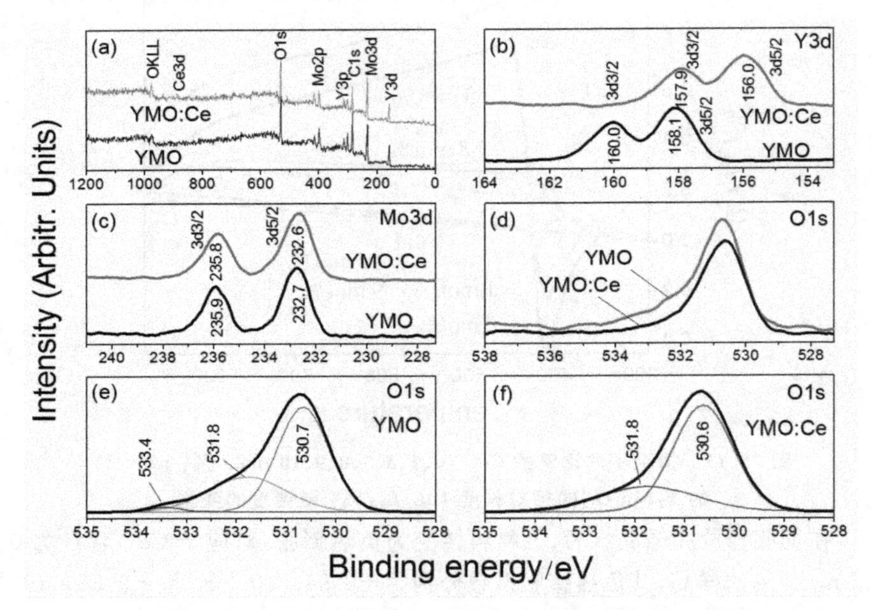

图 25.12 纯相 $Y_2Mo_3O_{12}$ 和 Ce^{3+} 含量为 5 mol. %的 $Y_2Mo_3O_{12}$ 样品的 XPS 能谱的全谱 (a)；Y 3d (b)、Mo 3d (c) 和 O 1s (d)～(f) 中心能级谱

这一点可以这样进行推测，Ce 原子进入 $Y_2Mo_3O_{12}$ 晶格中，其电子转移给 O^{2-}，导致 Y $3d_{5/2}$ 和 Mo $3d_{5/2}$ 的结合能减小，而 Y $3d_{5/2}$ 结合能的减小更加明显，再结合它们的化合价态和离子半径的差别，可以推测 Ce^{3+} 占据了 Y^{3+} 的位置。

在 $Y_2Mo_3O_{12}$ 中，O 1s 的峰型明显不对称，但是，在 Ce^{3+} 掺杂的 $Y_2Mo_3O_{12}$ 中，O 1s 的峰型变得比较对称，如图 25.12(d) 所示。对

$Y_2Mo_3O_{12}$中 O 1s 的峰进行分峰，呈现出三个峰，如图 25.12(e)所示，分出的第一个峰位于 530.6 eV，可以指认为 $Y_2Mo_3O_{12}$ 中 Mo—O—Y，然而，在 531.8 eV 第二个峰和在 532.2 eV 的第三个峰是与羟基 OH^- 有关的[19]。这就解释了为什么 $Y_2Mo_3O_{12}$ 是高度吸水的。然而，在 $Y_2Mo_3O_{12}$ 中引入 Ce^{3+} 后，其 O 1s 峰只能分峰出两个，说明了羟基 OH^- 受到了抑制，也可能是其强度太弱导致的。这一结果证实了，在 $Y_2Mo_3O_{12}$ 中引入的 Ce^{3+} 具有排斥结晶水的功能。

在最近发表的一篇论文中，我们曾经假定在 $Y_2Mo_3O_{12}$ 积木结构的微通道中，往外伸出的"O"离子具有较高的概率与结晶水相互作用形成氢键[19]。在释放结晶水前后，MoO_4 四面体的伸缩振动的 Raman 带发生明显的变化也支持了与桥氧离子形成氢键的推测。然而，如果水分子仅仅与桥氧离子发生相互作用，那么理解结晶水导致晶格那么大的收缩或释放结晶水导致的突然膨胀是很困难的。对比 $Y_2Mo_3O_{12}$ and Ce^{3+} 掺杂的 $Y_2Mo_3O_{12}$之间的吸水性、Y $3d_{5/2,3/2}$和 O 1s 结合能在 Ce^{3+} 取代 Y^{3+} 后的变化，提供了微通道中的结晶水的形态，也就是说，结晶水中的 O^{2-} 靠近 YO_6 八面体中的 Y^{3+}。通过这些讨论，我们可以推测结晶水在积木结构中的形态，也就是，水分子中的 O^{2-} 指向八面体中的 Y^{3+}，并且水分子中的 H^+ 靠近 Y—O—Mo 中最近邻的 O^{2-} 形成氢键，如图 25.13 所示。

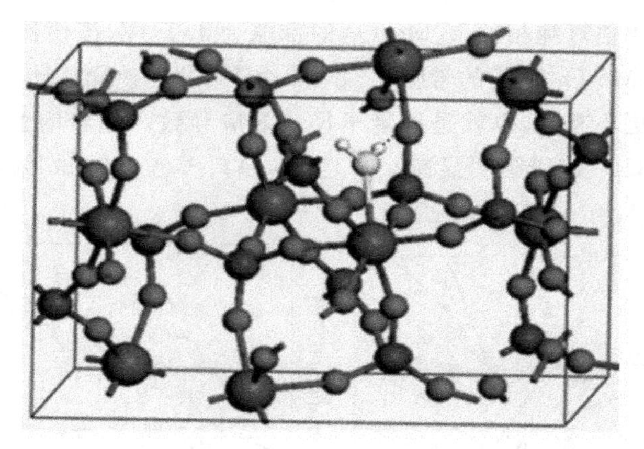

图 25.13 $Y_2Mo_3O_{12}$的积木结构示意图和其中结晶水的形态：结晶水的 O 与 $Y_2Mo_3O_{12}$的 Y 直接相连，结晶水中的 H 与附近的 O（$Y_2Mo_3O_{12}$中的）通过氢键相连

根据结晶水在 $Y_2Mo_3O_{12}$的积木结构中的这一个构型，图 25.13 中结晶水对其热膨胀系数的影响可以很好地解释。充当弹簧作用的结晶水牵拉八面体和四面体发生转动，导致 *c* 轴比 *b* 轴收缩的更明显。在这种构型中，*a* 轴受结晶水的影响最小。结晶水的释放导致晶格的恢复，因此，在结晶水释放的温度出现突然的膨胀。随着 Ce^{3+} 含量的增加，结晶水越来越少甚至被彻底消除，其结果导致晶格的收缩减小或不明显。所以，线性热膨胀系数随着温度的升高变化不大或均匀变化。

因为 Ce 的电负性（1.12）比 Y 的电负性（1.22）低，所以，Ce^{3+} 比 Y^{3+} 具有低的能力吸引水分子中的“O”，随着 Ce^{3+} 含量的增加，结晶水中氢键的结合能连续减小。第一性原理计算显示，掺杂 Ce 后，水分子与积木结构的结合能从 0.6 eV 减小到 0.2 eV（第一性原理计算的结果是郑州大学孙强教授完成的，不过数据还没有公开发表）。这个结果至少部分解释了掺杂 Ce^{3+} 消除结晶水的原因。

25.3.6 Ce^{3+} 掺杂的 $Y_2Mo_3O_{12}$ 发光性能

光致发光光谱通常用来判断荧光晶体材料的质量，特别是缺陷态。稀土离子 Ce^{3+} 具有丰富的 4f 和 5d 能级，所以引入 Ce^{3+} 可以提高 $Y_2Mo_3O_{12}$ 的光致发光性能。图 25.14(a) 给出 $Y_2Mo_3O_{12}$：Ce^{3+}（0，1，3，5，6、10 mol%，pH=1）的吸收光谱和根据吸收光谱进行的带隙估算。根据其吸收光谱，纯相的 $Y_2Mo_3O_{12}$ 仅仅对紫外光敏感，随着 Ce^{3+} 含量增加，在 300～500 nm 附近出现一个新的吸收带，并且这一吸收带随着 Ce^{3+} 含量增加而增强。根据吸收光谱估算纯相的 $Y_2Mo_3O_{12}$ 的带隙为 4.1 eV，该值比用磁控溅射法得到的 $Y_2Mo_3O_{12}$ 薄膜的带隙 4.58 eV 小[29]，这一差异估计与 $Y_2Mo_3O_{12}$ 薄膜的颗粒更小有关，也就是说量子尺寸效应导致。随着增加 Ce^{3+} 含量，$Y_2Mo_3O_{12}$：Ce^{3+} 的带隙明显减小（$Y_2Mo_3O_{12}$：Ce^{3+} 10 mol%）的带隙减小为 2.7 eV）。

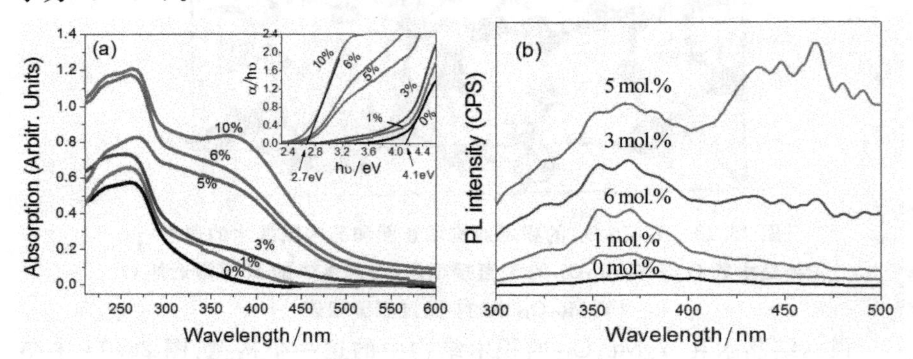

图 25.14 $Y_2Mo_3O_{12}$：Ce^{3+}（0，1，3，5，6、10 mol%，pH=1）的吸收光谱和根据吸收光谱进行的带隙估算（插图）；$Y_2Mo_3O_{12}$：Ce^{3+}（0，1，3，5、6 mol%，pH=1）光致发光光谱，激发波长是 280 nm

图 25.14(b)给出了 $Y_2Mo_3O_{12}$：Ce^{3+}(0、1、3、5、6 mol%，pH＝1) 光致发光光谱，激发波长是 280 nm。对于纯相的 $Y_2Mo_3O_{12}$光致发光光谱，其相对弱的发射带应该来源于其晶体的缺陷态[30]。而对于 $Y_2Mo_3O_{12}$：Ce^{3+} 的光致发光光谱，除了显著增强的来自 $Y_2Mo_3O_{12}$晶体的发光带，在 400～500 nm 波长范围内新出现一个发射带，其强度甚至超过了来自 $Y_2Mo_3O_{12}$主体的发射带的强度。这一个新出现的发射带明显与引入 Ce^{3+} 后新出现的吸收带有关。一般说来，稀土离子的发光与其 4f 能级以及主晶体场有关。通常 Ce^{3+} 的发光来源于电子 5d → 4f 的跃迁，位于近紫外或可见光区，依赖于最低的 5d 能级和斯托克斯移动 [31,32]。$Y_2Mo_3O_{12}$：Ce^{3+} 发射带具有一个较强区，其与 $Y_2Mo_3O_{12}$的发射带相近，这说明 Ce^{3+} 离子起到复合中心的作用，从而提高了发光的强度。新出现的发射带甚至比纯相的 $Y_2Mo_3O_{12}$发射带相对强度还大，这一个新出现的发射带应该对应于 5d → 4f 的跃迁(一般能级高低排列是 1s 2s 2p 3s 3p 4s 3d 4p 5s 4d 5p 6s 4f 5d 6p)。由于 Ce^{3+} 基态由两个子态（$^2F_{5/2}$和 $^2F_{7/2}$）组成[31]和 $Y_2Mo_3O_{12}$晶体场的劈裂，因此，那个与 Ce^{3+} 有关的发射带出现了劈裂。当过量的 Ce^{3+} 被引入（6 mol%)，那个发射带的强度由于浓度淬灭效应而显著减弱。

25.4　本章小结

本研究采用溶胶凝胶法引入 Ce^{3+} 到 $Y_2Mo_3O_{12}$ 晶格中来减小其吸水性，探索结晶水与其积木结构的相互作用和调整其热膨胀特性。研究结果显示，Ce^{3+} 占据了晶格中 Y^{3+} 的位置，引入的 Ce^{3+} 有利于排除 $Y_2Mo_3O_{12}$ 积木结构的微结构中的结晶水。随着 Ce^{3+} 含量的增加，结晶水的数目显著减小，以至于 Ce^{3+} 含量大于 8 mol %结晶水能够被彻底消除，可以得到没有吸水性能的低热膨胀材料。根据在晶格中掺杂和未掺杂 Ce^{3+} 时 Mo 3d 和 Y 3d 结合能的变化，在积木结构中的结晶水的构型可以推测出来。水分子中的 O^{2-} 指向八面体中的 Y^{3+}，并且水分子中的 H^+ 靠近 Y—O—Mo 中最近邻的 O^{2-} 形成氢键。充当弹簧作用的结晶水牵拉八面体和四面体使其发生转动，导致 c 轴比 b 轴收缩的更明显。在这种构型中，a 轴受结晶水的影响最小。与 Ce^{3+} 影响对比，结晶水对 Raman 带的半高宽及其相对强度拥有决定性的影响。结果也说明了，每个分子中结晶水的数目可以利用 Raman 带的半高宽或其相对强度的线性关系进行量化。这一结果暗示了 Raman 光谱可以用作一个潜在的工具，来对 $Y_2Mo_3O_{12}$ 及其类似的化合物在室温下量化结晶水。这项研究工作提供了深入理解 $A_2M_3O_{12}$（A＝Lu、Er、Yb、Y；M＝W、Mo）系列结晶水的作用机理和由于结晶水导致的不规则的热膨胀特性，也为了解决长期存在于 $Y_2Mo_3O_{12}$ 及相关的化合物的吸水性问题铺平道路。同时，掺杂 Ce^{3+} 明显提高 $Y_2Mo_3O_{12}$ 的光致发光性能。

参考文献

[1] Mary T A, Evans J S O, Vogt T, et al. Negative thermal expansion from 0.3 to 1050 Kelvin in ZrW_2O_8[J]. Science, 1996, 272: 90-92.

[2] Sahoo P P, Sumithra S, Madras G, et al. Synthesis, structure, negative thermal expansion, and photocatalytic property of Mo doped ZrV_2O_7[J]. Inorg Chem, 2011, 50: 8774-8781.

[3] Marinkovic B A, Ari M, Avillez R R, et al. Correlation between AO_6 polyhedral distortion and negative thermal expansion in orthorhombic $Y_2Mo_3O_{12}$ and related materials[J]. Chem Mater, 2009, 21: 2886-2894.

[4] Miller K J, Romao C P, Bieringer M, et al. Near-zero thermal expansion in $In(HfMg)_{0.5}Mo_3O_{12}$[J]. J Am Ceram Soc, 2013, 96: 561-566.

[5] Wang J R, Deng J X, Yu R B, et al. Coprecipitation synthesis and negative thermal expansion of $NbVO_5$[J]. Dalton Trans, 2011, 40: 3394-33925.

[6] Futamura R, Iiyama T, Hamasaki A, et al. Negative thermal expansion of water in hydrophobic nanospaces[J]. Phys Chem Chem Phys, 2012, 14: 981-986.

[7] Gallington L C, Chapman K W, Morelock C R, et al. Orientational order-dependent thermal expansion and compressibility of ZrW_2O_8 and $ZrMo_2O_8$[J]. Phys Chem Chem Phys, 2013, 15: 19665-19672.

[8] Song X Y, Sun Z H, Huang Q Z, et al. Adjustable zero thermal expansion in antiperovskite manganese nitride[J]. Adv Mater, 2011, 23: 4690-4694.

[9] Chen J, Fan L L, Ren Y, et al. Unusual transformation from strong negative to positive thermal expansion in $PbTiO_3$-$BiFeO_3$ perovskite[J]. Phys Rev Lett, 2013, 110: 115901.

[10] Li C W, Tang X L, Muñoz J A, et al. Structural relationship between negative thermal expansion and quartic anharmonicity of cubic ScF_3[J]. Phys Rev Lett, 2011, 107: 195504.

[11] Azuma M, Chen W, Seki H, et al. Colossal negative thermal expansion in $BiNiO_3$ induced by intermetallic charge transfer[J]. Nature Commn, 2011, 2: 3425.

[12] Goodwin A L, Calleja M, Conterio M J, et al. Colossal positive and negative thermal expansion in the framework material $Ag_3[Co(CN)_6]$[J]. Science, 2008, 319: 794-7925.

[13] Sumithra S, Umarji A M. Hygroscopicity and bulk thermal expansion in $Y_2W_3O_{12}$[J]. Mater Res Bull, 2005, 40: 167-176.

[14] Gates S D, Lind C. Polymorphism in yttrium molybdate $Y_2Mo_3O_{12}$[J]. J Solid State Chem, 2007, 180: 3510-3514.

[15] Liang E J, Huo H L, Wang J P, et al. Effect of water species on the phonon modes in orthorhombic $Y_2(MoO_4)_3$ revealed by Raman spectroscopy[J]. J Phys Chem C, 2008, 112: 6577-6581.

[16] Yuan C, Liang Y, Wang J P, et al. Rapid synthesis and Raman spectra of negative thermal expansion material yttrium tungstate[J]. J Chin Ceram Soc, 2009, 37: 726-732.

[17] Tyagi A K, Achary S N, Mathews M D. Phase transition and negative thermal expansion in $A_2(MoO_4)_3$ system, ($A=Fe^{3+}$, Cr^{3+} and Al^{3+})[J]. J Alloys Compd, 2002, 339: 207-210.

[18] Chatterji T, Zbiri M, Hansen T C. Negative thermal expansion in ZnF_2[J]. Appl Phys Lett, 2011, 98: 181911.

[19] Li Z Y, Song W B, Liang E J. Structures, phase transition, and crystal water of $Fe_{2-x}Y_xMo_3O_{12}$[J]. J Phys Chem C, 2011, 115: 17806-17811.

[20] Li Q J, Yuan B H, Song W B, et al. The phase transition, hygroscopicity, and thermal expansion properties of $Yb_{2-x}Al_xMo_3O_{12}$[J]. Chin Phys B, 2012, 21: 046501.

[21] Wu M M, Xiao X L, Hu Z B, et al. Controllable thermal expansion and phase transition in $Yb_{2-x}Cr_xMo_3O_{12}$[J]. Solid State Sci, 2009, 11: 325-329.

[22] Liu H F, Wang X C, Zhang Z P, et al. Synthesis and thermal expansion properties of $Y_{2-x}La_xMo_3O_{12}$ ($x=0$, 0.5, 2)[J]. Ceram Int,

2012, 38: 6349-6352.

[23] Marinkovic B A, Jardim P M, Avillez R R, et al. Negative thermal expansion in $Y_2Mo_3O_{12}$[J]. Solid State Sci, 2005, 7: 1377-1383.

[24] Wang L, Wang F, Yuan P F, et al. Negative thermal expansion correlated with polyhedral movements and distortions in orthorhombic $Y_2Mo_3O_{12}$[J]. Mater Res Bull, 2013, 48: 2724-2729.

[25] Balkanski M, Wallis R F, Haro E. Anharmonic effects in light scattering due to optical phonons in silicon[J]. Phys Rev B, 1983, 28: 1928-1934.

[26] Wu M M, Hu Z B, Liu Y T, et al. Thermal expansion properties of $Ln_{2-x}Cr_xMo_3O_{12}$ (Ln = Er and Y)[J]. Mater Res Bull, 2009, 44: 1943-1945.

[27] Simon V, Eniu D, Takács A, et al. X-ray photoemission study of yttrium contained in radiotherapy systems[J]. J Optoelectron Adv Mater, 2005, 7: 2853-2855.

[28] Dupin J C, Gonbeau D, Vinatier P, et al. Systematic XPS studies of metal oxides, hydroxides and peroxides[J]. Phys Chem Chem Phys, 2000, 2: 1319-1324.

[29] Cheng H, Chao M J, Liang E J, et al. Preparation and photoabsorption of orthorhombic $Y_2Mo_3O_{12}$ thin films[J]. Mater Rev, 2010, 24: 8-11.

[30] Bos A J J, Dorenbos P, Bessière A, et al. Lanthanide energy levels in YPO_4[J]. Radiat Meas, 2008, 43: 222-226.

[31] Blasse G, Bril A. Investigation of some Ce^{3+}-activated phosphors[J]. J Chem Phys, 1967, 46: 5139-5145.

[32] VSidorenko A, Dorenbos P, Bos A J J, et al. Lanthanide level location and charge carrier trapping in $LiLnSiO_4$: Ce^{3+}, Sm^{3+}, Ln = Y or Lu[J]. J Phys: Condens Matter, 2006, 18: 4503-4514.

第 26 章 Al-$ZrMgMo_3O_{12}$低热膨胀及其电学性能

26.1 引 言

金属铝因其本身具有导电性强、可塑性好、延展性大、密度低、加工容易、导热性好,可广泛应用于航空航天、电子、建筑、交通工具等领域。但是由于其较高的热膨胀系数(CTE = 23×10^{-6} K^{-1}),当铝与其他材料结合时往往出现热失配,产生微裂纹,导致器件性能下降甚至失效[1]。将铝与陶瓷复合制备出金属陶瓷,可充分利用铝的可塑性和陶瓷的高硬度来实现高硬、可塑材料,并且降低热膨胀系数[2,3]。文献[4,5]将金属铝与低热膨胀材料SiC复合,虽然复合材料的膨胀系数显著低于铝(13.40×10^{-6} K^{-1}),但仍然不能满足应用要求。将负热膨胀材料与铝复合是实现可控膨胀或近零膨胀材料的有效途径。但已发现的负热膨胀材料(如 ZrW_2O_8、ZrV_2O_7、$Zr_2P_2WO_{12}$、$A_2Mo_3O_{12}$系列:A=Zr、Y 等)由于存在这样或那样的性能局限,在与金属铝复合时仍然存在一些亟待解决的问题。如 ZrW_2O_8 在室温下是亚稳定相,在 440 K 发生有序-无序相转变,在大于 0.21 GPa 压力下出现不可逆的立方-正交相转变,导致 Al-ZrW_2O_8 复合材料的性能不稳定[2,6-10]。而使用 ZrV_2O_7 与 Al 复合时,Al 与 ZrV_2O_7 会发生反应生成 $AlVO_3$、$AlVO_4$ 和立方结构的 $Zr_{1-x}Al_xV_2O_7$,不能形成热膨胀性能稳定的复合材料[11]。将 $Zr_2P_2WO_{12}$与 Al 复合,Al-$Zr_2P_2WO_{12}$没有前两者复合材料的缺点[12],但实际应用中的机械性能需要进一步深入研究。钼酸盐($A_2Mo_3O_{12}$)系列负热膨胀材料中,如 $Y_2Mo_3O_{12}$(CTE = -9.36×10^{-6} K^{-1})、$Y_2W_3O_{12}$(CTE = -7.34×10^{-6} K^{-1}),在 RT-1200 K 温度范围内,具有较大的负热膨胀系数[13-16],但却有较强的吸水性,其应用仍然受到限制[17-20]。我们课题组近期制备出的 $ZrMgMo_3O_{12}$,不仅在 RT-1000 K 温度区间,CTE 达 -3.73×10^{-6} K^{-1},且无吸水性,更具有结构稳定、原料价格低廉、制备简单、烧结温度低等特点，是一种极具应用潜力的负热膨胀材料[21]。因此本研究的目标是使用 $ZrMgMo_3O_{12}$ 与 Al 进行复合，制备膨胀系数可调且具有一定导电性的 Al-$ZrMgMo_3O_{12}$ 复合材料。

26.2 实验过程

实验用原料为市售的 MoO_3（化学纯，纯度≥99%）粉末、ZrO_2（化学纯，纯度≥99%）粉末、MgO（化学纯，纯度≥99%）粉末、金属 Al（纯度≥99%，200 目）粉末。采用固相烧结法制备 $ZrMgMo_3O_{12}$。将原料 ZrO_2、MgO、MoO_3 按照摩尔比 1∶1∶3 进行称量后，在玛瑙研钵中混合研磨 2 h。将混合粉末放入 AY-BF-555-125 箱式炉中，以 5 K/min 的升温速率，从室温升至 1073 K，保温 4 h，自然降温后，得到 $ZrMgMo_3O_{12}$。

采用固相烧结法制备 Al-$ZrMgMo_3O_{12}$ 复合材料。将铝粉与 $ZrMgMo_3O_{12}$ 分别按照质量比 2∶8、4∶6、5∶5、6∶4、8∶2 混合，研磨 2 h。使用 769YP-15A 粉末压片机（200 MPa、5 min）将混合粉末压成圆柱状素胚（Φ10×5 mm），置于 AY-BF-555-125 箱式炉中以 5 K/min 的升温速率从室温升至 973 K，保温 4 h，自然降温后，得到 Al-$ZrMgMo_3O_{12}$ 样品。

样品 Al-$ZrMgMo_3O_{12}$ 的物相指认使用 Bruker D8 Advance 型 X 射线衍射仪分析样品物相结构（Cu 靶，Kα 线，波长 1.5406 Å，扫描范围 10°～80°），微观结构观察和化学成分分析利用 Model 15 kV JSM-6700F（JEOL, Japan）场发射扫描电子显微镜（FE-SEM）及扫描电镜附件 INCA-ENERGY 能谱仪（EDS，ISIS400），热分析由 SETARAM Labsys™ 仪器测试。热膨胀性能测量使用 LINSEIS DIL L76 热膨胀仪（德国林赛斯公司），阻抗谱测试在 RST5200 电化学工作站上完成，样品的电极在测试前制备，制备方法为：样品试样统一处理为 Φ10×3 mm 的圆盘，在圆盘两端面涂满银胶，粘上银丝后，873 K 烧结 1 h[12]。

26.3 结果与讨论

26.3.1 物相与热稳定性分析

图 26.1 为 Al、不同质量比 Al-$ZrMgMo_3O_{12}$ 复合样品和 $ZrMgMo_3O_{12}$

的 XRD 谱。由图 26.1 可知，Al-$ZrMgMo_3O_{12}$复合样品中的衍射谱中，只有 Al 与 $ZrMgMo_3O_{12}$的衍射峰，没有其他物相的衍射峰。这说明 Al 与 $ZrMgMo_3O_{12}$混合后，973 K 烧结，没有发生取代反应，也没有新的物相生成，Al-$ZrMgMo_3O_{12}$是稳定的复合材料。

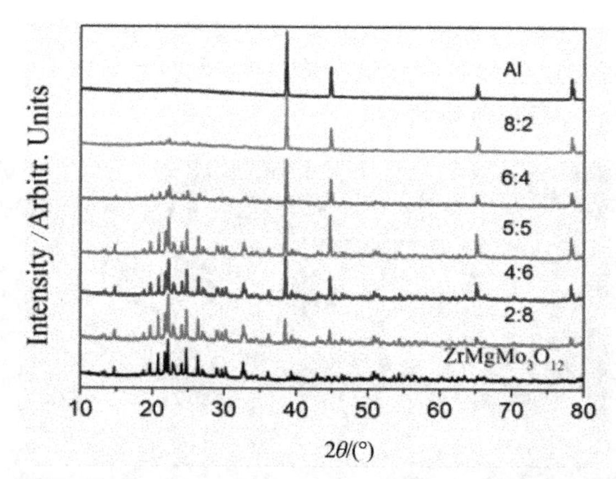

图 26.1 不同质量比 Al-$ZrMgMo_3O_{12}$复合样品和 $ZrMgMo_3O_{12}$的 XRD 谱

图 26.2 为 Al、不同质量比 Al-$ZrMgMo_3O_{12}$复合样品和 $ZrMgMo_3O_{12}$的热分析曲线。由图 26.2 可知，$ZrMgMo_3O_{12}$在 RT-1200 K 温度区间无吸放热峰；Al、不同质量比 Al-$ZrMgMo_3O_{12}$复合样品在 RT-900 K 温度区间均无吸放热峰，在 933 K 附近出现明显的吸热峰，并随着 Al 的质量比增加而不断增大。金属 Al 在温度达到熔点时会发生熔化，出现吸热现象，温度是 933 K。这表明 Al-$ZrMgMo_3O_{12}$复合材料在 RT-900 K 温度区间具有热稳定性，在 933 K 附近出现吸热现象，是因为 Al 的熔化，从而产生的吸热峰。

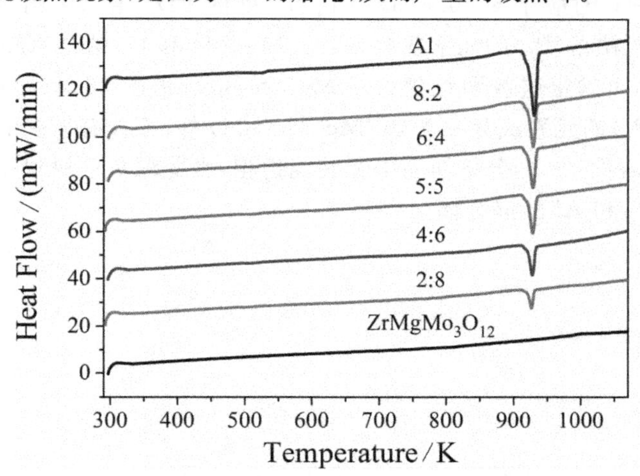

图 26.2 不同质量比 Al-$ZrMgMo_3O_{12}$复合样品和 $ZrMgMo_3O_{12}$热分析曲线

26.3.2 微观结构与成分分析

图 26.3 是 Al：$ZrMgMo_3O_{12}$ 为 4：6(质量比,下同)样品的 SEM 像,从图中可以看出,样品的显微组织主要为尺寸约 1 μm 的颗粒(图 26.3,浅白色颗粒相),而在这些颗粒中弥散分布一些尺寸大小为 10～150 μm 的凝结块状相(图 26.3,深灰色块状相)。

图 26.3 Al-$ZrMgMo_3O_{12}$ 复合材料质量比为 4：6 的显微组织

图 26.4(a)为对应图 26.3 中矩形部分放大的 SEM 像,图 26.4(b)、图 26.4(c)分别是对应于图 26.4(a)中 P_1、P_2 处的 EDS 谱。由图 26.4(b)可知,浅白色颗粒相(P_1)的元素成分是:Zr、Mg、Mo 和 O,结合 XRD 分析(参看图 26.1),可判定这些颗粒相为 $ZrMgMo_3O_{12}$。由图 26.4(c)可知,深灰色块状相(P_2)的元素成分除含 Zr、Mg、Mo 和 O 外,还含有较多的 Al 元素,而 XRD(参看图 26.1)分析样品中无其他物相,因此深灰色块状相(P_2)应为 $ZrMgMo_3O_{12}$ 和 Al 的混合体。

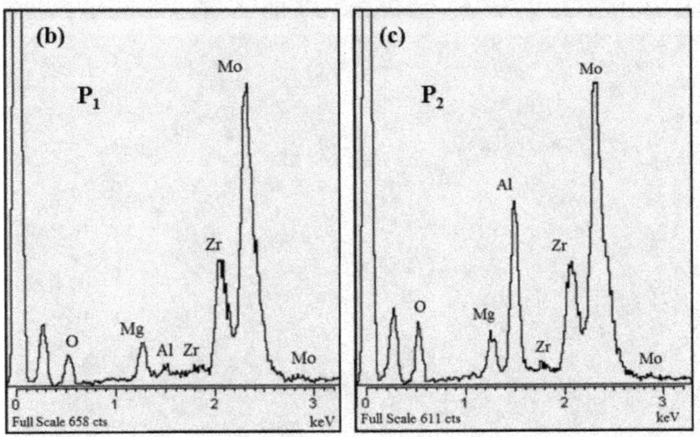

图 26.4 (a)放大的 Al-$ZrMgMo_3O_{12}$复合材料质量比为 4∶6 的 SEM 图，(b)、(c)对应图 26.3(a)中 P_1 和 P_2 处的 EDS 能谱

图 26.5(a)和图 26.5(b)分别是 Al∶$ZrMgMo_3O_{12}$为 2∶8 和 6∶4 的样品的显微组织。由图 26.5，质量比 2∶8 样品的显微组织由浅白色颗粒相组成，颗粒之间有明显的间隙，没有深灰色的块状相；而质量比 6∶4 样品的显微组织由中大量的深灰色的块状相和少量的浅白色颗粒相组成，且颗粒之间的间隙显著减小。

图 26.5 (a) Al-$ZrMgMo_3O_{12}$复合材料质量比为 2∶8 的显微组织，(b) Al-$ZrMgMo_3O_{12}$复合材料质量比为 6∶4 的显微组织

上述表明[图 26.5(a)、图 26.3 和图 26.5(b)]，对于 Al-$ZrMgMo_3O_{12}$复合材料，随着铝含量的增加，其显微组织中的深灰色块状相逐渐增多，即形成的 Al-$ZrMgMo_3O_{12}$混合体逐渐增加。分析认为，这是由于陶瓷结构的$ZrMgMo_3O_{12}$与金属 Al 在烧结过程中，由于烧结温度 973 K 已超过 Al 熔点 933 K，使得 Al 熔化，而熔融的 Al 就会填充于 $ZrMgMo_3O_{12}$颗粒之间的间隙，与 $ZrMgMo_3O_{12}$相互结合。当烧结保温阶段结束，样品冷却，熔融 Al 连同 $ZrMgMo_3O_{12}$ 颗粒凝固形成 Al-$ZrMgMo_3O_{12}$ 凝结块体。且由于

$ZrMgMo_3O_{12}$的负膨胀特性，在与 Al 混合在一起凝结时，两者之间能够紧密地结合。上述分析，由不同 Al 含量样品的相对密度测量结果得到验证。图 26.6 为不同 Al 质量百分含量样品的相对密度。从图中可以看出，随着复合材料中 Al 含量的增加，相对密度不断提高。这就表明，$ZrMgMo_3O_{12}$颗粒与 Al 在烧结过程中，Al 因为熔化，不断填充进 $ZrMgMo_3O_{12}$颗粒之间的间隙。随着 Al 含量的增加，Al 填充进 $ZrMgMo_3O_{12}$颗粒间间隙越多，凝结的深灰色块状相也就越多，且样品组织的颗粒间隙就越小，因此样品相对密度得到提高。

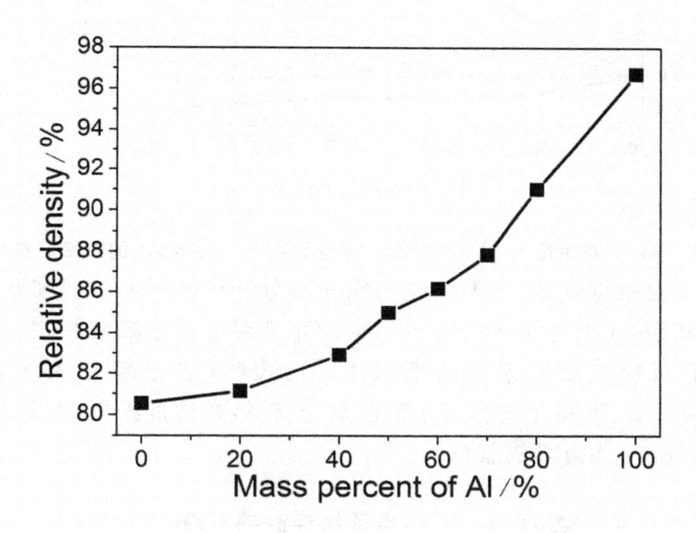

图 26.6　不同质量比 Al-$ZrMgMo_3O_{12}$样品的相对密度

26.3.3　热膨胀性能

图 26.7 是 Al、不同质量比 Al-$ZrMgMo_3O_{12}$样品和 $ZrMgMo_3O_{12}$的相对长度变化随温度变化的曲线。由图 26.7 可知，$ZrMgMo_3O_{12}$表现为稳定负热膨胀特性，无吸水性，使其与 Al 复合构成的 Al-$ZrMgMo_3O_{12}$复合材料同样没有吸水性。

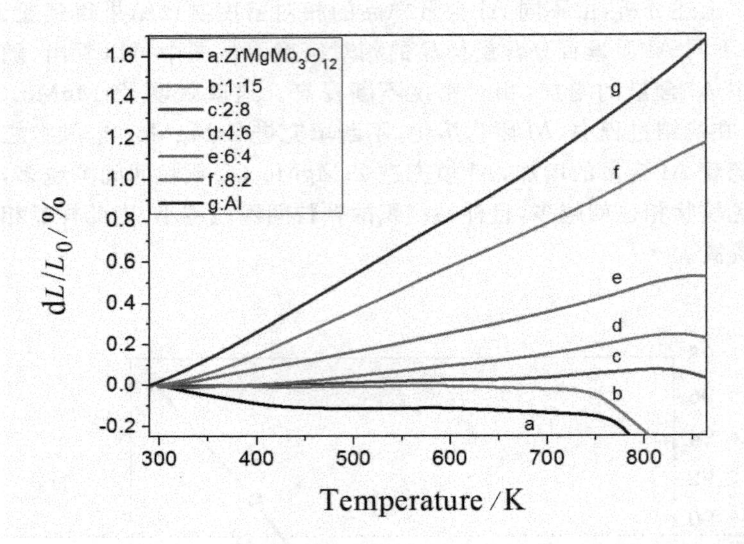

图 26.7 Al、不同质量比 Al-$ZrMgMo_3O_{12}$ 样品和 $ZrMgMo_3O_{12}$ 的热膨胀曲线

表 26.1 是根据图 26.7 中曲线的线性部分计算出样品的线膨胀系数。由图 26.7 和表 26.1 可知，随着 $ZrMgMo_3O_{12}$ 质量分数逐渐增加，Al-$ZrMgMo_3O_{12}$ 复合材料的膨胀系数逐渐减小。这表明，通过调节 Al：$ZrMgMo_3O_{12}$ 质量比，可获得不同膨胀系数的复合材料，如质量比 2：8，膨胀系数 $0.77\times10^{-6}\ K^{-1}$，为近零膨胀材料。

表 26.1 不同质量比样品的 CTE

质量比（Al：$ZrMgMo_3O_{12}$）	$ZrMgMo_3O_{12}$	1：15	2：8	4：6	6：4	8：2	Al
CTE/($10^{-6}\ K^{-1}$)	−3.44	−0.95	0.77	3.78	26.72	19.46	23.79
温度区间/K	300～673	300～740	300～820	300～830	300～850	300～870	300～850

26.3.4 电性能

图 26.8 为 Al、不同质量比 Al-$ZrMgMo_3O_{12}$ 样品和 $ZrMgMo_3O_{12}$ 的阻抗随频率变化的曲线。由图 26.8 可知，纯相 $ZrMgMo_3O_{12}$（曲线 a）和质量比分别为 2：8、2.5：7.5、3：7 的 Al-$ZrMgMo_3O_{12}$ 样品（曲线 b、c、d）的阻抗随着频率的增大而逐渐减小，呈现电容特性。质量比分别为 3.5：6.5、4：6、

5：5、6：4、8：2 的 Al-$ZrMgMo_3O_{12}$样品（曲线 e、f、g、h、i）和纯相 Al（曲线 j）的阻抗不随频率的变化而变化，呈现为电阻特性。

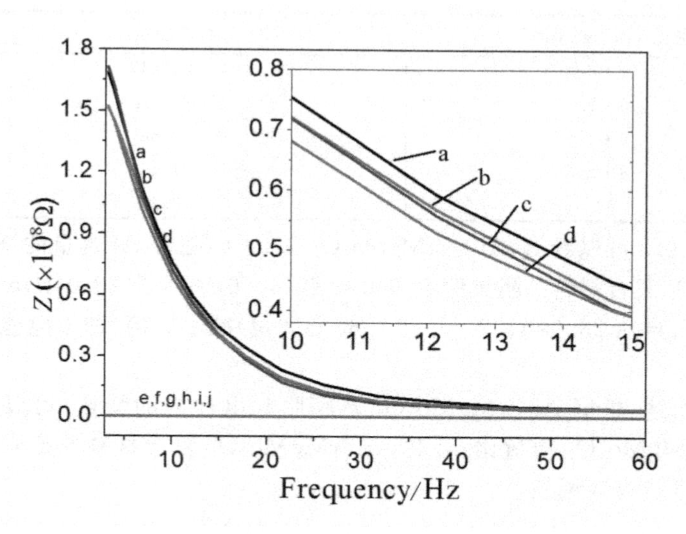

图 26.8 $ZrMgMo_3O_{12}$(a)、不同质量比 Al-$ZrMgMo_3O_{12}$样品(b=2：8、c=2.5：7.5、d=3：7、e=3.5：6.5、f=4：6、g=5：5、h=6：4、i=8：2 和 Al(j)的阻抗随频率变化曲线

出现这种结果的原因，与导电渗流现象有关[22,23]。对于金属 Al 与陶瓷 $ZrMgMo_3O_{12}$的复合体，当 Al 含量较低时，导电性强的 Al 颗粒无规则地弥散在绝缘相 $ZrMgMo_3O_{12}$中，Al 颗粒不能连接，无法形成导电通路，基本上不具导电性，Al-$ZrMgMo_3O_{12}$复合材料呈现电容特性。而当 Al 含量增加且达到临界值时，Al 颗粒增多且能够相互连接起来，形成导电通路，Al-$ZrMgMo_3O_{12}$复合材料的电导率快速增加，发生非线性突变，即所谓的渗流阈值。由图 26.8 可知，渗流阈值在 Al 与 $ZrMgMo_3O_{12}$质量比 3.5：6.5 ～ 4：6 之间。随 Al 含量的进一步增加，Al 颗粒更多且接触截面更大，因而 Al-$ZrMgMo_3O_{12}$复合材料的电导率更大。

表 26.2 是复合材料 Al-$ZrMgMo_3O_{12}$质量比(4：6,5：5,6：4,8：2)与 Al 的阻抗测量值。

表 26.2 复合材料 Al-$ZrMgMo_3O_{12}$
(质量比 4∶6,5∶5,6∶4,8∶2)和 Al 的阻抗测量值

样品质量比（Al∶$ZrMgMo_3O_{12}$）	样品阻抗/Ω
4∶6	960.42
5∶5	23.04
6∶4	7.68
8∶2	1.40
Al	0.66

由表 26.2 可以看出，Al∶$ZrMgMo_3O_{12}$≥4∶6，随着 Al 含量的增加，Al-$ZrMgMo_3O_{12}$复合材料的阻抗值由 960.42 Ω（4∶6）减小到 23.04Ω(5∶5)，减小近 40 倍，再从 23.04 Ω(5∶5)到 7.68 Ω(6:4)减小 3 倍，即导电能力显著提高。

综上所述，根据 Al-$ZrMgMo_3O_{12}$热膨胀和电性能的特点，可以通过调节 Al∶$ZrMgMo_3O_{12}$质量比，可对 Al-$ZrMgMo_3O_{12}$复合材料的膨胀系数和导电性能进行有效调控。

26.4 本章小结

采用固相烧结法制备出 Al-$ZrMgMo_3O_{12}$复合材料，调节 Al∶ZrMg-Mo_3O_{12}质量比，可实现热膨胀系数和电性能调控。

质量比 2∶8，Al-$ZrMgMo_3O_{12}$样品膨胀系数 0.77×10^{-6} K^{-1}，为近零膨胀介电材料。

质量比 6∶4，Al-$ZrMgMo_3O_{12}$膨胀系数(26.72×10^{-6} K^{-1})可降至 Al 膨胀系数(23.79×10^{-6} K^{-1})的 1/3，且具有显著的电阻特性。这可归因于复合材料中大量 Al-$ZrMgMo_3O_{12}$混合块状相结构产生的导电渗流现象。

参考文献

[1] Sebo P, Kavecky S, Stefanik P. Wettability of zirconia-coated carbon by aluminium[J]. Theory Appl Fract Mech, 1994, 13: 592-593.

[2] Wu Y, Wang M L, Chen Z, et al. The effect of phase transformation on the thermal expansion property in Al/ZrW_2O_8 composites[J]. J

Mater Sci, 2013, 48: 2928-2933.

[3] Aslantas K, Ucun. The performance of ceramic and cermet cutting tools for the machining of austempered ductile iron[J]. Int J Adv Manuf Technol, 2009, 41: 642-650.

[4] Elomari S, Boukhili R, Marchi C S, et al. Thermal expansion responses of pressure infiltrated SiC/Al metal-matrix composites[J]. J Mater Sci, 1997, 32: 2131-2140.

[5] Kim B G, Dong S L, Park S D. Effects of thermal processing on thermal expansion coefficient of a 50 vol. % SiC_p/Al composite[J]. Mater Chem Phys, 2001, 72: 42-47.

[6] Mary T A, Evans J S O, Vogt T, et al. Negative thermal expansion from 0.3 to 1050 Kelvin in ZrW_2O_8[J]. Science, 1996, 272: 90-92.

[7] Evans J S O, Hu Z, Jorgensen J D, et al. Compressibility, phase transitions, and oxygen migration in zirconium tungstate. ZrW_2O_8 [J]. Science, 1997, 275: 61-65.

[8] Perottoni C A, Jornada J A H da. Pressure-induced amorphization and negative thermal expansion in ZrW_2O_8[J]. Science, 1998, 280: 886-889.

[9] Liang E J, Wang S H, Wu T A, et al. Raman spectroscopic study on the structure, phase transition and restoration of zirconium tungstate blocks synthesized with a CO_2 laser[J]. J Raman Spectrosc, 2007, 38: 1186-1192.

[10] Matsumoto A, Kobayashi K, Nishio T, et al. Fabrication and thermal expansion of Al-ZrW_2O_8 composites by pulse current sintering process[J]. Mater Sci Forum, 2003, 426-432: 2279-2284.

[11] Yun D Q, Gu Q C, Wang X F. Synthesis and properties of NTE ZrV_2O_7 and Al/ZrV_2O_7 composites[J]. Acta Mater Compos Sci, 2005, 22: 25-30.

[12] Liu X S, Cheng F X, Wang J Q, et al. The control of thermal expansion and impedance of Al-$Zr_2(WO_4)(PO_4)_2$ nano-cermets for near-zero-strain Al alloy and fine electrical components[J]. J Alloys Compd, 2013, 553: 1-7.

[13] Li Q J, Yuan B H, Song W B, et al. The phase transition, hygroscopicity, and thermal expansion properties of $Yb_{2-x}Al_xMo_3O_{12}$ [J]. Chin Phys B, 2012, 21(4): 046501.

[14] Sumithra S, Umarji A M. Dilatometric studies of $Y_2W_3O_{12}$ with added Al_2O_3[J]. J Chem Sci, 2003, 115, 695-701.

[15] Lind C. Two decades of negative thermal expansion research: where do we stand? [J]. Materials, 2012, 5: 1125-1154.

[16] Evans J S O, Mary T A, Sleight A W. Negative thermal expansion in a large molybdate and tungstate family[J]. J Solid State Chem, 1997, 133: 580-583.

[17] Sumithra S, Umarji A M. Hygroscopicity and bulk thermal expansion in $Y_2W_3O_{12}$[J]. Mater Res Bull, 2005, 40: 167-176.

[18] Koh J H, Sorge E, Wen T C, et al. Thermal expansion behaviors of yttrium tungstates in the WO_3-Y_2O_3 system[J]. Ceram Int, 2013, 39: 8421-8427.

[19] Marinkovic B A, Jardim P M, Avillez R R, et al. Negative thermal expansion in $Y_2Mo_3O_{12}$[J]. Solid State Sci, 2005, 7: 1377-1383.

[20] Liang E J. Nagative thermal expansion material and their application: a survey of recent patents[J]. Rec Pat Mater Sci, 2010, 3: 106-126.

[21] Song W B, Liang E J, Liu X S, et al. A negative thermal expansion material of $ZrMgMo_3O_{12}$[J]. Chin Phys Lett, 2013, 30: 126502.

[22] Zhang C, Chen M Q, Ma C A. Research progress of reducing the percolation threshold for conductive composites[J]. Eng Plast Appl, 2009, 37: 76-79.

[23] Wang Y C, Fu Z Y. The percolation phenomenon in conduction and isolator composite ceramics[J]. J Wuhan Univ Technol, 2001, 23: 29-32.

第 27 章 $(1-x)NaAl(MoO_4)_2$-$xNaEr(MoO_4)_2$ 热膨胀及光学性能

27.1 引　言

用来高效地将红外光和紫外光转化为可见光的 Er^{3+} 掺杂的荧光材料受到广泛的关注，其主要应用方面包括频率上转换激光器、高密度记忆存储元件、固态彩色显示器、薄膜太阳能电池及其他的光电器件[1-5]。纳米晶已经被广泛用作主体材料来掺杂稀土离子，比如，ZrO_2[6-9]、Y_2O_3[10-12]、$BaTiO_3$[13]、Gd_2O_3[14]、$CaSnO_3$[15]和 $NaY(WO_4)_2$[16]。多数用来掺杂稀土离子的是单一相材料，然而有很少报道 Er^{3+} 在两种不同的对称结构的晶体中掺杂。稀土离子掺杂在单一相主体材料作为荧光材料，则由于荧光材料与基体材料之间的热膨胀系数的差别导致热失配而出现热应力，容易出现荧光粉的脱落。复合材料作为荧光粉则可以降低热膨胀系数从而减小热应力。另外，复合材料的晶体场的强度和对称性能够提高稀土离子的光致发光[17]。

根据 $Al_2(MoO_4)_3$ 具有正热膨胀特性和 $Er_2(MoO_4)_3$ 具有负热膨胀特性[18,19]，我们考虑 $NaEr(MoO_4)_2$ 的热膨胀系数可能小于 $NaAl(MoO_4)_2$ 的热膨胀系数。更进一步分析，$NaAl(MoO_4)_2$ 与 $NaEr(MoO_4)_2$ 的复合物可能拥有比 $NaAl(MoO_4)_2$ 更低的热膨胀系数。目前，Cr^{3+} 掺杂的 $NaAl(MoO_4)_2$ 用作荧光材料已经被研究过[20,21]，研究结果显示出在 660 nm 到 840 nm 很宽的荧光带。然而，却没有报道 Er^{3+} 掺杂的 $NaAl(MoO_4)_2$ 作为荧光材料的研究，并且 $NaAl(MoO_4)_2$ 具有很高的热膨胀系数。所以，研究 $(1-x)NaAl(MoO_4)_2$-$xNaEr(MoO_4)_2$ 复合物的热膨胀和发光特性具有一定的意义。

在这项研究中，我们报道了 $(1-x)NaAl(MoO_4)_2$-$xNaEr(MoO_4)_2$ 复合陶瓷的热膨胀性能和发光性能：拉曼光谱（Raman Spectra）、荧光光谱（Photoluminescence, PL）和上转换光谱（Frequency up-conversion spectra)。样品材料是采用常规的共沉淀法制备。结果显示，$(1-x)NaAl(MoO_4)_2$-$xNaEr(MoO_4)_2$ 复合陶瓷受热膨胀，发出相对强的近紫外光和绿光，对应于 Er^{3+} 的跃迁：${}^2H_{9/2}\rightarrow{}^4I_{15/2}$、${}^4H_{11/2}\rightarrow{}^4I_{15/2}$ 和 ${}^4S_{3/2}\rightarrow{}^4I_{15/2}$；也发出相对弱的红光，对应于 Er^{3+} 的跃迁：${}^4F_{9/2}\rightarrow{}^4I_{15/2}$。同时该复合陶瓷在 980 nm 激光激发下发出频率更高的较强的绿光和较弱的红光。这一结果证实，$(1-x)NaAl(MoO_4)_2$-$xNaEr(MoO_4)_2$ 可能会成为很有应用前景的绿光发光二极管材料和上转换发光材料。

27.2 晶体结构

$NaAl(MoO_4)_2$ 属于层状晶体，其一般的分子式可以表达为 $M^{I}M^{III}(M^{VI}O_4)_2$，其中 M^{I} = Na、K、Rb、Cs；M^{III} = Al、Sc、In 等等；M^{VI} = Mo 或 W。$NaAl(MoO_4)_2$ 结晶为单斜结构，空间群为 $C2/c$，晶体常数为：a = 27.621(2)Å，b = 5.3390(1)Å，c = 13.146(3)Å，β = 90.01(3)°，每一个晶胞中有 4 个分子 (Z = 4)[22]。Mo 和 O 原子在一般的位置，然而，Na 和 Al 位于特殊的位置：分别位于 2 倍旋转轴和一个反演中心。$NaAl(MoO_4)_2$ 的变温拉曼研究，温度范围是 100～930 K，结果显示，其单斜结构一直稳定到熔点[23]。$NaEr(MoO_4)_2$ 的分子式与 $NaAl(MoO_4)_2$ 很相似，然而，$NaEr(MoO_4)_2$ 结晶为四方相，呈片状结构，空间群为 $I4_1/a$，晶格常数是 a = 5.1618(8)Å，c = 11.288(3)Å。在其晶体结构中，Na 和 Er 原子无规则地分布相同的 4a 位，而 Mo 原子位于 4b 位。$NaEr(MoO_4)_2$ 的结构可以被认为由 $[MoO_4]^{2-}$ 四面体和 $[(Na/Er)O_8]^{14-}$ 多面体（每一个呈现无规则的四方反棱柱）组成，它们共用一个氧原子。$[MoO_4]^{2-}$ 四面体中每一个氧原子与不同的 Na/Er 多面体共用，$[(Na/Er)O_8]^{14-}$ 中每一个氧原子与不同的 $[MoO_4]^{2-}$ 四面体共用[24]。

27.3 实验过程

27.3.1 样品制备

实验所有的化学试剂都是分析纯级别的。$NaAl(MoO_4)_2$ 粉末采用共沉淀法制备，使用的原料是 $(NH_4)_6Mo_7O_{24}\cdot4H_2O$、$Na_2MoO_4\cdot2H_2O$ 和 $Al(NO_3)_3\cdot9H_2O$。三种原料分别配成水溶液：$Na_2MoO_4\cdot2H_2O$，体积是

20 mL,物质的量是 2.5 mmol;$(NH_4)_6Mo_7O_{24}\cdot 4H_2O$,体积是 50 mL,物质的量是 1.1 mmol;$Al(NO_3)_3\cdot 9H_2O$,体积是 20 mL,物质的量是 5.0 mmol。将三种水溶液按照最终物质的化学计量比进行混合。首先将 $Na_2MoO_4\cdot 2H_2O$ 水溶液加入 $(NH_4)_6Mo_7O_{24}\cdot 4H_2O$ 水溶液中,然后将 $Al(NO_3)_3\cdot 9H_2O$ 逐滴加入上边的溶液中,并很快出现沉淀,形成白色泥浆一样的浑浊液。浑浊液的 pH 依靠加入 30%的稀 $NH_3\cdot H_2O/HNO_3$ 调整到接近 9。然后白色浑浊液陈化 12 h,形成上部澄清下部沉淀的情况,倒去上部澄清的液体,将下部沉淀物放入烘干箱内在 353 K 烘干 10 h,然后在马弗炉中在 873 K 烧结 4 h 得到 $NaAl(MoO_4)_2$ 粉末。对于合成 $(1-x)NaAl(MoO_4)_2$-$xNaEr(MoO_4)_2$($x=0.04$、0.08、0.12、0.16、0.20 和 1.00)粉末,$Al(NO_3)_3\cdot 9H_2O$ 水溶液要加入一定量的 $Er(NO_3)_3\cdot 6H_2O$ 水溶液,其他的步骤与上边的制备 $NaAl(MoO_4)_2$ 粉末相同。制备得到的粉末,一部分用 300 MPa 的压强单轴压片机冷压成圆柱体,直径为 6 mm,长度为 16 mm,然后在 873 K 烧结 1 h 用于测试线性热膨胀系数;另外一些粉末冷压成圆片,直径为 10 mm,厚度为 3 mm,同样在 873 K 烧结 1 h 用于测试发光性能。

27.3.2 样品表征

X 射线衍射(XRD)测试是在型号为 X′Pert PRO 的 X 射线衍射仪上进行,来鉴定样品的晶相。陶瓷样品的线性热膨胀系数是用型号为 LINSEIS DIL L76 的热膨胀仪来测试并计算的。烧结的陶瓷样品的密度是利用阿基米德原理来测试得到。样品的微观结构是用扫描电子显微镜(SEM, FEI Quanta 250)记录的。拉曼和光致发光光谱是用拉曼光谱仪(Model MR-2000, Renishaw)记录的,其激光的波长是 532 nm 和 633 nm。室温的激发光谱和发射光谱是使用荧光光谱仪(Fluoromax-4 spetrofluorometer, HORIBA Jobin Yvon)测试分析,频率上转换发光光谱是使用 980 nm 激光为激发光源,利用 SBP500 荧光光谱仪测试,该荧光光谱仪有一个 PMTH-S1-CR131 光电倍增检测器。漫反射光谱是在 UV-VIR-NIR 分光光谱仪(UV-3100)上测试的,$BaSO_4$ 作为参比物质,然后用 Kubelka-Munk 法将漫反射数据转换为吸收数据。

27.4 结果与讨论

27.4.1 晶相分析

图 27.1 给出了(1－x)$NaAl(MoO_4)_2$-$x$$NaEr(MoO_4)_2$($x$ = 0、0.04、0.08、0.12、0.16、0.20 和 1.00)粉末的 XRD 图谱。从图中我们可以看出，$NaAl(MoO_4)_2$ 的衍射谱与单斜结构的 ICDD-PDF No. 00-054-0243 相吻合。对于 x = 0 和 x = 0.04 样品的衍射峰，向低角度清晰的峰移可以观察到，这一现象暗示了，因为 Er^{3+}(半径 88.1 pm)进入晶格取代 Al^{3+}(半径 53.5 pm)，导致 $NaAl(MoO_4)_2$ 的晶格常数增加。

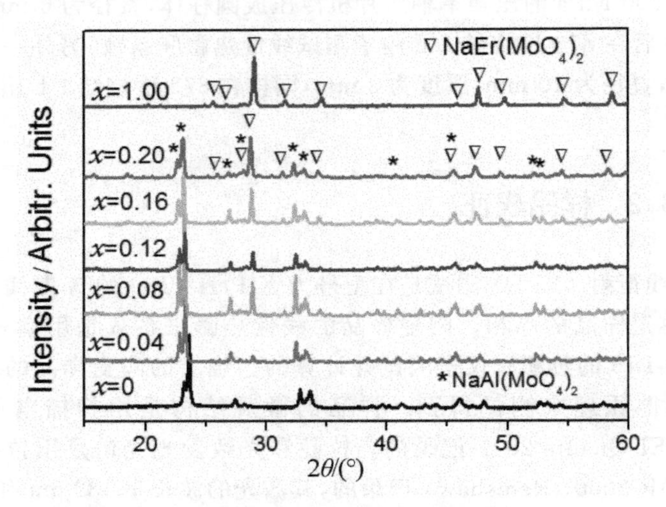

图 27.1 (1－x)$NaAl(MoO_4)_2$-$x$$NaEr(MoO_4)_2$
(x = 0、0.04、0.08、0.12、0.16、0.20 和 1.00)粉末样品的 XRD 图谱

随着 x 值的增加，对应于四方相 $NaEr(MoO_4)_2$ 的衍射峰位于 25.8°、28.6°、31.2°、34.1°、47.2、427.2°和 58.2°变强[24]。这一结果说明，在制备的复合陶瓷中，$NaAl(MoO_4)_2$ 和 $NaEr(MoO_4)_2$ 比例用共沉淀法得到连续调整，这样可以用来探索最佳的发光比例。

27.4.2 密度和微观结构分析

(1－x)$NaAl(MoO_4)_2$-$x$$NaEr(MoO_4)_2$($x$ = 0.00、0.04、0.08、0.12、

0.16、0.20 和 1.00) 陶瓷样品的密度采用阿基米德原理测试分别得到 2.64、2.68、2.71、2.75、2.69、2.60、3.15 g/cm³，如图 27.2(a)所示。很明显，制备的陶瓷样品的密度随着 x 值的增加而增加。

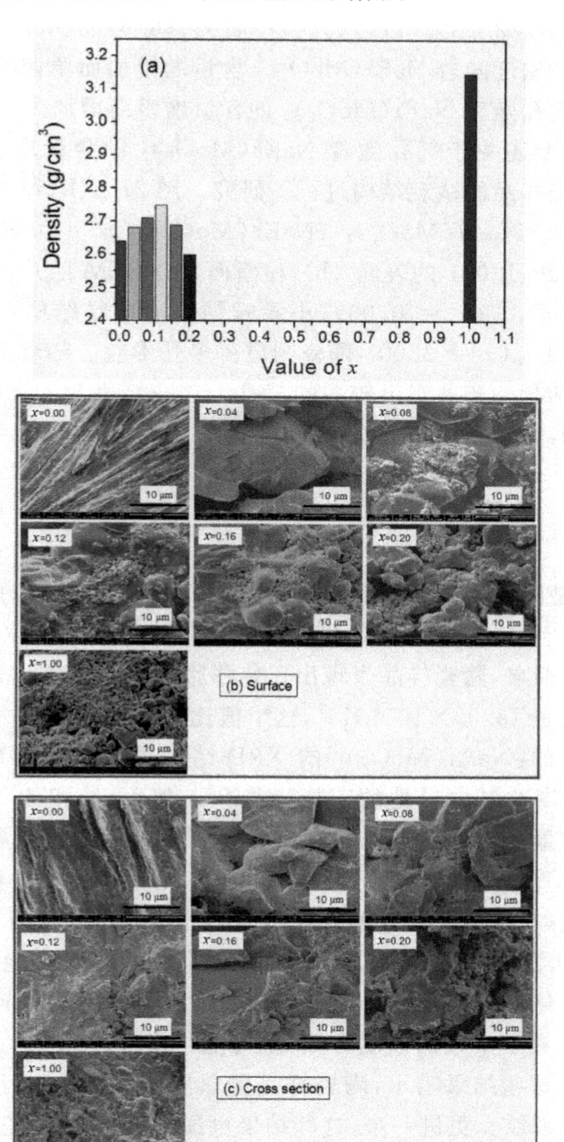

图 27.2 陶瓷样品 $(1-x)NaAl(MoO_4)_2$-$xNaEr(MoO_4)_2$
0.08、0.12、0.16、0.20 和 1.00) 的密度 (a)，表面 (b) 和断面 (c) SEM 照片

根据报道的 $NaAl(MoO_4)_2$ 和 $NaEr(MoO_4)_2$ 的理论密度 3.638 g/

cm^3[22]和 5.590 g/cm^3[24]，我们可以计算得到样品 $x = 0.04$、0.08、0.12、0.16、0.20 的理论密度分别是 3.708、3.779、3.851、3.923、3.996 g/cm^3，从而得到陶瓷样品 $x = 0.00$、0.04、0.08、0.12、0.16、0.20、1.00 的相对密度分别是 72.57%、72.28%、71.71%、71.41%、68.57%、65.07%、56.07%、56.35%。相对密度随着 $NaEr(MoO_4)_2$ 含量的增加而单调减小，这一结果暗示，晶体的气孔随着 $NaEr(MoO_4)_2$ 的含量增多而增加。

为了证实上述关于气孔随着 $NaEr(MoO_4)_2$ 的含量增多而增大的推论，我们对陶瓷样品的微观结构进行了研究。图 27.2(b)和 27.2(c)给出了陶瓷样品$(1-x)NaAl(MoO_4)_2$-$xNaEr(MoO_4)_2$（$x = 0.00$、0.04、0.08、0.12、0.16、0.20、1.00）的表面（b）和断面（c）SEM 照片。首先，对于纯相的 $NaAl(MoO_4)_2$（$x = 0.00$），小颗粒结合成层状结构，气孔最少。然而，$NaEr(MoO_4)_2$（$x = 1.00$）陶瓷则显得多孔形貌。随着 $NaEr(MoO_4)_2$ 含量的增加，两相陶瓷展现出较多的气孔。这一结果与上述的相对密度的结论是一致的。

27.4.3 热膨胀特性

图 27.3 是圆柱状陶瓷样品$(1-x)NaAl(MoO_4)_2$-$xNaEr(MoO_4)_2$（$x = 0.00$、0.04、0.08、0.12、0.16、0.20、1.00）的相对长度（dL/L_0）随温度的变化曲线。很明显，陶瓷样品表现出正热膨胀特性。纯相的 $NaAl(MoO_4)_2$ 的热膨胀系数是 $15.09\times10^{-6}\ K^{-1}$，这个值比其他的样品都大，这一结果与报道的是一致的：$NaAl(MoO_4)_2$ 的 XRD 结果显示晶胞体积从 293 K 到 573 K 呈现出高的各向异性的正热膨胀[21]。然而，纯相的 $NaEr(MoO_4)_2$ 的热膨胀系数最小，大约是 $11.73\times10^{-6}\ K^{-1}$，这一点报道很少。$(1-x)NaAl(MoO_4)_2$-$xNaEr(MoO_4)_2$ 陶瓷的热膨胀系数随着 x 值的增加而减小。我们知道，材料的热膨胀系数与晶体的非谐振动效应有关，所以，$(1-x)NaAl(MoO_4)_2$-$xNaEr(MoO_4)_2$ 陶瓷内的晶界和晶格可能随着成分的摩尔比变化而变化。同时，陶瓷的热膨胀系数的减小可能与 Er^{3+}（0.88Å）和 Al^{3+}（0.53Å）离子半径的差别有关，也可能与其晶体结构（单斜和四方结构）有关[25]。这些结果暗示，陶瓷样品的热膨胀系数会减小，从而减少升温时出现的微裂纹。更进一步，这些结果也预示，利用高的正热膨胀材料和低的或负热膨胀材料可以合成低的热膨胀发光材料[25,26]。除此之外，复合陶瓷（$x = 0.20$）的非线性部分位于 753 K，其温度点低于其两个组分的非线性部分对应的温度点，这可能与单斜结构 $NaAl(MoO_4)_2$ 和四方结构 $NaEr(MoO_4)_2$ 结合起来改变了晶界有关。

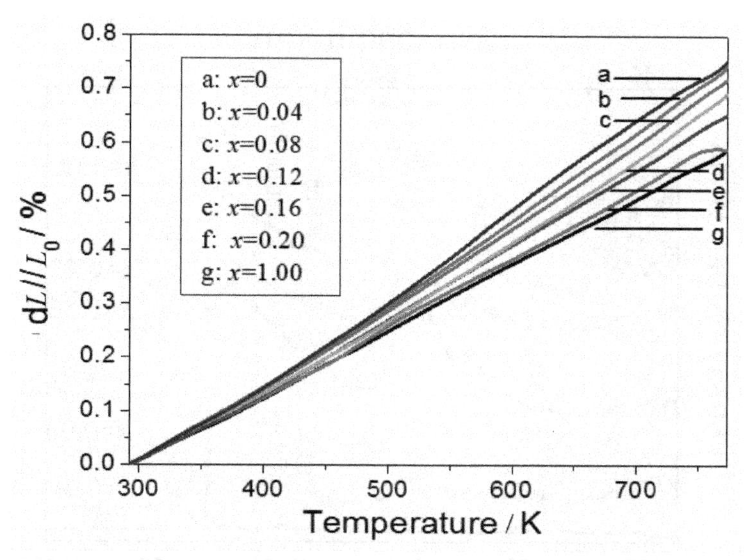

图 27.3　陶瓷样品 $(1-x)NaAl(MoO_4)_2$-$xNaEr(MoO_4)_2$（$x = 0.00$、0.04、0.08、0.12、0.16、0.20、1.00）的相对长度（dL/L_0）随温度的变化曲线：dL 是线性长度变化量，L_0 是室温时线性长度

27.4.4　光学性能

图 27.4 给出了在激光的激发波长是 633 nm 的红光激发下，记录的 $(1-x)NaAl(MoO_4)_2$-$xNaEr(MoO_4)_2$（$x = 0.00$、0.04、0.08、0.12、0.16、0.20、1.00）的拉曼光谱。群理论分析预测出空间群是 C_{2h}^6 的 $NaAl(MoO_4)_2$ 晶体有 33 个拉曼活性的模式，其中 18 个模式是 $[MoO_4]^{2-}$ 四面体内部的，分别称作伸缩振动模式：$\nu_1(A_g + B_g)$、$\nu_3(3A_g + 3B_g)$；弯曲振动模式：$\nu_2(2A_g + 2B_g)$、$\nu_4(3A_g + 3B_g)$。剩下的振动模式分别代表 Na^+ 的平动振动模式（$A_g + 2B_g$）；$[MoO_4]^{2-}$ 的天平动振动模式（$3A_g + 3B_g$）、平动振动模式（$3A_g + 3B_g$）。Al^{3+} 的平动振动模式有 A_u 和 B_u 对称性，它们具有拉曼活性[27]。$NaAl(MoO_4)_2$ 的拉曼光谱呈现出 $[MoO_4]^{2-}$ 的对称或非对称伸缩振动模式：985、960、931、810、768 cm^{-1}，弯曲振动模式：从 420 cm^{-1} 到 340 cm^{-1}，Na^+ 的平动振动模式，$[MoO_4]^{2-}$ 的平动振动模式和天平动振动模式（低于 300 cm^{-1}）。这些振动模式在 $(1-x)NaAl(MoO_4)_2$-$xNaEr(MoO_4)_2$（$x = 0.04$、0.08、0.12、0.16、0.20）的拉曼光谱也表现出来。

除了归属于 $NaAl(MoO_4)_2$ 的尖锐的拉曼带，$(1-x)NaAl(MoO_4)_2$-

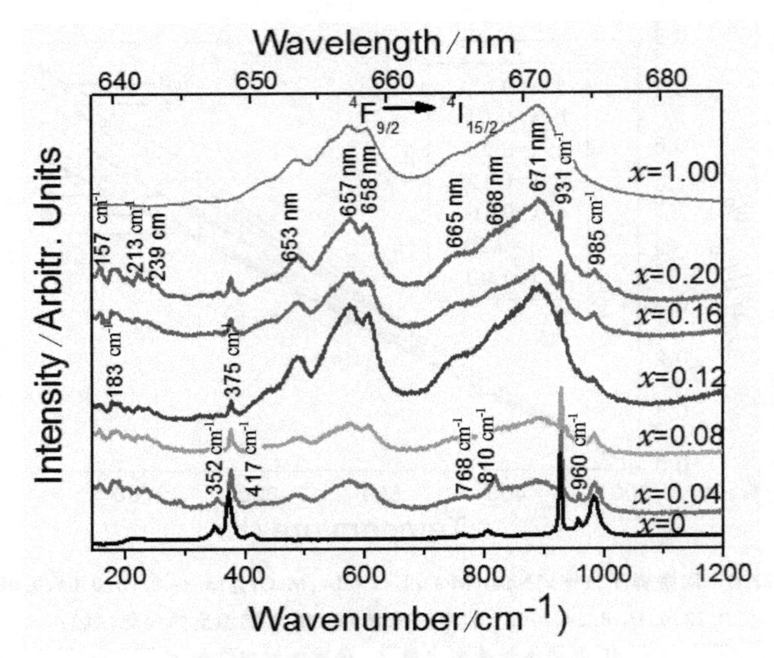

图 27.4　$(1-x)NaAl(MoO_4)_2$-$xNaEr(MoO_4)_2$（x = 0.00、0.04、0.08、0.12、0.16、0.20 和 1.00）的拉曼光谱，激发波长是 633 nm

$xNaEr(MoO_4)_2$（x = 0.04、0.08、0.12、0.16、0.20、1.00）的拉曼谱中还出现两个显著的谱带：从 450～650 cm^{-1}，其峰对应的波长分别是 653、657、658 nm；从 700～950 cm^{-1}，其峰对应的波长分别是 665、668、671 nm。这些谱带的波长与 Er^{3+} 能级$^4F_{9/2}\rightarrow{}^4I_{15/2}$跃迁对应的能量差对应[28,30]，所以，这些谱带可能是$(1-x)NaAl(MoO_4)_2$-$xNaEr(MoO_4)_2$ 复合晶体场中的 Er^{3+} 被激光激发后发出的荧光。

为了区别拉曼散射的光和光致发光，我们又使用 532 nm 的激光激发$(1-x)NaAl(MoO_4)_2$-$xNaEr(MoO_4)_2$（x = 0.00、0.04、0.08、0.12、0.16、0.20、1.00）来重新测试其拉曼光谱，其测试结果如图 27.5 所示。对比图 27.4 和图 27.5，我们很清楚地看到，使用两个不同波长的激发光激发，原来两个突出的谱带在图 27.4 和图 27.5 中在波数上出现移动，但是它们的波长却保持不变。

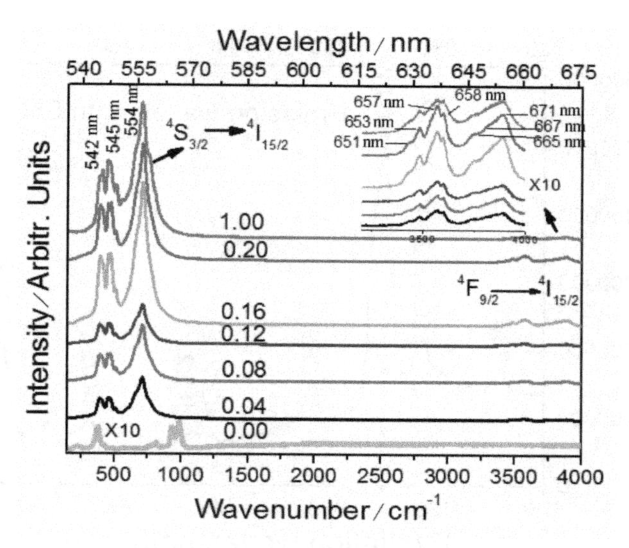

图 27.5 $(1-x)NaAl(MoO_4)_2$-$xNaEr(MoO_4)_2$ 复合陶瓷 (x = 0、0.04、0.08、0.12、0.16、0.20、1.0) 在波长为 532 nm 激光激发下的 Raman 光谱

我们知道，物质由两个不同激发波长激发后，发射光的波长是固定不变的，这是物质受到激发发出荧光的特点，其原因是一般来说稀土离子的能级是不变的，从固定的高能级向固定的低能级的跃迁发出的荧光也就不会改变。然而 Raman 频移给出的信息是晶体结构的振动模式，即使使用不同的激发光激发，其振动模式是固定的。所以，那些谱带应该归因于 Er^{3+} 能级跃迁 $^4F_{9/2} \rightarrow {^4I_{15/2}}$ 发出的荧光[28,30]。

从图 27.5 中还会发现，$(1-x)NaAl(MoO_4)_2$-$xNaEr(MoO_4)_2$ (x=0.00、0.04、0.08、0.12、0.16、0.20、1.00) 在 532 nm 激发光激发下，发出了相对强的绿光：542、545、554 nm。由于较强的光致发光，弱的拉曼信号被淹没，已经观察不到。考虑到 Er^{3+} 的能级，这些相对强的绿光 (542、545、554 nm) 应该属于 $^4S_{3/2} \rightarrow {^4I_{15/2}}$ 的跃迁发出的荧光[28,30]。

为了进一步澄清那些相对强的绿光的机理，我们固定了发射波长 550 nm，测试了 $(1-x)NaAl(MoO_4)_2$-$xNaEr(MoO_4)_2$ (x = 0.12) 的激发光谱，如图 27.6 所示。

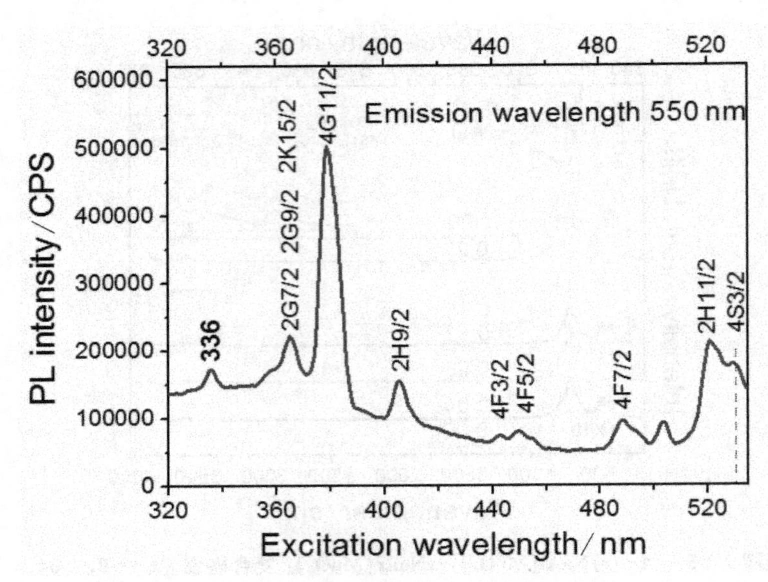

图 27.6 $(1-x)NaAl(MoO_4)_2$-$xNaEr(MoO_4)_2$ ($x=0.12$) 的激发光谱,发射波长是 550 nm

图 27.6 中虚线标出的 532 nm 激发光对应于从 Er^{3+} 的基态$^4I_{15/2}$到激发态$^4S_{3/2}$的共振跃迁。由于激发光和发射光的波长差很小,因此发射的绿光（542、545、554 nm）是从激发态$^4S_{3/2}$到基态的低能级,并且因双共振的特性,绿光发射的强度较大。

图 27.6 中也显示出对绿光发射贡献最大的激发波长大约在 379 nm,其对应于从基态$^4I_{15/2}$到激发态$^4G_{11/2}$。所以我们进一步使用 379 nm 作为激发光来产生荧光,图 27.7 给出了 $(1-x)NaAl(MoO_4)_2$-$xNaEr(MoO_4)_2$ ($x=0.12$ 和 1.00) 陶瓷在 379 nm 激发光激发下的荧光光谱。我们发现,样品 $x=0.12$ 比 $x=1.00$ 发出更强的荧光。这些结果说明了,很强的近紫外光 405 nm 和绿光 542、545、554 nm 来源于 $(1-x)NaAl(MoO_4)_2$-$xNaEr(MoO_4)_2$ 复合陶瓷中 Er^{3+} 而不是来源于单一相的 $NaEr(MoO_4)_2$。相对强的近紫外发光带 405 nm 与 Er^{3+} 的基态$^2H_{9/2}$和激发态$^4I_{15/2}$的能级差相匹配,所以我们将该近紫外光归因于 Er^{3+} 的$^2H_{9/2}\rightarrow{}^4I_{15/2}$的跃迁发出的荧光。

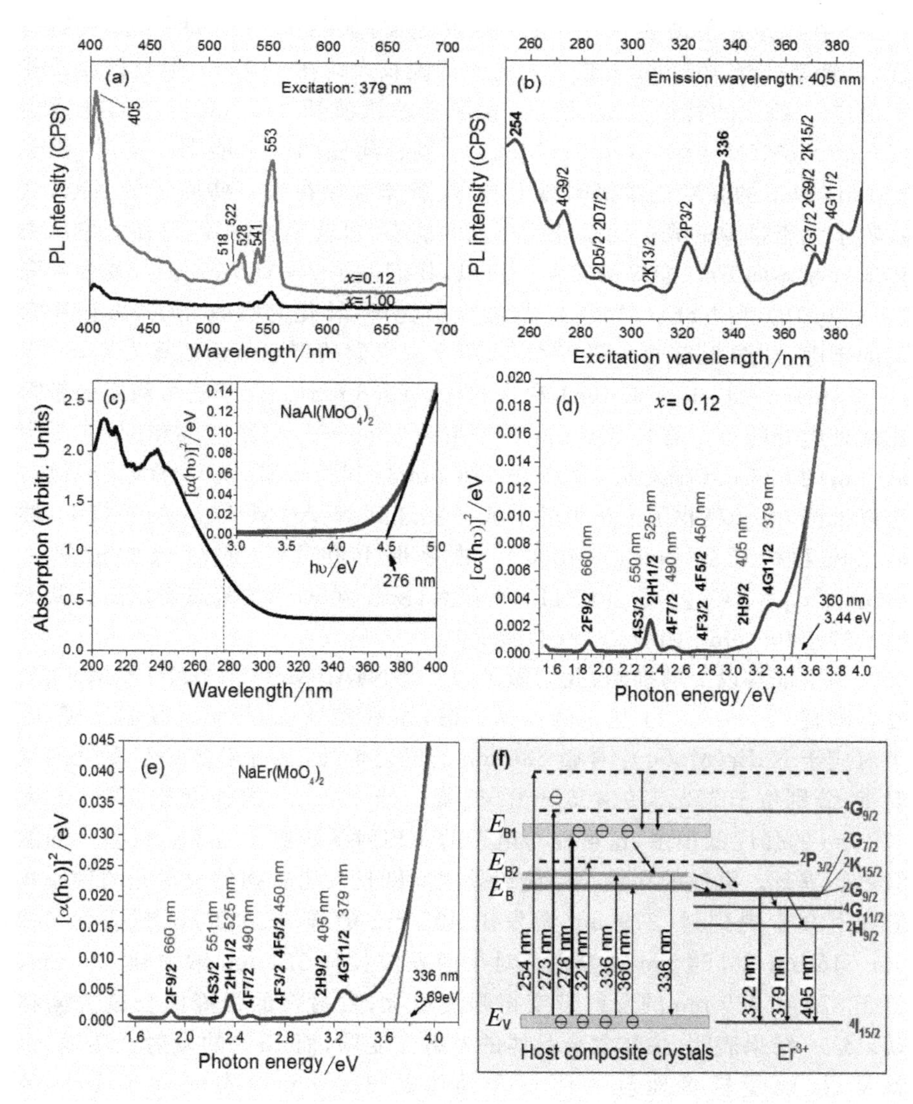

图 27.7 $(1-x)NaAl(MoO_4)_2$-$xNaEr(MoO_4)_2$ 复合陶瓷($x=0.12$ 和 1.00)在 379 nm 激发光激发的荧光光谱 (a);复合陶瓷 ($x=0.12$) 的激发光谱 (b),发射波长固定在 405 nm;$NaAl(MoO_4)_2$、复合陶瓷 ($x=0.12$) 和 $NaEr(MoO_4)_2$ 带隙根据吸收光谱的估算 (c)～(e);复合陶瓷 ($x=0$、1.00 和 0.12)中电子的跃迁和 Er^{3+} 发生近紫外光的示意图(f)(E_V:价带,E_{B1}、E_{B2}、E_B:对应于 $x=0$、1.00 和 0.12 复合陶瓷的导带)

为了确定这个近紫外光 405 nm 的机理以及是否存在能量从主体复合晶体到 Er^{3+} 的转移,我们做了$(1-x)NaAl(MoO_4)_2$-$xNaEr(MoO_4)_2$($x=$

0.12) 在固定发射波长 405 nm 的激发光谱，如图 27.7(b)所示。我们发现，对近紫外光 405 nm 贡献最大的光的波长大约在 336 nm，但是该波长并不对应于 Er^{3+} 的特征能级，所以，我们考虑该波长 336 nm 对应的能量是 $(1-x)NaAl(MoO_4)_2$-$xNaEr(MoO_4)_2$ 复合陶瓷的一个能态。同时，位于 280 nm 以下的激发谱线很明显上升，这意味着存在着一些原子的贡献，其吸收了大于带隙的光子而跃迁到更高的能态，也就是说，可能存在能量从主体复合晶体向 Er^{3+} 能级的转移。所以，我们做了 $NaAl(MoO_4)_2$、复合陶瓷 ($x = 0.12$) 和 $NaEr(MoO_4)_2$ 的漫反射光谱，转化为吸收光谱，再估算它们的带隙，如图 2.7(c)～图 27.7(e)所示。它们的带隙分别估算为 4.50 eV (276 nm)、3.44 eV (360 nm) 和 3.69 eV (336 nm)。对于复合陶瓷的带隙比两种组分的小。波长 336 nm 对于带隙 3.69 eV，与图27.6和图 27.7 中激发谱的 336 nm 峰对应，这表明 336 nm 与 $NaEr(MoO_4)_2$ 的导带对应。可以推测，电子吸收了大于带隙的光子跃迁到 $NaAl(MoO_4)_2$ 的导带上，然后无辐射跃迁到 $NaEr(MoO_4)_2$ 的导带上和 Er^{3+} 的较低的能级上 ($^2G_{7/2}$、$^2K_{15/2}$、$^2G_{9/2}$、$^4G_{11/2}$和$^2H_{9/2}$)，最后，跃迁到 Er^{3+} 的基态而发出蓝紫光 372、379、405 nm [如图 27.7(d)所示]。

为了证实以上的推测，我们做了$(1-x)NaAl(MoO_4)_2$-$xNaEr(MoO_4)_2$ 复合陶瓷 ($x = 0.12$) 更多的荧光光谱，如图 27.8(a)所示。我们发现，除了对应于 $NaEr(MoO_4)_2$ 导带 336 nm 的发射带外，还有来自 Er^{3+} 跃迁的发射带，分别位于 372、379、405 nm。近紫外光 405 nm 的强度比 372 nm 和 379 nm 的强度低很多，这可能与电子的无辐射跃迁更倾向于能级差小的能级之间进行。类似的在较小的能级差之间跃迁发出较强的发射光的现象我们在上文中提到过：379 nm 激发出 405 nm 的强光、532 nm 激发出 542 nm、545 nm 和 554 nm 的强光。对于激发波长从 321 nm 增加到 336 nm，位于 372 和 379 nm 的发射带变得强度更大，发射带的强峰向长波方向移动。这一结果表明，主体复合晶体的发射光变弱，而 Er^{3+} 的发射光变强，也就是说，能量较多地从主体复合晶体的 336 nm 能态转移到 Er^{3+} 的能级[31,32]。

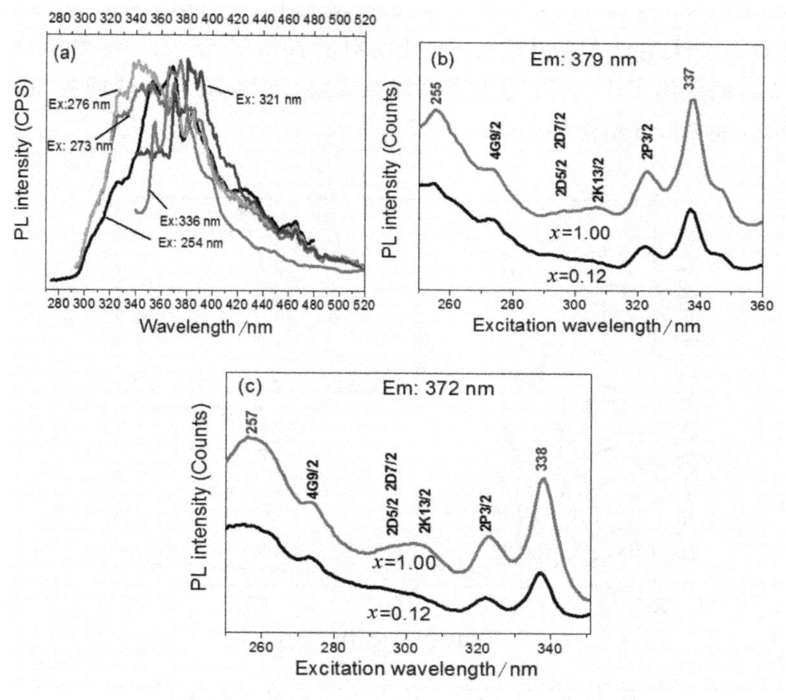

图 27.8　$(1-x)NaAl(MoO_4)_2$-$xNaEr(MoO_4)_2$ 复合陶瓷 (x = 0.12 和 1.00) 用 254、273、276、321、336 nm 作为激发波长的荧光光谱 (a);其发射波长为 379 和 372 nm 的激发光谱 (b)、(c)

图 27.8(b)和 27.8(c)的激发光谱表明,位于 372 nm 和 379 nm 发射带的起源,激发谱线从 276 nm 处明显上升,可以认为与导带电子的跃迁贡献有关,这也可能与推测的能量从主体复合陶瓷向 Er^{3+} 的能级转移是一致的。

Er^{3+} 既有频率下转换发出的低频荧光,同样也会在低频激发光激发下发出频率上转换的高频光。图 27.9 给出了$(1-x)NaAl(MoO_4)_2$-$xNaEr(MoO_4)_2$ 复合陶瓷 (x = 0.04、0.08、0.12、0.16、0.20)的频率上转换光谱,使用的激发波长是 980 nm,其中的插图是位于 553 nm 上转换发光强度随着 x 值的变化曲线。从图中可以发现,使用 980 nm 的激发光激发,复合陶瓷发出相对强的绿光,对应于 Er^{3+} 的跃迁:$^2H_{11/2}\rightarrow {}^4I_{15/2}$、$^4S_{3/2}\rightarrow {}^4I_{15/2}$;和相对弱的红光,对应于 Er^{3+} 的跃迁:$^4F_{9/2}\rightarrow {}^4I_{15/2}$[28,30]。

980 nm 的激发光光子能量与从基态$^4I_{15/2}$跃迁到激发态$^4I_{11/2}$、再从$^4I_{11/2}$跃迁到更高的激发态$^4F_{7/2}$所需要的能量相匹配。Er^{3+} 持续吸收泵浦光子将先泵浦到$^4I_{11/2}$,然后再到$^4F_{7/2}$能级。吸收双光子的而被激发的 Er^{3+} 弛豫到较低能级$^{2}H_{11/2}$和$^{4}S_{3/2}$，从那里跃迁回基态的亚能级，同时发出光子。Er^{3+}的跃迁$^{2}H_{11/2}\rightarrow{}^{4}I_{15/2}$和$^{4}S_{3/2}\rightarrow{}^{4}I_{15/2}$对应发出绿光525 nm和550 nm。占据$^{4}F_{7/2}$的受激$Er^{3+}$也可能弛豫到能级$^{4}F_{9/2}$，然后$Er^{3+}$跃迁回到基态，同时发出红光650 nm和670 nm。

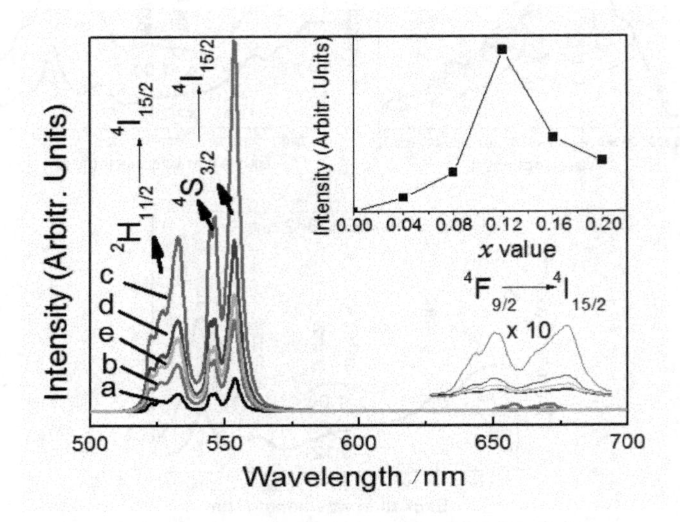

图 27.9　$(1-x)NaAl(MoO_4)_2$-$xNaEr(MoO_4)_2$
(x = 0.04、0.08、0.12、0.16、0.20)复合陶瓷的上转换光谱，其分别对应于 a、b、c、d 和 e，激发波长是 980 nm，插图是位于 553 nm 的上转换光强度随着 x 的变化曲线

然而，占据$^{4}F_{7/2}$的受激的Er^{3+}弛豫到$^{4}F_{9/2}$能级的概率很低，因为从$^{4}F_{7/2}$到$^{4}F_{9/2}$直接跃迁是禁止的，其跃迁不满足 Laporte 选择定则：g-u 或 u-g 跃迁。

从插图中观察到，复合陶瓷的上转换发光强度随着x的增大而增大，当$x=0.12$时，上转换发光强度到达最大值，然后，随着x的增大，上转换发光强度逐渐减小。类似的现象在图 27.5 中的荧光光谱中也观察到。另一方面，这一现象与Er^{3+}的浓度有关。当Er^{3+}的浓度较低时，Er^{3+}-Er^{3+}的距离很远，受激发射过程处于主导优势，然而，当Er^{3+}的浓度较高时，Er^{3+}之间的距离变短，导致Er^{3+}团簇出现[33]。结果表明，在Er^{3+}高浓度时，来自浓度淬灭过程导致无辐射衰减成为主导趋势，发光强度迅速减小。在另一方面，这一个现象估计与主题晶体的对称性也有关系。$NaAl(MoO_4)_2$是单斜结构，而$NaEr(MoO_4)_2$是四方结构。随着x值的增加，复合陶瓷的对称性会减小，然而对于较低x值，Er^{3+}的有效数目增加，发出更多的光。对于较大的x值，Er^{3+}的有效数目减小，发出较少的光。这一推测说明了，Er^{3+}在对称性高的晶体场中比在对称性低的晶体场中发光效率低[34]。

通过对比$(1-x)NaAl(MoO_4)_2$-$xNaEr(MoO_4)_2$（x = 0.04、0.08、0.12、0.16、0.20、1.00）中 Er^{3+} 的荧光光谱（图 27.4、图 27.5、图 27.7 和图 27.8）和上转换光谱（图 27.9）发现，尽管激发的波长不同（379、532、633、980 nm），其发射光谱类似。所有这些测试表明，所有的光子发射是从初始的亚稳定能级$^4F_{9/2}$、$^4S_{3/2}$、$^2H_{11/2}$和$^2H_{9/2}$开始的。对于 321 nm 激发光，只有 372 nm 和 379 nm 的发射光强度相对较强，这说明它们的亚稳能级是$^2G_{7/2}$、$^2G_{9/2}$、$^2K_{15/2}$和$^4G_{11/2}$。对于这些实验，我们可以画出 Er^{3+} 的吸收光子、激发、无辐射弛豫和跃迁发射光子等等分别对应于 321、379、532、633、980 nm 的光，如图 27.10 所示，这些类似于报道的单一相中 Er^{3+} 的跃迁吸收和发射光子[6]。然而，为了简单起见，从主体复合陶瓷到 Er^{3+} 能级的跃迁没有给出。对应于 Er^{3+} 的跃迁$^4F_{9/2}\rightarrow{}^4I_{15/2}$，观察到两个发射带，分别位于约 650 nm 和 680 nm，其原因可能是多重发射。相同的现象在 Er^{3+} 的跃迁$^4S_{3/2}\rightarrow{}^4I_{15/2}$中也观察到，也存在多重发射，分别位于约 545 nm 和 553 nm。这些结果可能与基态$^4I_{15/2}$、激发态$^4F_{9/2}$和$^4S_{3/2}$存在多重亚能级有关。

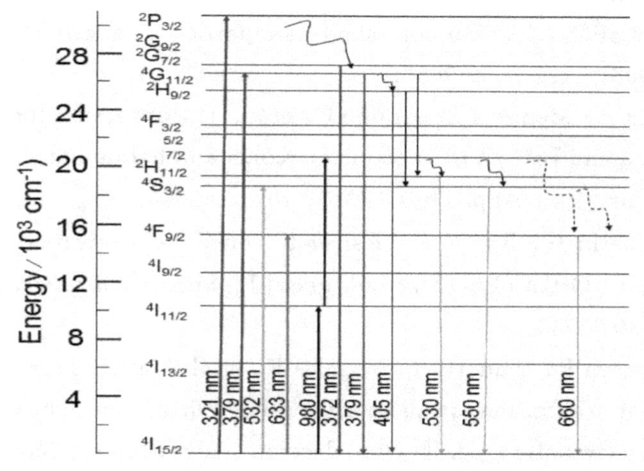

图 27.10　在$(1-x)NaAl(MoO_4)_2-xNaEr(MoO_4)_2$复合晶体中 Er^{3+} 能级及受激 Er^{3+} 的跃迁示意图

27.5　本章小结

本章对$(1-x)NaAl(MoO_4)_2$-$xNaEr(MoO_4)_2$（x = 0.00、0.04、0.08、0.12、0.16、0.20、1.00）复合陶瓷的制备、密度、热膨胀和光学性能进行了研究，目的是要得到可控热膨胀的相对强的发光材料。研究发现，该复合陶瓷的热膨胀系数随着组分的比例变化连续可调,并且能够有效地发出近紫外光(约 379 nm 和 405 nm)、绿光(510～560 nm)、相对弱的红光(630～680 nm)。能量从主体复合陶瓷向 Er^{3+} 能级转移也能够推论得到。同时,使用 980 nm 激发光激发,该复合陶瓷呈现出相对强的频率上转换绿光和相对弱的频率上转换红光。这些特性使得该复合陶瓷在近紫外光和绿光发光二极管和上转换材料中找到有意义的应用。

参考文献

[1] Mahalingam V, Mangiarini F, Vetrone F, et al. Bright white upconversion emission from $Tm^{3+}/Yb^{3+}/Er^{3+}$-doped $Lu_3Ga_5O_{12}$ nanocrystals[J]. J Phys Chem B, 2008, 112: 17745-17747.

[2] Ghosh P, Oliva J, Rosa E, et al. Enhancement of upconversion emission of $LaPO_4$: Er@Yb core-shell nanoparticles/nanorods[J]. J Phys Chem C, 2008, 112: 9650-9658.

[3] Luis A, Menezes L, Araújo C, et al. Upconversion luminescence in Er^{3+} doped and Er^{3+}/Yb^{3+} codoped zirconia and hafnia nanocrystals excited at 980 nm[J]. J Appl Phys, 2010, 107: 113508.

[4] Tripathi G, Rai V K, Rai D K, et al. Upconversion in Er^{3+}-doped Bi_2O_3-Li_2O-BaO-PbO ttertiary glass[J]. Spectrochim Acta, Part A, 2007, 66: 1307-1311.

[5] Plugaru R, Piqueras J, Nogales E, et al. Cathodo- and photo-luminescence of erbium ions in nano-crystalline silicon: mechanism of excitation energy transfer[J]. J Optoelectron Adv Mater, 2002, 4(4): 883-892.

[6] Patra A, Friend C, Kapoor R, et al. Upconversion in Er^{3+}: ZrO_2 nanocrystals[J]. J Phys Chem B, 2002, 106(8): 1909-1912.

[7] Hyppänen I, Hölsä J, Kankare J, et al. Defect structure and upconversion luminescence properties of ZrO_2: Yb^{3+}, Er^{3+} nanomaterials[J]. J Fluoresc, 2008, 18: 1029-1034.

[8] Díaz-Torres L, Rosa-Cruz E, Salas P, et al. Concentration enhanced red upconversion in nanocrystalline ZrO_2: Er under IR excitation[J]. J Phys D: Appl Phys, 2004, 37(18): 2489-2495.

[9] He J, Luo M, Jin L, et al. Raman spectrum of Er-Y-codoped ZrO_2 and fluorescence properties of Er^{3+}[J]. Chin J Chem Phys, 2007, 20(1): 90-94.

[10] Li Y, Zhang Y, Hong G, et al. Upconversion luminescence of Y_2O_3:Er^{3+}, Yb^{3+} nanoparticles prepared by a homogeneous precipitation method[J]. J Rare Earths, 2008, 26(3): 450-454.

[11] Meza O, Diaz-Torres L, Salas P, et al. Oliva J, Dynamics of the green and red upconversion emissions in Yb^{3+}-Er^{3+}-codoped Y_2O_3 nanorods[J]. J Nanomater, 2010, 2010: 491982.

[12] Fan T, Zhang Q, Jiang Z. Enhancement of the 1.5 μm emission in Y_2O_3:Er^{3+} nanocrystals by codoping with Li^+ ions[J]. J Opt, 2011, 13: 015001.

[13] Ghosh P, Sadhu S, Sen T, et al. Upconversion emission of $BaTiO_3$:Er nanocrystals[J]. Bull Mater Sci, 2008, 31(3): 461-465.

[14] Guo H, Zhang W, Yin M, et al. Structure property and visible upconversion of Er^{3+} doped Gd_2O_3 nanocrystals[J]. J Rare Earths, 2004, 22(3): 365-3627.

[15] Pang X, Zhang Y, Ding L, et al. Upconversion luminescence properties of Er^{3+}-Bi^{3+} codoped $CaSnO_3$ nanocrystals with perovskite structure[J]. J Nanosci Nanotechnol, 2010, 10(3): 1860-1864.

[16] Song F, Su J, Tan H, et al. The energy transfer processes between the Er^{3+} and Tm^{3+} in Er, Tm-codoped-$NaY(WO_4)_2$ crystal[J]. Opt Commun, 2004, 241: 455-463.

[17] Cascales C, Méndez Blas A, Rico M, et al. The optical spectroscopy of lanthanides R^{3+} in $ABi(XO_4)_2$ (A = Li, Na; X = Mo, W) and $LiYb(MoO_4)_2$ multifunctional single crystals: Relationship with the structural local disorder[J]. Opt Mater, 2005, 27: 1672-1680.

[18] Li Q J, Yuan B H, Song W B, et al. Phase transition, hygroscopicity and thermal expansion properties of $Yb_{2-x}Al_xMo_3O_{12}$[J]. Chin Phys B, 2012, 21: 046501.

[19] Cheng Y Z, Wu M M, Peng J, et al. Structures, thermal expansion properties and phase transitions of $Er_xFe_{2-x}(MoO_4)_3$ $(0.0 \leqslant x \leqslant 2.0)$[J]. Solid State Sci, 2007, 9: 693-698.

[20] Hizhnyi Y, Nedilko S, Chornii V, et al. Spectroscopic studies of polycrystalline $NaAl(MoO_4)_2$:Cr^{3+} compound as new material for mi-

cro- and nano-sized cryogenic fluorescence thermometer[J]. Sens Lett, 2010, 8: 425-430.

[21] Peña A, Solé R, Gavaldà J, et al. Primary crystallization region of $NaAl(MoO_4)_2$, Cr^{3+} doping, crystal growth, and characterization[J]. Chem Mater, 2006, 18: 442-448.

[22] Kolitsch U, Maczka M, Hanuza J. $NaAl(MoO_4)_2$: a rare structure type among layered yavapaiite-related $AM(XO_4)_2$ compounds[J]. Acta Crystallogr, 2003, 59: i10-i13.

[23] Maczka M, Kojima S, Hanuza J. Raman spectroscopy of $KAl(MoO_4)_2$ and $NaAl(MoO_4)_2$ single crystals[J]. J Raman Spectrosc, 1999, 30: 339-345.

[24] Zhao D, Li F F, Cheng W D, et al. Scheelite-type $NaEr(MoO_4)_2$[J]. Acta Cryst. 2010, E66: i36.

[25] Liang E J. Negative thermal expansion materials and their applications: A survey of recent patents[J]. Rec. Pat. Mater. Sci. 2010, 3: 106-128.

[26] Yanase I, Miyagi M, Kobayashi H. Fabrication of zero-thermal-expansion $ZrSiO_4/Y_2W_3O_{12}$ sintered body[J]. J Eur Ceram Soc, 2009, 29: 3129-3134.

[27] Paraguassu W, Filho A, Maczka M, et al. Raman scattering study of $NaAl(MoO_4)_2$ crystal under high pressures[J]. J Phys: Condens Matter, 2004, 16: 5151-5161.

[28] Vetrone F, Boyer J C, Capobianco J A, et al. NIR to visible upconversion in nanocrystalline and bulk $Lu_2O_3:Er^{3+}$[J]. J Phys Chem B, 2002, 106: 5622-5628.

[29] Li T, Guo C F, Wu Y R, et al. Green upconversion luminescence in Yb^{3+}/Er^{3+} co-doped $ALn(MoO_4)_2$ (A = Li, Na and K; Ln = La, Gd and Y)[J]. J Alloys Compd, 2012, 540: 107-112.

[30] Capobianco J A, Vetrone F, Boyer J C, et al. Enhancement of red emission ($^4F_{9/2} \rightarrow ^4I_{15/2}$) via upconversion in bulk and nanocrystalline cubic $Y_2O_3:Er^{3+}$[J]. J Phys Chem B, 2002, 106: 1181-1187.

[31] Huang Y L, Feng X Q. Luminescence enhancement of Er^{3+} ions and energy transfer in $PbWO_4$ single crystals[J]. J Phys D: Appl Phys, 2003, 36: 1783-1788.

[32] Del-Castillo J, Rodríguez V D, Yanes A C, et al. Energy trans-

fer from the host to Er^{3+} dopants in semiconductor SnO_2 nanocrystals segregated in sol-gel silica glasses[J]. J Nanopart Res, 2008, 10: 499-506.

[33] Quimby R S, Miniscalco W J, Thompson B. Clustering in erbium-doped silica glass fibers analyzed using 980 nm excited-state absorption [J]. J Appl Phys, 1994, 76: 4472-4478.

[34] Bai Y F, Wang Y X, Yang K, et al. Enhanced upconverted photoluminescence in Er^{3+} and Yb^{3+} codoped ZnO nanocrystals with and without Li^{+} ions[J]. Opt Commun, 2008, 281: 5448-5452.

第 28 章 $Zr_xHf_{1-x}MgMo_3O_{12}$材料的制备及性能研究

28.1 引 言

由于在宽温区内(0.3～1050 K)各向同性的负热膨胀材料 ZrW_2O_8 的发现[1],人们对是否可以设计出膨胀系数可控的理想型负热膨胀材料的研究有很大的兴趣[2-19]。随着研究的进展,陆续发现了一些具有负膨胀效应的材料体系,比如铝酸盐或钨酸盐,掺杂锗的锰氮化合物,氰化物等[2]。在 $A_2W_2O_{12}$系列负膨胀材料中,A 为三价阳离子,M 为 Mo^{6+}(钼)或 W^{6+}(钨),由于这一系列具有灵活的开放框架结构,所以在较宽的温度范围内具有负膨胀性能(NTE)[3,4]。我们发现,此体系中两个 A^{3+} 可以被四价和二价阳离子的组合所取代,或者 A^{3+} 中的一个被一个四价阳离子取代,其中一个 M^{6+} 可以被一个五价阳离子取代[5,6]。有了这样的替换理论,现在已经研究出了一系列 NTE 材料家族的新成员,包括 $HfMgW_3O_{12}$、$HfMgMo_3O_{12}$ 和 $ZrMgMo_3O_{12}$ 这些热膨胀材料[20-22]。最近,有报道称 $HfMgW_3O_{12}$中用 Mo 替代 W 可以极大地改变热膨胀特性,使 $HfMgW_{2.5}O_{12}$为零热膨胀,$HfMgW_{1.5}Mo_{1.5}O_{12}$的负膨胀系数在 $HfMgW_3O_{12}$基础上增加了一倍以上[7]。然而,目前在避免界面热应力的情况下,在一个广泛的温度范围内,研制出可调整的或接近零的热膨胀特性的材料是很有意义的。

$HfMgMo_3O_{12}$和 $ZrMgMo_3O_{12}$分别具有正热膨胀和负热膨胀性能,其膨胀系数分别为 $1.02\times10^{-6}\ K^{-1}$和$-3.08\times10^{-6}\ K^{-1}$,从单斜到正交的相变点分别为 175 K 和 13 K[7]。所以我们考虑是否能将两种材料通过等价离子替换的方式,制备出一种膨胀系数介于两者之间且相变点的近零膨胀或零膨胀材料,所以我们研究了 $Zr_xHf_{1-x}MgMo_3O_{12}$ 材料的热膨胀、相变和振动特性,目的是实现零膨胀可控相变以及 Zr^{4+} 替代 Hf^{4+} 对膨胀性能的影响。

28.2 $Zr_xHf_{1-x}MgMo_3O_{12}$负热膨胀材料的制备与表征

实验中使用固相烧结法制备 $Zr_xHf_{1-x}MgMo_3O_{12}$ 材料。实验使用的原料是分析纯的 ZrO_2、HfO_2、MgO 和 MoO_3。我们选取四个比例 $Zr_xHf_{1-x}MgMo_3O_{12}$（x=0.3、0.5、0.7、0.8）按照摩尔比进行配置原料，因为这四种比例原料差别不大，所以在称量的过程中要尽量减少称量误差，使用特定的调零后电子天平进行称量，将样品放在称量纸上，并在天平示数稳定后取下，然后标定好每组样品的比例防止出错。研磨前将研钵和研棒用酒精擦拭干净，烘干后再将混合的原料放入研钵中。研磨过程中保持研磨方向一致且力度均匀，先将原料研磨 30 min 至颜色均匀然后加入适量酒精，目的是为了使原料更均匀地分散，同样均匀研磨原料至粉体，重复此步骤 2～3 次，保证总的研磨时间在 2 h 以上。得到原料粉体后放入直径为 8 mm 的圆柱形磨具中，放置在压片机上，在压力为 6 MPa 的压力下保持 2 min，得到圆柱形块体。为了保证样品的致密度，减少其内部的微小孔隙，我们将压好的样品经过微型等静压机 25 MPa 下处理 30 min 后，烘干后再烧结。考虑到 MoO_3 易挥发，经多次尝试后，我们将烧结条件定为 1073 K 下 4 h，过程便是通过程序设定从室温开始每分钟升 5 K 至目标温度后，然后将样品放置炉腔正中，保温 4 h，待自然降温后便可以得到样品。要注意的是注意每次烧结保证用同一炉子，放置位置相同，将样品放在干净的方舟中并在上面盖上另一个方舟减少周围环境对样品的影响，且每次使用低温炉烧结前都必须清洁炉腔防止残留的杂质污染样品。

首先利用 Bruker D8 ADVANCE X 射线衍射仪对常温下样品进行物相表征。要求样品是细致均匀的粉末状，扫描范围是 10°～80°，利用 Rigaku(日本，SmartLab 3 KW)X 射线衍射仪对不同温度下样品的物相进行表征。对于样品的微观形貌可以通过 QUANTA 250 FEI 型电子扫描显微镜来观察。样品的平均膨胀系数可通过 LINSEIS DIL L75 型热膨胀仪测量，用液氮降温后，控制升温速率为 5 K/min，测试范围在 153～673 K。通过 LabRAM HR Evolution 型高分辨显微共焦拉曼光谱仪测定样品的拉曼光谱，激发波长为 633 nm。通过介电频谱仪测得样品的介电常数与介电损耗。

28.3 实验结果与分析

28.3.1 $Zr_xHf_{1-x}MgMo_3O_{12}$系列材料的常温 XRD 及微观形貌的分析

对于这一系列样品取 $x=0.5$ 为例。图 28.1 表示的是 $Zr_{0.5}Hf_{0.5}MgMo_3O_{12}$样品放大500倍、标尺均为1 μm电镜图片。图 28.1(a)类似于截面图,左高右低;图 28.1(b)是横截面图。可以看出其具有明显的晶界,样品也比较致密,其内的气泡或者空隙很少,我们通过膨胀数测试仪测得的膨胀系数是可靠的,其颗粒大小为0.5~1 μm。

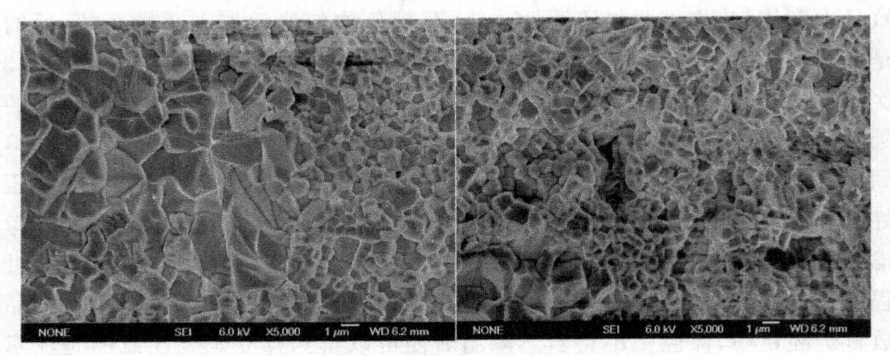

图 28.1 $Zr_{0.5}Hf_{0.5}MgMo_3O_{12}$的电镜图片

(a)截面图;(b)横截面图

图 28.2(a)给出的是 $Zr_xHf_{1-x}MgMo_3O_{12}$ 系列当 $x=0.0$ ($HfMgMo_3O_{12}$)、$x=0.3$、$x=0.5$、$x=0.7$、$x=0.8$、$x=1.0$($ZrMgMo_3O_{12}$)时的常温 XRD 衍射图谱,经分析后在其中任意的衍射图谱中并没有 ZrO_2、HfO_2、MgO、MoO_3 等原材料和杂质的 XRD 谱线,表明所分析的 $Zr_xHf_{1-x}MgMo_3O_{12}$系列材料是纯相。根据文献[20,21]报道,$ZrMgMo_3O_{12}$ 和 $HfMgMo_3O_{12}$负膨胀材料在室温及以上都以空间群为 Pnma(62)的正交结构形式存在。图 28.1(a)显示随着 Zr^{4+} 的掺杂量的增加 XRD 模式并没有明显变化。图 28.1(b)显示了 $Zr_xHf_{1-x}MgMo_3O_{12}$晶格参数 a、b、c 和 V 随 Zr^{4+} 的掺杂量的增加的变化趋势,其大致趋势是增加的,这些数据是经由 PowderX 软件反复精修得来的。经详细分析可知 b 轴和 c 轴的变化较大,a 轴的变化较小,引起晶格参数改变的原因是掺杂的 Zr^{4+}(72 pm)的半径大于 Hf^{4+}(71 pm)的半径[20-25]。此外表 28.1 给出了常温下 $Zr_xHf_{1-x}Mg$-

Mo_3O_{12}系列材料的晶格参数。

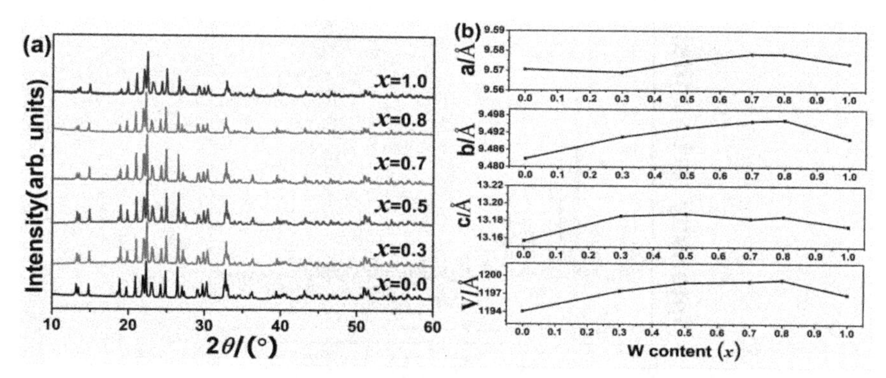

图 28.2 (a)$Zr_xHf_{1-x}MgMo_3O_{12}$系列材料的室温 XRD 衍射图谱;
(b)$Zr_xHf_{1-x}MgMo_3O_{12}$系列材料在室温下晶格参数随掺杂量 x 的变化

表 28.1 $Zr_xHf_{1-x}MgMo_3O_{12}$系列材料的晶格参数

样品名称	a(Å)	b(Å)	c(Å)	V
$HfMgMo_3O_{12}$	9.57067	9.48283	13.15713	1194.102
$Zr_{0.3}Hf_{0.7}MgMo_3O_{12}$	9.56927	9.56927	13.18558	1197.47116
$Zr_{0.5}Hf_{0.5}MgMo_3O_{12}$	9.57506	9.49374	13.18832	1198.85973
$Zr_{0.7}Hf_{0.3}MgMo_3O_{12}$	9.57859	9.49601	13.18246	1199.05536
$Zr_{0.8}Hf_{0.2}MgMo_3O_{12}$	9.57845	9.49642	13.18502	1199.31865
$ZrMgMo_3O_{12}$	9.57370	9.4900	13.17390	1196.9069

$Zr_xHf_{1-x}MgMo_3O_{12}$系列材料的结构分析由拟合得出,因为这些比例的 XRD 图谱几乎相同,选择其中一个 $Zr_{0.5}Hf_{0.5}MgMo_3O_{12}$的样品在室温 297 K 的 XRD 衍射数据进行拟合,得出其可以用 Pnma(No. 62)空间群去表示,其结构为正交结构,拟合后的结果用 Origin9.0 处理后如图 28.3 所示。其可信有效的 R_p、P_{wp}和 R_{exp}分别是 3.83、7.61 和 5.78,P_{wp}/R_{exp}的值约为 1.32,数据比较可信。$Zr_{0.5}Hf_{0.5}MgMo_3O_{12}$在 297 K 时其晶格常数为 a=9.5768Å,b=9.4897Å,c=13.1818Å。其结果与 PowderX 精修所得无太大差异,认为其结果可靠。此外对于其他比例(x=0.3、x=0.7、x=0.7)同样进行拟合,其结果都可用 Pnma(No. 62)空间群去表示。说明 $Zr_xHf_{1-x}MgMo_3O_{12}$可用 Pnma(No. 62)空间群去表示。

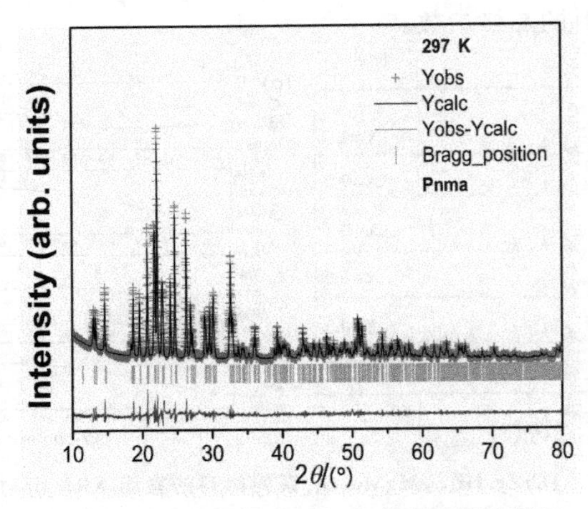

图 28.3　$Zr_{0.5}Hf_{0.5}MgMo_3O_{12}$材料的拟合结果

28.3.2　$Zr_xHf_{1-x}MgMo_3O_{12}$系列材料的非本征热膨胀的分析

图 28.4 给出了 $Zr_xHf_{1-x}MgMo_3O_{12}$ 系列负膨胀材料的相对膨胀长度的变化，其中 x 分别取 0.3、0.5、0.7、0.8，分别对应图 28.4(a)、图 28.4(b)、图 28.4(c)和图 28.4(d)。通过图像曲线看出，这些样品大致在 180 K 左右相对膨胀长度发生了巨变，在 273 K 以后相对长度变化量几乎为零，呈现出近零膨胀现象。为了保证实验的准确性我们对每个样品进行多次测量，发现其结果大致相同，数据具有可靠性，$Zr_xHf_{1-x}MgMo_3O_{12}$ 系列负膨胀材料具有很高的重复性。经过计算发现，如图 28.4 及表 28.2 所示，$Zr_{0.3}Hf_{0.7}MgMo_3O_{12}$ 的线膨胀系数约为 -0.25×10^{-6} K^{-1}(273～673 K)；$Zr_{0.5}Hf_{0.5}MgMo_3O_{12}$ 的线膨胀系数约为 -0.25×10^{-6} K^{-1}(273～673 K)；$Zr_{0.7}Hf_{0.3}MgMo_3O_{12}$ 的线膨胀系数约为 -0.125×10^{-6} K^{-1}(273～673 K)；$Zr_{0.3}Hf_{0.7}MgMo_3O_{12}$ 的线膨胀系数约为 -0.125×10^{-6} K^{-1}(273～673 K)。可以得出这些材料在 273～673 K 温度范围内宏观上呈现近零膨胀性能。

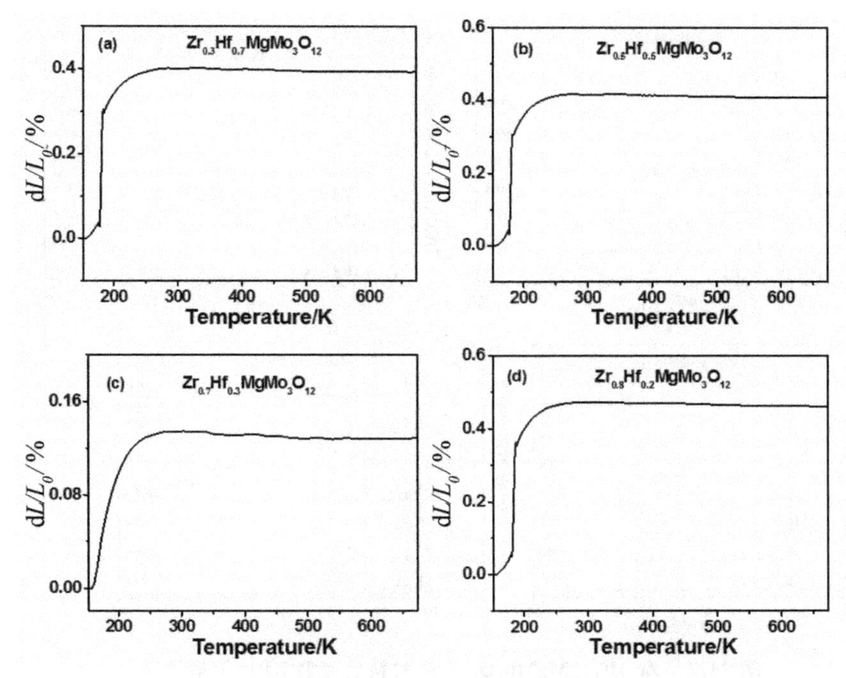

图 28.4　$Zr_xHf_{1-x}MgMo_3O_{12}$系列材料的相对长度变化，
$x=0.3$(a)、$x=0.5$(a)、$x=0.7$(a)和 $x=0.8$(a)

表 28.2　$Zr_xHf_{1-x}MgMo_3O_{12}$系列材料的非本征膨胀性能

样品名称	平均线膨胀系数 /(10^{-6} K^{-1})	响应温度区间/K
$Zr_{0.3}Hf_{0.7}MgMo_3O_{12}$	−0.25	273～673
$Zr_{0.5}Hf_{0.5}MgMo_3O_{12}$	−0.25	273～673
$Zr_{0.7}Hf_{0.3}MgMo_3O_{12}$	−0.125	273～673
$Zr_{0.8}Hf_{0.2}MgMo_3O_{12}$	−0.125	273～673

28.3.3　$Zr_xHf_{1-x}MgMo_3O_{12}$系列材料的变温 XRD 分析及其本征热膨胀的分析

为了更好地分析 $Zr_xHf_{1-x}MgMo_3O_{12}$ 系列材料的本征膨胀性能，我们对这系列材料作了变温 XRD 分析，图 28.5 表示的是不同的样品在不同温度下的 XRD 衍射图谱，其衍射图谱极其相似。

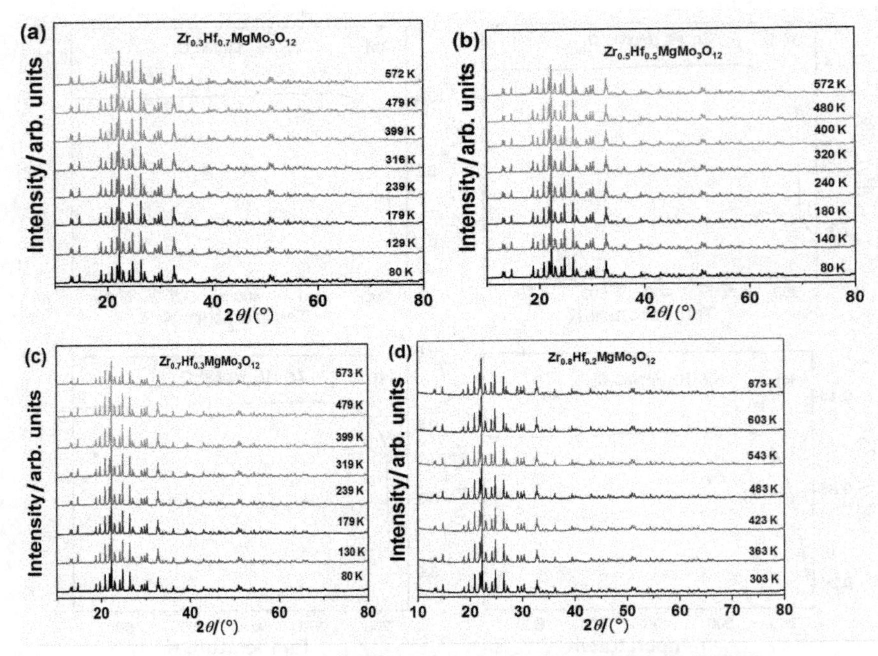

图 28.5　$Zr_xHf_{1-x}MgMo_3O_{12}$ 系列材料的变温 XRD 衍射图谱，
$x=0.3$(a)、$x=0.5$(a)、$x=0.7$(a)和 $x=0.8$(a)

在此以 $Zr_{0.5}Hf_{0.5}MgMo_3O_{12}$ 为例分析其 XRD 峰形随温度的变化，测定温区为 80～573 K。并标定了衍射峰出现的位置(图 28.6)。由图可知，其变温 XRD 显示其变温 X 射线衍射峰形基本没有变化。

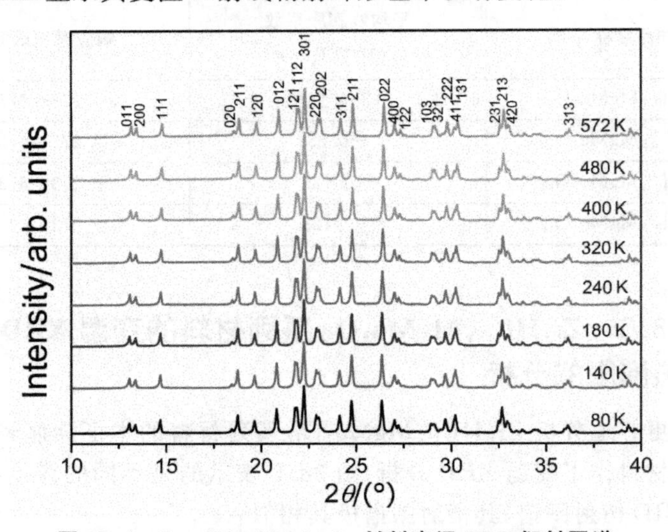

图 28.6　$Zr_{0.5}Hf_{0.5}MgMo_3O_{12}$ 材料变温 XRD 衍射图谱

利用 PowderX 对 $Zr_xHf_{1-x}MgMo_3O_{12}$系列材料($x=0.3$、$x=0.5$、$x=0.7$、$x=0.8$)进行了精修计算,算出它们在不同温度下的晶格参数 a、b、c 和 v 的膨胀系数并绘制成表格(表 28.3)。图 28.7 给出了所有比例,晶格参数随温度变化的关系,表示这四种材料的晶格参数变化趋势类似,其 a 轴、b 轴呈现负膨胀而 c 轴是正膨胀。对于 $Zr_{0.3}Hf_{0.7}MgMo_3O_{12}$来说[图 28.7(a)],在温度区间 93～573 K 范围内 a 轴的膨胀系数 $\alpha_a=-2.5\times10^{-6}\ K^{-1}$、$b$ 轴的膨胀系数 $\alpha_b=-1.8\times10^{-6}\ K^{-1}$、$c$ 轴的膨胀系数 $\alpha_c=4.2\times10^{-6}\ K^{-1}$、体膨胀系数 $\alpha_v=-1.06\times10^{-6}\ K^{-1}$,由此计算出其本征膨胀系数与线膨胀系数的比值为 $\alpha_v/3=-0.34\times10^{-7}\ K^{-1}$,与线膨胀系数相近,皆为零膨胀。对于 $Zr_{0.5}Hf_{0.5}MgMo_3O_{12}$来说[图 28.7(b)],在温度区间 93～573 K 范围内 a 轴的膨胀系数 $\alpha_a=-2.8\times10^{-6}\ K^{-1}$、$b$ 轴的膨胀系数 $\alpha_b=-2.17\times10^{-6}\ K^{-1}$、$c$ 轴的膨胀系数 $\alpha_c=3.96\times10^{-6}\ K^{-1}$、体膨胀系数 $\alpha_v=-1.09\times10^{-6}\ K^{-1}$,由此计算出其本征膨胀系数 $\alpha_v/3=-0.36\times10^{-7}\ K^{-1}$,与线膨胀系数一样都属于零膨胀。对于 $Zr_{0.7}Hf_{0.3}MgMo_3O_{12}$[图 28.7(c)],在温度区间 93～573 K 范围内 a 轴的膨胀系数 $\alpha_a=-2.14\times10^{-6}\ K^{-1}$、$b$ 轴的膨胀系数 $\alpha_b=-2.17\times10^{-6}\ K^{-1}$、$c$ 轴的膨胀系数 $\alpha_c=6.34\times10^{-6}\ K^{-1}$、体膨胀系数 $\alpha_v=2.74\times10^{-6}\ K^{-1}$,由此计算出其本征膨胀系数 $\alpha_v/3=0.91\times10^{-6}\ K^{-1}$,也属于近零膨胀。最后的 $Zr_{0.8}Hf_{0.2}MgMo_3O_{12}$[图 28.7(d)],在温度区间 273～673 K 范围内 a 轴的膨胀系数 $\alpha_a=-3.21\times10^{-6}\ K^{-1}$、$b$ 轴的膨胀系数 $\alpha_b=-2.67\times10^{-6}\ K^{-1}$、$c$ 轴的膨胀系数 $\alpha_c=8.9\times10^{-6}\ K^{-1}$、体膨胀系数 $\alpha_v=2.22\times10^{-6}\ K^{-1}$,由此计算出其本征膨胀系数 $\alpha_v/3=0.74\times10^{-6}\ K^{-1}$,可以视作近零膨胀。$a$ 轴与 b 轴方向的晶格振动对负膨胀做出了贡献,随着温度的升高 a、b 轴的收缩是因为多面体的转动或天平动及平移震动。a、b 和 c 三个轴变化的叠加导致了材料的近零膨胀现象。

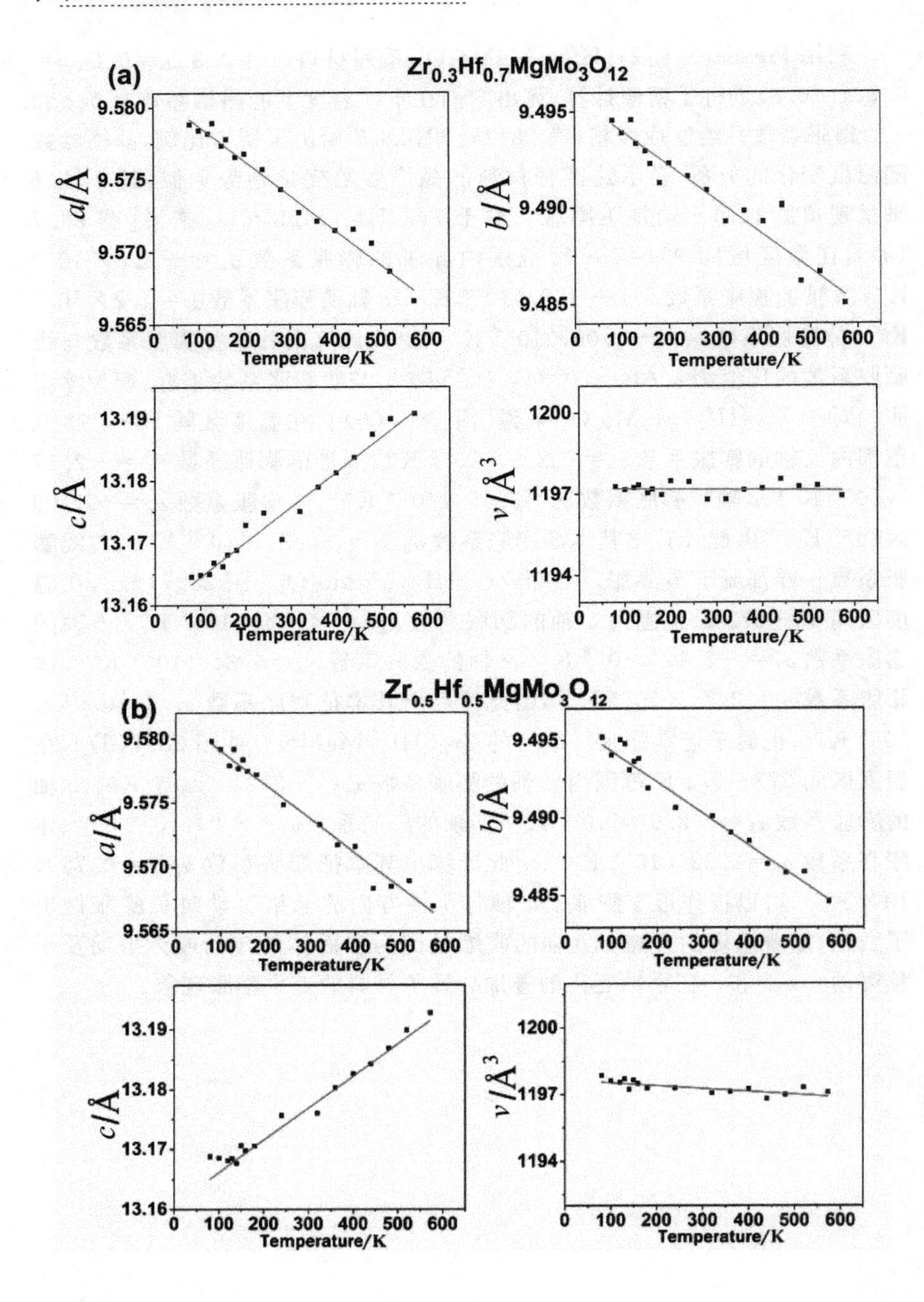
(a)
Zr0.3Hf0.7MgMo3O12
a/Å
b/Å
c/Å
v/Å3
Temperature/K
(b)
Zr0.5Hf0.5MgMo3O12
a/Å
b/Å
c/Å
v/Å3
Temperature/K

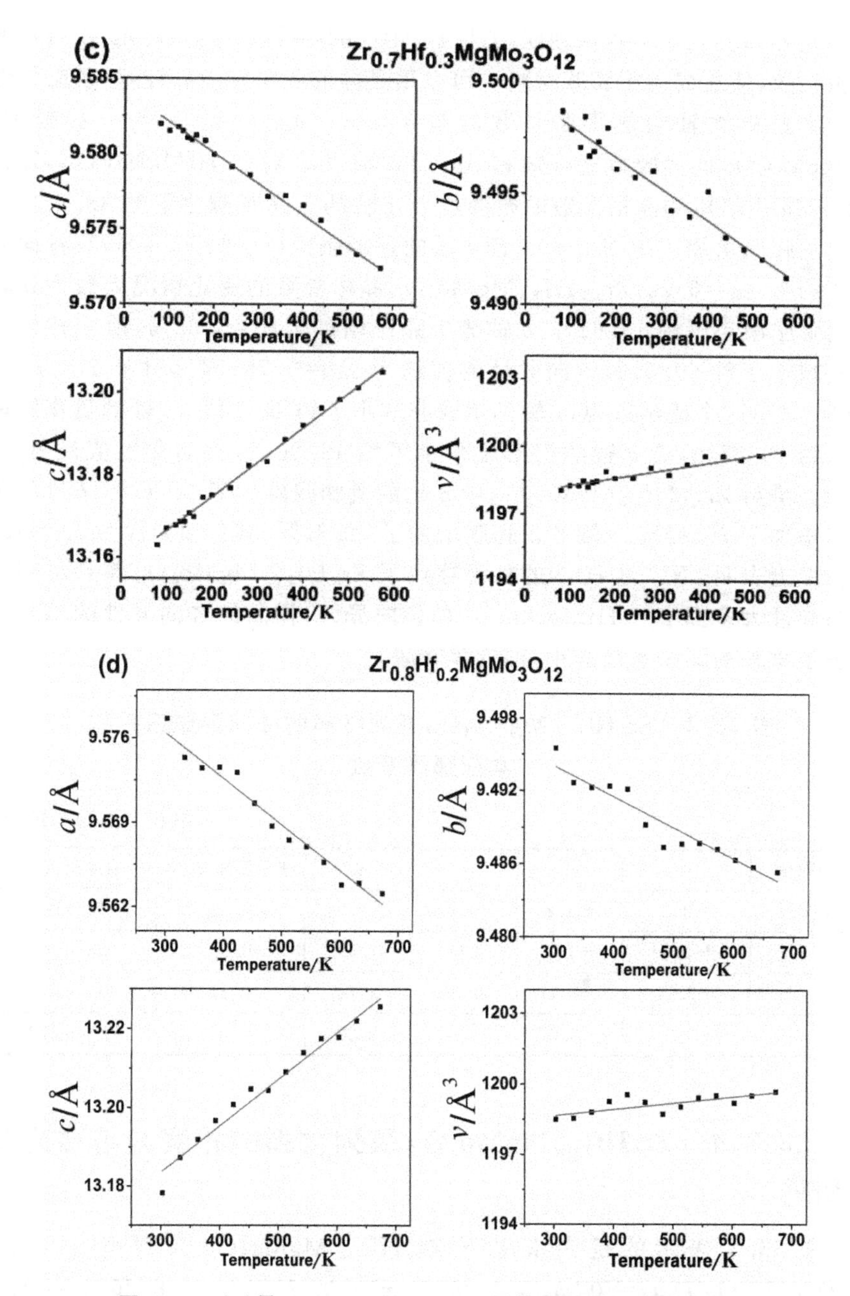

图 28.7 (*a*)是 $Zr_{0.3}Hf_{0.7}MgMo_3O_{12}$ 晶格参数随温度的变化；(*b*)是 $Zr_{0.5}Hf_{0.5}MgMo_3O_{12}$ 晶格参数随温度的变化；(*c*)是 $Zr_{0.7}Hf_{0.3}MgMo_3O_{12}$ 晶格参数随温度的变化；(*d*)是 $Zr_{0.8}Hf_{0.2}MgMo_3O_{12}$ 晶格参数随温度的变化

此外，表 28.3 中数据表明，Zr^{4+} 对 Hf^{4+} 的替代会改变 $HfMgMo_3O_{12}$ 的膨胀系数，使之成为零膨胀材料。可以用晶体的各向异性去理解，各向异性的定义是最大轴向热膨胀系数的差异（$\Delta\alpha = \alpha_{max} - \alpha_{min}$）[20]。据报道，$HfMgMo_3O_{12}$ 的实验数据可知其 $\Delta\alpha=11.44$[26]。对比 $HfMgMo_3O_{12}$，$Zr_{0.3}Hf_{0.7}MgMo_3O_{12}$ 的晶格参数的改变量为 a 轴的负膨胀减小了约 33.16%，b 轴的负膨胀增加了约 19.21%，而 c 轴的正膨胀减小了约 50.1%，其各向异性值约为 $\Delta\alpha=6.72$；$Zr_{0.5}Hf_{0.5}MgMo_3O_{12}$ 晶格参数的变化情况大致为 a 轴的负膨胀减小了约 18.61%，b 轴的负膨胀增加了约 45.62%，沿 c 轴的正膨胀减小了约 50.5%，各向异性的值约为 $\Delta\alpha=7.76$；同理对于 $Zr_{0.7}Hf_{0.3}MgMo_3O_{12}$ 这个比例来说，a 轴的负膨胀减小了约 42.78%，b 轴的负膨胀增加了约 19.87%，沿 c 轴的正膨胀减小了约 19.90%，各向异性值是 $\Delta\alpha=8.48$。最后 $Zr_{0.8}Hf_{0.2}MgMo_3O_{12}$ 中 a 轴的负膨胀减少了 14.17%，b 轴的负膨胀增加了 76.82%，c 轴的正膨胀增加了 12.37%，其各项异性为 $\Delta\alpha=12.11$。综上表明，Zr^{4+} 对 Hf^{4+} 的替代导致了 $Zr_xHf_{1-x}MgMo_3O_{12}$ 系列材料的各向异性大多都小于 $HfMgMo_3O_{12}$ 的各向异性，样品的各向异性的减小也促进了材料的膨胀系数减小，即近零膨胀。

表 28.3　$Zr_xHf_{1-x}MgMo_3O_{12}$ 系列材料的轴向膨胀系数和本征膨胀系数

单位：(10^{-6} K^{-1})

x 的取值	α_a	α_b	α_c	α_v	本征膨胀 $\alpha_v/3$	响应温区/K
0.3	−2.5	−1.8	4.2	1.06	0.34	93～573
0.5	−2.7	−2.8	3.96	1.09	0.36	93～573
0.7	−2.14	−2.17	6.34	2.74	0.91	93～573
0.8	−3.21	−2.67	8.9	2.22	0.74	273～673

28.3.4　$Zr_xHf_{1-x}MgMo_3O_{12}$ 系列材料的相变与拉曼光谱的研究

图 28.8 表示的是在室温下 $Zr_xHf_{1-x}MgMo_3O_{12}$ 系列当 $x=0.0$ ($HfMgMo_3O_{12}$)、$x=0.3$、$x=0.5$、$x=0.7$、$x=0.8$ 和 $x=1.0$ ($ZrMgMo_3O_{12}$) 时的拉曼光谱，根据已有文献的报道，拉曼震动模式出现在 900～1050 cm^{-1}，750～900 cm^{-1}，320～400 cm^{-1} 和 280～320 cm^{-1} 位置的可以看作是由 MoO_4 四面体的对称和非对称伸缩振动、弯曲振动和非对

称弯曲震动引起的，280 cm^{-1}以下是 MoO_4 四面体平动和天平动引起的[27,28]。从图 28.8(a)中的插图以及图 28.8(b)可以看出，绝大部分的拉曼震动模式明显向更低的波数移动，发生了红移，以 337 cm^{-1}和 816 cm^{-1}处的拉曼振动模式为例可以发现其移动明显。发生这种现象的原因可以理解为，随着 Zr^{4+} 比例掺杂量的增加，导致 MoO_4 四面体中 Mo—O 键的强度变低。从库仑作用力的角度出发是因为 Zr^{4+} 电负性是 1.33，Hf^{4+} 的电负性是 1.30。又因为 MoO_4 四面体和 ZrO_6/HfO_6 八面体具有顶角共享的性质(氧离子为顶角)，所以 ZrO_6 八面体对电子的吸引力大于 HfO_6 八面体对电子的吸引力，从而导致 Mo—O 键的减弱，改变了 MoO_4 四面体的振动模式，使之发生红移。

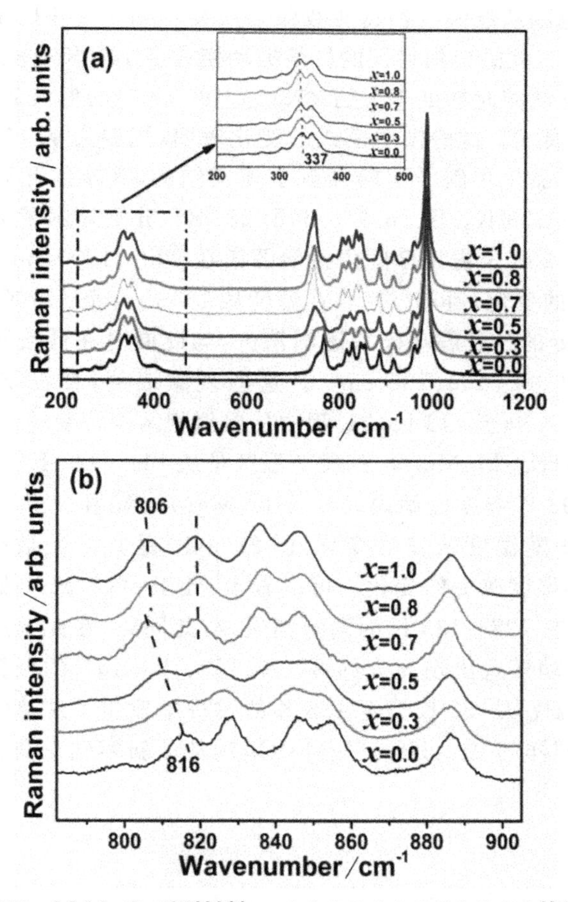

图 28.8　$Zr_xHf_{1-x}MgMo_3O_{12}$ 系列材料 x=0.0,0.3,0.5,0.7,0.8、1.0 的常温拉曼光谱(a)以及高波数区域的放大(b)；(a)中插图是拉曼光谱在 200 cm^{-1}到 500 cm^{-1}的放大

文献[29]报道氧十二系列陶瓷材料单斜相结构在995 cm^{-1}左右处具有典型的拉曼峰并在转变成正交相后消失。在图28.9中，图28.9(a)显示了$Zr_{0.3}Hf_{0.7}MgMo_3O_{12}$在93～293 K温度区间内拉曼图谱随温度改变的变化，图28.9(b)是其低波数拉曼随温度改变的变化。可以看出，处于1001 cm^{-1}处的拉曼振动模在153 K升至158 K的过程中逐渐消失，与此同时，在此温度区间有新的低波数拉曼出现，分别处于大约91、160、184 cm^{-1}的位置，这些现象表明，当样品温度从153 K升至158 K的过程中发生了从单斜结构到正交结构的转变，可以认定$Zr_{0.3}Hf_{0.7}MgMo_3O_{12}$的从单斜相到正交相的相变温区在153～158 K。图28.9(c)和图28.9(d)是当$x=0.5$时，即$Zr_{0.5}Hf_{0.5}MgMo_3O_{12}$在93～293 K温度区间内拉曼图谱随温度改变的变化，测试范围从低波数到高波数(20～1200 cm^{-1})。图28.9(c)可以看出，于1002 cm^{-1}处的单斜特征的拉曼振动模式在148 K升至153 K的过程中逐渐消失，与此同时在处于大约90、163、183 cm^{-1}的低波数位置，出现了新的拉曼振动模式。这些振动模式的变化表明，当温度从148 K升至153 K的过程中，样品从单斜结构转变到了正交结构，其单斜相到正交相的相变温区为153～158 K。图28.9(e)和图28.9(f)分别显示了$Zr_{0.7}Hf_{0.3}MgMo_3O_{12}$在93～293 K温度区间内拉曼图谱在200～1200 cm^{-1}和低波数拉曼随温度改变的变化。可以看出，在温度从138 K升至143 K的过程中，处于1001 cm^{-1}处的拉曼震动模式逐渐消失，与此同时在低波数区域出现新的振动模式80、89、160、182 cm^{-1}。这些现象表明，样品$Zr_{0.7}Hf_{0.3}MgMo_3O_{12}$从138 K升至143 K的过程中从单斜相结构转变成了正交相结构，可以认定$Zr_{0.3}Hf_{0.7}MgMo_3O_{12}$的相变温区是从138～143 K。图28.9(g)显示了在93～293 K温度区间内，$Zr_{0.8}Hf_{0.2}MgMo_3O_{12}$在200～1200 cm^{-1}范围内，拉曼图谱随温度改变的变化，图28.9(h)是其低波数拉曼20～200 cm^{-1}范围内随温度改变的变化。可以看出，处于1001 cm^{-1}处的单斜特征拉曼振动模式在128～133 K间渐渐消失，与此同时，在此温度区间有新的低波数拉曼振动模式出现在大约81、90、163、183 cm^{-1}的位置。这些现象表明，当样品温度从153 K升至158 K的过程中发生了从单斜结构到正交结构的转变，同样的$Zr_{0.8}Hf_{0.2}MgMo_3O_{12}$的从单斜相到正交相的相变温区处于128～133 K间。

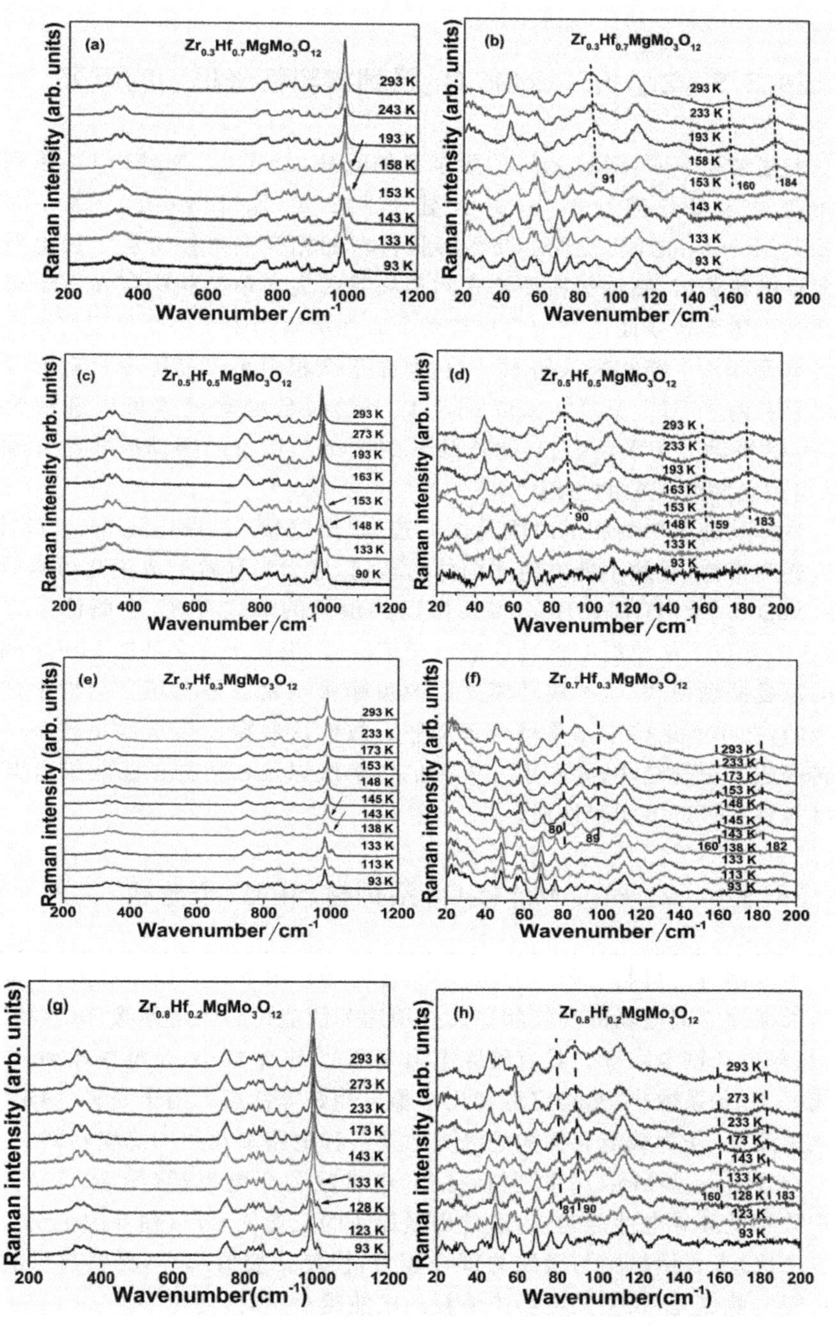

图 28.9　$Zr_xHf_{1-x}MgMo_3O_{12}$系列材料拉曼光谱随温度的变化

x=0.3(a)、(b)，x=0.5(c)、(d)，x=0.3(e)、(f)，x=0.3(g)、(h)

28.3.5 $Zr_xHf_{1-x}MgMo_3O_{12}$系列材料膨胀机制的研究

上述结果表明，随着Zr^{4+}的掺杂量的升高，$Zr_xHf_{1-x}MgMo_3O_{12}$系列材料相变温区呈规律性减小，并且处于113 K($ZrMgMo_3O_{12}$)和173 K($HfMgMo_3O_{12}$)之间，实现了近零膨胀材料的相变点可控。从原理上对上述现象进行分析，高波数振动模式的消失是因为在单斜相中存在六个可辨认的多面体而转变成正交相后只有两个。在单斜相中每一个晶胞有八个分子式单元和六个能够辨认的M^{6+}位，而在正交相中每个晶胞中只有四分子式单元和两个M^{6+}位。在200 cm^{-1}以下的拉曼振动模式可以理解为由MoO_4的平动及天平动引起，此外低于200 cm^{-1}以下的振动模式是a轴和b轴出现负膨胀现象的原因[30,31]。

当样品处于单斜相的时候是由共边的[$Zr(Mg)O_6$]和[$Hf(Mg)O_6$]多面体相互束缚，导致不能发生多面体的转动，然而当其转变成正交结构后其[$Zr(Mg)O_6$]或[$Hf(Mg)O_6$]多面体以共顶角的形式存在，多面体可以转动，这些导致了从单斜结构转变成正交结构后，出现了许多新的MoO_4四面体的拉曼振动模式，这些震动模式以及负膨胀现象都是在正交结构中体现出来的，在单斜结构中则是呈现正膨胀。故此这些振动模式的出现表明样品转变成了正交结构，导致了a、b轴的负膨胀以及c轴的正膨胀综合起来使材料具有了近零膨胀性质。

28.3.6 $Zr_xHf_{1-x}MgMo_3O_{12}$系列材料的介电分析

本章制备的材料可归于介电陶瓷，在电场作用下具有极化能力，且能在体内长期建立起电场的功能陶瓷。按用途和性能可分为电绝缘、电容器、压电、热释电和铁电陶瓷。具有绝缘电阻率高、介电常数小、介电损耗小、导热性能好、膨胀系数小、热稳定性和化学稳定性好等特点。用于安装、固定、保护电子元件，作为载流导体的绝缘支撑及各种电路基片用的陶瓷材料。

$Zr_xHf_{1-x}MgMo_3O_{12}$系列材料的介电常数和介电损耗(图28.10)。介电常数越低其导电性能越差，通常用损耗角的正切值$\tan\theta$(损耗因子与介电常数之比)来表示材料与微波的耦合能力，损耗正切值越小，材料与微波的耦合能力就越差，在交变电场中消耗的电能越小，热损耗越小。

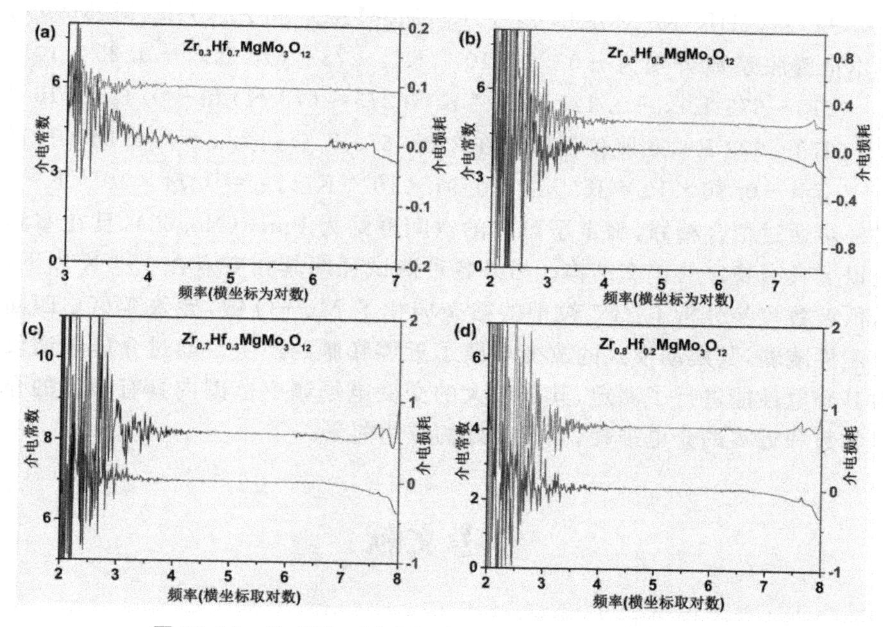

图 28.10　$Zr_xHf_{1-x}MgMo_3O_{12}$系列材料介电性能的分析

如图 28.10 所示，当 x 取 0.3 时，材料 $Zr_{0.3}Hf_{0.7}MgMo_3O_{12}$在频率约为 10 kHz 至 10 MHz 之间的交变电场中其介电常数为 6、介电损耗近乎为零。对于样品 $Zr_{0.5}Hf_{0.5}MgMo_3O_{12}$来说，其介电常数与介电损耗稳定在更宽的频率区间，在 1 kHz 至 10 MHz 之间的介电常数约为 5，其介电损耗同样近乎为零。然而 $Zr_{0.7}Hf_{0.3}MgMo_3O_{12}$ 的表现则不是很好，在 1 kHz 至 10 MHz 之间它的介电常数最大约为 8.2，介电损耗也是近乎为零。最后 $Zr_{0.8}Hf_{0.2}MgMo_3O_{12}$在频率 1kHz 至 10MHz 间，其介电常数最低、介电损耗同样接近零。这些数据表明，$Zr_xHf_{1-x}MgMo_3O_{12}$ 系列材料是良好的绝缘材料，其超低的介电损耗(热损耗几乎没有)和近零膨胀的性能，让其在电学以及微波领域有更好的应用。

28.4　本章小结

本章中我们发现了 $Zr_xHf_{1-x}MgMo_3O_{12}$系列材料具有优异的近零膨胀特性，并在此基础上通过增加 Zr^{4+} 的掺杂使其膨胀系数发生改变，相变点逐渐降低。通过对变温 XRD 和膨胀仪的结果分析确定了这一系列样品至少在室温及以上的温区内确实具有稳定的近零膨胀性能。$Zr_{0.3}Hf_{0.7}$Mg-

Mo_3O_{12}，$Zr_{0.3}Hf_{0.7}MgMo_3O_{12}$，$Zr_{0.5}Hf_{0.5}MgMo_3O_{12}$和$Zr_{0.8}Hf_{0.2}MgMo_3O_{12}$的本征膨胀系数分别为$-0.25\times10^{-6}$ K^{-1}（273～673 K），-0.25×10^{-6} K^{-1}（273～673 K），-0.125×10^{-6} K^{-1}（273～673 K）和-0.125×10^{-6} K^{-1}（273～673 K），膨胀仪器所测在273～673 K分别为$\alpha_l=-0.34\times10^{-7}$ K^{-1}，$\alpha_l=-0.36\times10^{-6}$ K^{-1}，$\alpha_l=0.91\times10^{-6}$ K^{-1}，$\alpha_l=0.74\times10^{-6}$ K^{-1}。进一步通过拟合精修，确定了可靠的空间群结为Pnma（No. 62），且在室温及以上具有稳定的正交结构。另外各种测试证明其相变点在158 K以下。从低波数拉曼分析了Zr^{4+}粒子的掺杂弱化了Mo—O键，导致MoO_4四面体刚性减弱，其震动模式的改变导致了近零膨胀的产生。通过介电频谱仪对其介电性能进行了测定，其在很大的交变电场频率范围内具有很低的介电常数和近零的介电损耗，具有很好的应用前景。

参考文献

[1]MaryTA，EvansJSO，VogtT，et al. Negative thermal expansion from 0.3 to 1050 kelvin in ZrW_2O_8[J]. Science 1996，275：90-92.

[2]Wang C，Liang JK. A newtypeofnegativethermalexpansionoxides [J]. Physics，2001，12：200-212.

[3]Varga T，Wilkinson AP，Lind C，et al. In situ high-pressure synchrotron X-ray diffraction study of $Sc_2W_3O_{12}$ at up to 10 GPa[J]. Phy Rev B ,2005，21：4271-4283.

[4]Tamas V，Moats JL，Ushakov S-V，et al. Thermochemistry of $A_2M_3O_{12}$ negative thermal expansion materials[J]. J Mater Res，2007，22：2512-2521.

[5]Evans JSO，Mary TA，Sleight AW. Structure of $Zr_2(WO_4)(PO_4)_2$ from powder X-ray data：cation ordering with no superstructure [J]. J Solid State Chem，1995，120：101-104.

[6]Forster PM，Yokochi A，Sleight AW. Enhanced negative thermal expansion in $Lu_2W_3O_{12}$[J]. J Solid State Chem,1998，140：157-158.

[7]Li T，Liu X-S,Cheng Y-G，et al. Zero and controllable thermal expansion in $HfMgMo_{3-x}W_xO_{12}$[J]. Chin Phys B,2017，26：348-352.

[8]Yuan H-L，Yuan B-H，Li F，et al. Phase transition and thermal expansion properties of $ZrV_{2-x}P_xO_7$[J]. Acta Phys Sin,2012，61：226502-

226507.

[9]Yuan B-H, Liu X-S, Song W-B, et al. High substitution of Fe^{3+} for Zr^{4+} in $ZrV_{1.6}P_{0.4}O_7$ with small amount of $FeV_{0.8}P_{0.2}O_4$ for low thermal expansion[J]. Phys Lett A,2014, 378: 3397-3401.

[10]Wang J, Deng J, Yu R, et al. Coprecipitation synthesis and negative thermal expansion of $NbVO_5$ [J]. Dalton Trans, 2011, 40: 3394-3397.

[11]Wu M-M, Peng J, Zu Y, et al. Thermal expansion properties of $Lu_{2-x}Fe_xMo_3O_{12}$[J]. Chin Phys B,2012, 21: 346-351.

[12]SumithraS, Umarji A-M. Role of crystal structure on the thermal expansion of $Ln_2W_3O_{12}$(Ln: La, Nd, Dy, Y, Er and Yb)[J]. Solid State Sci,2004, 6: 1313-1319.

[13]SumithraS, Tyagi AK, Umarji AM. Negative thermal expansion in $Er_2W_3O_{12}$ and $Yb_2W_3O_{12}$ by high temperature x-ray diffraction[J]. Mate Sci Eng B,2015, 116: 14-18.

[14]Ding P, Liang E-J, Jia Y, et al. Electronic structure, bonding and phonon modes in the negative thermal expansion materials of $CdCN_2$ and $ZnCN_2$[J]. J Phys Condens Matter,2008,20: 275224.

[15]Li C-W, Tang X, MuñozJA, et al. Structural relationship between negative thermal expansion and quartic anharmonicity of cubic ScF_3 [J]. Phys Rev Lett,2011, 107: 195504.

[16]Cairns AB, Catafesta J, Levelut C, et al. Giant negative linear compressibility in zinc dicyanoaurate[J]. Nat Mater,2013, 12: 212-216.

[17]Azuma M, Chen W, Seki H, et al. Colossal negative thermal expansion in $BiNiO_3$ induced by intermetallic charge transfer[J]. Nat Commun,2011, 2: 347.

[18]Chen J, Wang F, Huang Q, et al. Effectively control negative thermal expansion of single-phase ferroelectrics of $PbTiO_3$-(Bi,La)FeO_3 over a giant range[J]. Sci Rep,2013, 3: 2458.

[19]Tong P, Louca D, King G, et al. Magnetic transition broadening and local lattice distortion in the negative thermal expansion antiperovskite $Cu_{1-x}Sn_xNMn_3$[J]. Appl Phys Lett,2013, 102: 041908.

[20]Gindhart AM, Lind C, Green M. Polymorphism in the negative thermal expansion material magnesium hafnium tungstate[J]. J Mater Res,2008, 23: 210-213.

[21]Suzuki T, Omote A. Negative thermal expansion in (HfMg)$(WO_4)_3$[J]. J Am Ceram Soc,2004,87: 1365-7.

[22]Miller KJ, Johnson MB, White MA, et al. Low-temperaturein-vestigations of the open-framework material $HfMgMo_3O_{12}$[J]. Solid State Commun,2012, 152: 1748-1752.

[23]Marinkovic BA, Jardim PM, Ari M, et al. Low positive thermal expansion in $HfMgMo_3O_{12}$[J]. Phys Stat Sol,2010, 245: 2514-2519.

[24]Romao CP, Perras FA, Wernerzwanziger U, et al. Zero Thermal Expansion in $ZrMgMo_3O_{12}$: NMR crystallography reveals origins of thermoelastic properties[J]. Chem Mater,2015, 27: 2633-2646.

[25]Song W-B, Liang E-J, Liu X-S, et al. A negative thermal expansion material of $ZrMgMo_3O_{12}$[J]. Chin Phys Lett,2013, 30: 126502.

[26] Miller KJ, Romao CP, Bieringer M, et al. Near-Zero Thermal Expansion in In$(HfMg)_{0.5}Mo_3O_{12}$[J]. J Am Ceram Soc, 2013, 96: 561-566.

[27]Song W-B, Wang J-Q, Li Z-Y, et al. Phase transition and thermal expansion property of $Cr_{2-x}Zr_{0.5x}Mg_{0.5x}Mo_3O_{12}$ solid solution[J]. Chin Phys B,2014, 23:066501.

[28]Liang E-J, Huo H-L,Wang J-P, et al. Effect of water species on the phonon modes in orthorhombic $Y_2(MoO_4)_3$ revealed by Raman spectroscopy[J]. J Phys Chem C,2008, 112: 6577-6581.

[29] Liu Y-Y, Yuan B-H, Cheng Y-G, et al. Phase transition and negative thermal expansion of $HfMnMo_3O_{12}$[J]. Mater Res Bull,2018, 99: 255-259.

[30]Ge X-H,Mao Y-C, et al. Phase transition and negative thermal expansion property of $ZrMnMo_3O_{12}$[J]. Chin Phys Lett, 2016, 33: 104-107.

[31]Ge X-H, Mao Y-C, Liu X-S, et al. Negative thermal expansion and broad band photoluminescence in a novel material of $ZrScMo_2VO_{12}$[J]. Sci Rep,2016, 6: 24832.